富國強兵

The Pursuit of Power

全新校訂版

威廉・麥克尼爾——著
William H. McNeill

廖素珊——譯

西元1000年後的
技術、軍隊、社會

導讀　一部融合軍事史、科技史、社會史的大歷史分析

翁稷安，暨南國際大學歷史學系副教授

長期致力於推廣資訊科技，被譽為「數位願景家」（Digital Visionary）的作家凱文・凱利（Kevin Kelly），於二〇一〇年時出版了《科技想要什麼》（*What Technology Wants*）*一書，乍看似乎又是一本常見的趨勢書籍，但內容卻引起不小的爭議。光是書名便點出了核心問題——「科技」（Technology）不再只是統稱那些被人類發明、使用的器物或技術，而是由無生命的集合名詞變成如同生物一般的存在，能夠主動「想要」什麼，渴望自我進化與成長。凱利創造了「科技體」（technium）一詞，形容這樣具有自主趨力的系統。這並非他首次提出將科技視為生物體的主張，在他寫於上世紀的數位趨勢經典《釋控：從中央思想到群體思維，看懂科技的生物趨勢》（*Out of Control: The New Biology of Machines, Social Systems, and the Economic World*）†裡，就已經初步闡述此觀點。這是為何日後《釋控》會成為電影《駭

* 嚴麗娟譯，《科技想要什麼》（臺北：貓頭鷹出版，二〇一二年）。

† 何宜紋譯，《釋控：從中央思想到群體思維，看懂科技的生物趨勢》（臺北：貓頭鷹出版，二〇一八年）。

客任務》(*The Matrix*)編導團隊的參考讀物之一，電影裡人工智慧統治人類的科幻場景，無疑是對凱利「科技生物觀」的極致演繹。

相較於《釋控》略帶危言聳聽的抽象思考，《科技想要什麼》更務實地回歸歷史，從演化角度剖析人類與科技的共生關係。凱利指出，人類文明的進程，始終源自於科技的發明與應用密不可分，有著各種工具或技術的相伴，人類才能克服自然界的挑戰，成為主宰地球的物種。這些工具或技術最初源於人類的需求，但隨著技術變得日益複雜，它們很快就像生物學中的菌類、植物和動物一樣，具有自主擴張的能力。科技體源自於人性的需求，所以和人類文明發展相依相生。如凱利所形容的：「科技體是想法組成的生物，演化的過程也模仿有基因的生物……兩個系統的演化都由簡而繁，從籠統而具體，從單調到多樣化，從個人主義到共生主義，從浪費能源到高效率，也從緩慢的變化轉成更強的演化能力。隨著時間流動，科技物種不斷變化，模式非常類似物種演化的譜系。但科技來自於想法，而不是基因。」*

不論過去、現在或未來，科技體的演化都將與人類的命運緊密交織。為了證明這一論點，凱利重新梳理人類歷史，他強調人類歷史每一個關鍵的轉折點，都反映著一次科技的突破，兩者相輔相成。姑且不論《科技想要什麼》的主張是否完全正確，凱利確實點出人們審視歷史時常見的盲點——過度凸顯個人或集體的主動性，關注人們主觀的意願或想法，忽略了外在的物質條件，如科技可能才是決定歷史成敗走向的關鍵。

未來學 vs. 歷史學

這種未來學的推論看似前衛，但歷史學早已有類似的洞見，不同之處在於，歷史不會預言未來，歷史學家更習於埋首於複雜紛陳的人事之間，分析過去的理解。美國史家威廉．麥克尼爾（William H. McNeill）寫於上世紀八〇年代的《富國強兵：西元1000年後的技術、軍隊、社會》，表面上看似和《科技想要什麼》無涉，但這兩部同樣聚焦於科技的著作，讀來卻又不時互相呼應，令這本出版逾四十年的史學專著，至今依舊充滿啟發。

以《西方的興起》（*The Rise of the West: A History of the Human Community*）†、《瘟疫與人》（*Plagues and Peoples*）‡著作聞名的麥克尼爾，在《富國強兵》中，以他一貫擅長的大歷史分析，探討西元一千年至二十世紀，科技和人類社會發展的關係。與戰後嬰兒潮世代的凱文．凱利不同，出生於一九一七年的麥克尼爾，目睹了歐洲乃至全球的戰爭狂潮，本書寫作時又正值美蘇冷戰的對峙，因此他對科技與軍事的探討，不僅限於技術發展，更關注軍事戰略的現實考量。相較於凱利對科技的樂觀態度，麥克尼爾則保持冷靜的歷史視角。《富國強兵》一書的問題意識，與其一九六三年的成名作《西方的興起》一脈相承，在那個全球化仍然方興未艾，史家還在摸索「全球史」概念的階段，麥克尼爾敏銳地將焦點放在不同文明間的交互影響，雖然仍帶有西方中心的傾向，但更著重不同文明的技術與思想，在流動與競爭的作用下，決定了文明興衰的軌跡。

* 嚴麗娟譯，《科技想要什麼》，頁六十。

† 郭方等譯，《西方的興起（上）（下）》（臺北：五南出版，一九九〇年）。

‡ 楊玉齡譯，《瘟疫與人：傳染病對人類歷史的衝擊》（臺北：天下文化，一九九八年）。

從《瘟疫與人》到《富國強兵》

一九七六年的《瘟疫與人》延續相同的宏觀視角，書中決定不同文明命運的關鍵，從科技或思想，轉變成肉眼看不見的疾病，細菌和病毒經由人們的移動而傳染散布，見證著文明的互動，也左右文明的盛衰。相較於《西方的興起》，《瘟疫與人》的觀察更加細緻，並試著不再局限於西方，試著將中國、中南美洲置於歷史舞台的中央。作者敏銳地觀察到，疾病的散播常伴隨著軍事行動，細菌和病毒成為變相的攻擊手段，決定了戰場最終的勝敗。《瘟疫與人》可視為《西方的興起》更深入的探究與論證，聚焦於不同文明間交流機制的描繪，並從人類整體角度逐步取代早期的西方中心觀點。

《瘟疫與人》所觸及的戰爭，成為了《富國強兵》的核心，可追溯至《西方的興起》中對軍事科技和政治模式互動的討論。《富國強兵》綜合了軍事史、科技史和社會史的視野，正如作者在序言中所指出的，《瘟疫與人》探討病菌這類微生物的「微寄生」(micro-parasitism)對人類社會的影響，《富國強兵》則專注在他所謂的「巨寄生」(macro-parasitism)——即不直接參與生產，而是以暴力為專業，獲取名利與財富的社會群體。具體而言，即是在討論歷史裡武裝力量的組織發展。作者大膽地將武器變革，類比於微生物的基因突變，有時會成為開疆拓土的動能，有時則會破壞了社會內部的既有秩序，是一把禍福難料的雙面刃。如同宿主和體內微生物之間錯綜複雜的關係，可以共生互利，也可能同歸於盡，武裝集團在人類社會扮演著類似的角色，共同抵禦外侮一向是凝聚共同體的最佳助力，軍事的能力也決定了共同體的韌性與強度。然而，暴力易於失控的特性，無論是對外征伐還是對內鎮壓，都不時挑戰著人性的底線。研究戰爭和軍事科技，不僅是在研究不同的文明社會，如何於內外刀光劍影的權力遊戲中，謀求生存或繁盛，更重要的是探索人們在面對更強大、更便捷的暴力誘惑時，努力找到平衡，不向原始慾望屈服，讓文明走向開化的決心。

「軍事—工業複合體」的出現

麥克尼爾依軍事運作的模式，將社會分成兩類：一是由指揮體系主導的社會（command societies），古代各大帝國皆屬此類，這類社會由少數政治菁英掌控，軍事力量主要用來維持內部秩序的穩定，對任何可能危及靜態穩定的變動，諸如對外的接觸或對內的創新，都抱持戒慎恐懼的態度。另一類則是以市場為導向的社會（market societies），即近代西歐文明所代表的社會，允許商人與發明家擁有更多的自由，並在各國競爭的壓力下，透過稅收支持軍備，使商業和軍事緊密結合，促進軍事科技的快速成長，讓西歐的勢力得以向外快速的擴張，形成正向的循環。

這也是為什麼作者特別標舉出西元一千年這個時間點，在他看來，此前是指揮體系社會的時代，此後則是市場體系的軍事商業化運作時期，隨著時間的演進，不只造成西方的強盛，也構成了強力的「軍事—工業複合體」。然而，隨著西歐各國勢力不斷的向外擴張，市場逐漸飽和進而凝滯，帝國勢力彼此角力，指揮體系捲土重來。不同於古代，這次的回歸伴隨著先進的武器裝備，導致的結果就是兩次世界大戰，並且還使用毀滅性的核武器，開啟冷戰時期「互相保證毀滅」的意識形態對峙。

難以盡善盡美，但卻歷久彌新

若從史學研究的專業視角衡量《富國強兵》，其優點自然在於視野的宏大，從全球而非單一國家的角度撰寫通史，在當今以專題論文為主流的史學界中，幾乎已是難能一見的鳳毛麟角。這本撰寫於一九八〇年代的著作，當時諸多評論都一致讚揚麥克尼爾將中國宋朝作為西歐市場體系開端的新意，反映著彼時學界對於跨國界、跨文化、跨領域通史的期盼。

此外，作者也賦予了傳統軍事史研究全新的潛力，戰爭和軍事科技成為洞悉人類社會乃至文明、文化發展的關鍵鑰匙，而非僅止於人、事、時、地、物的生硬背誦，以及事後諸葛的勝敗推演。譬如書中從軍事的角度，重新理解英國工業革命的性質，不僅用來證成書中的論點，也讓人們重新思索那些工業革命理所當然的「常識」，是否需要重新的理解與審視。

《富國強兵》缺點也同樣明顯，作為一本規模龐大的通史論述，要能做到體大思精，面面俱到，基本上是不可能的任務。推論過度、過於簡化，是對《富國強兵》最常見的批評。另外，麥克尼爾在卷末對當下時局的悲觀預測，與期盼某種全球規模的主權機構，抑制無止盡的軍備競賽，把人類文明帶向終局，也常被論者視之為失去了史家立論應有的客觀與距離。

這正是《富國強兵》和《科技想要什麼》的另一個共通之處，前述對於《富國強兵》的批評，稍加調整，也是對《科技想要什麼》常見的評論。若要求每個細節盡善盡美，兩者確實都有未盡全功之處，而且也都太過急切想替當下的現實提出針砭的良方。但反過來說，這也正是兩者能歷久彌新的原因——

藉由宏觀的歷史回顧，回應眼下急迫的課題，期待創造出更好的未來。細節可以再修訂，但須有大方向的論斷，才有機會跳脫一時一地的限制。

人類如何走出下一步？

以二〇一〇年《科技想要什麼》出版時的科技，凱利的立論難免有些危言聳聽，但放在AI技術日趨成熟的今日，科技體的概念可說是真知灼見了。麥克尼爾構思、寫作《富國強兵》時，正值冷戰不斷升溫的關口，到了一九八〇年代正式出版，又是雷根主義（Reagan Doctrine）的顛峰期，這位保守派的自由陣營領袖積極大張旗鼓要推翻蘇聯，造成美蘇雙方開啟新一輪的軍備競賽。大體上，《富國強兵》依然具備史學研究應有的嚴謹，但那淑世的熱情和憂慮可說溢於言表。

也因為《富國強兵》談論的是大勢所趨，即使冷戰結束多年，只要軍事─工業複合體仍然存在，由上而下的指揮體系藉由民主的漏洞不斷強化，麥克尼爾四十年前的擔憂仍是我們當前的現實。他的解方自然有其時代的限制，但他的期盼卻是超越世代的隔閡：「無論活在前途難以預測的狀況中有多可怕，未來將如同過去一般，取決於人類建立和重建自然和社會環境的能力，而其所將受到的限制主要就是，我們取得大家同意集體行動目標的能耐。」*

* 參見本書第三九九頁。

倘若科技體來自於人類的想法，那麼軍事—工業複合體則來自人類的慾望，它們都帶領人類文明的前進，至於走向何種終點，則將由人類集體的智慧來決定下一步的行動。

【導讀者簡介】

翁稷安，歷史學學徒，現任教於暨南國際大學歷史學系。著有《革命家的生活實物》，另經營Podcast節目《大衛鮑魚在火星》。

目次

導讀　一部融合軍事史、科技史、社會史的大歷史分析　翁稷安——003
作者序——015
第一章　古代武器和社會——019
第二章　中國稱霸時代，一〇〇〇年至一五〇〇年——043
第三章　歐洲的戰爭事務，一〇〇〇年至一六〇〇年——079
第四章　歐洲戰爭藝術的發展，一六〇〇年至一七五〇年——133
第五章　歐洲暴力官僚化帶來的拉力，一七〇〇年至一七八九年——161
第六章　法國政治和英國工業革命的軍事衝擊，一七八九年至一八四〇年——201
第七章　戰爭工業化的開端，一八四〇年至一八八四年——237

第八章　軍事—工業互動的強化，一八八四年至一九一四年——277
第九章　二十世紀的兩次世界大戰——321
第十章　一九四五年以來的軍備競賽和指令型經濟——373
結論——397
註釋——459

圖表目錄

圖一　中國弩的製造——055
圖二　歐洲火砲的演進，一三二六年至一五〇〇年——099
圖三　歐洲的火藥革命——109
圖四　十六世紀歐洲軍隊的行軍隊列——115
圖五　十八世紀的線式隊形——145
圖六　毛里茨的滑膛槍手操練——153
圖七　鑽孔機大炮——183
圖八　鼓風爐的設計——187
圖九　昔日的海上霸主——222
圖十　海上工業革命——243
圖十一　鋼鐵技術與大規模軍備生產——283
圖十二　科技的主導地位——299

圖十三　陸軍的軍事科技——347
表一　批准的軍費支出——301
表二　核武器總數——383
表三　按照不變價格計算的軍事支出——385

作者序

本書是我較早一部著作《瘟疫與人》(*Plagues and People*)的姊妹作。《瘟疫與人》一書在於探討人類與微寄生物(microparasite)的互動下的主要事件,特別是對於微生物而言,相對較小的環境突發變化。每當新的地理環境出現某些新的突變或突發現象時,微生物便能不時短暫突破原先的生態限制,從而發生上述變化。本書則是以類似方式探討巨寄生模式(macroparasitism)的變化。病菌是人類需要對付的首要微寄生物。而我們唯一最主要的巨寄生物(macroparasite)則是一些專精於暴力的人士,他們無須自行生產糧食和消費商品即可生存無虞。因此,對人類社群中的巨寄生物的研究在此書中便轉化成對武裝力量的組織,特別是對戰士裝備種類變化的探究。就某種意義上而言,軍備武器的變化與微生物的基因突變類似,它經常能開創新探索領域,或從寄生社會本身內打破老舊軍事常規的限制。

然而,我在描述人類武裝力量的組織變化時,力求避免使用流行病學和生態學的語言。我會如此做的部分原因是,一來,此舉會牽涉到「巨寄生模式」的嚴格定義之比喻性擴展,再來則是因為有效武裝力量和支持它們的社會之間的共生關係,通常會將維持它們生存所需的地方資源消耗殆盡。微寄生物的共生現象在疾病生態學中也很重要。實際上,我在《瘟疫與人》書中曾主張,每當從未經歷過某些陌生傳染病的社會初次接觸到這些傳染病時,曾有患病經驗的文明就比隔絕於世的社群在生存上更具優勢。

當一支裝備精良、組織強大的軍隊和缺乏同等戰力組織的社會接觸時，它所起的作用就和曾有患病經驗的社會中的細菌雷同。在這樣的遭遇戰中，較弱的社會可能會在戰事中承受嚴重傷亡。它所承受的主要損失往往出自於毫無防備地暴露在經濟和流行病的侵襲中，而這類侵略則是由較強大民族的軍事優勢所造成。但無論究竟是哪些因素引發，一個沒有能力保護自己免於外力侵擾的社群在這種情況下，除了喪失自治權外，也許還會喪失其整體地位。

戰爭和人類的有組織的暴力中，含有深刻的矛盾。一方面，英雄行徑、自我犧牲和尚武精神是社會性的最高體現。戰士間的團結和結盟關係堅韌強固。的確，人類在擁有痛恨、恐懼和需要毀滅的對象上，以及擁有能分享暴力行徑的危險和勝利的戰友兩方面，最能充分展現天性。因此，我們以狩獵為生的遠祖團結起來過這種生活，儘管他們的敵人多半是野獸，而不是人類。但在我們意識的表面之下仍舊殘存這類古老心理傾向，並深遠地影響著人類的戰爭行為。

另一方面，當代人的意識極端痛恨具有組織且刻意毀滅生命和財產的行徑，特別是自一九四五年以後，人類不必親自下手的遠距離殺戮能力得到大幅增長。事實上，過去近身肉搏所需的剽悍驍勇在現代戰爭技術下幾乎消失殆盡。發展不到百年的戰爭工業化已經抹消了往昔的作戰現實，但是自古流傳下來的集體使用武力之心理傾向卻未曾改變，而這便導致了危險的不穩定狀態。武裝力量、軍事技術和全體人類如何繼續共存，的確是我們這個時代的重大課題。

檢視過往的強權歷史，分析技術、武裝力量和社會之間原有平衡的改變，將無法解決當代難題。話雖如此，它卻可以提供一種角度，而在擁有以歷史綜觀事物的習慣後，將不再必然陷入簡單的解決方法和極端的沮喪。在大難臨頭下笨拙地摸索應付，是所有過去世代的命運。或許我們及我們的後代也將如此。然而，既然我們仍舊必須每天做出決定，更瞭解我們究竟是如何陷入當今的可怕困境，或許會有幫助。

本書明白彰顯作者對使用這類知識的謹慎信念，可以想見，它能為更睿智的行動提供依據。即使最終證明那是錯的，我們在了解過去的事物如何與今日不同，又怎樣迅速演變成現在這個狀態的過程中，仍能保有根本的理智，並得到真正的樂趣。

本書寫作過程歷經二十年，最初寫此書的動力是來自一位批評家對《西方的興起》（*The Rise of the West*）一書的評論。那位批評家指出，我對於軍事技術和政治模式之間互動關係的論述，在往昔歷史的部分強調較多，但在談及現代時，則著墨較少。因此，本書可說是《西方的興起》這本書遲來的註腳。

這些年來，我對技術、武裝力量和社會方面的思索，大大得力於芝加哥大學歷屆學生的耐心。他們讓我在課堂上檢驗我的論點，反應熱烈，興趣盎然，有時又帶著懷疑和不解。我也非常感謝芝加哥大學的博士論文作者巴頓．C．哈克、華特．麥杜格爾、史蒂芬．羅伯茲、霍華．羅森和瓊．蘇米達等人，我受教於他們許多，他們還審閱本書書稿，幫助我避免錯誤。

本書書稿的部分或整體曾經由我的芝加哥大學同事校閱，感謝約翰．波耶、何炳棣、哈利．伊納辛克、艾梅．拉金。牛津的麥可．霍華德、哈穆．波格．馮．史特倫德曼，東英吉利亞大學的保羅．甘迺迪，美國空軍的約翰．吉爾馬丁，以及科羅拉多學院的丹尼斯．休瓦特都慷慨地給予我專業意見。我尤其該感謝中國史的三位研究生，芝加哥大學的休．史科金、詹姆斯．李，以及夏威夷大學的史蒂芬．薩金。他們都對我在本書第二章中的研究投注興趣，並指導我如何在複雜的中國歷史編纂學中披荊斬棘。劍橋的羅賓．葉茲也不吝撥冗修潤第二章。

最後，除了母校芝加哥大學的滋養環境外，夏威夷大學也於一九七九年冬天邀請我以伯斯訪問教授（Burns visiting professor）的身分以本書的內容為主題進行演講，而在一九八〇至一九八一年間，我恰好擔任伊斯特曼講座教授（Eastman professor），牛津大學和其下的貝利奧爾學院（Balliol College）也對我提出相同的熱情邀約。

在這樣的鼓勵和驅策下，本書得以完稿。不消說，尚存的缺失和不足該由本人負責。但如果沒有我的妻子伊莉莎白和女兒露絲的仔細檢查，錯誤必然會更多。她們在我著作此書時，就像和其他書一樣，堅決地要求我言必由衷，詞能達意，並敦促我精益求精。

第一章　古代武器和社會

從狹義觀點來說，戰爭的工業化幾乎和文明一樣古老，因為青銅冶煉技術的出現使得擁有特殊技術的工匠在製造武器和鎧甲上變得不可或缺。再者，青銅稀有昂貴，只有少數特權武士才能擁有全副盔甲。由此可見，職業武士應該是和冶煉專家同時出現，並且至少在開始時，一個階級幾乎壟斷另一階級的產品。

但「戰爭工業化」(industrialization of war) 這名詞並不真的適用於古代河谷文明，不管是美索不達米亞、埃及、印度或中國。首先，祭司和廟宇總是和武士以及軍隊指揮官，以作為青銅和其他工藝品的消費者身分而相互競爭；而古代統治者的權勢可能大半奠基於宗教，勝於其武力角色。第二，就社會整體而言，絕大多數的人仍舊從事農耕，辛苦地追求自給自足。如此，在餘糧很少的情況下，統治者的人數——無論祭司或軍人或兩者——和工匠的比率就高不起來。第三，在那些少數人中，工業人口毫不顯眼。武器和鎧甲鑄成之後可以無限期使用，就算在戰鬥中磨鈍或凹陷，也只需要稍微磨銳或捶打即可修復。因此，兵器製造者的人數相對很少，即使和武士相較，也是如此。

由於錫和銅礦鮮少在相同地點出現，而通常得在遠處挖掘的錫相對稀少，所以古代冶金和戰爭能力的真正關鍵限制因素往往是合適金屬鑄塊和礦砂的數量，而非製造技術。換句話說，商人和運輸人員比工匠更為重要。制訂公共政策時，必須考慮到如何與住在直轄範圍外的潛在金屬供應者維持關係。保護貿易路線，防範敵人和劫匪，也很重要，但有時執行起來卻很困難。另一方面，一旦優異的工匠傳統在民間建立，自然就會有技術精湛的金屬工匠可用。

人們通常以現有的武器和鎧甲進行戰爭，在戰爭中因俘虜戰犯，而使數量或增或減。軍隊作戰時需要糧食飼料。因此，食物的供給成為軍事行動和軍隊規模的主要限制。但偶爾也有例外，突發的流行病會突然改變軍事平衡——這種改變有如神蹟，正如《聖經》裡所記載的，西元前七〇一年，亞述人在耶路撒冷城前的敗戰就是一例。[1]

由於祭司們擁有宗教儀式和祈禱的知識，防範疾病和其他天災就成為他們的職責。而讓行進間的軍隊自當地獲得糧食和飼料補給則是統治者和行政官員的責任。最容易的方式是用武力直接劫掠當地糧食生產者，搶奪他們的糧食或牲畜，並在當地和短時間內吃光用盡。這樣的軍隊必須能迅速鎮壓抗爭，然後立刻前進，因為軍隊會迅速耗盡當地物資，所到之處猶如蝗蟲過境。物資遭到掠奪的農民可能會餓死，在來年要播種時確定將非常難以找到種子。而這類軍事行動所造成的浩劫必須要幾年，甚至數十載才能修復。

西元前二二五〇年左右，阿卡德王薩爾貢（Sargon）* 掠奪首都基什（Kish）附近所有美索不達米亞地區，顯示這種組織性搶劫所擁有的潛力和極限。他的一個碑文上宣稱：

基什王薩爾貢的三十四場征戰皆大獲全勝，其所毀滅的城牆遠達海濱……薩爾貢，他是王，是恩利爾（眾神之首），根本不允許有任何對手出現。每天都有五千四百名士兵在他面前進食。[2]

在五千四百名士兵的日夜追隨下，這位偉大的征服者在任何當地敵手前，無疑都擁有絕對優勢，因此他能取得三十四場勝戰。但要維持這樣一支部隊必須年年出征，毀壞一片又一片的豐饒土地以讓士兵衣食無虞。薩爾貢的軍隊的確可以和一場流行病所造成的傷害相比，而後者在消滅當地相當一部分人口的同時，也賦予其好幾年的免疫能力。同理，此類掠奪使土地生產率下降，在人口和土地恢復生機前，要再讓類似規模的軍隊經過，實際上不可行。[3]

但每當傳染性微生物和寄生人類的互動變得足夠廣泛和密切時，流行病便會變成地方病。戰爭亦是如此。因此，倘若我們把注意力從薩爾貢時代轉到阿契美尼德帝國（Achaemenid Empire，西元前五三九至三三二年），便可以看出，在這段漫長的時間裡，戰爭對大王子民的毀滅性已經沒那麼重大。比如，當薛西斯決定對希臘發動那著名的侵略戰爭時（波希戰爭，西元前四八〇至四七九年），他從波斯波利斯的皇宮發號施令，指揮代理人從各自的管轄地徵集糧食，沿著規劃好的行軍路線，運送往各站。結果，薛西斯得以率領超出薩爾貢十倍的兵力入侵希臘，而無須破壞沿途各地。在希臘當地如此糧食缺乏的國家，他當然無法維持如此龐大的軍隊超過幾星期之久。因此，當希臘最南端的幾個城邦拒絕投降時，薛西斯不得不撤出相當的兵力，因為他無法餵飽戰場上的整批軍隊，使其安然度過冬天。[4]

---

* 阿卡德帝國的創建者，在位期間西元前二三三四至二二三一五年。——譯註

就我們所知，在薛西斯軍隊經過之處，沿途地方稅金和租金仍舊照常繳納，沒有中斷。正是這類收入定期集中到行軍沿線的財庫裡，當地居民才能免受掠奪的毀滅之苦。將這類受到控制的稅收和薩爾貢掠奪系統相較，前者的互惠互利明顯可見。如此一來，國王和軍隊的糧食補給更有保障，行軍可以更遠，由於不必停下來沿途劫掠，軍隊抵達戰場時體能狀況更佳。同樣地，農民向收稅官和收租官繳納一部分收成，數量或多或少是固定的，這也可避免斷續的窮困和受飢的危險。無論上繳這些稅租有多困難——古代帝國的農民狀況想必已接近維持生物生存的最低限度——定期稅租有較優異的可預料性，使得薛西斯的帝國體系比薩爾貢無節制的掠奪更得人心，儘管掠奪只能數年才能發生一次，而收稅收租卻可年年行之。因此，儘管徵稅收租使統治者和地主的利益與農民生產者的利益出現對立，但以這類控制得宜的稅賦代替掠奪，能使雙方都獲得好處。

從現存的文獻看來，有關其他古代帝國的稅租制度的發展，其記載不像中東地區如此明確。話雖如此，在古代中國和印度也明顯出現類似的帝國官僚體制。而不久後，羅馬的興起使地中海地區也出現這種制度。而雖然在時間上相隔很遠，美洲印地安文明也曾發展出類似的管理制度，將剩餘的農產品轉送到遠方統治者的代理人手中，而統治者則運用由控制得來的糧食和其他產品，與心腹顧問商討決定，是要用於戰爭或是祭拜。

值得一提的是，戰爭並非總是凌駕於一切。有時，統治者寧願籌劃隆重複雜的宗教儀式，組織大型建設，而不是把資源全部投入軍隊的維持。在古埃及，地理條件使得邊防事務相對簡單，第五王朝的法老因此可以動員全國人力來建造金字塔，而且是一位法老建造一座。金字塔的巨大規模證明他們所能調度建塔的人力之多。即使是在飽經戰亂的美索不達米亞，廟宇建造所消耗的稅收也和軍事開支不分軒輊。在其他時代和其他地方，戰爭和福利[5]對資源的分配使用則沒有一定規則，於古代或近代皆是如此。

但我們可以說，無論資源用在何種目的上，古代大規模的公眾行動總是透過命令實施。統治者或其代理人和下屬發布命令使其他人服從。人類基本上可能是自孩童經驗習得這種公共管理模式，因為父母慣常發號命令和指示，孩童被期待（和往往被迫）服從。父母比起孩童，知識較廣，力氣更大；由於能獲取在管理階層上下傳達的資訊，這種優勢使得君王見識更廣；而在職業軍人的助力下，君王也比子民強大。有時，君王還是活著的神祇，藉此獲得另一種形式的權力。

在整個結構中難以處理的是長程貿易以及從事這行的人。不過統治者必須從遠處進口物品。例如，冶煉青銅所需的錫通常無法就近取得，號令也無法強迫人民挖礦，將其冶煉成鑄塊，然後運過海洋和陸地，送往君王和大祭司想要的地方。其他稀有產品同樣無法以直接的動員命令來強迫人民聽命。統治者和權貴不得不學會以或多或少的平等方式去和這類產品擁有者應對，改以外交手腕和禮節取代命令。

無疑地，轉變過程緩慢艱難。在遠古時代，國王組織軍隊遠征，從遠方奪取所需物品。比如，這就是烏魯克（Uruk）國王吉爾伽美什（Gilgamesh，約西元前三〇〇〇年？）如何準備遠征，以從遠方雪松森林取得木材的實例：

「但我要開始砍倒雪松。

我將為自己創立不朽名聲！
朋友，我要下令兵器匠；
他們得在我們面前鑄成兵器。」
他們命令兵器匠。
工匠坐下開會。
他們鑄出巨大兵器。
他們鑄出三塔蘭特重的巨斧。
他們鑄出巨劍……[6]

想當然耳，以襲擊掠奪稀有物品風險很高。吉爾伽美什的故事告訴我們，在從雪松森林回來後，他便失去了朋友兼夥伴恩奇都（Enkidu）——這就像以詩伸張正義，因為恩奇都拒絕交易。如以下這段文字所示：

於是胡瓦瓦［雪松森林之主］投降。
然後胡瓦瓦對吉爾伽美什說：
「放我走，吉爾伽美什：汝將為吾王，吾將為汝僕。
吾種植於山上之林，吾將砍下，為汝建屋。」

但是恩奇都對吉爾伽美什說：

「莫聽胡瓦瓦之言，切勿留胡瓦瓦一命。」[7]

於是，兩位主角殺害胡瓦瓦，勝利凱旋回到烏魯克，想必還帶回雪松。

殺害胡瓦瓦的決定反映高度不穩定的權力結構。吉爾伽美什不能在雪松森林中長久停留；他只能用優勢兵力暫時並困難地壓制對方。如果恩奇都和吉爾伽美什沒有殺害胡瓦瓦，一旦遠征軍撤走，胡瓦瓦就會恢復掌控違抗外來者的權勢。顯而易見的是，無論吉爾伽美什接受或拒絕胡瓦瓦的投降，依照這類方法很難保證烏魯克能取得充足的木材供給。

要從過於遙遠、因而指令結構不及之處獲得稀有資源，較可靠的方法是以實物交換，也就是說，以貿易取代搶劫。文明社會通常能提供的是專門手工藝製作的產品，而這類產品的研製原本是為神祇和統治者的享樂所設計。當然，這類奢侈品數量稀少；只有少數人能夠擁有。因此，好幾個世紀以來，稀有物品的貿易大部分局限在文明地區的統治者和行政官與遠方的地方當權者之間。只有文明地區的統治者和官吏才能擁有技術精湛的工匠奉命製作的奢侈品。再者，他們只對提供遠方當權者這類奢侈品有興趣，因為後者能組織必要勞動力來挖礦、伐木或完成任何必要任務，之後再將這些產品送往文明地區的消費者那裡。因而，這類貿易傾向於在周遭人類社群中複製文明地區的指令結構（有時在剛開始時規模相當小），這和去氧核糖核酸和核糖核酸在有利環境中複製其複雜的分子結構之手法十分相似。

透過討價還價議定貿易條件，不但是順應市場的供需，也是出自權力、聲望和儀式的考量。由於古代帝國仰賴不肯堅決聽從帝國命令的遠方供應者，這就對管理形成限制，有鞭長莫及之慮。但這類情況鮮少發生，因為維持軍隊和行政官僚體制——這兩者是撐起薛西斯和所有偉大君王權力的支柱——的大部分真正重要產品都可以在國界內取得，並可透過命令有效調度。在這些產品中，最重要的是糧食。人（和馱畜）幾天不吃東西就無法生存，這個簡單事實使其他所有事務都相對不那麼重要。

上述情況也許讓人以為，政府和外國的貿易與其在本國的貿易必有明顯差異，實情並非如此。君王必須用賞賜、讚揚和懲罰相互混合的適當方式來對待在地方作為其代理人的地方長官和其他行政官吏。以命令來動員只有在人民俯首稱臣時才能行之有效；這類服從往往得用金錢購買，不同的只是付給較遠和較獨立的地方官，其所砸金錢多寡的差別而已。

早期的文明要能存續，得藉助於將糧食從生產者轉移到統治者和權貴手上，然後後者再以透過此手法得來的糧食養活自己和軍隊及專業工匠。有時，生產食物的大部分勞動力也會被徵調來進行某種公共工程：開鑿運河、建築城市防禦工事，或建立廟宇。在資源從多數轉移到少數人手中此基本現象外，還有一顯著事實，即奢侈品在統治菁英中上下流通——有一部分被當作禮物，由權貴賞賜給隨從和下屬，另一部分則是下屬對上司的納貢。跨越政治邊界的貿易其實只是這個權貴間較大交換模式的變體。前者與後者的不同處在於前者的這類交換更容易中斷，而且不像文明國家統治菁英內部盛行的交換帶有強烈的尊敬和賞賜意味。[8]

另一個值得強調的古代帝國特徵就是，國家的大小通常適合其政體的生存。徵收稅賦的政府想要運轉順利，君王每年就必須有部分時間居住在首都。對君王的主要臣僕進行賞罰所需的物資集中到單一地點能使此類運作最為有效。這類事務得立即處理，不然行政機器很快便會停止運轉，無法將最大量的資源集中起來。在統治者身邊維持一支足以威懾或打敗任何可能籌劃謀反的敵手的軍隊，也同樣重要。因此，君主最好大部分時間居住在自然運輸路線，尤其是水道的某個中央位置，這可使得從周遭鄉村地區年復一年匯集必要糧食成為可行之舉。

說來，如果首都是國家的基本要素，如果統治者也必須全年或一年中有部分時間居住在首都的話，那麼帝國邊界的拓展自然就會因此受限。統治者想要有效實行君權，就必須在面臨國內反叛或國外攻擊的有力挑戰時，能動用優勢兵力。但如果統治者和禁衛軍每年至少得在首都住上一段時間，如此一來，離首都超過九十天以上的行軍地點便算危險地帶。

薛西斯入侵希臘時，便遠遠離開了伊朗首都的九十天半徑之外。[9] 結果，他的有利作戰時間被大幅縮短，導致他無法取得決定性勝利。波斯人入侵希臘的行動事實上超越了帝國擴張的界線。其他地方的某些帝國也受到類似限制，只有在帝國邊界外不存在勁敵時才會出現例外。在這類案例中，數量相對較少的衛戍部隊和駐守周邊的騎兵遠征軍（如薛西斯帶往希臘的軍隊）也許就足以行使和擴展君權。例如，中國勢力向長江以南的華南地區拓展的大多數階段，似乎就屬此類例證。然而，當中國軍隊遭逢地方的強力反抗時，便落得如同薛西斯軍隊在希臘的相同命運。正因如此，越南才得以在歷史上取得獨立。

因此，運輸和糧食供應是古代君主和軍隊面臨的主要限制。金屬和武器補給儘管重要，卻鮮少成為關鍵變數。相對而言，戰爭的工業層面微不足道。雖然如此，我們透過歷史紀錄，仍可以發現武器系統因零星的科技發現和發明所引發的一系列重大變化，這些變化足以改變戰爭的原有條件和軍隊組織。可以預料的是，伴隨這類改變而來的社會和政治劇變影響深遠。從政權的軍事基礎的系統性改變這個框架來審視帝國興衰，便可管窺古代王朝和帝國歷史的動盪。[10]

在上文中已經提到此類的第一個分界點：青銅武器和盔甲出現在文明歷史之初或近於初始階段，可從西元前三千五百年左右的美索不達米亞算起。在薛西斯可以任意支配的那種帝國指令結構，得以在古代美索不達米亞深深紮根前，下一個武器系統的重要改變就出現了。那就是戰車設計得到重大改進。西元前一八〇〇年後不久，輕便和堅固的兩輪馬車問世，機動性和火力驟然提高到新的水準；這類戰車可在兩匹奔馳的馬兒後於戰場上橫衝直撞，不會翻覆，也不會崩解。戰車之所以能成為最優秀的戰爭工具是得力於一項關鍵進步，也就是裝有輻條的車輪之發明，外加能減少摩擦的車轂和車軸設計。以木料製造有車轂的車輪，可保證車輪圓周的準確，在衝撞中維持平衡，並使其在負載幾百公斤下高速行駛時也不會解體；但這一切並非輕易一蹴可成，需要輪匠的專業技術。短小堅固的複合弓（compound bow）也是戰車武士的重要武器裝備，而製造這種弓同時也需要高超的工匠技巧。[11]

戰車設計得到完善後，技巧高超的弓箭手會站在駕車者旁邊，對敵方步兵發射如雨般的箭，而自己也會因戰車行動快速而處於相對安全的位置。在開闊的原野上，移動迅速的戰車可以輕易超過步兵，或切斷他們和補給基地的聯繫。戰車擁有雷霆萬鈞之勢——至少在戰車剛問世的早期是如此——儘管敵軍在地勢不平的地面和陡峭坡地上總能找到躲避戰車武士的安全地點。但由於在戰車用於戰事的時代裡，文明世界的所有主要中心都在平原地帶，因此此類局限並不占有關鍵的重要性。當時真正的關鍵問題在於能否獲取馬匹和輪匠及弓箭匠的技術。青銅冶煉仍有其重要性，因為戰車武士揮舞的是刀劍和長矛，身著金屬盔甲保護，這是文明世界的武士長久以來的習慣作法。

最能得力於戰車作戰的民族非草原居民莫屬，由於他們的生活方式保證他們可以輕易獲取馬匹。因此，在西元前一八〇〇到一五〇〇年之間，好幾波裝備有戰車的野蠻征服者橫掃中東所有文明地區。這些新來者創立一系列「封建」國家，在這些國家裡，少數戰車武士菁英掌控具有決定性的軍事力量，並在實際上和封建領主分享統治權，而領主必須在得到大多數戰車武士階級首肯的情況下，命令才能貫徹落實。一群群獲得勝利的戰車武士分散到被征服的中東土地，透過掠奪（在初始階段）或地租（在徵稅變成常規以後）的手段，將大多數可以徵收到的剩餘農產品集中到自己手中，依此削弱中央政權。但在帝國政府官僚傳統早已發展起來的中東地區，不消多久中央政權便死灰復燃，並將新的軍事科技挪為己用。譬如，西元前一五二〇年後，埃及新王國用努比亞（Nubia）的黃金雇用戰車武士，憑此擁有了一支常備職業軍隊，而後者在好幾代間都所向披靡。

戰車在中國和印度的出現則標示著更劇烈的變化。在印度，戰車武士在西元前一五〇〇年左右中斷了古老的印度河文明，「黑暗時代」持續好幾個世紀，直到文明生活的新模式出現為止。在中國，卻出現相反的轉變，一個使用戰車的新朝代——商朝，引導一個比先前存在於黃河流域、差別更為顯著的社會的發展。商朝戰車武士的貴族階級其奢華程度和收入都因征服而得到提高，幾個代表後繼中國文明特徵的技術在此時開始出現。

反觀在歐洲，戰車似乎沒這麼重要。誠然，伴隨或緊接著愛琴海地區的霸權從米諾斯轉移到邁錫尼後，希臘就有了戰車。在短短幾個世紀之內，戰車也出現在遙遠的斯堪地那維亞和偏僻的英格蘭。但如果史詩作家荷馬對邁錫尼戰爭策略的描述正確的話，那麼歐洲武士並未好好發揮戰車其機動性和火力組合的強大優勢。根據荷馬史詩中的描述，英雄們反而是跳下戰車，在地面用長矛和其他近身肉搏武器作戰，戰車僅被拿來炫耀，成為來去戰場的交通工具。[12]

戰車造價和保養所費不貲，一來因為製造的手工技巧複雜，二來因為在找不到能終年餵養馬兒的草地的情況下，養馬費用極為昂貴。因此，戰車武士統治的社會是由極少數貴族把持。這極少數的武士階級總是能從農業生產者那裡奪取最多最好的剩餘農產品，無論用什麼方法，或無論剩餘有多少。工匠和商人、吟遊詩人甚至教士都對統治菁英討好迎合。當這類統治菁英與絕大多數的人不同種族時——這種情況時而可見——統治者和被統治者間的關係普遍淡漠。

武器系統的下一個重大變化在古代世界中帶來戰爭的劇烈民主化，從而使社會平衡尖銳地搖擺到另一邊。西元前一四〇〇年左右，在小亞細亞東部發明出以鐵製造實用工具和武器，但要直到西元前一二〇〇年左右，這項新技術才從其發源地向外廣泛傳播。如此一來，金屬變得非常便宜，因為地殼鐵礦分布極廣，而冶煉所需的木炭也很容易製造。一般平民首次能擁有和使用金屬，至少是少量金屬。尤其是鐵犁改善了耕作條件，耕作面積可藉此拓展到難以開墾的黏土土壤，導致財富慢慢但穩定地增加。普通的耕作勞動者首次經由他們自己無法製造的工具得到好處。換句話說，農民開始從技術分化中得到實質利益，而此現象是文明的標誌。上述情況發生後，文明的社會結構變得比以前穩固許多。推翻統治菁英此舉不會再使社會分化幾乎完全瓦解，而這在以前不乏先例，時常可見，如在印度河流域。

就戰爭而言，鐵的價格低廉意味著相當大比例的男性人口可以得到金屬武器和盔甲。普通農民和放牧人因而在戰爭中變得更強大，以戰車為社會特徵的少數貴族結構從而產生突變。當揮舞著鐵器的入侵者推翻倚靠壟斷戰車掌控政權的統治菁英時，一個更民主的時代出現曙光。

山地居民和居住在文明社會邊緣的野蠻人從金屬價格低廉中得到最大利益。在這類社群中，首領與追隨者間的情誼和團結堅固牢靠，因為他們的生活方式遵循傳統原始的平等主義，全民上下一心。戰車武士不能將人數上占優勢的臣民武裝起來，以對付新近因擁有鐵製盔甲武器而變得可怕的野蠻人：武裝地方百姓只會讓他們紛紛起而叛變。因此，擁有戰車但缺乏百姓堅定支持的貴族便被野蠻部落推翻，後者的盾和鐵製頭盔保護他們免於受到戰車武士的利箭攻擊，而過往戰無不克的戰車戰略在戰場上變得毫無用武之地。

西元前一二〇〇至一〇〇〇年間，在中東，製鐵技術的傳播加速新一輪的入侵和移民活動。新民族——希伯來人、波斯人、多利安人（Dorians）和許多其他民族——進入歷史紀錄，開創一個野蠻、但具有更濃厚平等主義特色的時代。如《士師記》作者在一個暴力和混亂的血腥故事結尾時寫道：

> 在那些日子裡，以色列沒有國王；每個人都為所欲為。[13]

但事實證明，平等主義和無法無天的地方暴力轉瞬即逝。職業軍隊的優異價值立即變得顯而易見。埃及和巴比倫帝國在戰車入侵前就擁有的中央政府傳統得以延續下來，為野心勃勃的建國者，如掃羅

(Saul)、大衛和各式各樣的敵手善加利用。因此，西元前一〇〇〇年後，君主官僚制度又開始在中東占主導地位。每位君主都有常備部隊作為後盾，在必要時還可徵召民兵來做補充。由於維持職業軍隊的開支來自稅賦，維持薛西斯龐大帝國的那種指令結構於是得到發展機會。

在鐵器時代早期，亞述國王在執行武裝部隊的官僚管理上最具成效。他們發展了一支階級分明的部隊，誰該聽命，誰該服從，界定得清晰明確。標準化裝備，標準化單位，以及用人唯才的晉升管道：這些熟悉的軍隊管理官僚原則看來都是亞述統治者所開創或使之標準化的。與之平行的文官官僚也證明自身能力不凡，能為籌劃中的征戰徵集糧食，為便利軍隊的長途調動修築道路，以及為修築防禦工事動員勞動力。

亞述人使這類行政管理模式常規化，而我們可以在西元前三〇〇〇年找到許多先例。但歷史學家對亞述人的評價一般不高，因為我們看到《聖經》裡對凶猛的征服者滿懷敵意的描繪——他們在西元前七二二年毀滅以色列王國，西元前七〇一年，猶太王國也差點難逃一劫。但是如果我們說，直到十九世紀，文明世界大部分地區的基本行政管理機制，是沿用亞述人於西元前九三五至六一二年間所明確建立的帝國權勢運作體制，絕非言過其實。那些稱霸一方的國王在發展新軍事裝備和軍隊編制上也非常有獨創性。譬如，他們發明了圍困設防城市的一系列複雜裝置，連帶在戰爭中自然而然地用上攻城部隊。總之，亞述式軍事管理似乎充滿激進的理性法則，從而使他們的軍隊成為史上最所向無敵、紀律最嚴明的大軍。

諷刺的是，正是願意實驗新的軍隊模式此舉加快亞述的滅亡。西元前六一二年，劫掠首都尼尼微

(Nineveh）的軍事聯盟出現新的戰爭要素，那就是直接騎在馬背上的騎兵（cavalrymen），亞述帝國因此永遠覆滅。沒有人確切知道騎兵是在何時何地成為常規兵力之一。但我們從早期圖像中便可以見到跨騎的亞述軍人。[14]因此，亞述人可能是在無止盡地探求使用武力的最有效方法時，發現了雙手拉弓時還能同時駕馭坐騎的方法。剛開始他們是採用騎士配對，一人同時控制兩匹馬的轡繩，另一人負責拉弓。這是模仿戰車上駕車者和弓箭手的傳統配對，而正是這種配合使得戰車作戰成為可能。這類騎士配對事實上就是沒有戰車的戰車武士。戰車武士學會直接騎馬後，戰車就變成不必要的累贅，被棄置一旁。[15]隨後，人馬合為一體，單個騎士也敢丟開轡繩，使用雙手拉弓。

多數歷史學家認為，從騎兵革命中受惠最大的草原遊牧民族，正是利用馬兒速度和耐力這個新戰術的先鋒。這個論點也許正確，但卻沒有證據。雖然遊牧民族在後來成為騎射能手，但這無法證明他們是發明此項技術的人；這只能證明他們比其他民族能夠更有效地利用這種新作戰方式。最初採納騎士配對的是亞述軍隊，這使人認為，他們才是將馬匹的高速用於戰事這類戰法的主要先驅。

即使草原遊牧民族熟悉騎射的人多到足以向文明地區發動大規模襲擊，但要到數個世紀之後，騎兵戰術的技巧才傳遍歐亞草原。從草原開始發動騎兵侵襲的起始時間大約是西元前六九〇年，當時被希臘人稱作辛梅里安人（Cimmerians）的這支民族肆虐大部分的小亞細亞；這剛好是亞述人在戰爭中大規模使用騎兵之後兩個世紀。辛梅里安人在摧毀了佛里吉亞（Phrygia）王國之後，便返回其原居住地，即烏克蘭草原。之後，一支新民族斯基泰人從中亞的阿爾泰（Altai）西遷，蹂躪辛梅里安人。新來者在西元前六一二年再次派出騎兵大軍入侵中東，參與尼尼微的搶劫行動。

這兩次大規模侵略在中東軍事史上開創了基本上延續到十四世紀的新時代。在遠東，蒙古和鄰近地區的鐵騎侵擾一直要到西元前四世紀才有明確記載，儘管有些學者認為，西元前七七一年西周王朝覆滅可能是斯基泰騎兵從阿爾泰地區入侵而導致。[16]

騎兵革命在歐亞大陸影響深遠。草原民族一旦掌握騎馬技巧，並學會用當地唾手可得的材料製作弓箭和所有必要隨身裝備的技術後，就能指揮費用較低、機動性更強的武裝部隊迅速投入戰場，而這是文明民族無法望其項背的。因此，草原武士可以肆意襲擊南方的文明國家，幾乎總是能全身而退，除非南方國家的統治者也能在自己的軍隊體制中複製野蠻民族的高度機動性和旺盛士氣。

以夷制夷是明顯可行的戰術。事實上，這就是薛西斯和其阿契美尼德先輩所採納的戰術，以此保護暴露在草原民族覬覦下的邊疆。大部分的中國君主也採納相同手法。付錢給邊境部落以保護邊疆免於受到可能的入侵者襲擊，此舉可以在邊界沿線展開一張無法突破的保護膜。但這類安排總是有土崩瓦解的可能。邊境守衛不斷處於加入那些境外野蠻民族行列的誘惑中，儘管中國政府支付他們軍餉是要他們防禦野蠻民族，但是短時間內透過掠奪而得來的利益和好處，可能遠遠超過他們與中國政府當局所能議定的新軍餉數目。

此後兩千年，在這個廣泛框架下，草原部落和文明國家的統治者和官僚間，產生變化無窮的軍事、外交和經濟關係。領取保護酬勞和襲擊入侵不斷交替；有時毀滅性的掠奪使相關各方都陷入貧困。圍繞單一首領形成的草原戰爭聯盟或興或衰，而首領時常是魅力十足的領袖人物，其中最偉大的是成吉思汗（西元一一六二至一二二七年）。這類聯盟引入另一種變化模式。儘管草原和耕地之間的政治和軍事關係經歷無數搖擺，但草原民族持續占有優勢，因為他們有更優異的機動性，且能便宜取得軍事裝備。這便形成一個反覆模式：文明地區不斷被遊牧民族征服。

每當地方防禦能力減弱（不管出自何種理由），遊牧民族的襲擊就會如滾雪球般年復一年加強力道，因為掠奪性遠征的勝利會傳遍草原，使得各民族蠢蠢欲動。倘若地方防禦徹底瓦解，入侵者就會想要永遠占領那些無力自衛之地。入侵者因此自然而然地成了統治者，並立刻體認到以徵稅代替掠奪，保護繳稅子民不受敵手掠奪的好處。在這些情況下，至少在一段時間內，地方有效防禦可望加強，直到新統治者喪失對部落的內在凝聚力，為城市生活的安樂舒適而放棄好戰習性——於是，進攻和征服的週期可能就會重新展開。

第二種模式也在草原民族中形成。在草原地帶，溫度和雨量從西向東慢慢減少。蒙古草原的氣候條件變得對人類和牲畜一樣惡劣。往東，在滿洲，雨量的增加帶來豐美的牧草地和溫和的氣候。這類地理布局的後果是，有選擇餘地的部落情願離開蒙古，往東或西追求更繁茂的牧草地。根據推測，西元前八世紀，斯基泰人就是受到西部更豐美的草原的吸引，才從阿爾泰遷徙到烏克蘭。在接下來的幾個世紀裡，其他部落也跟著往西，首先是印歐語系民族，後來是突厥人，最後是蒙古人進入東歐，每個民族都順應歐亞草原的地理變化而生活。

因此，騎兵革命引發兩大人潮流動。草原部落斷續成功征服鄰近草原的文明地區，如中國、中東或歐洲。與這股從草原移動到開墾土地上的行動共存的是在草原內從東向西的遷徙。在前者，遊牧民族得放棄固有的生活方式，成為地主和文明地區鄉村的統治者。而在後者，熟悉的遊牧生活模式可以在多少得到緩解的條件下維繫不墜。文明地區的統治者和軍隊在阻擋遊牧民族來犯的壓力上只取得零星成功，甚至連中國的長城在抵禦遊牧民族的襲擊和征服上也不具成效。

地理和社會政治條件維持著草原和農地間一種變化多端的平衡。雨水不足使得大片草原不適宜耕種。的確，在像烏克蘭這般灌溉較好的地區，穀物往往可以豐收，因為小麥也是一種禾本科植物。因此，在烏克蘭，以及在滿洲、小亞細亞和敘利亞等類似地區，遊牧民族占領天然草原，也種植穀物以作為利用土地的替代方式。決定永遠占據這些邊境農地的遊牧武士，往往將用犁耕作的農夫完全趕出；然而，耕作土地會有更大的糧食生產能力，這意味著，在和平和人口增長時期，耕地會時不時延伸到草原，直到新的軍事政治動盪帶來新的掠奪、新的破壞，使局部地區重新返回畜牧生活。

從西元前九〇〇年到西元一三五〇年這超過兩千年的時間裡，在中東和東歐的廣闊地區內，這種農民和牧民間的界線此消彼長，反覆不已。就整體而言，在這段漫長的時間裡，遊牧民族的騎兵戰術享有優勢，這意味著牧草地得到不斷擴張，而土地的農業利用總是因受限於氣候，從而在很大程度上發展停滯。

在遠東，由於季風雨，農地和草原的轉化變得更加劇烈。再者，中國人在華北半乾旱的黃土地帶進行密集耕作所得到的較高收成，遠遠超過在相同土地條件下，從畜牧業中所能得到的收穫。因而，每次遊牧民族襲擊中國邊境地區，打斷黃土地帶的農業耕作後，那裡農業的重建速度似乎總是比較快速。[17]

除了地理和社會經濟因素，武器系統的進一步變化也幫助界定遊牧部落和定居農民之間變化劇烈的平衡。這種武器變化儘管不如上文提到的那般影響深遠，但仍重要到足以改變西亞很多地方和歐洲大部分地區的社會結構模式。西元前六世紀到一世紀期間，伊朗地主和武士培育了一種強壯的大型馬，能承載身穿鎧甲的騎士。[18]這類馬匹往往身披金屬罩衣以抵禦利箭。由於負荷的重量很大，牠們不能像草原矮種馬般毫無阻礙地奔馳。話雖如此，鎧甲騎兵隊或多或少可以抵禦利箭，而且可以手持弓或長矛進行進攻，構成一種對抗草原襲擊者的極為有效的地方防禦方式，而文明地區以前所能提供的自我防禦都無法與之比擬。這類大型戰馬當然得要餵養，但在耕作土地上，天然牧場卻很稀少。不過馬兒可以吃人工種植的飼料作物，尤其是苜蓿，不必再與人類爭奪穀物。[19]種植苜蓿使得養育大型戰馬的費用大為降低，伊朗人因此可以在耕作土地上維持一支數目龐大、剽悍可怕的鎧甲騎兵。這類騎兵能夠保護當地農民不受大部分遊牧民族的襲擊侵擾，這麼做也是有明確的自我利益，因為他們本身的生計直接仰賴他們所保護的農民的耕作。

因此，對暴露在草原襲擊下的農民而言，花錢維持一支伊朗式的重騎兵相當值得。但對於有城牆保護的政治活躍城市居民而言，這類地方自我防禦系統賦予大型戰馬擁有者的軍事霸權，有時使居民如芒刺在背，因而這類新技術傳播到地中海沿岸的速度緩慢無比。從哈德良時代（西元一一七至一三八年在位）起，[20]羅馬軍隊開始實驗新的鎧甲騎兵，但是起初「重甲騎兵」（cataphracts，希臘人如此稱呼這類戰士）人數一直很少。況且在羅馬和拜占庭時代早期，軍餉是以現金支付，不像在伊朗，軍人被允許住在村民之間，直接向所保護的村民拿取收入。[21]直到西元九〇〇年後，拜占庭社會才出現徹底的封建組織重整，時間大大落後於說拉丁語的歐洲，後者在查理．馬特（Charles Martel）於西元七三二年將新式騎兵引進西歐後的一百年內就經歷這種變化。

當然，法蘭克人以新的方式使用這類高大戰馬。這類拉丁語系的基督教騎士偏好用長矛、釘頭錘和劍做近身肉搏戰，而非拉弓。這完全背離東方作戰手法，與荷馬筆下的英雄對箭術的輕蔑如出一轍。但此現象又與荷馬史詩中顯然不合理地胡亂使用戰車迥然不同，因為實際上騎士戰術非常有效。騎士在奔馳的馬上全力衝刺時，長矛尖便有巨大的衝力。只有裝備類似的軍隊有希望與這麼集中的衝擊相抗衡。若想在衝撞瞬間坐穩，騎士就必須將雙腳抵在沉重的馬鐙上。馬鐙顯然是發明於第五和第六世紀交替之際，隨後迅速傳遍歐亞大陸，由於傳播速度太快，現在已經無法確定這個簡單用具的最初發明之地。這發明使西方騎士在戰場上的攻勢勢如破竹，並加強草原騎兵的效率，因為馬鐙使得弓箭手能在奔馳的馬上坐穩，瞄得更準。[22]

重騎兵在西亞和西歐的崛起，重現了一千八百年前左右，戰車對社會和政治結構的衝擊。每當優勢兵力集中在裝備和訓練精良的少數人手中時，中央政府就很難阻止這些人攔截大部分的剩餘農產品，並在當地消耗掉，結果就產生「封建制度」。但是伊朗和地中海地區的老舊帝國形式和習俗仍舊苟延殘喘，為重建更有效的權威提供模範和前例，而軍事力量的平衡再度轉向有利於中央集權管理形式。[23]

遠東的發展則相當不同。儘管漢武帝在西元前一〇一年的遠征將伊朗的汗血馬引進中國，但這些戰馬始終未在遠東占據重要地位。能夠在百碼或更遠之外將鎧甲騎兵射下馬匹的弩在中國唾手可得。這種武器的強大足以抵銷新式重騎兵的戰鬥效力。再者，中國統治者偏好使用透過稅收集中到手上的資源，在支付邊防職業軍隊軍餉和向邊境外的當權者贈送外交賞賜之間，維持適當的平衡。在中國社會內部，由漢朝皇帝（西元前二〇二至西元二二〇年）所界定的這類納稅人和用稅人之間的平衡，持續了很長一段時間，即使因官僚腐敗或在野蠻民族超乎尋常的凶猛攻擊下不時中斷，總是能輕易恢復。

在一個主要武器系統界定的任何典範內部，紀律和訓練的起伏變化形成重要的局部變數；而偶然出現的偉大首領則在政治軍事場景上，添加另一戲劇性面向。馬其頓的亞歷山大大帝（西元前三三六至三二三年在位）就是這類人物，倘若沒有他，很難相信古希臘的影響能隨他的軍隊往東拓展進入亞洲。

穆罕默德一生的努力與他周遭忠誠的追隨者，所創下的功業更令人刮目相看。穆斯林的勝利完全仰賴新的社會紀律和宗教信仰，後兩者將阿拉伯半島上的所有部落團結成單一武裝組織，且絲毫未影響到其武器設計。然而，穆斯林在中東和北非創立了一個相對中央集權的新帝國，在從伊朗到西班牙的這片廣袤土地上，支持社會中的城市、商業和官僚因素，反之，當時各鄰國為取得軍事力量上的平衡，則偏好採納封建政治傳承。

在世界歷史中，若說最主要事件包含伊斯蘭教的興起和早期哈里發政權的建立，應該沒有疑義；這證明思想概念在人類事務中也占有重要地位，有時甚至能在力量的平衡上起決定性作用，進而確立持久和基本的人類模式。在特定的時間和地點，在可供替代的社會結構相互競爭之處，有意識的選擇和情感信念能決定哪種模式會勝出。伊斯蘭教在中東的興起和傳播即為一例，它大力促進了城市和官僚體制的發展，並以相同力道反制軍事和社會組織的封建原則。

伊斯蘭教的威力在伊朗最為顯著。鄉村騎士若要皈依新信仰，就得放棄軍事生活方式，而後者在好幾世紀以來有效抵禦了來自草原的襲擊。結果，伊朗再次受到草原民族的侵襲，而從十世紀開始，突厥劫掠者和統治者的嶄露頭角便充分證實此點。

西元一千年前，動員人力和物力資源進行大規模建設的指令系統之絕對優勢，從來沒遭受過挑戰。作戰和收稅仰賴命令。公共工程仰賴命令。在邊境地區定居也仰賴命令。[24]誠然，當統治者發現發布命令無法得到他們所需要的東西時，當然就不得不藉助交易；即使是在官僚效率最高的國家中，許多內部行政管理事務依舊仰賴中央政府和地方長官、地主、酋長、教士和其他當權者之間的（或公開或暗地的）交易。

政治邊界外的權力關係帶有相同特徵，差異只在於穿梭往返於各管轄區間的中間人有辦法使自己不隸屬於任何公共指令系統，並在系統的間隙間活動。他們不想在現存的命令階級中尋求升遷、榮耀和金錢，反而是想從交易雙方或旅行路途往返中，謀求最大限度的物質利益。[25]

但這類行徑有其限度。任何累積大量財富的人如果維持獨立於軍事—政治指令結構之外，就會面臨如何保護其財富的問題。除非商人能夠得到某些權貴人士的庇護，不然只要他的物品進入地方當權者的管轄範圍，就難以避免被對方占為己有。取得有效保護的代價可能很高——高到私人資本的累積會遭到抑制。

況且，在大部分的文明社會裡，官吏和地主等權貴享有威望並受到尊崇，但人們對商人則普遍不信任，或抱持輕蔑態度。因此，任何從商業中成功獲利之人多半會同意，獲得土地或以別的方式在地方命令階層中獲得官職，這兩事的好處多多。

因此，貿易和市場調節行為雖然早已行之多年，[26]但在西元一千年以前的社會裡，它們始終處於邊緣的從屬地位。大部分人一輩子和市場誘因毫無關係。每個人的行為都受習慣支配。人的行為會發生大幅度變化，多半是回應社會上層命令的結果，而不是供需買賣的任何變化導致。

對大多數人的生活而言，穀物歉收和流行病爆發這類天然災害的衝擊，遠比任何人為行徑重要。從用犁耕地的農民的觀點來看，不時有之的武裝劫掠和自然災害相去不遠，因為襲擊者行蹤飄忽，來去無蹤，而農民是其主要受害者。預先策劃的有意識行動則範圍很小。在當時，人類是生態平衡的一部分，生存遭受衝擊時，沒有我們的現代科技、組織和資本來做緩衝。在大多數生活環境中，習俗和古老慣例提供明確準則。任何變化，無論是有意識的、和某人意圖一致的變化、或是在古老生活模式瓦解下的極度沮喪時所產生的變化，始終零零星星，都屬例外。

對大多數的人而言，生活的重心就是找到足夠的食物，這也是永恆的難題，而其他事務都在此大纛下退居次要地位。大規模建設的工業基礎問題儘管再現實不過——公共工程需要工具，一如軍隊需要武器——但從某種意義上來說，卻很瑣碎，因為能否取得工具或武器，對於人類能夠從事和實際從事的工作並不造成太大限制。

嚴格說來，戰爭的商業化以及其後在適當時間出現的工業化，是在西元一千年後才展開的。剛開始時，轉化過程很緩慢，一直得到最近幾個世紀才達到幾乎失控的高速。以下各章將嘗試探討這重大變化的主要基準點。

第二章　中國稱霸時代，一〇〇〇年至一五〇〇年

大約在西元一千年後，中國〔宋朝〕的工業和武器裝備出現明顯變化，而歐洲要得到相同成就是在數百年之後。然而，新的生產模式儘管已經達到巨大規模，最後還是以崩解結束。而它的崩解和其興起一樣不可思議。政府政策時有更迭，起初支持改變的社會環境後來阻礙或至少不再鼓勵更進一步的革新。中國因此失去了其在工業、強權政治和戰爭上的領先地位。東方的日本和遙遠西方的歐洲，這些原本邊陲和半野蠻之地，遂取代中國的蒙古帝王，成為世界上擁有最可怕武器的國家。

但在中國對其他文明地區的優勢尚未消退前，一股強大的改革新風就開始吹過連接遠東、印度和中東的南方海域。我在此指的是，因應市場機會，貨物和人員流動的密集增加和日益頻繁。在追求財富或只是求取生計下，人數倍增的商人和小販為人類事務帶來的廣泛變化，遠遠超過已知的過往年代。

中國財富和科技上的顯著成長是以中國本身的大規模商業化為深厚的基礎。因此，人們似乎有理由假設，從日本海和南中國海到印度洋以及歐洲沿岸的廣大範圍內，市場相關行為的急遽增加，都要歸諸於在中國發生的事情所起的決定性推動力。一億人口[1]以此方式越來越陷於商業網絡中，仰賴買賣補貼生計，創造的生活方式與文明世界大部分地區人民的謀生手法截然不同。事實上，本書的論點就是，在西元一千年前後幾百年間，中國快速朝向市場調節路線演變，並在世界歷史上啟動改變關鍵平衡的變

化。我相信，中國的範例開啟人類千年來的探索，也就是仰賴價格和個人或小團體（合夥或商行）的私利概念，來大規模協調人類活動，究竟能取得什麼樣的成就。

人對於指令的服從當然沒有消失。指令行為和市場行為的互動所引發的複雜矛盾毫無稍減。但政治當局發現，擺脫財政束縛的可能性越來越小，財政則越來越仰賴市場的商品流動，而統治者不再能控制後者。他們和平民一樣，越來越陷入現金和信貸的陷阱，因為灑錢比任何替代方案都更能證明，它是為戰爭或其他公共事業動員資源和人力的更有效方式。必須發明新的管理形式和新的政治行為模式，才能使軍事力量和金錢勢力的最初對立取得妥協；後來，在這方面手腕最成功的西歐社會就主宰了世界。

歐洲的興起將是下面幾章的主題。本章旨在闡述中國變革的源頭和局限，以及它對世界其他地區的最初影響。

中世紀中國的市場和指令

想試圖瞭解中國如何取得領先地位，以及它如何失去在其餘文明世界的科技優勢，研究者很快就會碰上困難。中國的歷史學家還得懷抱著合適的問題，在唐（六一八至九〇七年）、宋（九六〇至一二七九年）、元（一二六〇至一三六八年）、明（一三六八至一六四四年）各朝汗牛充棟的文獻中埋首研究。他們需要經過一代或數代的努力，才能對中國的地區變異和社會及經濟轉化所支撐的高級煉鐵和採煤工業，以及曾短暫遍及印度洋的海上霸權，這三者的興衰過程獲得清楚的概念。而在此之前，我們只能希望得到一些普遍的假設。[2]

儘管如此，從事實際研究的學者已經彙集到有關中國成就的驚人資料。譬如，羅伯特・哈特威爾（Robert Hartwell）在三篇令人矚目的文章裡，[3]追蹤了十一世紀華北的煉鐵史。當時在中國大規模發展的技術基礎已經很古老。在十一世紀最初幾十年時，使用精巧的風箱製造連續氣流的鼓風機早已有千年歷史。[4]此時，中國北方的煉鐵廠才開始以焦炭作為此類鼓風爐的燃料，因此解決了黃河流域因樹木匱乏而長期存在的燃料供給難題。焦炭也是在烹調和家居取暖上至少用了兩百年後，才被使用在金屬冶煉上。[5]

話雖如此，即使這些單項技術古老，結合起來使用卻是嶄新手法；一旦焦炭用來冶煉，鋼鐵生產的規模似乎就有驚人的增長，從下列中國的鐵產量表就可顯示：[6]

年分	產量（噸）
806年	13,500
998年	32,500
1064年	90,400
1078年	125,000

當然，這類來自官方稅務紀錄的統計數字可能一貫低估產量，因為小規模的「後院」冶煉有時必定

能逃過官方注意。另一方面，在十一世紀，由於某種原因，官方給予鋼鐵生產更大的關注，產量增加的統計數字也許有部分出自人為誇大。[7]然而，即使這個明顯增長多半是因回報數字所致，哈特威爾曾經指出，在華北一個相對小的區域內，即河南北部和河北南部適合煉焦的煙煤產地或鄰近地區，在一〇一八年，年產量從零竄升到三萬五千噸。在這些地區，大規模企業興起，雇用數百名全職工業勞動者，而在中國其他地區，煉鐵似乎一直是農民在農忙季節外從事的副業。

這類新的大規模企業只有在現有市場需要大量鋼鐵時才能繁盛，而這反過來又取決於運輸和價格關係，價格關係要能吸引一些家庭（也許如哈特威爾指出的，原先是地主）願意興建和管理新的冶煉企業。在大約一個世紀裡，這些條件的確同時存在。運河連接北宋首都開封和河南河北新的鋼鐵生產重鎮；首都則為金屬產品提供巨大市場。鐵用於鑄幣、[8]武器、建築和工具。政府官吏嚴格監控鑄幣和武器製造，一〇八三年，政府認為此時已適合下手壟斷鐵製農具的銷售。

這個決定在中國歷史上不缺前例。自漢朝（西元前二〇二至二二〇年）後，鐵和鹽都是受到官方關注的商品。透過壟斷和分配這兩種原物料，並任意抬高價格，國家可以增收歲入。因此，一〇八三年的決定代表回到古老而行之已久的稅收模式，[9]雖然我們很容易可以據此推測，由此造成的高昂價格可能會抑制民間私用鋼鐵的擴張，從而阻礙鋼鐵生產的進一步發展。

哈特威爾沒有嘗試估計十一世紀中國鋼鐵的最終用途。現存的只是一些零星資料。資料包括，一次下訂一萬九千噸的鐵用於鑄幣，也有提到官方的兩家兵工廠年產三萬兩千套盔甲，從這兩筆資料可以大概推估，鐵在十一世紀末期，從新的鑄造廠以越來越快的速度流入京師的情況。但是從這類資料還是無法估算，與用於鑄幣、建築和裝飾藝術的鋼鐵[10]相比，倒底有多少用於武器製造。而又有多少鋼鐵避開官方製造廠，流入私人企業則無法得知，儘管哈特威爾相信這類情況存在。即使一〇八三年壟斷鐵製農具銷售的決定使得生產受限，我們還是該指出，中世紀中國官方的經濟管理已經達到相當自覺和成熟複雜的階段。白居易（大約八〇一年）對此論點作了如下的簡要論述：

臣聞縑帛者，生於農也。器用者，化於工也。財物者，通於商也。錢刀者，操於君也。君操其一，以節其三。[11]

貨幣管理在當時已具現代特徵。早在一〇二四年，中國部分地區已經引入紙幣；後來，到了一一〇七年，紙幣的使用擴展到開封地區。[12]從以實物納稅到以貨幣納稅的進展非常快速。根據一項估算，在宋朝初期（即九六〇年後不久），每年稅收為一千六百萬串銅錢，而到了一〇六八至七八年的十年間，每年稅收遽增到六千萬左右。[13]那時政府的總體收入也許有超過一半是採取現金支付。[14]

顯然，這類改變顯示至少在中國發展最為先進的地區，社會和經濟已有深遠的變化。透過開鑿運河，除去河川中航行的天然障礙，改善了運輸，加上各地地形和資源差異，使得最貧窮的農民也能進行專業化生產。由於適應不同土壤和氣候的多種農作物可以互相補充，農產量因而明顯上升。而改良種子和系統施肥也創造奇蹟。無數農民開始在自給自足外，還有餘力在本地市場上買賣農產品。除此之外，業餘的手工業勞動為數百萬人彌補了農業收入的不足。當地、地區和跨地區的市場交易遽增，使總生產量得到驚人提高，就如亞當．斯密後來令人非常信服的分析論點所指出地那般，專業化的優點於此全部展現出來。[15]

人口的激增意味著貧窮不會消失。反之，當一些人靠巧妙操縱市場而致富時，另一些人卻成為乞丐。在帝國都城和其他都市裡，他們的慘況令人難以卒睹。貧窮的鄉下人蜂湧進入城鎮，希望找到高薪工作，找不到時便淪為以乞討為業或餓死路邊。從一一〇三年開始就有組織公共救濟的努力，設立安濟坊，但卻斷斷續續，效果不彰，一二二五年的一份請願書便明白指出：

> 冬寒臥倒人更不收養，乞丐人倒臥街衢輦轂之下。十目所視，人所嗟惻。[16]

因此，在冷酷的環境壓力下，即使是中國社會中最卑微的底層，也被迫一有機會就進入市場，總是在追求促進本身整體物質條件好轉的方法。十四世紀的一位作家如此寫道：

> 今夫十家之聚，必有米鹽之市……相時之宜，以懋遷其有無，揣人情之緩急，而上下其物之估，以規圭黍勺合之利，此固世道之常。丁橋雖非封井，而水可舟，陸可車，亦農商工賈一都會。[17]

又如：

安吉人昔能之。彼中人唯藉蠶辦生事，十口之家，養蠶十箔。……以此歲計衣食之給，極有準的也。以一月之勞，賢於終歲勤動。[18]

除了這類本地交易外，不同等級的都會興起，從農村小鎮到省城，到連接長江和黃河流域的運河沿岸的幾座真正的大都會等，不一而足。北宋首都開封則位於顛峰位置，控制整個交易系統。[19]一一二六年後，大運河另一端的南宋首都杭州也扮演舉足輕重的類似角色。

在這個商業擴展和農業專業化的背景下，十一世紀鋼鐵生產的增長似乎並不十分醒目。事實上，日益密集的市場交換允許和鼓勵技術專門化和自然資源的更有效利用，從而導致財富和生產量的普遍增長。而鋼鐵生產量的增加只是其中的一部分。然而在市場上全力追求私利，這尤其能使個體暴發戶累積可觀財富，但此現象卻違背了較古老的中國價值觀，況且這些傳統價值在政府中已根深蒂固，並得到有效的制度化。通過以儒家經典為基礎的科舉而得到官位的官員，往往蔑視商業精神的浮誇表現。譬如，一位叫夏竦（卒於一〇五一年）的人曾寫道：

國家奄有華夏，車書萬里，而經營之制，未逮商旅。至有持粱齧肥，擊轂列第，妻孥服珠玉，奴婢衣紈素，晝思積滯之計，夕念兼併之術。……賦役之課，優容於農家，關市之徵，姑息於平民。眾以為法，賤稼穡，貴遊食。[20]

由於官方教條認為「王者之於天下猶一室之中也」，[21]帝國官員干預和改變現存生產及交換模式的權力從來毋庸置疑。問題只在於某個特定政策能否在現實中強制施行，以及其是否符合整體利益。沒收不義之財總帶有伸張正義和懲罰的色彩。舉目可見的貧民苦難使反抗富商和市場壟斷者的抗爭更為合理。但宋朝官吏認識到，如果毫無區分地行使這項政策可能會減少將來的稅賦收入，從而使國家遭受巨大損失。因此，官員在正義和財政權宜之計、長期與短期利益間，掙扎著力求妥協之道。在十一世紀的一段時間裡，他們的政策使那些在地理上占有利地位、容易進入都城的科技迅速發展，鋼鐵生產得以擴大。哈特威爾已經為我們探討了這方面的驚人結果。

但大規模的商業和工業企業容易衰弱，而其衰弱的原因則和令其繁盛的原因沒有兩樣。與都城的交通中斷或官方對鋼鐵產品的需求驟減都必然會破壞工業。稅率或政府支付價格的變化會扼殺生產——也許速度會較為緩慢，但結果同樣毫無疑問。

無疑地，十二世紀時因情況的改變，開封經濟地區的鋼鐵生產出現衰敗，但因現存的文獻資料中多有佚失，一〇七八年後的統計數字消失無蹤。四十八年後，一一二六年，滿洲的女真部落征服開封，在華北建立一個新政權（金朝），宋朝政府的常規管理被橫生打斷。吃敗仗的宋朝撤到南方，疆域大幅縮小，並以淮河為北方邊界。一個世紀以後，一二二六年，成吉思汗的軍隊大敗女真，勝利者將鋼鐵廠所在區域分封給一位蒙古王子。後來，成吉思汗的孫子兼元朝開國始祖忽必烈登基（一二六〇年），準備征服南方，此時，帝國政府再度直接控管河北和河南產鐵地區。因此，對一二六〇年代的產量作出估算又成為可能。到那時，此地的鐵產量已從一〇七八年的歷史最高峰年產量三萬五千噸，驟減至年產量八千噸左右，而且可以推估，產品全都用於裝備蒙古軍隊，為其製作盔甲和武器。[22]

元朝對鋼鐵的軍事需求本身不足以使產量恢復到以前的水準。其中一個原因就是華北運河運輸的中斷。而這又是一一九四年一場巨大災害的部分結果。那年，黃河決堤，淹沒華北最肥沃的大片土地，最後改道入海。修復運河系統的工程始終沒有開展。因此，在那之後，河南和河北的鐵產量一直表現平平。到一七三六年，曾一度繁忙的鼓風爐、焦煤爐和鋼廠完全廢置，儘管大量焦煤就在附近，鐵礦也距離不遠，但要直到二十世紀，產量才得以重新恢復。

顯然，過於零星的資料使得沒有人有辦法弄清在科技突破擴張期或收縮和衰敗期的確切情況。但我們可以清楚的是，政府的政策總是具有關鍵的重要性。官吏習慣以不信任和懷疑的態度審視成功的企業家，這意味著，任何事業都有被國家接管成壟斷事業的危險。要不，它可能受制於稅金或官方強加的價格，使得維持現有的生產水準成為不可能之舉。中國北方那些技術創新的鋼鐵廠似乎就是遭遇此類情況。假使那些鋼鐵廠曾有機會繼續擴大，它們絕對有能力為中國提供更便宜、更大量的鋼鐵，而那是到當時為止，任何其他國家都沒辦法得到的優勢。

北宋供養的軍隊超過一百萬人，對鋼鐵的需求自然極大，考量到這點，以焦炭作為燃料的鋼鐵技術遭到中止就變得更不可思議。然而，軍方的需求受挫，因為它只在政府官吏的同意下才能生效；而看不起工業巨頭的文官對軍事指揮官也非常不信任，滿懷恐懼，因為有組織的軍事力量，對他們對中國社會的控制，形成普遍認可的潛在挑戰。

在九六〇年代，也就是中國重新統一的最初幾年內，宋朝曾發動過進攻戰爭，但在那之後，便轉為採用嚴格全然的防禦性軍事政策。如以往般，主要問題仍是如何防止遊牧民族越過西北邊界，襲擊中國定居地區。遊牧民族的騎兵勝過中國步兵；但駐紮在密布邊疆要塞裡、以弩為裝備的步兵，可以相當有效地擊退騎兵的攻勢。如果襲擊者選擇繞過這類設防地點，以便更深入地滲透入中國，對此，宋朝政府起初的因應對策則是「焦土」政策，將一切貴重物品帶進城牆內。[23] 倘若襲擊者徘徊不走，平常駐紮在都城周遭的帝國中央野戰部隊就會出動，去騷擾入侵者，將他們趕回邊界外。野戰部隊有一部分是騎兵；它的角色在於鎮壓和威懾可能反叛的邊界守兵，也在於保護領地不受野蠻民族侵襲。[24]

但如果襲擊者的人數暴增，成為真正龐大的入侵軍隊，並且具有攻克城池所需的組織和器械時，這種戰略就毫無用處。一一二七年，女真攻陷開封時就是證明。為了防止這類災難的出現，宋朝只得仰賴外交政策，「賞賜」強大野蠻鄰邦以買到安穩。從遊牧部落酋長的觀點看來，透過外交來往收到奢侈的餽贈品（當然也得回贈馬匹或其他禮品以達到對等交易），往往似乎比發動掠奪而搶來有時不盡如意的戰利品還划得來。

而從中國官員的觀點看來，消極防禦政策的優點則有利於確保中國境內的文官統治。政府可以透過小心調節軍需供給，來操控一支肩負衛戍職責卻很少參加實戰的部隊。文官有向當地軍事指揮官提供食物和武器的責任，因而在發生爭端時，可以藉此巧妙操縱統兵大將，求取平衡。如此一來，萬一有統兵大將企圖動用武力來左右帝國中央的決策，政府在反叛行動萌芽時就可以輕易將其殲滅。[25] 即使這樣做的代價是喪失野戰機動性，使國家易於遭到組織良好的大規模遊牧民族攻擊，宋朝政府也在所不惜。只有如此，中國文官統治才能獲得保證，只有如此，才能確保官吏控制中國生活的每個層面。

這情況有兩個方面值得討論。首先，從統治菁英的角度來看，對中國軍隊指揮官的政策和對帝國邊境外的蠻族酋長的政策在基本上沒有兩樣。分而治之，分配物資、封爵或儀式性角色給軍事領袖以安撫可能的蠢蠢欲動，這就是宋朝官員如出一轍的手法，無論在中國邊界內外皆然。政策要求盡少提供物資和聲望以求安全。當地官吏揮之不去的誘惑是總想將財富挪為己用，或供自家人享樂，即使這意味著引發帝國邊境內外武裝起事的危險。

軍人和蠻族領袖則面臨確切相同的誘惑。他們透過襲擊或叛變，可以立即獲得能從那些不情願的中國官員那裡榨取不到的更貴重戰利品。但另一方面，掠奪這類戰利品得冒風險，而且不可能無限期持續下去。因此，相關各方總是得在長期利益和短期利益間衡量再三。由於實際決斷不斷改變，這意味著設計最精良的防禦體系也具有潛在的不穩定性。如果邊境衛戍部隊停止防禦蠻族敵人，或是如果這些敵軍能團結成為真正強大可畏的軍隊，並獲得圍城和突破城郭及防禦要塞的手法，那沿著邊界部署的軍事力量的平衡總是有可能發生突變。女真在一一二二年後突然取得勝利，僅僅四年後就攻陷開封，便顯示這種內在的不穩定性。[26]

第二，宋朝對軍隊和有組織的暴力的官方政策，基本上與對商人的政策無分二致。這些商人和其他人以技巧和運氣來操控中國日益增長的市場系統而致富。在儒家觀念中，透過個人奸巧進行買賣得到私人財富，和有組織的使用武力一樣，為不義之舉。只有在這些人的活動符合官方利益時才會得到容忍，甚至鼓勵。但允許商人和廠主獲得過多權力，或累積過多資本，就像允許軍事指揮官或蠻族酋長控制過多軍隊一樣，實為不智。明智的政策則致力於分散過度集中的財富，就像聰明的外交手腕和恰如其分的軍事管理在於防止軍力過度集中在一位指揮官手裡。分而治之既可以用在經濟，也可以用在戰爭上。按此原則行事的官員可獲得民眾廣泛愛戴，因為對百姓而言，劫掠的軍隊和冷酷無情的資本家幾乎同樣惹人反感。

中國的武器科技也有助於維持官僚權威。從漢朝以來，可能甚至在更早之前，弩一直是中國軍隊的主要投射武器。[27]弩有兩個顯著特色。首先，使用弩幾乎和使用現代手槍一樣容易。扣扳機並不需要特別力氣。拉長弓需要多年的練習，以讓拇指和其他手指發展拉滿弦的足夠力量；而弩的扳機在扳上以後，弓箭手只需將箭放置在發射位置，順著弩瞄準，等合適目標出現即可發射。平常人只需幾小時的訓練，就能相當有效地掌握其中訣竅。十三世紀中國弩的殺傷力遠到四百碼外。[28]

其次，使用弩只需要簡單技巧，製造它卻需要精湛技術。大批弩弓手必須仰賴技術純熟的工匠製作形狀精確的發射裝置和其他必要零件。但要向這些工匠提供製造大量弩所需的一切材料卻相當困難。製作弩需要木疊片、獸骨、獸角和肌腱，它們被非常巧妙地組合在一起，以保證拉弓彎曲時有最大的彈性。然而，製作這種複合弓的技術在歐亞草原全境內均得到高度發展。弩的特色在其發射裝置，裝置必須非常堅固，在扣上扳機準備發射時，得能承受巨大壓力。只有技術純熟、又能得到合適金屬供給的工匠才能打造出可用的扳機。[29]

分布在不同地區的市場經濟能比一般的指令經濟，更有效地確保工匠作坊得到不會間斷的所需材料。這類供給的流暢只有效率最高的指令經濟能和它媲美。就十一世紀的中國軍隊也裝備的各種用於投射石彈、利箭和燃燒物的機器之製作而言，所考慮的條件也相同。[30]一〇〇〇年左右，包括火藥的爆炸

圖一　中國弩的製造

這張版畫是十七世紀百科全書《天工開物》的插圖，顯示層層加疊的木條如何強化弩。如圖下方的人物所示，弩有一次可裝十支弓箭的發射槽，彎弓就會釋放一支箭，使其落進發射位置。不過在此圖中，扳機和觸發裝置的細節並未清楚顯現，儘管這些是製造弩的技巧中最需追求精確的過程。

圖片來源：宋應星《天工開物》，孫任以都、孫守全翻譯，美國賓州州立大學出版社（1966年），266頁。

性混合物也加入複雜的武器配備裡。最初炸藥的價值只在於其是燃燒物，但大概在一二九〇年以後，中國人開始利用火藥的推進力，而第一批真正的火炮似乎就是在那時發明出來的。[31]

在宋朝，中國科技的革新似乎特別集中在武器方面。蠻族的技術進步也許迫使中國人努力保持領先地位。無論如何，女真和其他蠻族鄰邦在一一二六年征服華北前，已經越來越容易得到中國工匠的產品。這一局勢改變的主要表徵在於改良過的盔甲，和用來製造武器的金屬供給變得更為充裕。顯然，宋朝統治者面臨與主要敵人之間、科技差距日漸縮小的難題，而這種差距在蠻族征服華北後，事實上已經消失。面臨這類威脅，宋朝當局開始有系統地鼓勵和獎勵軍事發明家，如下段文字所示：

> 宋太祖開寶三年〔九六九年〕五月……兵部令史馮繼昇等進火箭法，命試驗，且賜衣物、束帛。[32]

在朝廷的這類贊助下，創新改革的障礙降到最低。

宋朝以城市防禦性特色為基礎的戰略也鼓勵技術試驗。將用於製造複雜、威力強大的戰爭器械所需的獨創性和資源，拓展到防禦城牆和其他固定陣地上這種作法是合理的，但最初這類武器對要打野戰和在開闊原野上迅速移動的軍隊來說，過於笨重，難以使用。後來，在弩炮（catapults）和火藥武器變得威力強大時，蒙古人才示範和證實這些器械不但可以用來防禦，也可以用來攻破城門和城牆。[33]

成功的軍隊管理使兵力人數可以超過百萬，軍隊並且依靠複雜武器來擊退更具機動性的攻擊者，而要達到上述規模顯然首先得仰賴宋朝經濟的各個先決環節——即市場關係、運輸改善和技術上的有效管理——的完美結合。通過考試招募官員的新模式有助於保證相對熟練的文官管理體制。[34]但儘管官吏手段高明、奸詐無比，供給部隊的任務也許仍使中國社會中軍人和文官的指令成分，和新近活躍的個人市場行為之間，原本就不穩定的平衡更為緊繃。著名改革派大臣王安石（卒於一〇八六年）曾寫道：「天下學士以執兵為恥。」但在一〇六〇年代一項官方統計顯露，政府必須調度歲收的百分之八十，即五千八百萬貫銅錢，用來供養超過百萬守衛疆土但又普遍遭到輕視的士兵。[35]對此擔憂的官員為尋求節省軍事開銷，便採用規定價格的簡單方法來抑制河南和河北的金屬冶煉，而用那個規定價格是無利可圖的。但現在已經無人知道這是否是當時發生的情況，或是有其他原因破壞了工業生產。

無論長期來說，官員們的政策付出了多大代價，二十世紀的西方人無疑會對當時儒家官吏面臨的難題給予同情；儒家官吏汲汲在一種令人不安的成分（專事暴力者）與另一種同樣令人不安的成分（專門追求利益者）之間試圖力求平衡。兩者都不符合傳統的行為準則。誠然，商人和軍人常常厚顏無恥地吹噓他們的道德淪喪，不顧他人觀感。中國官吏可能會將後來十四至十九世紀歐洲軍事和商業間那種百無禁忌的合作視為真正的災難。只要受過儒家傳統治國思想教育的人仍舊掌握政權，就不會容許這種危險的軍商合流出現。反之，中國一直對政治管理體系內的工業、商業和軍事擴張，保持系統性約束。

十二世紀，一位叫王革的鐵工廠廠主的職業生涯便提供一個啟發性實例，從中可管窺這個管理體系如何運作，儘管他顯然是個極端案例。王革白手起家，後來成為中國中南部一位頗有分量的鐵工廠廠主，手下有大約五百名工匠。他的煉鐵爐使用的是木炭，而非焦炭。他一開始是占有了森林覆蓋的山地，並就地燒炭。一一八一年，王革和當地官員起了爭執，但現存文獻對起因語焉不詳。官吏派遣軍隊鎮壓，王革動員他的工匠擊退他們，隨後攻擊官吏住的城鎮。但此時他的工匠棄他而去，他只得逃亡，最後被捕處決。[36]他的經歷顯示，經濟企業如何能和不當使用武力結合在一起；根基穩固的官吏階層又是如何能按照自己的意志，強行鎮壓這兩種逾矩行徑。

話雖如此，在十一世紀，政府的財政轉而以現金為基礎，這就使得官吏自身也有受到商業心態傳染的風險。這在華南變得非常明顯。長江以南山地遍布，阻礙運河和河流運輸，商人不得不出海找尋商機。一旦中國沿海各省的海外貿易穩定地建立起來，便很容易將貿易關係拓展到更遠的國家。的確，和帝國境外的居民進行貿易，光貨物稅就可以大大增加政府的收入。管理這類稅務的官吏有時抱持著類似重商主義時代的歐洲精神，推展海外貿易，甚至可能將政府資金拿去投資冒險企業，後者則承諾會增加收入並帶回稀有高價物品。據說皇帝本人說過：「市舶之利最厚，若措置得宜，所得動以百萬計，豈不勝取之於民？」[37]皇帝知道他在說什麼，因為到了一一三七年，他的帝國五分之一的收入都來自海外貿易的貨物稅。[38]

商人和官吏的看法得到部分契合，而這在蒙古人統治時期（元朝，一二二七至一三六八年）達到顛峰。蒙古人和儒家不同，並不蔑視精明的商人。馬可孛羅在忽必烈的宮廷中受到的歡迎便顯示此一事實。實際上，忽必烈在帝國裡任命許多外國商人擔任稅收官和其他重要行政職務，馬可孛羅只不過是其中之一。[39]到了明朝（一三六八至一六四四年），商業和軍事企業的結合開始遇上阻撓（儘管不是馬上表現出來），因為早在十五世紀，鄭和率領的中國艦隊基於政治經濟目的而去探索印度洋時，其驚人的結果就已展現。

帝國進入印度洋的冒險行動建立在一種軍事傳統上，後者則是隨著南宋的建立而形成。一一二六年女真攻陷開封，高宗逃至南方，並證明自己有能力在江河屏障的保護下，捍衛剩餘的疆土，免於受北方女真人的進犯。他以創立海軍達到這個目的。一一二六年後，南宋不像北宋那樣，仰賴駐守在陸地邊界、設防要塞裡的步兵，而是依靠設計特殊的戰艦來防禦女真騎兵。

起初，宋朝海軍主要在內陸河流上作戰。當時為河流和運河戰鬥，發明新型船艦，包括由踏車和蹼輪驅動的裝甲船*。弩弓手和長矛兵提供主要的進攻和防守，但長期用在陸地圍城和要塞防禦上的大型拋射器也已經安裝在大型船艦上。大體說來，這是陸戰作法被轉為應用在戰艦上，每艘戰艦都是機動性據點。南宋擁有一支龐大的海軍，包括數百艘戰艦和五萬兩千名水兵，[40]自然需要比北宋陸軍更複雜的大批原物料和製成品。中國的經濟原本已經承受了陸軍強加給它的相對複雜需求，現在又增加了造船所需的全部材料——木材、繩子、風帆和裝置設備。城市基地和以市場為連接的補給體系變得比以前更加重要；新的戰艦機動性很強，在集中火力對付來犯敵軍上，更容易許多，因此北宋採取的消極防禦政策便被修正。成吉思汗的軍隊最終入侵華北的女真領地，接著，停頓半世紀後，又攻擊南方。但他們首先得克服早已成為宋朝主要防禦戰力的海軍。忽必烈因而需要建立自己的海軍。在海軍的協助下，他對宋朝在長江上的主要據點之一襄陽圍城長達五年，最後終於得以攻克。在那之後，大部分的宋朝海軍投靠勝利者，使征服的最後幾個階段相對容易。[41]

* 一二〇三年秦世輔造的戰艦，可撞沉敵船。——譯註

忽必烈在勝利後繼續加強海軍力量，但改變了它的特性，因為後來他所從事的海軍事業是海外冒險。因此，設計來進行遠洋航行的船就成為中國艦隊的主力。[42]但儘管帝國建造海軍的規模十分宏大——據載，一二八一年試圖入侵日本的船艦總數達四千四百艘——忽必烈的海上遠征卻常嚐到敗績。一二八一年，日本武士藉助及時颳起的神風摧毀入侵敵軍。一二九二年元朝進攻爪哇時，最初雖然獲得幾場勝利，但卻未能對那座遙遠的島嶼施行持久的控制。

以長遠的觀點來看，使用遠洋船舶沿著內陸水道將南糧北送的補充手段也許更具意義，雖然後來並非如此。到了十四世紀早期，靠遠洋船舶運輸的糧食和由運河運輸的數量相當。航行技術的改進使從長江口到天津的航程縮短為十天，比走大運河要快上許多。但南方的當地叛亂和騷動很快就開始干擾大型和長距離的糧食及貨品運送，海盜也成為問題。因此，甚至在蒙古對中國的統治最後崩解前（一三六八年），海運已經減少到微不足道的程度。實際上，將餘糧集中到北方以供政府使用的整個稅收系統分崩離析。各地軍閥崛起，其中一人成功驅逐對手，再度統一中國，建立本族人的新朝代，即明朝（一三六八至一六四四年）。

首先，新朝代結合南宋和北宋的軍事政策，也就是說，明太祖維持龐大的步兵部隊守衛邊界，防止遊牧民族入侵，同時建立巡邏內陸水道和公海的強大海軍。一四二〇年，明朝海軍擁有超過三千八百艘船艦，其中一千三百五十艘為戰艦，包括四百艘大型浮動碉堡和兩百五十艘為遠程航行而設計的「寶船」。[43]

知名的欽差總兵鄭和率領「寶船」七度下印度洋（一四〇五至一四三三年）。他最大的船的排水量也許是一千五百噸，而在同一個世紀末，從葡萄牙航行至印度洋的瓦斯科．達伽馬（Vasco da Gama）的旗艦排水量只有三百噸。這幾次遠征的規模都比後來葡萄牙人的還要大上許多。明朝遠征艦隊不只有更多船舶、更多槍炮、更多人力和更大的載貨量，而且在航海技術和適航性兩方面，與哥倫布和麥哲倫時代的歐洲人相較都旗鼓相當。鄭和在所到之處——從婆羅洲和馬來西亞到錫蘭，遠至紅海和非洲海岸——宣揚中國的宗主權，透過貢品或貿易交易確保外交關係。他的強大艦隊很少遇到抵抗，但若有此情況發生，他立即訴諸武力。譬如在一四一一年，他將一位不肯俯首稱臣的錫蘭國王*，帶回中國交由明成祖的朝廷管束。[44]

大約從十三世紀開始，除了這類官方交易外，私人經營的海外貿易也在中國萌芽。商人和資本家建造和動用大型船舶。在管理船員和貨物、分擔風險和分享利益、解決遠方交易的爭論上，都有明確的標準處理模式。[45]接近中國海岸的滿洲、韓國和日本是常見目的地。但早在鄭和的艦隊南下印度洋數十年前，中國的海運就已經開始進入這些海域。從十二世紀中葉起，中國在南亞和東非的貿易規模似乎快速發展。在非洲沿岸發現的中國瓷器碎片便提供上述情況的最佳證明。碎片的年代可以精準推斷，顯示貿易早在八世紀就已開始（可能是以穆斯林的船舶運送）；一〇五〇年後數量更是激增，那時中國已經不用早先幾個世紀的慣用走法，即橫越克拉地峽以陸運運送貨品，而是改以船舶定期繞過馬來半島進入印度洋。[46]

＊　即維賈雅巴胡六世（*Vijayabahu VI*），明代文獻稱之為亞烈苦奈兒。——譯註

熟悉歐洲歷史的人會假設，十一世紀，燃燒焦炭的鼓風爐既然迅速發展，應該會跟著出現具有廣泛意義的工業革命。同理，十五世紀早期中國建立海外帝國後，也促使西方人思考，倘若中國選擇進一步發展海外遠征，會有何種結果。一個中國的哥倫布很可能會在真正的哥倫布在找不到中國、卻誤打誤撞發現伊斯帕尼奧島（Hispaniola）的半世紀前，就發現美洲西岸。誠然，如果像鄭和那般的遠征重新開始，中國的航海家很可能會在葡萄牙恩里克王子（Prince Henry the Navigator）*去世前（一四六〇年），就繞過非洲，發現歐洲。

然而，帝國朝廷官員卻選擇他途。一四三三年後，他們不再遠航至印度洋，一四三六年還發布一項法令，禁止建造新的遠洋船舶。海軍人員奉命轉至航行於大運河上的船隻當船員。遠洋戰艦則任其腐朽，不再淘汰換新。造船技術快速衰退，到了十六世紀中期，中國海軍已經沒有能力擊退在沿岸日益張狂的海盜。[47]

海洋遠征出現這個倒退的部分原因是朝臣敵對集團間的內鬥。鄭和是穆斯林出身，可能是蒙古後裔。[48]這使得他的海外冒險事業染上外國色彩，而中國的儒家官吏對外國事務一向採取不信任態度。鄭和也是宦官，而當一四四九年，一位宦官（王振）魯莽地慫恿皇上御駕親征蒙古人，結果卻讓瓦剌蠻族擄走英宗時，[49]明朝朝廷更是大肆抨擊宦官。但這一事件也指向官吏放棄海外冒險事業的更基本原因，即陸上邊界的另一頭存在著強大可怕的敵人，反觀在海上這邊，直到十五世紀末「倭寇」崛起前，沒有能讓中國人恐懼的對手。

因此，明朝的問題在於該選擇進攻或防禦性軍事政策。一四〇七年，明朝海軍遠征安南（今日的越南），但在一四二〇至一四二八年間，中國軍隊吃了一連串的敗仗。一四二八年終於決定撤軍。在此背景下，一份於一四二六年，即安南戰爭處於關鍵期時呈給皇帝的奏章，便讓美國人聽起來有股奇怪的熟悉感：

> 兵者，凶器，聖人不得已而用之。……古英君良相，不欲疲民力以誇武功，計慮遠矣。……伏望毋以犁庭掃穴為功，棄捐不毛之地，休養冠帶之民，俾竭力於田桑，盡心於庠序，邊塞絕傷痍之苦，閭里絕呻吟之聲，將無幸功，士無夭閼。[50]

考量到是該選擇守衛靠近新京城北京飽受威脅的邊界，還是該進行昂貴的海外攻擊遠征，這中間的兩難讓人不難理解，明朝政府後來為何選擇了固守防禦和緊縮開支。

決策過程中也許還有摻雜另一項考慮因素：一四一七年，連接長江和黃河流域的大運河各處的深水閘門已經竣工。這類閘門是新發明，它們的完工意味著船舶全年都能在運河上航行，無須擔心水位高低。以前，一年大概會有六個月時間，大型船舶無法在運河上行駛，有時交通甚至完全停頓，直到下雨使得水位升高。新的船閘建成後，可以確保一整年都能藉由內陸水道將糧食運往北方，因而仰賴海運作為運河運輸的補充手段便變得不必要，也就是說，再也無須控制公海以確保京城有足夠糧食。因此，官

＊　出生於一三九四年，為葡萄牙後來的海上霸業奠下基石。——譯註

僚們認為沒有迫切的理由需要批准維持海軍處於備戰狀態的龐大支出。於是他們任由海軍黯然瓦解。

那麼私人企業家對遠洋航行的興趣又如何呢？顯然，數千人的生計仰賴曾在華南沿海城市繁盛一時的海外貿易。一三七一年，政府禁止對外貿易，在隨後的兩世紀間又時不時重新頒布這項禁令（海禁），[51]但貿易商和水手並沒有乖乖聽命，遠洋航行繼續進行，只是規模小得多，因為非法遠洋貿易的成本比以前高出太多。賄賂官吏使他們對非法交易睜一隻眼閉一隻眼，而賄賂所需的費用往往超過在宋朝統治下，中國海外貿易蓬勃發展時對外國貨物所徵收的百分之十到二十的實物稅。[52]從航海所得的利潤中來累積大量資本的可能性因此相對縮小，因為任何官吏一旦發現商人非法獲利，都有充足理由予以沒收。

從一三七一到一五六七的大約兩百年間，中國水手和商人只得繼續進行非法航行以維持其生活方式。（直到一五六七年，明朝政府才再度允許中國船隻只能在有官方准許下，按照適當規定航行海外。）由於非法航行的人數眾多，成了明朝政府的頭痛問題。官吏稱他們為日本「倭寇」，為自己不能或不願有效壓制這類活動找足藉口。有少數日本人確實加入海盜，但十五和十六世紀在中國沿岸進行非法活動的大部分是中國人。而像鐵工廠廠主王革和他的工匠一樣，這些海盜商人缺乏足夠的民眾支持，因此從未能對明朝政府有組織的軍隊形成嚴重挑戰。一五六七年後，官方和海外貿易企業家之間勉強達成一項暫時協議，海盜活動才逐漸減少，危機消除。但是兩個世紀的非法活動顯然阻礙了那之前中國海外貿易的發展，使得歐洲商人非常容易就在遠東建立立足點。[53]

因此，儘管中國在煉鐵和造船兩方面的成就都早於歐洲的科技勝利，但長期來說，並未對發展中的中國現實生活發揮多大影響。中國商人和製造者本身同意將他們的角色限制在相對較小範圍的價值體系內，此論點的證明就是，他們投資土地和子孫的教育，子孫們則因而能加入地主統治階級，得以在官場中爭得一席之地。[54]

結果，中國社會的傳統秩序從未真正受到挑戰。政府指令結構設法在剛萌芽的市場經濟上謀求（有時或許不是很穩定的）平衡，未曾失去終極的控制權。鐵工廠廠主和造船業主與中國社會中的所有人一樣，從未獲得自主權。在官吏的允許下，科技進展和活動規模的擴大可以迅速到令人目不暇接的地步。但是，一旦官方改變政策，依據優先項目而改變的資源重新分配也以同樣的速度重新洗牌。十一世紀的鋼鐵生產和十二到十五世紀的造船業能突飛猛進，便肇因於此。

這類情況明白顯現，這類由複雜市場交易支撐、同時又服膺統治者指令的經濟有其優勢。從中國資源能被集中來完成某些真正是帝國規模的公共工程，不管是建立艦隊、改良大運河、防禦邊疆避免遊牧民族來犯，和興建新首都等等，都可見一斑。在官方指令結構下運行且活躍的市場交易系統增加經濟的靈活度。它也增加財富，並大大擴展國家的整體資源。但它並沒有取代官員的統治地位。新的財富和交通的改善還反而加強了中國官員所能任意支配的實際權力。中國從宋朝到現代，除了各朝政權交替之間有相對短暫的中斷之外，政治上一直維持統一，這現象就是政府官員手中的權力不斷增加的證據。市場和政府之間的理念的確有真正的矛盾；但只要官員能在人們於地方或私下抗逆時，行使治安權加以鎮壓，那麼這個混合體中的指令成分就仍舊能確保其統治位置。市場行為和個人追求財富的活動只能在政治當局界定的界線內才能運作。

基於上述理由，從十一到十九世紀，歐洲商業和工業擴張所顯現的自動催化特徵從來無法在中國開展生根。中國資本家從來無法擁有隨意將利潤拿來重新投資的自由。任何累積財富的個人必然會吸引官方注意。官吏可以透過接受賄賂的方式來私下分享個人財富；他們也可以調整稅率或價格使國家獲得新財源；或者，他們還可以祭出優先購買權，乾脆將該企業變成國家壟斷企業。在特定情況下，這些政策的不同運用組合方式總是可以談判。但在每次交手中，私人企業家總是處於劣勢，而官吏總是占足優勢。之所以如此，基本上是因為大部分中國人認為，透過貿易或製造業累積不尋常大量私人財富是極端不道德的行徑，因為只有企業家一貫低買高賣，隱瞞欺騙，才有可能致富。因此，官方在與只有財富的個人的每次交鋒中，由於官方意識形態和民眾心理一致，官方優勢總是得以加固。

中國境外的市場動員

儘管資本主義精神因此受到牢固的控制，但十一世紀在中國興起的龐大市場經濟仍然足以使指令和市場行為間的世界均勢，產生意義重大的改變。中國迅速變成當時世界上最富有、技術最精湛，和人口最多的國家。再者，外國可清晰感到中國經濟和社會的成長脈動。隨著中國的科技秘密傳到國外，從而為舊世界開啟新的可能，這在西歐尤其明顯可見。

甚至在火藥、羅盤和印刷術開始在中國境外的文明世界產生變革前，就已經出現了預備階段；在這期間，日益強化的長程貿易大大提升市場關係的重要性，也為比中國境內任何經濟發展都要更持久、更穩定的經濟起飛，開疆拓土。

不幸的是，南洋的貿易發展少為人知。中國人出現在印度洋和鄰近海域數世紀前，阿拉伯水手和之前的希臘羅馬及印尼水手就已在此大展身手。在文明歷史的最初始，蘇美人很可能就已經由海路和印度河流域居民交流。印度的各個民族也在熱帶海域上來回航行，那裡一年大概有半年時間，風向相反的夏季和冬季季風會交替吹拂，使航行相對安全容易，即使對輕便小船而言也是如此。

有一點似乎可以確定。一〇〇〇年以後，航經南方海域的貿易規模不斷增長，儘管有無數的暫時挫折和地方災難。為維持這類貿易所相應出現的行徑越來越牢固地在人類生活的日常裡紮根。香料的生產，如胡椒、丁香、肉桂和其餘香料，在歐洲中世紀貿易中扮演明顯重要的角色。而它也開始支配東南亞和鄰近島嶼上數千人的生活。所有種植香料和準備運送這些商品的人，還有水手、商人和每個與收集、分類和運輸香料的相關人等，他們的每日生計都取決於和數千里外的消費者間不穩定的關係。而對進入這種長程貿易網的數百種其他商品的生產者而言，亦是如此。後者生產從像犀牛角這類稀有物到像棉花和糖的大量生產消費品等，不一而足。[55]

在更早一些時候，這類專業化和相互依賴的情形便已在中國上演過，差別之處在於南中國海和印度洋的貿易超越政治邊界。結果是，商人在一方面面臨更不確定的局勢，另一方面卻享有更大的自由。馬來亞和貿易路線上的其他關鍵地點——錫蘭和南印度，以及非洲海岸和阿拉伯半島南部的海港——都由一大部分收入仰賴海運關稅的統治者管轄。但是，一旦船舶出海，地方統治者就失去控制，而船長擁有相當大的自由可去尋找最便宜的地點上岸和進行買賣。倘若某位統治者過於貪婪，不滿的船長可以另覓停靠港。在這些情況下，貿易模式會隨著政權更迭而迅速改變，新的貿易中心可能很快就竄升到占據重要地位。

例如，馬六甲便是此中一例。這個商業中心是興建在一片荒蕪的沼澤上，幾乎無法從陸路抵達，在十四和十五世紀交替前無足輕重。起初，它是海盜的根據地，從海上搶來的貨物在此重新分類，發送到有利地點。然後，到十五世紀初，它已經變成用於和平海運活動的海港，在短短數十年內就控制周邊地區的貿易，成為更東方的「香料群島」其所生產的香料之主要集散地。當然，馬六甲的興起也犧牲了其他條件相仿的海港。停泊安全和恰當的關稅自然引來了貿易；而在蘇門答臘和大陸間的馬六甲海峽巡航的武裝艦隊的強制力量也是人們的考慮因素。因此，馬六甲的興起關乎武力，以及這類武力能為船舶帶來免受海盜侵擾的保護。海軍的費用得透過對經過海港的貨物徵稅，以此收入來支應。兩者間的巧妙平衡，支配著貿易的規模以及願意前來付稅的船舶的數量。[56]

儘管當時的細部資料已經佚失，但我們可以合理推斷，經過不斷摸索的過程後，地方統治者逐漸確立了向過境商人徵收關稅的可接受限度。如果他降低保護費和停泊費，就有希望吸引新的生意。如果他索費過高，貿易就會銳減。[57]一位統治者如果索費太低（如果真有這樣的統治者的話），就可能無法維持他對領地或鄰近海域的有效武力控制。索費過高的統治者可能也會遇上相同的命運，如果商船和商人成功躲開他的掌控，他的收入就會因而有所折損。換句話說，在印度洋沿岸的國家統治者間自然形成了一種市場行情，將可稱之為保護稅的收費定於一個水準，支持貿易持續下去，並（在大約一〇〇〇年以後）得到系統性的擴展。[58]

這可能是一種非常古老的體制。古代美索不達米亞的國王和船長在有組織的長程貿易的最早階段，大概就已經開始確立收取保護費。穆斯林征服中東時（六三四至六五一年），無疑帶來阿拉伯半島貿易城市是如何經營貿易的明確概念。《古蘭經》對此給予適當的許可，[59]而穆罕默德早期的經商經歷也提供了無可指責的道德模範。因此，中國的商業化所引發的擴張市場行為的衝動，是種強化，而非嶄新事物。

確實，宋朝的中國經濟和社會改革，完全可以視為是中東熟悉已久的商業法則推廣到中國的結果。佛教僧侶和中亞商隊商人是最早的中間商。[60]他們與開闊草原上遊牧民族的聯繫，創造了另一種擁有重要戰略性意義和貿易傾向的群體，而由於遊牧生活方式使草原居民驍勇善戰，導致此群體對中國和舊世界其他文明民族造成衝擊。

因此，十一世紀的新事物並不是透過市場將人類活動連結起來的這個現象，而是這類行為開始影響人類生活的空前規模。中國透過市場將整個經濟連接成一個整體的時間很晚，而它就像一個大風箱，將悶燒的煤塊搧出烈焰。從一億中國人口中湧出的新財富開始流向海外（也沿著商業路線大量外流），為市場相關活動增添新活力和新範圍。[61]數十艘、數百艘、可能多至數千艘船開始在日本海、南中國海、印度尼西亞群島和印度洋的港口間航行。大部分的航行可能航程較短。從最初的生產者到最終的消費者之間的運輸沿線有許多不同的集散地，貨品在那重新分類。商業組織則維持簡單的形式，往往是家族合夥。因此，日益增加的貨物流通就意味著大批人口坐船來往移動，或是坐在市集裡討價還價。

眾所周知，商業活動的類似增長也在十一世紀的地中海出現，在那，主要運貨人是從威尼斯、熱那亞和其他港口啟航的義大利商人。在此後的三百年間，他們轉而將歐洲半島的大部分地區帶入聯繫日益緊密的貿易網絡。這是一個值得注意的成就，但卻只是更宏大的社會現象中的一小部分。我相信，這種社會現象將文明民族的市場調節行為之規模和重要性，提高到前所未有的程度。老式指令社會的統治者就是無法再像以前一樣徹底宰制人類行為。小販和商人對統治者和百姓同樣有用處，他們現在已經可以沿著商隊路線和海岸線尋找適當的停靠港，保護自己免受沒收性徵稅和搶劫。而這些地區的統治者已經學會，他們的收入和權力取決於貿易，因此不會向商人過度徵稅。

因此，在大約一一〇〇年以後，原本只是斷斷續續繃發出火焰的悶燒，開始擺脫官方控制，逐漸燃燒成熊熊烈焰。最後，在十九世紀，市場行為的火焰燃燒得如此之猛，將中華帝國本身的限制性指令結構予以融化，儘管這個對儒家中國而言是場災難的變化歷經九個世紀才完成。

在這個商業變革的初始階段，編年史學者和一般文人都未意識到其重要性。因此，歷史學家只能利用零星資料重建過往情況，費盡心力地從殘缺不全的片段紀錄中，拼湊出大概景象。而這項工作主要是在過去三十到四十年間進行，研究對象是中世紀歐洲，而非其他地區。其結果是，歷史學家相當瞭解西歐民眾如何在歐洲自己人之間，以及和地中海東岸的穆斯林發展貿易關係。正是在十一世紀，中國迅速改採現金交易，而歐洲水手和貿易商在地中海的活動，可能是當時同時在南方海域發生的情況的迷你複製版，也就是說，規模要小得多。[62]維京人原本沿著歐洲的大西洋沿岸襲擊基督教歐洲，而也幾乎是在同時，逐漸從海盜劫掠轉變成貿易。[63]一二九一年，一位熱那亞船長從一位穆斯林統治者那奪走直布羅陀海峽的控制權（此統治者先前曾禁止基督教船隻經過海峽），之後，各自獨立的海上貿易網絡就組合成互動密切的單一整體。[64]

因此，綜觀舊世界商業的興起，中國境內南北方透過內陸水道改善而建立起的多重聯繫，雖然規模較小，但卻和歐洲西部幾世紀後的發展類似。歐洲的河流以及連接這些河流的公海，提供了天然水道網絡，和中國的案例相比，比較不需要人工改良。到了十四世紀末期，來自北方和西方的羊毛、金屬和其他原物料開始和南方的酒、鹽、香料和精緻產品進行交換；在各處，日益複雜的糧食貿易和逐漸擴大的漁業，滿足城市人口的胃。歐洲內部市場於是與穆斯林管理的中東和北非貿易網，以及南方海域的商業相互結合。組織歐洲內部交易的義大利城市是地中海東部的穆斯林和猶太商人的主要貿易夥伴。在十一到十五世紀間，這些地中海沿岸商人透過貿易聯繫深入亞洲和非洲內陸，並使得所有各類定居民族更緊密地結合在一起。

從中國南方海岸直到地中海的整個南方海域內，存在一個比較同質的組織模式和技術水準，這對該地區的貿易顯然有推波助瀾之效。十進位制記數法和算盤的慣常使用是伴隨這個貿易增長而產生的重要現象，令人矚目。這類記數法對方便各種計算具有無須誇大的價值，只有兩千三百年前因發明書寫字母而促進識字率的成就能與之相較。

除了計算這一根本性的簡化外，南方海域的長程貿易還仰賴一套傳統制度。合夥經營、裁決合約糾紛、使用匯票解決遠方債務以將運輸強勢貨幣降至最低的各種方法——這一切可能都已經在全世界實施。船舶的管理原則也是如此，即如何在船員中分配利潤、如何分擔責任、如何投保損失險等。在這些事務上，穆斯林和基督徒的作法幾乎無分軒輊。我們對中國人如何管理遠洋貿易所知不多，但目前所能掌握的資料似乎相當符合上述情況。[65]

海洋也並非長途旅行的唯一重要媒介。從基督紀元初始起，商隊就已經開始將中國與中東和印度連結起來。馱畜隊在中亞沙漠和半沙漠地區的綠洲間移動，就像船舶從一個港口駛至另一個港口。商隊成功的條件也雷同。保護費需要經過不斷摸索的過程來調整，直到發現最佳價碼，使當地統治者和長程貿易商能夠有效地相互支持。

但這類安排始終容易橫生枝節，導致破壞。地方當權者總是難以抵擋劫掠或公然沒收的誘惑，而且在陸地上不像在海上能那麼容易找到替代路線。無論如何，在中國和西亞的這類冒險性貿易最初獲得成功，並建立起兩地區間的商業聯繫後，就從未長期中斷過。在其後的十個世紀中，促進商隊貿易蓬勃發展的習俗和態度向北滲透入歐亞草原和森林地帶。原本支撐商隊貿易的東西向貨品交流，又逐漸添加了南北向，奴隸、毛皮和文明物品間的交換。

當然，關於此點，證據是稀罕和間接的。這個貿易模式向北滲透的主要跡象是文明宗教在亞洲綠洲和草原民族間的傳播，包括佛教、景教、摩尼教、猶太教，還有最成功的伊斯蘭教。進京朝貢可以追溯到漢朝：遊牧民族的首領到訪中國首都，向皇帝進貢，並接受皇帝「賞賜」，這可資證明，貿易的儀式化和高度政治化形式已經滲透入草原。但對於遊牧民族和商人如何進入共生關係，我們卻所知不多。[66]

話雖如此，草原遊牧民族發現，和文明地區進行貿易好處多多，因此難以抗拒其吸引力。除了能從此獲得具有象徵價值的奢侈品，和製造工具和武器的實用金屬（到十世紀或在此之前，這兩者就在遊牧社會中占有極大重要性）以外，遊牧民族還可用牲畜和畜牧產品交換穀物，進而改變其原本蛋白質含量過高的飲食，大大擴充食物來源。文明社會的上層階級——尤其是在畜牧業發展落後的中國上層階級——願意高價收購牲畜和畜牧產品，因為他們控制下的勞動者無法像遊牧民族那般，以如此低廉的價格養育同等數量的牲畜。

在漢朝，中國和遊牧民族的貿易組織達到相當精細嚴密的程度，[67]但現在已經無法追蹤它的興衰和地區模式的消長，儘管其興衰或消長一定很極端。草原地區和農耕地區的貿易關係也許在西元第一個千年內即變得非常重要。在蒙古鼎盛時期的社會裡，商人所占據的顯要地位可資證明，貿易和商人在成吉思汗的後代裡擁有穩固的地位。

十三世紀，蒙古人征服中國，為遊牧部落開啟新的可能性。例如，在忽必烈和其繼任者統治時期，駐守在喀喇崑崙山脈的軍隊每年從中國領受超過五十萬蒲式耳*的糧食，糧食由運貨馬車運送，來回得花上四個月。[68]這些糧食補充了從當地可得的肉類和奶製品，使更多人能在草原上生存。但仰賴遠方運送糧食也意味著運送若被切斷，真正的災難就會降臨。只要蒙古人仍舊統治中國，糧食運送就會得到保證，但當明朝攫取權力後（一三六八年），中國當局便想以禁運糧食外銷為手法，對草原鄰邦施加壓力。他們在一四四九年確實這麼做了。蒙古瓦剌人的反應是開戰，結果中國皇帝遭到俘虜†。[69]若不開戰，草原上至少會有部分人餓死。

* 一蒲式耳約等於三十六·三七公升。——譯註

† 即土木堡之變。——譯註

值得指出的是，遊牧民族（以及地中海歐洲地區隨季節性遷徙放牧的牧民）和城市居民同樣容易遭受這類危機。任何長期斷糧也會使城市居民蒙受災難。城市，尤其是大城市，只有在遠方運糧系統運作無礙時，才能存活。遊牧民族和季節性遷徙放牧的牧民特別適合擔任陸地運輸工作，向內陸城市供應糧食，因為他們有大批合適的馱畜可資差遣。事實上，我們似乎可以說，城市居民和牧民之間的社會聯盟成為伊斯蘭社會的骨幹。這類聯盟從阿拉伯半島的誕生地拓展到中東大部分地區，因為城市居民被說服或被迫和遊牧民族合作，進而剝削大多數的糧食生產者。至於農民，他們幾乎孤立無援。他們的日常生活根植於土地，無法擁有城市和放牧生活兩者所仰賴的機動性，也無法擁有參與市場的活路。[70]

在十一世紀遠洋貿易興盛以前，草原居民和文明社會似乎在十世紀時跨入關鍵門檻。大概從九六〇年開始，突厥部族大量滲透入伊斯蘭世界的中央地區，因而奪取了伊朗和美索不達米亞的政權。另一支突厥佩切涅格人（Pechenegs）於九七〇年代如潮水般湧入烏克蘭，切斷俄羅斯人和拜占庭的關係。與此同時，沿著中國西北邊疆出現一系列以契丹帝國為始（九〇七至一一二五年）的新興強大國家。

這些政治事件反映一個事實，那就是，在十世紀，於中國和中東（也許不算進佩切涅格人的話），遊牧民族的軍事組織和力量超越了早期的部落限制。之所以如此的部分原因是裝備的改良。譬如，金屬胸甲和頭盔變得很普及，由於和文明社會進行貿易，使遊牧民族，如契丹，能有機會擁有大量這類商品。契丹人也學會使用攻城武器——如弩炮等——因而克服早期騎兵在遇上防禦工事時無用武之地的困境。但比新裝備更重要的是新的社會和軍事組織模式。在十世紀，軍事指揮和紀律的文明模式在草原民族間紮根，取代或至少改進了古老的部落結構。例如，契丹人根據十進位制來組織軍隊，每十人、百人搭配一名指揮官等等，就像古代亞述人。在伊朗和美索不達米亞掌控權力的突厥人甚至在脫離部落習慣的手法上更為激進，因為他們在奪權前，曾在這些文明社會統治者的軍隊中當過奴隸兵。[71]

遊牧民族的軍事力量透過和文明社會的相互滲透而得到強化，在十三世紀到達顛峰。成吉思汗（一二〇六至二七年在位）幾乎將所有草原民族連結成一個單一的指令體系。他的軍隊也按照十進位制編制，以十、百、千人為單位，各級指揮官都由戰功彪炳的人擔任。這支軍隊讓人聞風喪膽，又隨時可擴充編制（戰敗的草原敵軍直接編入軍隊，從列兵做起）。在滲透入華北和中亞文明地區時，蒙古指揮官吸納了一路上所碰到的所有新式武器。因此，他們在一二四一年的入侵戰爭中，將中國的炸藥帶入匈牙利。而在一二六八至七五年間對南宋的戰役中，則在中國使用穆斯林的攻城武器，那些武器的殺傷力是中國人未曾見過的。同理，我們曾在上文提過，忽必烈先是合併了南宋海軍，後來將它改造成遠洋艦隊，以對日本和其他海外國家發動攻擊。

然而，蒙古軍隊在十三世紀贏得的巨大勝利也招來獨特的天譴。就像其他草原征服者一樣，在經過兩、三代以後，文明的舒適逸樂破壞了蒙古衛戍部隊的膽大剛毅和軍事凝聚力。這很常見，也在意料之中，最後並導致蒙古軍隊在一三七一年被逐出中國全境。但在西亞和俄羅斯，蒙古人未遭到驅逐，反而是在十三世紀末之後，對在北京的大汗的臣服甚至失去象徵意義時，他們融入了數量上占有優勢的說突厥語的西部草原戰士民族之中。

但最重要的是，草原征服者的這個模式既被文明社會吸收，也遭到文明社會的排斥。亞洲蒙古帝國的兩項意外衍生歷史事件使草原民族在面對文明鄰邦時，力量急速減弱。一是歐洲歷史上稱為黑死病的瘟疫（一三四六年），造成歐亞遊牧民族人口驟減。瘟疫的桿菌也許是在十四世紀首度在草原穴居囓齒動物中流行開來。這種傳染病可能是由蒙古騎兵從雲南和緬甸戰場上帶回而引入新的環境中。它早已存在在此兩地的本土穴居囓齒類動物體內。一旦桿菌在草原上安生立命，遊牧民族便發現，他們隨時可能感染一種前所未見的致命疾病。結果是人口銳減，歐亞地區某些最好的牧草地甚至得被完全放棄。

後來，將草原居民與這個傳染病有效隔離開來的民間療法可能逐漸出現。大草原的滿洲一定就是如此，因為一九二〇年代那個地區居民發生史上最近一次嚴重瘟疫時，就是採用這些民間療法，而且證實有效。但是這種重新調適需要時間。在一三四六年後的兩個世紀或更長的時間內，草原居民由於接觸一種死亡率很高的新型疾病，人口似乎驟減，這是蒙古人之前向過去難以超越的遠方進行擴張後所帶來的結果。[72]

由此引發從草原向農耕地區人口移動的中斷，致使長期以來舊世界人口遷徙的基本移動方式完全被打斷。到草原人口開始恢復時，一個新因素（這也可追溯自蒙古人突破老舊地理障礙的時候）便開始起作用：在戰場上使用火器（firearm）以對抗遊牧民族的弓箭手。直到大約一五五〇年後，文明社會的軍隊才普遍使用有效的小型火器；但隨著火器的傳播，遊牧民族在戰場上的優勢終於走入歷史。大約自西元前八〇〇年開始，遊牧民族一直能侵占農耕地區，但如今卻反過來，農民開始占領歐亞草原上可耕作區域，在以前遍布的牧草地上開闢農田。俄羅斯的向東擴張和在滿人統治下、一六四四到一九一一年間的中國向西擴張，都標誌人類定居模式的這個政治逆轉。火藥武器的傳播擴散導致十八世紀草原軍事力量的最後隕落，而這竟是蒙古人的軍事成功，和他們在武器設計、後勤以及指揮等管理上，所展現的激進合理化的後續結果——這令人想來就覺得相當諷刺。然而實情就是如此。

十到十六世紀間，在中東和印度，與阿拉伯、伊朗及印度的城市居民聯手的突厥士兵崛起並奪得政權。有遊牧民族背景的武士吸收伊斯蘭都會文化，然後與城市商人和行會工匠聯手剝削鄉村裡的糧食生產者。這類對農民的剝削極為殘酷無情，可能還因此限制了歐亞大陸中部地區的經濟發展。[73]不管是否出自這個理由，伊斯蘭阿拉伯心臟地帶似乎出現了經濟退化。在十和十一世紀，伊拉克和鄰近地區的商人其財富和社會聲望都達到以前所未有的高度，但一二〇〇年後，他們的重要性降低，財富可能也跟著減少。[74]伊拉克的灌溉系統逐漸荒廢，此地基本的生產率因此縮小。或許氣候變遷也使得十三世紀特別有利於西北歐洲，因為夏季溫暖乾燥，穀物豐收，而中東則飽受旱災和農業損害之苦。若確實如此，我們可以推論，甚至在城市鄰近地帶，放牧地也一定持續拓展，犧牲農田。這種發展將轉而使伊斯蘭國家的遊牧元素恢復生機，並得到強化。[75]

總之，隨著蒙古人統一歐亞大陸，中國人的技術因而廣為傳播，開啟新技術的發展可能性，但穆斯林未能充分利用這些大好機會。我們可以確定的是，一四五三年，鄂圖曼土耳其人使用設計經過改良的大炮攻陷君士坦丁堡；但是為征服者穆罕默德鑄造大炮的工匠竟然都是匈牙利人。甚至早在十五世紀中期，拉丁基督教世界的槍炮工匠在大炮製造技術上，似乎的確超越其他文明地區，包括中國。

而拉丁基督徒是如何達到此等熟練程度，以及在隨後的幾個世紀中，他們是如何不顧後果，比其他民族更有效、更積極地推動戰爭商業化的課題，這正是下一章的主題。

第三章 歐洲的戰爭事務，一〇〇〇年至一六〇〇年

一〇〇〇年時，在歐洲拉丁基督教地區，舉目望去幾乎全是農村。差不多每個人都住在農村裡，由傳統和擔任各個角色的個人素質之間的微妙互動來界定每人的社會角色。發生緊急狀況時，身體健壯的人都應該為地方防務出力——不管是將貴重物品運往某個設防地點以保管，或積極參與抵抗入侵者威脅的行動。誠然，騎士制度起源於萊茵河和塞納河之間，後來向外擴散，因此在有效抵禦來犯攻擊的戰役中，迎戰和擊退懷抱意圖劫掠者的大部分責任就落在為數不多的一個小階級身上。這些人騎著昂貴的戰馬，自幼就接受武器訓練。而騎士的武器和盔甲則當然出自專業工匠，儘管我們對拉丁基督教地區的騎士所仰賴的武器盔甲，其製造和分配情形所知甚少。[1] 一般村民透過捐獻實物來支持新的職業軍人，這類捐獻的數量和性質迅速變得約定俗成，而以騎士和平民間的根本區別為基礎的社會關係則慢慢趨向穩定。

教士、僧侶和吟遊詩人輕易便適應這個簡單的社會階級制度，但也在這樣的農村社會裡謀生的少數商人和流動小販卻代表潛在的破壞性因素。莊園生活產生的社會觀使村民對市場行為毫不熟悉。商人和小販作為陌生人進入冷漠無情的環境裡時不得不自我防衛。如此一來，社會上就出現第二支相對裝備精良的武裝力量，透過一連串談判得到不穩定的休戰，因而就與鄉村騎士制度產生關連。

我們還可以用另一種方式來描述這個情況。一〇〇〇年前後的數世紀間，大部分拉丁基督教地區國家的羸弱，導致商人需要常常議定保護費。歐洲商人在好戰、有暴力傾向的社會裡活動，[2]可以在兩種選擇中擇一。一是吸引和武裝數量足夠的跟隨者來防禦他們，二是提供部分貨品給地方當權者以求安全通行。在其他文明社會裡（日本或許是例外），商人較少使用武力自衛，願意支付現有的租稅，來奉承大力仰賴租稅的當權者，並藉此尋求保護。

歐洲商人的特點是融合軍事和商業精神。這種融合紮根於野蠻的過往。維京海盜和商人是十一世紀北方海域商人的直系祖先。成功的海盜總是得透過在其他地方進行買賣來調整戰利品。在地中海地區，自古從邁錫尼時代開始，貿易和劫掠之間的界線就很模糊。當然，羅馬人在西元前一世紀成功壟斷有組織的暴力時，貿易就已經取代了搶奪。但到西元五世紀汪達爾人（Vandals）出海時，這種界線的模稜兩可又重新回返。之後，從七世紀直到十九世紀，由於基督教和穆斯林在文化上勢不兩立，南歐海洋上的襲擊從沒有間斷過。

大約在一〇〇〇年以前的一百年左右，拉丁基督教社會的騎士制度形成，並證明其能引導地域廣泛的征服和殖民活動。一〇六六年諾曼人入侵英格蘭就是大家耳熟能詳的例子。但地域更廣的擴張發生在十三世紀中期，易北河以東。日耳曼騎士和移民在歐洲北部平原上擴張勢力，遠至普魯士，然後沿著波羅的海沿岸往更東和更北，使得日耳曼騎士在同一個世紀裡，統治一路到芬蘭灣的當地農民。在其他邊境上，拉丁基督徒也展現令人矚目的侵略性：他們在西班牙和義大利南部大敗穆斯林和拜占庭人，尤其在遙遠的黎凡特地區功績最為顯赫。第一次十字軍東征（一〇九六至一〇九九年）的騎士大軍一路打到耶路撒冷。

無論如何，這類擴張在一三〇〇年到達極限。農民當時用板犁耕種土地，提供西歐社會基本的糧食，但氣候障礙限制了耕地的範圍，無法無限拓展。在種子和收穫的比率降至過低時——在西班牙的乾旱貧瘠地區和北歐及東歐寒冷地帶即是如此——農民捨棄翻土得用到的重犁和役畜，改採更便宜的農業技術。沿著相同的邊陲地帶，人口較為密集的板犁耕作區域後來都變得人口稀疏，成為放牧、狩獵、採集和打漁的場所，這些場所後來變得比拉丁基督教地區心臟地帶的同類土地還要來得重要。凡是被騎士征服的農耕地區，其社會模式和西歐心臟地帶的均有所不同，而由此產生的政權往往不穩定又短暫；例如，十字軍在地中海東部黎凡特地區建立的國家在一二九一年後消失；或在巴爾幹半島，可追溯自第四次十字軍東征（一二〇四年）而建立的拉丁領地，早在一二六一年就大部分為當地世襲統治君主取而代之。反之，在西班牙和愛爾蘭、以及波羅的海東岸一帶，從屬於拉丁基督教世界這個主體的征服社會卻能長存。同理，在波蘭、波希米亞和匈牙利，為驅逐日耳曼騎士而結合的各王國，採取了與西歐那種騎士和農民的模式迥然不同卻又緊密相關的形式。[3]

在義大利北部開創戰爭事務

伴隨十一世紀拉丁基督教國家的軍事擴張而來的是市場行為的拓展。就像同一時期的中國，交通運輸便利的地區帶頭領路。在地中海一帶，更發達的鄰近國家（即拜占庭和穆斯林國家）的技術很容易輸入，對歐洲的商業發展產生影響。首先，地理位置使義大利占盡優勢。一個次要商業中心在可以航行的萊茵河、馬士河（Meuse）和斯海爾德河（Scheldt）交匯處的低地國崛起。路上運輸路線連接這兩個商業和手工業主要活動中心；兩地之間的交易在一系列位於香檳（Champagne）的市集裡進行。人們逐漸投入越來越多的時間和勞力來生產供市場販賣的商品，有時甚至是在遠方出售。專業化使財富增加，並改變社會平衡，使其朝有利於商人—資本家的方向發展。十二世紀結束前，在那些最活躍的經濟中心，騎士的優越地位和建立在鄉村關係上的社會領導階級，都遭到質疑。

這些社會和經濟的變化也因騎士在戰爭中的優勢減弱而得到強化。十一世紀時，幾百名諾曼騎士就能征服和統治南義大利和西西里島。十一世紀末，幾千名騎士就足以奪取和堅守耶路撒冷。但在十二世紀，日耳曼的騎士大軍在義大利北部萊尼亞諾（Legnano），高傲地衝向其結盟城市的長矛兵時，卻意料之外地嚐到敗績。那次勝利證明，作為軍事力量的倫巴第聯盟（Lombard League），其本質是種基本防禦，就像無數商人和工匠開始聚集的城市得紛紛建築城牆，因為他們的數量大到必須擁有並足以支付這類保護。

這種局勢在戰爭和社會領導階級的老舊和新穎形式間造成僵局，至少在義大利是如此。武裝鎮民尋求方法控制周遭鄉村。不然如何保證他們的貨品安全通過，糧食準時運進城內呢？有時鄉村地主和附近城鎮的統治階層間有可能達成和解。有時貴族地主則搬進城內，和商人—資本家形成的上層階級打成一片和相互競爭。除此之外，從十一世紀開始，皇帝和教宗爭權，使義大利陷入分裂狀態。兩方都想對當時混亂的當地統治者和管轄區施行全面支配，但他們只能斷斷續續地行使政權。

義大利的軍事平衡和政治平衡一樣不穩定。較大城鎮裡的商人、工匠和他們的食客只要能維持戍守城牆所需的紀律，或在戰地部署好長矛兵陣式，就能抵禦騎士的攻擊。但是，由於原本的社會結盟被市場行為取代，而市場行為既影響又受制於數百里外的人事，因此上述此點難以辦到。隨之而來的市民間的衝突則削弱城市防禦。半島上範圍更大的政治爭論讓黨派鬥爭更形惡化，常常因貧富和雇傭之間的利益衝突而糾紛日增。在這些情況下，雇用外來人為市民作戰就變得越來越重要。但這意味著，雇傭間的曖昧關係已經干擾義大利富裕城市的內部生活，連帶延伸到軍事事務上。

顯然，隨著商業和手工業的專業化開始影響越來越多人，歐洲地方社群內的主要關係已經無法有效調節日常行徑。這造成社會和軍事管理上更大、更新的問題。義大利北部幾個城市率先做出有效反應，因為在這些城市裡，非個人的市場關係已經開始支配數萬居民的行為。

在十一到十三世紀間，一個新因素出現。當時，像在巴塞隆納和熱那亞這樣的城市裡，製弩的規模快速擴大，使這武器在戰爭中占據關鍵地位。起初，弩的主要價值是用來防禦船艦，因為只需在主桅頂的瞭望台派駐幾名弩弓手，就會使得即使想登上守員不多的商船都難如登天。但到了十三世紀末期，弩弓手變得技術熟練，人數眾多，足以改變陸戰局勢。一二八二到一三一一年間，加泰隆尼亞傭兵戰無不勝的威名便展現了弩弓手新的進攻能力，即使在和當時最強勁的騎兵交鋒時亦是如此。一二八二年，加泰隆尼亞人首先摧毀了西西里一支大部分為法國人的騎兵隊。而在之後的幾十年間，還在幾個巴爾幹和安納托利亞戰場上，以相同的勇猛大敗突厥輕騎兵。如同在中國，製造大批強大的弩需要金屬加工專家，但是弩用法簡便，因而在戰場上無往不利。任何平民壯丁都可以扣扳機發射弩箭，將騎士從百碼遠外的馬背上射下來，因此，鎧甲騎兵的優勢盡失。難怪（一一三九年）第二次拉特朗公會議（Second Lateran Council）認為這武器殺傷力太大，禁止基督徒用它彼此殘殺。

弩弓手和長矛兵必須有騎兵作為補充戰力，才能提供側翼保護並追擊敗戰奔逃的敵軍。這顯然使戰爭遠遠更為複雜，因為以前只要一隊騎士發起猛衝就能宰制歐洲戰場。單憑騎士家族中世代相傳的勇猛已經不足以贏得戰爭或維持社會統治。戰術在這時就顯得至為必要。必須有人能協調長矛、弩和騎兵。步兵需要接受訓練以保證隊形的穩定，因為一旦隊形渙散，個人長矛兵便只能任由衝鋒的騎兵擺布。況且，弩弓手扣扳機也需要時間，因此每次發射箭後，他們就暴露在危險中，除非在做好下次發射的準備前，能有某種野戰防禦工事，或隊形沒有破綻的長矛兵來保護他們。

不令人意外的是，義大利市民無法立即達到這種戰術所需要的複雜協調。歐洲其他地區的城市則更為落後，仍舊主要仰賴城牆作為被動防禦。話雖如此，在一〇〇〇至一三〇〇年間，城鎮居民和其貿易活動為鄉村社會帶來了改革，這使歐洲境內的軍事平衡產生基本變化。新戰術的複雜性強化了地方主義。如果繁榮的城市發現難以運用這些新技術，那麼對於較老的地域單位——公國、王國直至幅員最大的神聖羅馬帝國——而言，要有效管理新的軍事資源就更為困難。因此，在十一和十二世紀，經濟和軍事力量的變化形式在拉丁歐洲的興起，導致十三世紀帝國組織的崩解。相隔一個世代後，到一三〇五年，這一局勢已很明顯，當時教宗想在神聖羅馬帝國的廢墟上，建立絕對君主國的嘗試以失敗收場。

帝國和教宗統治都是羅馬過去的遺產。對過去和其光榮的記憶苟延殘喘，至少在政治理論家間是如此，他們直到十七世紀才不情不願地適應互相競爭的主權國間的政治多元主義。倘若教宗英諾森三世

（一一九八至一二一六年）和博義八世（一二九四至一三〇三年）曾實現他們的願景，建立一個服從教宗統治的基督教世界，由教士控制當地軍人、農民和市民的話，那麼西歐就會變得和中國相似。當時中國的天子就是透過大批堅守儒家原則的官吏，對農民、鎮民、地主和軍人施行管轄權。

當然，基督教和儒教有所不同。但在某些有趣的層面上，十三世紀羅馬教會的管理方式和中國官僚程序大同小異。主教和其他高級教士的任職資格是必須受過初級教育。任命須經過教宗審查，至少在原則上是如此。職務不可世襲，向人才開放職業往往能吸引天才洋溢和野心勃勃的人加入教士行列。在這些各個方面，十三世紀的基督教高級教士和中國宋朝的儒家官吏極為類似。

再者，基督教義對市場價值觀的敵對態度也和儒家異曲同工。基督教神學對高利貸的明確和強力譴責，比在儒家經典中所能找到的都更為有力。基督教神職人員和基督教軍人之間的彼此互不信任，與中國官吏和天朝軍人間的隔閡類似，只是前者的鴻溝沒那麼寬廣。但就算教宗的君主制曾能實現，西歐歷史也不會複製中國官僚經驗，不過差異確實會比實際存在的少上許多。然而，事實上，教宗想以宗主權有效統治整個拉丁基督教世界的企圖，和德國皇帝的努力一般，都遭到悲慘挫敗。基督教世界一直維持多個不同政治結構的分裂局勢，永遠彼此不和，並因領土重疊和管轄權的爭奪，始終陷於混亂之中。

這種政治局勢展現在西歐最活躍的經濟中心時，使市場和軍事行為的驚人結合得以生根和蓬勃發展。十四世紀在義大利，傭兵已經是常態，有組織的暴力的商業化顯而易見。此後，市場力量和市場態度開始影響軍事行動，而這在以前極為罕見。[4]在歐洲人之間，戰術開始高速發展，抵達前所未見的高度。一五〇〇至一九〇〇年間的世界史證明，歐洲在這些事務上的獨特性。十四世紀，歐洲國家和私人企業家之間在軍事方面開啟了激烈互動，而在我們的時代裡，持續為世界均勢帶來緊張的軍備競賽，就是直接肇因於此。因此，當時發生的情況和起因，便值得仔細分析。

首先是整體背景。十三世紀即將結束前，歐洲許多地區的情況極為艱困。在義大利和低地國，人口對可用資源造成強大壓力。木材供給開始匱乏。氣候明顯變冷，導致遍地饑荒。貧富和雇傭間的利益差異日劇，使歐洲社會紛紛擾擾。城市暴動和農村起義標誌了這些困境的某些層面，但這一切在一三四六年和之後的黑死病大肆蹂躪西歐、造成人口銳減此災難相較，就變得不值一提。僅僅在一個世代的時間裡，歐洲總人口就有四分之一到三分之一死於腺鼠疫。要直到一四八〇年後，人口才恢復瘟疫前的水準。

伴隨這個紀錄，十四世紀對大部分的歐洲人而言顯然很難熬。然而，也有些相反趨勢在長遠後證明，雖然這個世紀有一長串災難，這些趨勢仍舊意義重大。一二八〇到一三三〇年間，造船業有根本性的進展，[5]比以前更龐大堅固和更容易操控的船首次能全年安全地在海上航行。全天候的船隻不久後就沿著歐洲海岸，串連起更緊密的商業網絡，而這在以前是不可能之舉。南安普敦的羊毛、布魯日的布料、希俄斯（Chios）*的明礬、黑海北岸卡法（Caffa）的奴隸、威尼斯的香料和奧格斯堡的金屬等商品的價格，都開始在歐洲廣闊的市場上互動，進而產生影響。匯票使遠程支付變得容易，信貸變成商業和專業化大規模手工生產的潤滑劑。一種差異更複雜、潛在更富有、但相對更易受害的經濟開始比往昔控制更多人力。北義大利城市和低地國一些具次要地位的城鎮，仍舊是整個交易系統的組織中心。

從地理上來說，以前彼此有效隔離的水域首次變成單一海域的部分。東部的黑海和西部的北海都已納入以義大利為基地的海運延伸範圍。往昔，由於冬季航行和在暴風雨中行船十分危險，加上直布羅陀、達達尼爾和博斯普魯斯海峽的政治障礙，這些水域原本互相隔絕。同樣地，以漢薩（Hansa）海港為基地的日耳曼海運連接波羅的海與北海海岸，與由義大利控制的南方航道所產生的交易就在這些地方進行。實際上，波羅的海諸國在十四世紀進入邊境繁盛期，而當時，歐洲其他地方先是困擾於人口過剩，爾後又遭瘟疫和社會衝突侵襲。從南方進口的鹽使波羅的海人能在冬天醃製鯡魚和保存甘藍菜，這確保飲食大幅度改善，進而提供勞動力，可以伐木和種植糧食，並向食物和燃料匱乏的低地國和鄰近區域出口。

另一個經濟上的重要進展是在硬岩採礦方面。十一世紀，哈茨山脈（Harz）的日耳曼礦工開始發展深入硬岩到可觀深度的採礦技術。擊碎和搬走岩石只是問題的部分。通風和排水也同等重要，遑論尋找礦石和將其精煉所需的技術。隨著這些技術的發展（每個都強化和拓展其他技術的範圍），採礦技術傳播到新區域；十三世紀從哈茨山脈往東到波希米亞的厄爾士山脈（Erzgebirge），十四和十五世紀則抵達外西凡尼亞和波士尼亞。日耳曼礦工主要找的金屬是銀；但銅、錫、煤和鐵都可使用原先銀礦礦工發展的技術來開採，而且價格更低，產量更高。[6]

因此，整體來說，歐洲在十四世紀的經濟發展的畫面並非完全黯淡。不論地區性艱困和瘟疫災難有多劇烈，一般消費品——糧食、羊毛、鯡魚、鹽、金屬、木材等——市場還是比以前大得多。這對勞動

＊ 希臘第五大島。——譯註

力的拓展大有影響，並使歐洲大陸在整體上變得更為富有。但新的財富仍舊處於不穩定狀態。價格的波動和供需的變化時常為千萬民眾帶來嚴重磨難，因為他們的生計已經逐漸變得取決於遠方市場的變化，而他們對此則無能為力。

歐洲商業經濟的主要管理者是義大利人，他們在威尼斯、熱那亞、佛羅倫斯、西恩納和米蘭這樣的城市裡運籌帷幄。他們批發買賣，將新技術帶入落後地區（例如，在波蘭組織和重組鹽礦，在英國的康瓦爾則是錫礦），更重要的是，向地主、教士和平民提供（或拒絕）信貸。

教士和國王或公國的行政管理，以及長程貿易、採礦、海運和其他形式的大規模經濟活動，變得全得仰賴義大利銀行家的貸款。這種關係錯綜複雜。教會法明文禁止高利貸，使信貸活動成了不正當行徑。揮霍成性和手頭吃緊的君主便可以以高利貸是罪惡為藉口，拒絕償還債務，而這類行徑可能引發廣大的擴散效果。譬如，一三三九年英國國王愛德華三世的破產就在義大利引發廣泛的金融危機，開啟歐洲史上首次清晰可辨的經濟盛衰循環週期。

對國際商人和銀行家而言，親自投入家鄉城鎮的防禦實在很划不來，而更容易和更輕鬆的取代方式是雇用別人來守衛城牆或騎馬衝入戰場。而雇請來的職業軍人也可能要比整天坐在桌前的銀行家或為錢財煩惱不已的商人，更稱職，更可能成為令人望而生畏的士兵。如此一來，軍事效率就和個人傾向恰恰吻合。結果是，十二和十三世紀，防衛義大利城市、抵禦一切來犯者的城鎮民兵開始由一隊隊的職業軍人取代。

這一變化不僅讓富人覺得便利；窮人也感到兵役是個日益沉重的負擔，因為戰爭越來越長，而且年復一年地打個不停。十一和十二世紀期間，城市已經把鄰近的鄉村都歸納於它們的附屬地區，開始彼此之間的邊境爭奪和貿易戰。民兵無法長年戍守離城遠至五十英里遠的邊界要塞，因為他們不能無限期地離開住家，駐守在外。

由於如此，職業軍人逐漸成形，他們的優越軍事技能使得民兵沒有打贏戰役的可能，特別是在戰場上的成功取決於步兵和騎兵行動間難以達成的協調時。還有一個因素進一步削弱義大利民兵的力量：城市上下階層日益疏離，使富人和窮人不管在軍事或民事上，都難以真心誠意地合作無間。因此，到一三五〇年左右，義大利城市民兵已經成為過去較簡單的社會遺留下來的組織，鮮少奔赴戰場，也沒多大軍事價值。反之，有組織的暴力主要由職業軍隊來執行，聽命於指揮官，而後者則負責與適合的城市官員在具體服務和服務期限上商議合約。[7]

起初，義大利的重要城市內，主要團體不再戮力團結，而作為其軍事表現的民兵走向衰敗，種種都導致混亂。通常來自阿爾卑斯山以北地區的武裝冒險分子，在非正式選舉而出的領袖下結合成一個團體，靠勒索地方當局為生；要不，他們在拿不到大筆錢財時，便劫掠鄉村。隨著十四世紀的推演，這類士兵「自由團」（free companies）變得日益駭人。到一三五四年，其中最大的團體已達一萬人之譜，個個擁有武器裝備，伴隨著人數兩倍的追隨者，橫行於義大利中部最肥沃的地區，以出售和重售沒有當場消耗掉的劫掠品為生。這樣一支遊蕩的隊伍實際上是移動的城市，因為就定義上而言，城市也是一邊透過武力和武力威嚇（租稅），另一邊憑藉多少帶有契約性質的交易（以手工製品換取食物和原物料），從農村榨取資源為生。

富裕農村被一團團四處流竄的武裝搶匪劫掠的景象，和有組織的戰爭本身一樣古老。但現在這古老的局勢有了新契機：富裕義大利城市有足夠的錢幣流通，使得市民可以自我課稅，並拿收入去買武裝陌生人的服務。然後，這些傭兵單純透過花費軍餉，又將稅金重新投入流通，這樣一來，他們便強化了這類城市商業化武裝暴力的市場交易。這個新出現的體制傾向於自給自足。唯一的問題是創造雙方都能接受的合約形式，和執行合約條款的實際手段。

從納稅人的觀點看來，以稅金的確定性取代劫掠的不確定性是否可取，得仰賴個人的損失大小和搶匪可能出現的頻率。在十四世紀，寧願繳稅而不願被打劫的市民達到足夠人數，因而，在義大利北部管理較好的富裕城市裡，有組織的暴力的商業化變得可行。職業軍人也完全出於相同動機，情願領固定軍餉，而不願冒完全以打家劫舍為生的風險。再者，隨著軍事契約（義大利文為 *condotta*，衍生出 *condottiere*，訂約人或傭兵隊長）的發展，訂定規則，明確規定在哪些情況下允許搶劫。這樣，傭兵既有薪水可領，也不會完全喪失其經濟投機的面向。

義大利軍事企業和市場系統的結合歷經兩個明確階段。到一三八〇年代，自稱為「自由團」的搶匪銷聲匿跡。反之，城市和指揮官訂定契約成為常態，後者承諾雇請和指揮一支軍隊，以換取雙方協議的軍餉。以這種方式，城市可以選擇要雇請什麼樣的軍隊來配合特定的軍事行動；地方首長則代表納稅人仔細視察該軍隊，按照其實力付酬，不多也不少。起初，契約只為一場戰役而訂定，時間甚至更短。軍隊只是雇來完成特定任務：如進攻某個鄰近的邊境堡壘之類。雇傭關係僅被視為應急的服務。

然而，短期契約關係價格相對較高。每次商議的服務期限一到期，士兵們就面臨關鍵性的過渡難題。如果不能找到新工作，他們就得在以掠奪為生或改行從事和平職業間做出選擇。無論是解散軍隊或維持聯盟，都是個關乎個人且非常關鍵的決定。顯然，指揮官要能保持事業成功，就得找到新契約。經常更換雇主，撙節使用訂約人可賣資源，如馬匹、士兵、武器和盔甲——這些都是短期契約必然面臨的問題。

這類關係中，有著雇傭之間的摩擦和不信任感，因為雙方總是期盼著契約關係終止的那天。有組織的暴力裡的自由市場意味著，今天的傭兵可能變成明天的敵人。雙方在最初都意識到這種可能性，所以傭兵和當局之間的情感連結無法很穩固。

但這種脆弱關係使雙方都不自在，而城市的行政官和納稅人都清楚看到，戰事長年不停，因此，訂定長期契約的益處就逐漸變得明顯。到十五世紀的頭幾十年，特定指揮官和特定城市間建立長期關係已經成為常態。終身受雇於單一雇主變得稀鬆平常，儘管這類關係只是雙方重複續約的結果。而每次契約期限為兩到五年。

長期雇用同一指揮官的同時，也是在要求他麾下的士兵展現穩定性和標準化。長期職業軍人的編制單位為五十或一百「蘭斯」(lance)。Lance的原意為鎧甲騎士和他帶著上戰場的隨從所組成的小組。但商業化很快便要求人員和配備都要標準化，將每個蘭斯編成三到六人的戰鬥小組，武器各有不同，但在戰鬥中相互支援，並維持緊密的個人關係。地方行政官能定期進行召集和檢閱，以此查驗他們出資供養的軍隊戰力。與此相應的是，契約也明確規定服務期限。如此一來，在十五世紀前半中，義大利一些管理較好的城市就出現了具備已知規模和戰力的正規常備軍。

威尼斯在發動最初幾次目標為陸上征服的戰役（一四〇五年）中，帶頭率先按照這些規則調整傭兵。威尼斯之所以拔得頭籌，部分是因為他們在艦隊裡早已採取類似方法。從第一次十字軍東征前開始，領軍餉的划槳士兵就已經被編制成標準化船隊，一季接一季地雇用，使威尼斯的權勢揚名海外。管理半永久性的陸軍則只需要將這些方法稍做調整即可。[8]另一方面，佛羅倫斯在適應新戰爭情況時卻遠遠落後，這至少有部分是因為，像馬基維利（卒於一五二七年）那樣受人文主義薰陶的地方行政官，一心嚮往羅馬共和制度。因此，他們嘆息民兵的好景不再，過於恐懼軍事政變和軍隊職業化得付出的代價，以致於寧願犧牲軍事力量來維護經濟利益，並抵死擁抱市民自衛的古老傳統不放。

佛羅倫斯人會害怕軍事政變此事有充分根據。許多野心勃勃的傭兵指揮官確實曾非法使用武力從文官手裡奪權。經歷過這種命運的最大城市是米蘭。一四五〇年以後，法蘭切斯科．斯福爾札（Francesco Sforza）*掌權，開始用米蘭的資源來長期供養他的軍隊，因而使城市變為軍事獨裁。威尼斯設法逃脫此類命運，對潛在篡位者進行嚴密監視的同時，又和幾位彼此猜忌的指揮官各自訂定契約，並贈與功績彪炳又忠誠的傭兵指揮官公民動章和禮物，安排他們與適合的威尼斯貴族成員結成聯姻。

因此，不管是透過篡位或同化，優秀的指揮官迅速晉升義大利城市的統治階層。如此一來，可以說，舊的政治秩序和軍隊企業的新形式之間的體制調整第一階段就水到渠成。金錢關係轉而強化了感情聯繫；那些分割義大利主權因而新近得到鞏固的國家和職業軍人之間，原本就存有各種情感牽絆。話雖如此，倘若指揮官和他的手下看到別處有巨大利益，或雇主明顯偏心於敵手，使他或團伙的自尊心受損，他們仍然會毅然更換雇主。

這類競爭對手的存在和他們之間矛盾的難以協調，確實是威尼斯和米蘭軍事體制的主要弱點。當局無法指派任何人來擔任所有威尼斯軍隊的總司令，因為這必然會引發他麾下指揮官的嫉妒，後者就會在戰場上任意妄為，或公然違抗命令。只有把相互競爭的指揮官派駐到不同或個別的「前線」才能避免摩擦；但如此一來，當然降低了整體軍隊的靈活度和軍事價值。斯福爾札在一四五〇年接管米蘭後，也在調整屬下指揮官的關係上發生類似問題。

文官避開這類低效率的方法是和越來越小的軍事單位（小到「蘭斯」）簽訂契約。到一四八〇年代，這種作法在威尼斯和米蘭都已越來越常見。文官可以得到國家軍事武力上的更大控制權，因為現在他們可以指派他們中意的任何人來指揮由適合數量的「蘭斯」結合在一起的武裝軍隊。這作法促使一批軍官堂堂登場，而他們的職業發展取決於和擁有派任權力的文官的關係，而不是和時不時就可能更換指揮官的特定士兵的關係。這類從屬模式確保對有組織武力的有效政治控制。政變不再成為嚴重威脅。

十五世紀末，在波河（Po）流域出現了一種驚人靈活和有效的戰爭體制，它根據財務和外交謀算，使手段和目的密切結合。建立這種戰爭體制是義大利城市將戰爭的商業化做制度化調整的第二階段。

顯然，由於國家較少，而個別「蘭斯」則多不勝數，交易條件就大大有利於雇主，而非傭兵。事實上，整個演變過程可能可以看作是從幾乎自由的市場（勒索和搶劫透過無數地方「市場」交易來規定保護費）朝寡頭壟斷（少數軍事統領和城市行政官訂約或毀約）的一種發展。隨之而來的是在義大利分裂

＊　一四〇一至一四六六年，傭兵首領，米蘭公爵。——譯註

而成、但管理較好的各大國家中，出現的半壟斷現象。從另一個角度看來，我們可以說，一種純粹的現金交易關係，逐漸被軍人彼此之間和軍人與雇主之間更複雜的關係取代。這些關係則結合團結精神和官僚從屬關係，以及對指揮官的忠心耿耿和對國家（至少在威尼斯是如此）的效忠。

儘管因情況不同而導致關係複雜，變幻莫測，但整體的結果是穩定了義大利社會中，行政和軍事機構之間的關係。這使義大利重要城邦能在那個時代的政治中發揮強勁國力。譬如，在一五〇八年，威尼斯抵擋住由教宗儒略二世、神聖羅馬皇帝馬克西米利安一世、法國國王路易十二和西班牙國王費迪南二世所組成的所謂康布雷同盟（League of Cambrai）的攻擊。只有在和鄂圖曼土耳其人發生衝突時，威尼斯的軍事力量才顯得不足。

後來，當義大利城市變成法國和西班牙戰爭中的典當品和戰利品時，像馬基維利那樣的觀察家，開始對威尼斯和米蘭為順應時代而調整的行政實踐，所執行的狡詐手腕，表示不屑。在那個時代，一般人際關係，特別是軍事關係，已經無法再按照習慣和地位以面對面的方式處理，而是得回應當時非個人和尚未被充分瞭解的市場關係。直到近代，對十九和二十世紀的歷史學家而言，馬基維利對傭兵制度的攻擊似乎仍具有說服力，因為這些學者本身的戰爭經驗強調民兵和愛國主義的價值。但是，反之，在一個軍事專業化將使民兵再次過時的現代，學者們已經開始欣賞十五世紀管理最完善的義大利城市所預揭的軍事管理制度，而後者在兩世紀後，成為阿爾卑斯山以北地區的標準模式。[9]

義大利城市的行政當局以稅金支付士兵，士兵再將軍餉花掉，從而幫助翻新稅金基礎；這顯示，一個透過商業而整合的社會如何有效自我防禦。這些城市創立管理士兵的行政方法，並將他們的個人利益與為同一雇主繼續服務，更緊密地連結起來，藉此改變了市場關係中內在不穩定性的發生頻率。

換句話說，有效稅收、為貸款提供資金，以及靈活專業的軍事管理手法，使國內能維持和平，並將有組織的暴力的不確定性移轉到國際事務、外交和戰爭領域。在發展武裝力量有效國內管理上落後的國家裡，如佛羅倫斯和熱那亞，則得繼續面對零星爆發的民眾暴力。威尼斯這個在武裝力量管理上改革最為成功的國家，則完全避免了國內動亂，儘管它在義大利全境因取得一連串的外交和軍事勝利，而慘遭外國侵犯，差點覆滅。

火藥革命與大西洋歐洲的崛起

從義大利國家制度的整體（連同將財政資源明顯集中在少數義大利城市中的經濟關係）看來，城邦容易受到兩種不同但又有相互關連的變化的影響。首先，最明顯的是：相互競爭的國家間的政治交惡和外交聯盟無法只被局限在義大利半島本身。當擁有較大領土、新近鞏固政權的君主國選擇要干涉義大利內政時，那些小城邦無論如何管理有道，也無法永久捍衛主權。在十五世紀接近尾聲時，就有跡象如此顯示：先是鄂圖曼帝國（一四八〇年），後來是法國（一四九四年），向義大利派遣了強大的遠征軍。儘管這兩個國家後來都很快撤軍，但分裂的義大利無力抵禦龐大的外來干涉這一點變得顯而易見。因而，在下一個世紀裡，義大利半島成為外國勢力爭奪義大利偌大財富和優異技術的控制權的戰場。

第二個不穩定因素在於技術。軍事服務商業化仰賴、同時也有助於維持武器製造和供給的商業化。

士兵沒有合適的武器終究沒多少價值，而一位軍人可以用他所擁有的武器種類和使用它們的技巧，來販賣服務和索取費用。因此，傭兵戰爭的必要條件就在於能輕易和公開地取得武器。

一般的長程貿易也仰賴能自由取得武器，因為沒有武裝的船或商隊無法期盼能安全抵達目的地。的確，跨越邊界的貿易要成功，和城市及其屬地的有效近距離防禦一樣，都需要外交談判、軍事準備和財務敏銳的相同微妙組合。或許這種關係應該用另一種方法來闡明：為追求成功的長程貿易而發展起來的技術和才能——義大利各大城市仰賴此以建立財富和權勢——提供了一個典範和環境，而義大利人就在此類環境中，發明了一個嶄新而有歐洲特色的外交和戰爭模式。

這一體制提供繼續改善武器設計的強烈激勵。由於許多不同買主進入市場，許多不同的工匠坊為大眾製造武器和盔甲，因此任何能讓產品變得便宜或改善性能的設計改變，都會立刻吸引注意，並迅速廣為人知。因此，在十四世紀就爆發了歐洲各民族間隨後成為常態的那種軍備競賽。它主要集中在義大利。起初，它有效鞏固和強化義大利軍隊的可怕威力。但不久後，新的武器就開始變得有利於更大的國家和更強的君王。

只要軍備競賽局限在日益有效的弩和越見精巧的板金鎧甲之間，義大利工坊和手工設計師就能超越群倫。十四世紀就是如此：剛開始是引入一種簡單的「鐙」（一三〇一年，中國從十一世紀就開始啟用），使弓箭手能更快扣上弩的扳機。之後設計出越來越強的弓，這大約是在一三五〇年後，開始以鋼製弓身代替木材，再來則是使用絞盤來拉弓弦（一三七〇年）。[10]之後，弩的設計不再翻新。發明轉而集中在火藥武器。但在此之前，弩弓威力的改善和盔甲設計的改進都是齊頭並進的。米蘭是製造盔甲的重鎮，但弩卻沒有出現類似的中心，除非硬扯上熱那亞。熱那亞在北方統治者間聞名遐邇，因為可以從此地招募弩弓手；在弩弓製造方面，熱那亞或許占有一定優勢。但此論點缺乏確鑿的資料。

進攻性和防禦性武器的技術競賽走到下一步，就是大炮的使用。火藥的爆炸威力如果經過適當限制，就能以之前達不到的推動力，將炮彈發射出去。歐洲和中國工匠似乎是在同時領略這點。無論如何，歐洲最早的大炮圖於一三二六年出現，而中國則為一三三二年，這些繪圖明顯證實大炮當時已經存在。兩張圖都描繪一個花瓶狀的炮身，從瓶口伸出一支超大型的箭。這確實表明，無論實際上火炮製造於何處，它們都是出自同一發明來源。[11]

但即使火藥和大炮的點子是由中國傳入歐洲，事實上，歐洲人在大炮設計方面很快便超越中國人和其他民族，並且在第二次世界大戰前，一直在這方面展現明顯優勢。但義大利人在大炮鑄造上，似乎從未像在弩弓和盔甲製造上拔得頭籌；這也許是因為歐洲大炮很快就變得炮身巨大，重量超過一噸。這就使義大利人陷入劣勢，因為他們得從北方進口金屬，而陸路運輸價格不菲。除了某些無法運輸的案例外（如一四五三年攻陷君士坦丁堡城牆的大炮），在緊鄰礦區的地方精煉礦石和生產金屬成品也較為容易。因此，義大利金屬工匠很不容易和靠近礦產地的大炮鑄造師競爭。結果，一旦大炮成為戰場上的關鍵武器，義大利人在軍備工業上的技術優勢便如江河日下。

在思考火藥武器的早期發展前，似乎最好稍微回顧阿爾卑斯山以北發生的事。在此，領主授予騎士可供其當收入來源的土地，而騎士得為領主服役，因此，此地的封建制度比義大利的更難以撼動。當百年戰爭（一三三七至一四五三年）開打時，法國國王仍舊主要仰賴其王國內的封建騎士團，來迎戰和擊

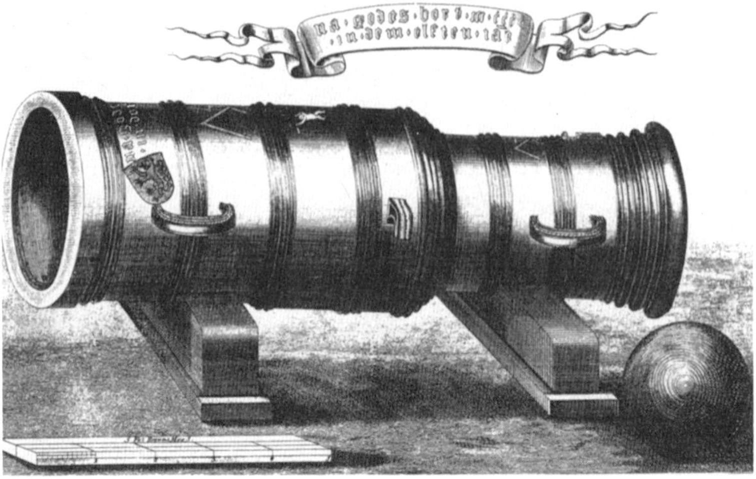

c

d

圖c，A. Essenwein所著*Quellen zur Geschichte Der Feuerwaffen*（《關於火器的歷史》）（Leipwig：F. A. Brockhaus，1877年），第2卷，pl. A. XXIXXII。布倫瑞克大炮於1411年問世，1728年才有銅版畫流傳下來。

圖d，同上，pl. A. LXXII-LXXIII。1500至1510年間為皇帝馬克西米連鑄造的大炮，依照慕尼黑皇家圖書館中館藏圖標222號複製。

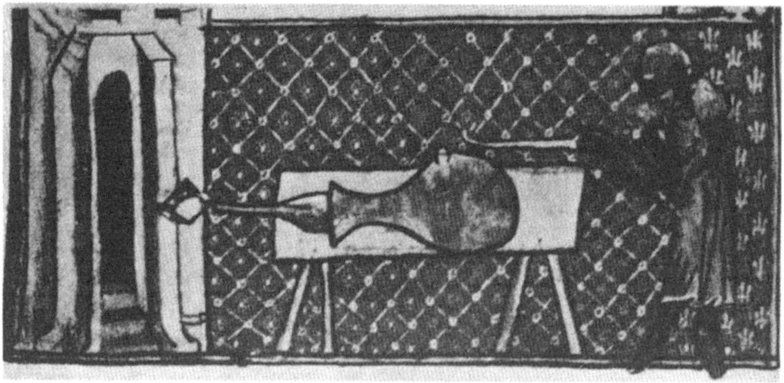

a

b

圖二　歐洲火砲的演進，一三二六年至一五〇〇年

這四張圖顯示歐洲工匠和統治者如何在共同合作下，將1326年繪圖中的無用玩具（圖a），研發成可怕武器。到十五世紀下半時，兩座體積龐大的射石炮，一是鑄鐵炮（圖b），另一是青銅炮（圖c），為移動攻城炮（圖d）所取代。攻城炮使用密度高的鐵質炮彈，以燃燒的「麥粒」火藥急促加速，使這個武器能在短短數小時內摧毀任何堅固防禦工事。

圖片來源：

圖a，Berhard Rathgen所著*Das Geschütz im Mittelalter*（《中世紀的大炮》）（Berlin：VDI，1928年），第四版，插圖12，來自Walter de Milimete1326年的牛津手稿。

圖b，同上，第七版，插圖22，約1425年在維也納製作的射石炮。

退英國入侵，[12]儘管到了克雷西會戰（Battle of Crécy，一三四六年）時，他已經採取預防措施，雇用熱那亞弩弓手作為騎士的輔助兵力，希望以此和英國軍隊裡的長弓傭兵相抗衡。

起初，在法國的英國軍隊得到發放薪資的承諾，但卻很少在戰地領到薪餉。於是，他們只得在鄉村靠搶劫糧食飼料，舒緩缺錢孔急的困境，同時還一直希望能得到意外之財——發現一窩偷藏的銀子或取得大人物的贖金——使他們至少能夠暫時變得寬裕。在法國大部分地區，通過買賣的貨物流通尚未發展到足夠水準，根本不像義大利傭兵服務那樣擁有調節得宜的財務政策，以保持自身的穩定。話雖如此，路過的掠奪大軍所造成的有形財產的轉移（例如融化教堂寶藏）一定刺激了市場交易。在戰地跟隨英國和法國軍隊的隨軍小販和謀生者定期進行買賣；而士兵在偷竊和搶奪後仍不能完全心滿意足時，當然也得靠買賣。就像早期的義大利，持續需要補給的野戰軍隊宛如一座移動的城市。從短期觀點看來，這對法國鄉村往往帶來災難性後果；但從長期觀點看來，這些軍隊和掠奪擴大了買賣在日常生活中的角色。[13]

結果，英國人最初的勝利和法國貴族的普遍不滿，引發悲慘的士氣低落和混亂狀態，等法國君主國開始從其中恢復起來時，稅收基礎已經擴大，從而使法國國王能夠徵收到足夠的現金，以維持一支軍力日漸壯大的武裝部隊。就是這支軍隊在一連串戰役中取得勝利後，遂於一四五三年將英國人逐出法國。爾後也是靠這支軍隊，路易十一（一四六一至一四八三年在位）才能在勃根地的大膽查理於一場瑞士戰役（一四七七年）身亡後，接管他大部分的遺產。因此，在一四五〇至一四七八年間，法蘭西王國已經出現在歐洲地圖裡。那時的法國君權空前集中，並有能力終年維持一支人數約兩萬五千人的常備職業軍隊，在危機時刻，可動員的兵力最高可達八萬之譜。[14]

雖然如此，單看數字並不能看到全面的故事。法國軍隊在一四五〇至一四五三年將英國人趕出勃根地和基恩（Guienne），那時在遇到守城部隊不肯投降時，就動用重炮轟擊一面面城牆。而以前牢不可摧的堡壘就在短短數小時內轟然坍塌。在這個火藥武器展示其威力的戲劇性轉折背後，是百年來大炮設計的迅速發展。

從一開始，大炮發射的突發性爆炸使歐洲統治者和工匠深為著迷。他們早期在製造大炮上投注許多心力，收穫卻寥寥可數，因為在一三二六年後超過百年間，投石器仍在各方面超越大炮。大炮除了能發出轟隆巨響外，幾乎毫無用處。但這並沒有使試驗停下腳步。[15]

大炮設計的第一個重要改變是用球狀炮彈（通常是石頭）來取代早期大炮使用的箭狀射彈。隨著這個改變，早期大炮的花瓶形炮身也改成管狀炮筒。如此一來，爆炸時產生的膨脹氣體就能使炮彈在通過炮筒時不斷加速。這種設計使炮彈射出時所達到的速度比以前快上許多。

炮彈速度變快，又反過來刺激槍炮工匠想方設法讓大炮口徑越變越大。在理論上，他們認為炮彈變大就能徹底摧毀敵人的防禦工事。更大的大炮得用更重的炮彈，充填的火藥也更多，因此炮身必須更為堅固才行。最早期的巨炮是用熟鐵環焊接而成。但這種「射石炮」(bombard) 很容易爆裂。一個較滿意的解決方法是使用歐洲鑄鐘工人已經完美高度掌握的金屬鑄造技術，用整塊青銅或黃銅鑄成的大炮證實比焊接而成的大炮牢靠許多。因此，鑄炮導致後者全遭棄用。

於是，到了一四五〇年，供應煉製青銅所需的銅和錫，以及煉製黃銅所需的銅和鋅，對歐洲統治者而言就變得極為重要。新式大炮傳入亞洲時，開啟了第二個青銅時期。它大約持續了一個世紀，一直到從歐洲大陸去英國的技師在一五四三年，發現如何鑄造性能良好的鐵炮為止。如此一來，大炮的價格降至原先的十二分之一，一如西元前十二世紀鐵器時代的鐵匠降低刀劍和頭盔的價格。[16]

因此，嚴格說來，第二個青銅時期持續不到一個世紀（一四五三至一五四三年）。但英國的鐵器製造商不能滿足每位歐洲統治者的需求；而即使在一六二〇年代，瑞典和荷蘭人發展出鐵炮的國際貿易後，市場還是持續偏好青銅和黃銅大炮。於是，譬如，直到一六六〇年代，科爾貝爾（Colbert）＊著手創立一支海軍，並需要數千門大炮裝備軍艦和海岸設施時，法國人才轉而採用鐵炮。[17]在那之前，對世界各地統治者而言，取得銅和錫仍具有重大戰略意義。

經濟模式標誌了這個事實。舉如，中歐銅礦和銀礦的重要性銳增。十五世紀後期，德意志南部、波希米亞和鄰近地區突然變得繁榮，反映了歐洲這些地區採礦業的興盛。富格家族（the Fuggers）和其他德意志南部銀行家建立的金融帝國同樣也反映此一現象。他們曾為經營大規模跨地區經濟企業，而與古老的義大利金融中心展開短期競爭。[18]英格蘭西部的一段相似的經濟活躍期，也與密集開發康瓦爾的錫礦息息相關。同理，在十六和十七世紀，印度和遠東的統治者明顯看到青銅大炮那無以倫比的價值時，日本的銅和馬來亞的錫就變得至為重要。

以鐵炮代替青銅和黃銅大炮最終使中歐採礦業走向衰頹。美洲廉價的銀開始和歐洲礦區的產品競爭，而幾乎在同時，銅礦的開採則因為更便宜的炮銅的出現而大受影響。但中歐的經濟發展雖然受挫，其他地方卻蒸蒸日上。十六世紀的英國和十七世紀的瑞典都因為鐵在製炮業中的嶄新重要性而直接獲利。而歐洲政治和軍事史都因上述現象而有某種程度的波動。

在第二次青銅時期尚未結束前，大炮設計就有了第二次重大改進。十五世紀中期的射石炮體積過於龐大（直徑往往在三十英吋以上，長度達十二至十五英尺），非常難以移動。例如，一四五三年擊破君士坦丁堡城牆的大炮就是就地鑄造，因為把原物料運至戰場，在城牆外建造煉鐵爐和鑄模，比將大炮搬至現場容易。無論這些大炮威力如何強大，無法移動是嚴重缺點，也對鑄炮工匠形成明顯挑戰。

一四六五至一四七七年間，法國和勃根地之間的軍備競賽，[19]提供工匠和統治者手段和動機，去發明解決此一難題的實際方法。低地國和法國的鑄炮工匠發現，如果大炮炮管堅固到能發射密度更高的鐵炮彈（而非石炮），那體積小得多的武器就可以和體積大三倍的射石炮，具有同等的殺傷力。鐵炮彈的價格也比較便宜，而且可以重複使用，而巨型石彈撞擊後就會裂成碎片，況且，手工製造的石彈要運至戰場，一來困難，二來也所費不貲。

在同一個時期迎來了第二項技術改進：將火藥製作成穀物般的小顆粒，稱之為「麥粒」，這樣著火更快，因為顆粒暴露在外的每一面可以全部立刻燃燒。爆炸威力因此更強，而在炮彈加速通過炮筒時，迅速產生的氣體從炮彈周遭洩出的時間變少。[20]這過程自然帶給炮銅更多壓力，但低地國的青銅鑄工發現加厚爆炸部位（即彈膛周遭關鍵區域）的辦法，並朝炮口的方向，按照炮彈後面壓力減弱的比例，逐漸縮小炮管厚度。

＊一六一九至一六八三年，路易十四的左右手，曾任財務大臣等重要職位。——譯註

只要有合適的炮座和強壯的馬兒，長約八英尺、擁有巨大威力、設計來發射二十五到五十磅鐵炮彈的攻城炮，就可以相對輕鬆地進行越野搬運。這就要求得有特殊設計的炮架，堅固耐用的輪軸和輪子，以及延伸到炮身後面的長「架尾」。將大炮架在重心附近的炮耳上，就可以將炮管抬高到任何想要角度，不必將炮從運送的炮架上搬下。發射時，炮和炮座可以向後反衝幾英尺，藉此吸收後座力。重新發射時，得將炮座推到原先發射的位置，但只需利用簡單的槓桿推動，而無須套上馬匹。向前移動時，短短幾分鐘就足以將架尾抬起，下面裝好前車，即可出發。這種大炮能迅速在行進位置和發射位置間轉換，只要是大型運貨馬車和馬兒能去的地方都能暢行無阻。大體上，在一四六五至一四七七年間，於法國和勃根地發展出來的大炮設計，沿用到一八四〇年代，其間只有小幅改良。[21]

一四九四年，入侵義大利的法國軍隊就是靠這款嶄新設計的大炮，使查理八世登上那不勒斯的王位。義大利人為新式大炮的威力所震服。佛羅倫斯和教宗僅僅做了象徵性的抵抗就降服。只有那不勒斯邊界上的一個堡壘曾經試圖抵抗入侵者。但法國炮兵僅用八小時就將城牆轟為斷垣殘壁。然而，在此不久前，這堡壘曾因抵抗圍城七年之久而聲名遠播。[22]

一四五三年笨重的射石炮已經改變圍城者和被圍城者的均勢；由此產生的對既定權力關係的干擾，在一四六五到一四七七年間，因法國和勃根地發明移動攻城炮而變得劇烈。凡是新式大炮出現的地方，既有的防禦工事就變得不堪一擊。因此，付得起昂貴高價購買新式武器的統治者就權勢大增，而無法利用新戰爭科技的鄰國和臣民則變成待宰的羔羊。

在歐洲，新式武器的主要結果是讓義大利城邦國家的重要性變小，並使其他弱小的主權國變得無足輕重。當然，法國人和勃根地人沒能長期維持壟斷地位；附近鄰國的君王也很快就獲得新式攻城炮，包括哈布斯堡皇帝和鄂圖曼蘇丹。[23]隨後，在大部分的十六世紀裡，新近鞏固權勢的歐洲強國展開激烈爭鬥，義大利城邦國家淪為各方爭奪的籌碼。

話雖如此，使義大利技術引人注目的那種獨創性，並未因攻城炮的威力增強而長期受到埋沒。實際上，甚至在一四九四年和強大的法國新式大炮交鋒前，義大利的軍事工程技師就已經時斷時續地進行了半個世紀的實驗，尋求使老式防禦工事更有效抵禦新式炮火攻擊的方法。在那之後，這成了所有義大利既存政權的迫切問題。義大利最傑出的天才，包括達文西和米開朗基羅，都戮力於探求解決之道。[24]

或許是透過意外，或許應該說是臨時應變，義大利人很快就發現，堆積的鬆土能夠吸收炮彈威力而毫髮無傷。一五〇〇年，佛羅倫斯圍攻比薩，環形城牆變得岌岌可危，比薩人在圍牆內建築緊急土牆，結果發現下列意外。當永久的防禦工事在炮火猛轟下石塊崩塌後，後面的土牆就會暴露出來，圍城者這下便面臨無法跨越的新式障礙。修築防禦土牆得往地下挖土，挖出的洞要整修出垂直的前壁，如此一來，修成的溝就會變成一種反向牆，對攻擊者形成非常難以越過的障礙，而且可以完全避免遭到大炮的轟擊和破壞。[25]

這一基本構想解決了如何防禦炮火的難題，後來進一步出現以石頭加固壕溝而形成更為永久性的防禦工事。不久又增加配有大炮和以壕溝保護的堡壘和外圍工事。這類外圍工事如果建築在適合地點，就能向任何試圖穿越壕溝、攻擊城牆的人發出殺傷力強的交叉火力。外圍工事的大炮還有一個次要角色，用大炮向圍城敵軍的大炮反擊，便能大大削弱敵軍攻擊的準確度和力道。[26]

到一五二〇年代，新的義大利式防禦工事已經能再度抵擋裝備最精良的攻擊者，但是代價很高。只有最富裕的國家和城市才買得起數十門大炮，和修建這類「星形要塞」（*trace italienne*）所需的龐大勞動費用。阿爾卑斯山以北地區是如此稱呼這類防禦工事的。

無論如何，星形要塞仍迅速抑制了攻城炮攻無不克的威力，因而在歐洲歷史上扮演了關鍵性角色。到一五三〇年代，足以抵擋炮彈的防禦工事開始從義大利散播到歐洲其他地區，高科技再次有利於地方防禦，至少在那些政府有財力負擔新型防禦工事和大批大炮的地區是如此。一五一六至一五二一年間，哈布斯堡繼承人根特的查理五世獲得了大片土地，此舉使得歐洲透過政治合併變成單一帝國政體的可能性遽增，但就在此同時，上述防禦工事的推廣形成非常有效的障礙。查理五世身為德意志國家的神聖羅馬帝國皇帝，宣稱對整個基督教世界擁有某種含糊的最高統治權；同時，作為西班牙、低地國和德意志廣闊地區的統治者，他似乎有足夠的力量，可以賦予這個古老帝國稱號新的實質意義。

他在鎮壓西班牙的叛亂後，首要之務就是將法國人趕出義大利。他在一五二五年成功達到此目標。而在往後的幾十年間，他的軍隊（以西班牙人為主）拿下對那不勒斯和米蘭的控制，他因此使其他義大利城邦國家處於不自在的從屬地位，從而零星爆發一些失敗的反抗動亂，因為他的統治往往被義大利人視為西班牙桎梏（Spanish yoke）。然而，他在義大利的成功，引發法國和鄂圖曼兩個敵手合作，在地中海廣大地區對哈布斯堡王朝展開奪權行動。在北方的德意志諸國王公也認為在必要時該採取軍事行動，抗拒查理鞏固帝國威權。

顯而易見的是，能夠長期抵抗優勢野戰部隊的防禦工事，在制止帝國建立上可扮演關鍵角色。建造這類要塞的工事因而迅速展開，首先主要是在義大利，之後在歐洲各邊緣地帶。結果，在一五二五年以後，作為義大利戰爭二十五年來之特色的大規模戰役不再出現，開始了圍城攻防時期。鞏固帝國的工作也慘遭中斷，只有那不勒斯和米蘭的西班牙衛戍部隊支持哈布斯堡在義大利不太穩定的霸權。到一五六〇年代，類似的障礙逼迫鄂圖曼停止擴張領土，因為在馬爾他和匈牙利邊界都興建起新式要塞，而鄂圖曼土耳其人曾在一五六五年圍攻馬爾他時，卻久攻不下。

在義大利疆域遍地建造密集的防禦炮火工事前，義大利戰爭（一四九九至一五五九年）在頭幾十年，曾宛如一個滋養步兵火器發展的有效溫床，然後人們透過此戰爭，使用滑膛槍和火繩槍這類火器來發明戰術和野戰工事。事實上，法國人在義大利會吃下敗仗，主要肇因於過度仰賴瑞士長矛兵、重騎兵和他們名聞遐邇的攻城炮。西班牙人則比法國人更富有實驗精神，願意以滑膛槍作為長矛兵陣型的輔助軍力，並證實自己特別擅長於利用野戰工事，來保護步兵免受騎兵攻擊。

結果，從義大利戰爭中嶄露頭角的所謂西班牙步兵團（*tercios*）成為歐洲戰鬥力最強的野戰部隊。步兵團由大批長矛兵組成，保護部署在中央長矛兵陣周邊的滑膛槍手。這種隊形證明能在曠野上抵擋騎兵的進攻，能放低長矛向敵軍衝鋒，攻勢如發明此戰術的瑞士人一般凌厲。在戰鬥中，大炮只偶爾扮演重要角色，因為要將重炮及時運抵戰場實在太過困難。

西班牙步兵團的戰術使步兵在戰場上扮演決定性角色，在防禦和進攻方面皆至為關鍵。直到十六世紀，騎士在戰場上的威望歷久不衰，尤其在騎士精神於鄉村社會結構中根深蒂固的法國和德意志更是如此。但大約在一五二五年後，紳士徒步作戰幾乎像在騎馬時一樣有尊嚴，這種思想的風潮在實戰中已經

b

淺，使火炮無法直接擊中城牆，除非火炮能像圖右下角般，架在壕溝邊。但那顯示，即使圍牆被炸出裂口，護城河滿是瓦礫，設計合宜的稜堡仍然能對攻城者發出令其付出慘痛代價的攻擊。

圖片來源：E. Viollet-le Duc所著*Dictionnaire raisonné de l'architecture française du IXe au XVIe siècle*（《九至十五世紀法國建築詳解辭典》）（Paris，1858年），第1卷，頁420（圖57）、頁452（圖75）、頁441（圖72）。

a

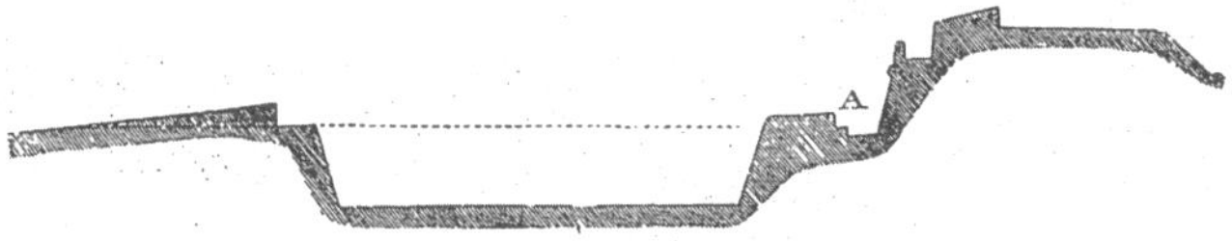

圖三　歐洲的火藥革命

這兩幅由十九世紀法國建築師歐仁·維奧萊—勒—杜克（Eugène Viollet-le-Duc）繪製的圖顯示，為防護城牆可能受到火炮轟擊所做的緊急回應，後來發展成新式防禦工事，這使圍城再次變成長期抗戰，也難以執行。

圖a顯示防禦工事以一條淺溝和緊急牆為特色，在外圍牆新近被炸出的裂口後設立槍砲射擊口，使攻城者奪取城池更為困難。圖b是完整的星形要塞截面圖，顯示壕溝和城牆如何結合，以保護城市免於炮火。注意，壕溝左邊的斜堤的角度很沛然莫之能禦，即使在法國人和日耳曼人之間都是如此。騎兵在圍城戰中幾乎無用武之地，這在隨後半世紀的戰術發展中，成為重要的考量點。

儘管西班牙人在戰鬥中善於將不同的武器和隊形組合使用，進而取得勝利，但是他們在戰場上的勝利不足以確保哈布斯堡的全面霸權。只要戰敗方能夠退守到大量準備好的防禦工事，被擊潰和殘存的野戰部隊就可以躲在那裡，甚至得以抵抗數月之久。所以，即使取得一連串勝利也不足以建立霸權。

因此，雖然西班牙士兵的戰鬥優勢確實使查理五世能將法國人趕出義大利，但並沒能使他推翻法蘭西君主國的獨立強權。他也不能藉此壓制德意志王公的自治權，或荷蘭臣民各式各樣的地方豁免權，甚至在他們開始擁護各種新教異端時，他也無計可施。結果，歐洲各國間的恆久競爭繼續引發時不時的軍備競賽，而偶爾發明的新科技則似乎能在戰爭中讓其擁有者產生巨大優勢。

話雖如此，在世界上其他地區的人卻不像義大利人那樣對大炮做出即時反應。反之，由於移動攻城炮使擁有者得到極大優勢，在大部分的亞洲和整個東歐順勢出現了一系列疆域相對較大的火藥帝國。十六世紀葡萄牙人和西班牙人的海外帝國便屬於這個範疇，因他們以船載大炮防禦——在葡萄牙的例子中，他們以此種武器創立帝國。船載大炮和陸地帝國的大炮之不同點在於，前者具有更強的機動性。中國明朝（一三六八—一六四四年）和其他後起之秀，如：印度蒙兀兒帝國（Mughal Empire，建立於一五二六年）、俄羅斯莫斯科大公國（建立於一四八〇年）、東歐和黎凡特的鄂圖曼帝國（一四五三年後）相比，比較不仰仗大炮。伊朗的薩法維帝國（Safavid Empire）與鄰國相較則較少仰賴火藥武器，雖然在阿拔斯大帝（Shah Abbas，一五八七至一六二九在位）統治時期，這種新戰爭科技的集權效果也曾顯現。

同理，在日本，小型武器，甚至少量大炮的使用，促使老舊的作戰方式和防禦工事至少有部分變得陳舊過時，從而推動了一五九〇年後單一中央政權的建立。*

蒙兀兒帝國、莫斯科大公國和鄂圖曼帝國的領土範圍受到各自的帝國炮群之機動性所左右。在俄羅斯，只要河流可以通航，便能運送重炮去攻擊仍舊擁有防禦工事之處，這使得莫斯科人穩操勝算。但在沒有水利之便的印度內陸，帝國一直不甚穩固，因為如巴布爾（Babur，一五二六—三〇年在位）的就地鑄炮非常吃力，或如其孫子阿克巴（Akbar，一五六六—一六〇五年在位）的陸路運炮也困難重重。但在所有這些國家，甚至在那些西歐的鄰國，一旦中央政府透過使用和壟斷重炮而得到決定性優勢，就會停止對火藥武器的進一步自動改進。統治者已經擁有顯然似乎是終極的武器，儘管要將重炮運到某一特定地點有時相當困難。試驗新武器的動機幾乎不剩。反之，一切可能使現有的大炮變過時的研發一定都被當權者視為任意浪費，而且具有潛在的危險。

在西歐，情況正好相反。眾人仍舊急切地追求武器設計的改革。凡是新發明的確能運作，就會以異乎尋常的速度在宮廷、工作坊和營地間傳播開來。因此，毫不令人意外地，歐洲武裝部隊的裝備和訓練很快就開始超越文明世界的其他地區。西歐在戰場上顯露的優勢在與鄂圖曼土耳其人於一五九三至一六〇六年的戰爭中顯而易見。當時的鄂圖曼騎兵第一次遭遇訓練精良的步兵的炮火攻擊。[27] 在立窩尼亞戰爭（Livonian War，一五五七至一五八二年）中，俄羅斯人也發現他們與西方鄰國間的類似武器差距。[28]

* 即豐臣秀吉一統天下。——譯註

亞洲國家是到後來才發現這種差距。但等到那時候，他們和歐洲人在軍事技術上的差距已經比十七世紀初超出很多——由於差距過大，不得不先向外國侵略和征服屈服，然後才能成功追上。結果，歐洲在十八和十九世紀推行的全球帝國主義，遂令人驚異地成為可行之舉。

在這點上，值得指出的是在亞洲大部分地區，第二個青銅時期和第一個青銅時期一樣，軍權為一小群外國人把持。他們藉由掌控最厲害的戰爭武器來統治人民——在第一個時期裡是靠以營防為基地的戰車，在第二個時期裡則是靠以騎兵為後盾的大炮。確實，中國明朝和德川時代的日本和這模式有所不同；但中國在滿清統治（一六四四至一九一二年）時，也是被外來征服者的少數統治階層治理，只有日本仍舊維持本族統治。因此，不令人意外的是，在十九世紀，日本人可以號召民族存亡感，為劇烈的政治、科技和社會改革尋求正當性，而其他亞洲政權在努力對歐洲列強的威脅做出有效反應時，卻因統治者和被統治者間的普遍互不信任而橫遭阻礙。

勢力強大的亞洲統治者在十五和十六世紀時並未意識到這類威脅，因為歐洲人首次出現在他們的沿岸地區時，身分是大家熟悉的商人和傳教士。亞洲政府早就有對付毫無紀律、無法無天的外國商人和船員的經驗。即使歐洲船舶比早先來到亞洲海域的船更挑起人們的驚懼不安，但因為數量很少，用既定的舊方法去應付這些陌生人似乎就已經綽綽有餘。

當然，貿易小國立即受到新來者其海軍優勢的威脅。遭受威脅的某些國家就向當時最強大的穆斯林君主討救兵，即鄂圖曼蘇丹。鄂圖曼當局的回應是，先是在紅海建立一支艦隊以保護穆斯林聖地，然後艦隊會應要求在印度洋巡航。鄂圖曼土耳其人還派遣炮彈專家到遙遠的蘇門答臘，以強化當地政府的抵抗能力。但鄂圖曼帝國在印度洋的行動只取得有限的地區性成功，因為他們所擅長的地中海式海戰，已由於大炮的迅速發展而日益過時。

上述此點必須稍做解釋。自古以來，地中海的海戰就取決於衝撞和強行登船。這就需要輕便、迅速、容易操縱的戰艦，得有大批船員划槳，並能在海上展開近身肉搏戰。這樣的部隊在戰艦上岸時還必須能組成陸軍，船員要上岸包圍要塞，襲擊村莊，或只是尋找淡水和睡個好覺。然後，到了十三世紀，全天候船舶的發明為地中海海戰引入新元素。新式戰艦使用數量前所未見的弩弓，仰賴漫天飛箭以使敵軍無法靠近。而商船所需要的防備僅止於此。

到了十五世紀後幾十年，高效率大炮的發展帶來更激烈的變化。歐洲船員迅速抓到重點，正在使陸戰發生翻天覆地大革命的大炮也能在海上發揮同樣的效用。堅固的全天候船舶已經在大西洋海域暢行無阻，輕易就能改裝成浮動炮台——炮台發射集中火力的威力，堪可比同時的軍事工程師們用來保護城牆的堡壘防禦力。這類浮動炮台容易操縱，炮彈不但可用於決定性防禦，也可用來進攻。火炮對結構輕巧的船隻造成的衝擊，和當初大炮轟擊城牆一樣，具有災難性效果。而且浮動炮台沿襲了很長一段時間，因為直到二十世紀飛機和潛艇發明以前，大家一直對海上有重炮裝備的軍艦束手無策。

因此，海軍軍備關係起了廣泛變化。地中海戰艦著重在速度，如果進入大炮射程，就處於易於被擊毀的悲慘命運。印度洋的商船也是如此，這些船結構輕巧，能順應季風，但船身過輕，當地船員根本不可能在船上安裝大炮來對付歐洲人。重炮的後座力對輕型船隻來說，幾乎與炮彈的破壞力一樣巨大。

一四六五到一四七七年間，法國人和勃根地人研發的大炮極為適合安裝在結構堅固的船艦上。唯一

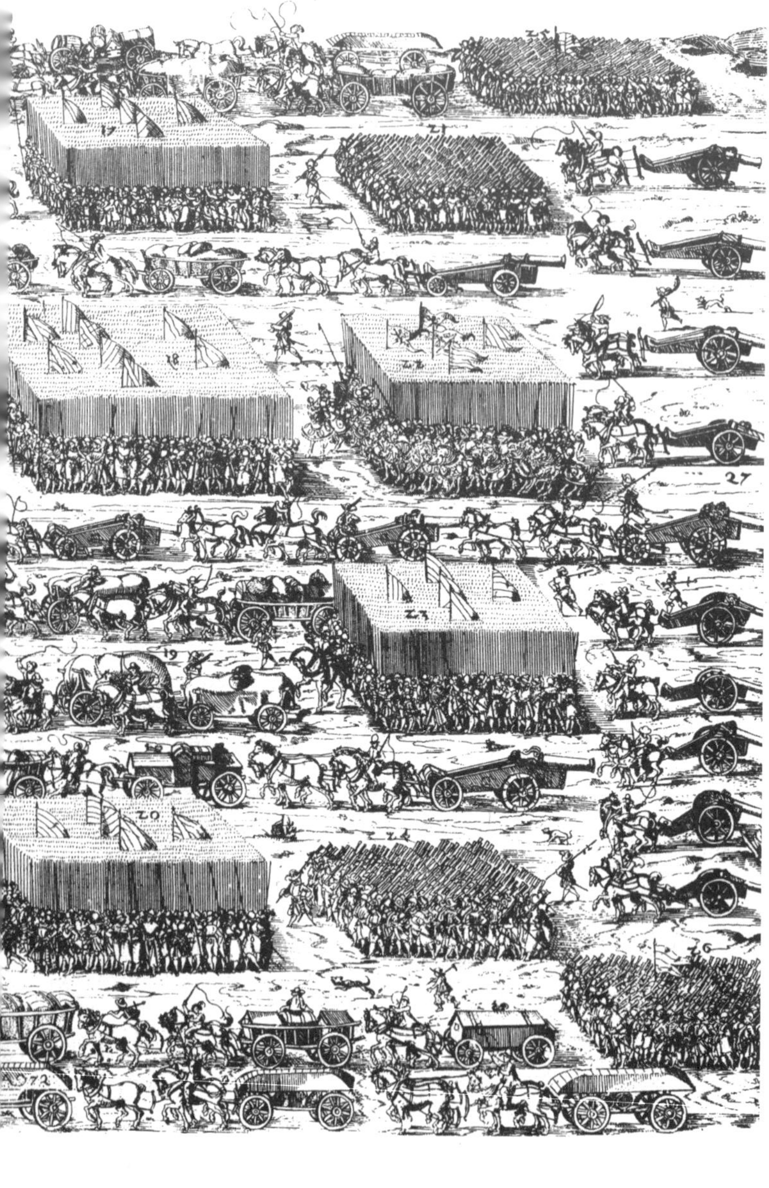

圖片來源：Leonhardt Fronsperger所著*Von Wagenburgs und die Feldlager*（《禦車與軍營》）（Frankfurt am Main，1537年；複製摹本，Stuttgart，Verlag Wilh. C. Rübsamen，1968年）。

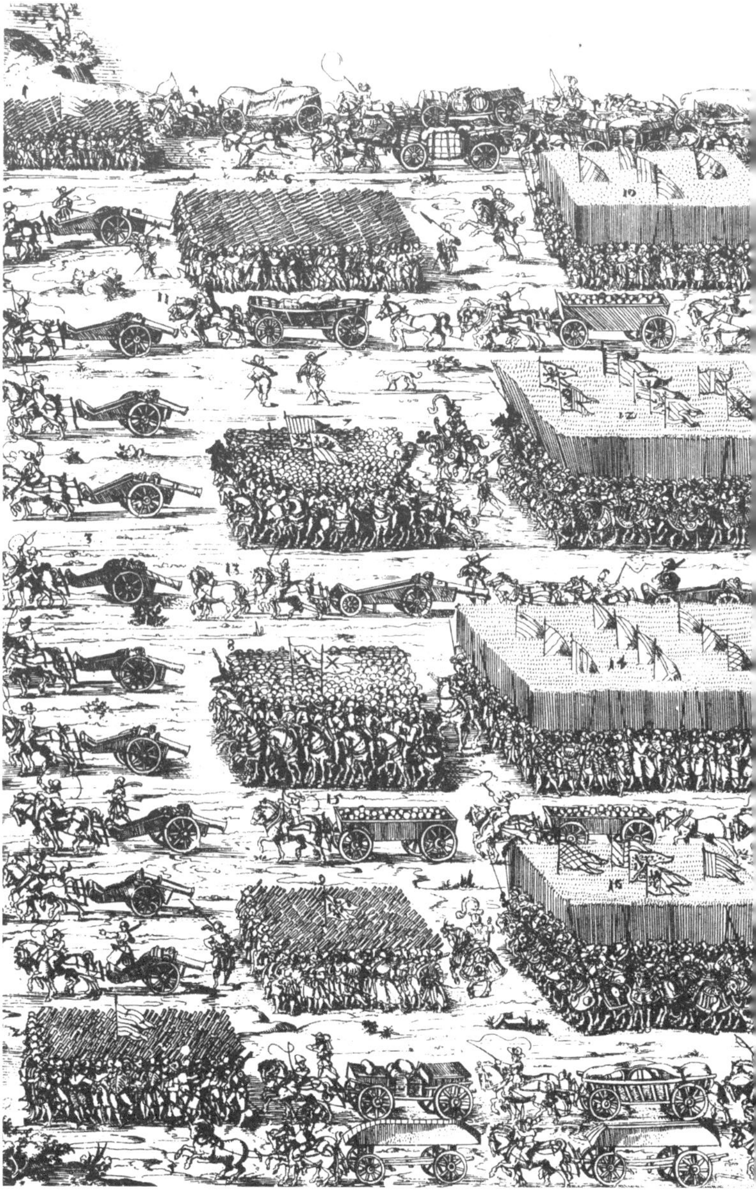

圖四　十六世紀歐洲軍隊的行軍隊列

這幅鳥瞰圖顯示十六世紀歐洲戰爭藝術如何結合不同武器和隊形。隊伍中包括騎兵、輕型和重型火炮、長矛兵和火槍步兵，伴隨的補給車可兼作軍營外圍的緊急防禦工事。長矛隊頂上的旗幟標示從屬命令單位，可方便戰場指揮調度。實際上，這是個理想化圖示；在實戰中，火炮很少能跟上行進軍隊，而且路面幾乎從未能如此平穩，致使軍隊的行進難以保持完整隊形。

需要的改良是設計一種不同的炮座，使大炮能在甲板上向後滑動，吸收後座力，炮口就能方便地退進船內，便於重新裝填炮彈。水手們必須使用特殊滑車將大炮向前拉回發射位置，因為若在船內發射，船就有著火的危險。但新式大炮非常沉重，必須裝在吃水線附近，以避免船艦頭重腳輕。這意味著，火炮得通過船側發射。這就得在吃水線上挖炮眼，並裝上沒有戰鬥時就可以緊閉的厚實防水蓋，如此一來，舷側牢靠，不會影響整艘船艦的適航性。早在一五一四年，一艘為英國國王亨利八世建造的戰艦就是這類設計的先驅。大約七十年後，約翰·霍金斯爵士（Sir John Hawkins）將船頭和船尾的「船樓」降低，以改善伊莉莎白女王的戰艦的航行性能。隨著這些改革，十五世紀遠洋船舶適應大炮變革的措施有效達成。從此以後，歐洲船艦在各大洋與設計不同的艦隊發生武裝遭遇戰時，總是搶盡先機。

普通商船通常負載著重炮，因此，歐洲人能以令人驚訝的快速腳步，（從一四九二年開始）在美洲和（從一四九七年開始）在亞洲海域擴張領域。葡萄牙人在印度迪烏（Diu）港輕易取得成功，（一五〇九年）戰勝數量多很多的穆斯林艦隊。此舉無庸置疑顯示，歐洲水手的遠程武器（達兩百碼）使他們立於不敗之地。而他們敵人的海戰概念仍舊是靠近敵艦，強行登船，以手持武器分出最後勝負。只要裝有大炮的船艦能保持距離，老套的登船戰術就完全無法對付飛過來的炮彈，儘管遠程炮擊有時非常不準確。

在地中海，衝撞和登船戰術在大西洋新式海戰興起相當長一段時間後，才悄然退場。直到一五八一年，鄂圖曼帝國和西班牙休戰，結束了超過一世紀的反覆海戰。在那之前，大型滑槳戰艦一直是地中海海軍的主力。[29]事實上，由於西班牙人習慣將鄂圖曼人當成海戰的主要敵人，西班牙人因此不像英國人和荷蘭人那樣，全心全意接受炮艦邏輯，後來這也導致後兩者入侵西班牙和葡萄牙的殖民帝國。當查理五世的兒子，西班牙國王腓力二世（一五五六至一五九八年在位）最終失去耐心，決心入侵英國時，他為此（在一五八八年）所集結起來的艦隊，比較適用於近戰，而非遠程炮擊。儘管西班牙艦隊的主力是為橫渡大西洋而建造的大帆船，而且裝載數量適當的大炮，但它們笨重，操縱不便，無法有效回擊英國更靈活的船艦。但英國也無法只靠火炮擊沉西班牙的帆船艦隊。因此，無敵艦隊最致命的災難是在繞過蘇格蘭回航時遇上的暴風。

無論如何，西班牙無敵艦隊的戰敗當然值得在歷史中大書特書，因為腓力國王的失利顯示，地中海式的海戰不再適合大洋海域。西班牙和鄂圖曼政府都死守著地中海海戰的技術和觀念，無法在公海上與荷蘭、英國，不久後還有法國，做有效競爭。而這些國家是以大西洋為基礎的新興海上強權。隨後海上霸權轉到西北歐國家，這和十七世紀前幾十年中，地中海陸地國家的普遍衰弱有相當大的關連。實際上，荷蘭和英國海軍大炮的狂嘷，關閉了地中海各國從其所面臨的經濟和生態困境中，得以逃脫的最後路線。費爾南．布勞岱爾（Fernand Braudel）曾對此做過深入探究。[30]

市場決定控制權

十六世紀歐洲海上強權的一個重要特徵是半私有的特質。譬如，英國皇家海軍此時才剛剛開始和商業船隊有所區別。的確，一五八八年和西班牙人交戰的船隻大部分是商船，而那些商人的平常活動中，襲擊和貿易幾乎各占一半。無敵艦隊亦是如此，其中的武裝商船多達四十艘，專業戰艦只有二十八艘。[31]

當荷蘭、英國和法國商船闖入西班牙和葡萄牙政府聲稱所擁有的獨占禁區時，前三者同時具備入侵者的有利和不利立場。他們可以在歐洲任何港口進行合法貿易，或非法襲擊西班牙美洲大陸，嘗試奴隸貿易，或在其他海岸進行走私。反正，從事什麼活動都取決於船長和船主認為看來最賺錢的是什麼。年復一年，人們期待適當武裝的商船帶著各類戰利品和貿易貨品返回家鄉港口，以此付清所有開支。至於船上載回的物品或貨品種類，則端看船在航程中遇到的機會而有所不同。

毫無疑問，這是種危險的行業。在兵戎相見時，是否擁有優勢武力往往造成最後是成或敗。強盜總是冒著被更強的人搶劫的風險。海戰中動用武力出生入死，與陸戰士兵所面對的險境沒有兩樣。國內家鄉的投資者購買股票，使得船能夠出航，足夠支付船的裝備和雇員費用。但投資者也冒極高風險，因為有的船從未返航，有的船雖然回來了，帶回的收穫比起本錢卻小得不像話。但儘管有這些失敗，偶爾也會有驚人的意外財富入手，法蘭西斯・德瑞克爵士（Sir Francis Drake）首次環球航行（一五七七至一五八〇年）後所帶回來的鉅額財富，就是最顯著的例子。[32]

甚至像葡萄牙曼紐一世（Manuel of Portugal，一四九五至一五二一年在位）和英國伊莉莎白一世（一五五八至一六〇三年在位）那樣吝嗇小氣、過度節儉的政府也認為應該鼓勵這類航行。這兩位君主都在海外冒險中做了個人投資，從而使這類冒險具有皇家威信，但政府又不用負擔支出。葡萄牙國王較為野心勃勃，想個人壟斷所有香料貿易的利益。但要達到這個目的，他得和熱那亞銀行家成為合夥人，因為只有他們出得起裝備國王的船所需的所有現金。曼紐一世一方面得付債務的利息，另一方面又遭到代理人侵吞盜用，使他的利潤大為減少。結果，葡萄牙國王發現想從中個人獲利很難，儘管他周遭的人都顯然發了大財。

英國的伊莉莎白一世則比較能克制私慾。她從不奢望壟斷英國的海外事業，純粹是出於金錢和政治的聯合考量而選擇投資某些航程。她在這兩方面都很精明，所以從投資中得利豐富。[33]

荷蘭的例子則迥然不同。大約在一五七〇年後，商業寡頭政治家掌控了荷蘭和澤蘭（Zeeland）的政府權力，而和其他有王室宮廷的國家相較，他們緊密結合私人和公共商業方面的全面考量，較少考慮到是否能獲得威望和威權。西班牙政權則是另一個極端，在腓力國王治下，國家企業在商業和軍事事務上，都扮演更大的角色。這是因為英國、荷蘭和法國私掠船在一五六八至一六〇三年間，俘虜了為數眾多的西班牙和葡萄牙船隻，幾乎將伊比利的私人商船趕出海域，而剩下的國有大帆船只能填補部分空缺。[34]再者，西班牙政府只能仰賴銀行家和私人投機商的貸款，來裝備船舶和雇請士兵，而銀行家和私人投機商很多都是外國人。

就此可見，儘管程度不同，在每個例子中，歐洲的海上冒險活動都是依賴政府、半政府和雄厚私人企業的結合來維持。這類結合對於經濟上的新契機反應靈敏。每次航行都是一個新事業，需要每個有關方面做出新的決定。不斷贊助航行的投資者往往有機會避免沒有賺頭的買賣，而在任何時候看到更好的機會時，也能重新部署資源以從中獲利。

只要歐洲的海上事業是以這種方式經營，海上武裝力量在相對下，就得密切服從資本市場的指令，以支付本身的費用。各船長和船員付出的努力和精力宛如膨脹氣體的分子，在每個地方探求有賺頭的交易的極限。只要某位船長從哪裡帶著鉅額利益歸來，其他船就會跟著前去一探究竟。

出自於這個理由，一四九七年葡萄牙人闖入印度洋時，就不像同一世紀早些時候，中國率領規模大上許多的海洋遠征軍在同一水域上巡航那樣，只是歷史上轉瞬即逝的偶然現象。反之，緊跟在其後的歐洲船舶不停抵達亞洲海岸，攫取任何貿易機會，不然就一路劫掠。

歐洲船舶日漸增加，因而它們影響亞洲經濟和政治生活的能力也慢慢增強，直到最後，甚至連亞洲最強大的陸上帝國也對歐洲的威力無力招架。這個令人驚異的轉變歷經三個世紀達到顛峰；到那時，歐洲市場和軍事事業的結合已經歷經相當可觀的變化。但直到十九世紀，何為海上貿易和何為私掠巡航仍舊難以區隔；甚至在十七世紀後半正規海軍發展以後，俘虜敵軍船艦所獲得的獎賞，依舊是海軍軍官和船員引頸期盼的重要收入。

在陸地上，金錢和軍事動機從不像在海上那樣平穩結合。貴族在原則上輕蔑金錢考量（即使在實際上並非總是如此），在歐洲軍隊中占據主角地位。他們秉持的勇武和個人榮譽的理念，和軍事管理中的財政、後勤和日常行政層面，從根本上格格不入。而在海上，驍勇善戰總是臣屬於財政管理，因為船艦出海前必須裝備相當複雜的各類補給，而要備妥這些物品只能靠金錢支付。在陸地上，陸軍同樣需要白花花的銀元，但補給卻沒有依裝備特定行動的不同單位花費，來做清楚劃分。結果，財政範圍過於分散，而且只能大略限制軍隊規模和整體軍事支出。

會有此困難的部分原因在於，招募軍隊和制訂作戰計畫的決策人士對金錢計算毫不關心。戰爭是有闕榮譽、威望和英雄主義式的自我肯定。從大多數君王和大臣的觀點來看，以銀行家和放債人那骯髒可鄙的自私觀念，去規範戰爭此舉是種徹頭徹尾的錯誤。另一方面，借錢給君主的人在軍事管理上很少有發言權。國王選擇如何使用借來的錢從來就不關放債人的事。因此，沒有人定期計算軍事行動費用和可能回收成本之間的收支平衡。反觀，在海外航運冒險事業中，投資者在每次航行時，都在衡量費用和預期可回收的利潤上，斤斤計較。

君主們藉由放棄珍貴的權力——最常見的是未來的稅收權力——以借到足夠的錢來裝備更大規模的軍隊，而單靠年稅收是無法持續辦到此點的。在缺乏足夠稅收的支持下，這類部隊得轉而靠劫掠補充軍餉，即直接仰賴戰事所在地的資源維持生存，而不是透過稅收更平均地分攤費用。但沒遵守支薪承諾的君主不能期待士兵聽從命令，特別在遠離政府所在地的戰場上更是如此。

顯而易見的解決辦法就是君主提高稅收；而在火藥革命的最初幾十年內，有些君主以此獲得顯著成功。[35]但一旦地方敵手的威信蕩然無存，其收入便會整體轉移或部分流入中央政府的財庫，那麼想施行更進一步的增稅就很困難。這是因為直到十七世紀中葉以後，即使在西歐管理最完善的國家，百姓都可以選擇用武力反抗王室收稅官員，而且，如果大家都團結一心，還有可能獲得勝利。

當然，可以動用皇家軍隊鎮壓不願納稅的人。荷蘭戰爭（一五六八至一六〇九年）就是這樣開打的。但這類手段可能會嚴重縮減人民的納稅能力，低地國的戰爭就證實此點。例如，一五七六年洗劫安特衛普的西班牙譁變士兵，就是在得知腓力二世已經破產、他們將領不到國王承諾的欠薪下，才攻擊了這座北歐最富庶的城市。安特衛普未曾從「西班牙憤怒」中完全恢復，主要是因為自十五世紀開始，安特衛普原先的金融和商業都會角色，被轉移到荷蘭叛軍所掌控的阿姆斯特丹。

這金融活動的快速移轉陣地，是無數私人投資者決定採取行動的後果。他們認為將貨品和金錢放在由自治市居民政治控管的荷蘭，比放在由西班牙人統治下的安特衛普更為安全。這類私人決定意味著，資本可以迅速轉移到大家公認保護費最低的地點。沒能逃離沉重稅賦地區的資本家很快就能看到財產迅速縮水。這就是富格家族命運的寫照：這個家族的財富從一五七六年腓力二世破產後，和安特衛普一樣，從此一蹶不振。其他成功的企業家（或他們的兒子）則為更貴族化的生活所吸引，沉迷於一擲千金或奢華行徑，不是完全放棄商業，就是任憑生意一落千丈。只有在圍繞著市場野心家而形成的那種社會氛圍中，資本累積和爭取最大的金錢利潤，才能長年地繼續繁榮興盛。而這類社會若要生存必須有一定程度的政治自治權，確保有效杜絕沒收性徵稅，如倫敦一般，成為大型政治體中的飛地。[36]

另一方面，以固定稅收取代非固定劫掠對統治者和被統治者而言，都有益無害。這一共同利益使君主能在所有重要歐洲國家漸漸增加納稅評估，儘管政府收入持續無法趕上軍事和其他花費。君主們停止償還債務時，就會造成間歇性破產，因而加速金融危機，直到債主和無清償能力的君主能協調出和解辦法為止。

因此，財政限制阻礙了早期歐洲現代政府，使他們的行動時時出現短期癱瘓，儘管此類教訓如影隨形，他們還是未能有效控制日常政策和管理，尤其是在軍事方面。軍事管理痙攣性地向前邁進——先是莽撞恣意使用可得資源，然後是全體或部分分崩瓦解，繼而在幾個月或幾年後，相同的週期又重新來過。

荷蘭戰爭也清楚展現此類趨勢。一五七六年，所謂的根特協定（Pacification of Ghent）規定，西班牙軍隊得全數撤出荷蘭。這是腓力二世在破產後，不得不接受的政治—財政部分解決方案。因此，在一五七七年的大部分時間裡，西班牙軍隊從荷蘭消失，直到一五八三年才又重新全面開戰。那時，由於和鄂圖曼人媾和，並成功併吞葡萄牙（一六八〇至一六八一年），使腓力相信他現在有足夠資源可以在北方贏得決定性勝利。[37]

話說回來，在戰術單位的層次，從英法百年戰爭到十七世紀中期的軍事管理，和海上貿易模式非常類似。往往是當地重要人士或擁有軍事經驗的隊長，由上級委任後，從某個寬鬆限定範圍的地區招募一隊士兵。這類隊長是半獨立的企業家，和政府的其他承包商沒有不同。譬如，剛走馬上任的隊長可能獲得一筆金錢，可以轉而付給入伍的新兵；但另一方面，他可能得從自己口袋裡掏錢，預先支付徵召新兵的津貼，並希望未來會得到償還。隊長有責任確保他的士兵得到合適的武器和盔甲，而它們不是由士兵自行購買，就是由他購買後免費發放，或以後再從軍餉中扣除。

生活費用也以同樣方式處理，不同之處在於，政府通常覺得扣留已經入伍的士兵的軍餉是比較容易操控的作法。當然，老兵對此的反制對策是從所在村莊拿取所需。有時，他們的指揮官會對勢力範圍內的所有人徵收軍稅，以此進行組織性掠奪。在極端的例子裡，倘若連這種不固定財源都匱乏之時，士兵就會叛變。在一六二〇年代的義大利戰爭中，兵變已經變得稀鬆平常。到荷蘭戰爭時（一五六七至一六〇九年），兵變在西班牙軍隊裡成為常態。十六世紀的兵變和後世的工業罷工類似，而且證明是對日益捉襟見肘的西班牙宮廷施壓的有效策略，因為當局只有付清軍餉才能平息兵變。「忠誠」的部隊打骨子裡不願意去攻擊嘩變的同袍，既然各個野戰部隊的單位都有欠薪問題，嘗試用其他部隊去鎮壓叛變都會有危險。[38]

隊長也負責部隊在戰地的訓練和指揮。他可隨心所欲地任命下屬軍官。上級發放軍餉時，他應該親自監督分發給士兵。在發薪間的空檔，他可以自掏腰包預墊薪水給士兵個人去購買必需品，等再度發薪，可望收回預墊款時再討回。這些都和船長與船員的關係非常相似。

因此，陸上武裝事業和海上武裝事業只剩下程度上的差異。最終，陸上事業也受到資本市場的限制。但是，國王可以逼迫銀行家違反本身意願，借錢給他——至少是短期借貸。更不消說，那種主張再打一季仗就會帶來勝利，並使稅收涵蓋緊急軍事支出的說法，往往在短期內很有說服力。但我們已經看到，財政赤字不能任其無限擴大，王室破產則會反覆把軍事費用帶回財政限度的範圍內。

軍隊打勝仗，將新的納稅人納入戰勝者的管轄範圍內，使得軍隊多少可以自我平衡開銷的希望，幾乎總是以幻滅作為結束。歐洲各國軍力旗鼓相當，難以輕易征服一方而得到意外之財。只有在偶然的情況下，而且是在外圍地區，歐洲武裝力量在面對軍事上不那麼複雜的社會時，使用武力才可能有利可圖。在十六和十七世紀時，俄羅斯因覬覦毛皮入侵西伯利亞，西班牙人因覬覦白銀入侵美洲，這兩個帝國的建造者分別從各自的邊疆地區明顯獲得巨富。

歐洲航海事業的自給自足特點在很大程度上證明，優勢武裝力量和劣勢敵手發生衝突時，前者所會得到的好處。因此，在西伯利亞和美洲的陸上帝國之外，還應該加上亞洲沿岸的海上帝國，這個海上帝國起初由葡萄牙船舶，後來是荷蘭和英國的船舶稱霸。這帝國不僅依靠海運事業的財政組織，還加上其

「邊境」特色，它才能得以自給自足。越靠近歐洲社會中心的地方，統治者的武裝行動一定會引發對手的反擊；由此可推，君主能夠征服新領地，因而收到大量稅金的情況幾乎不可見。

西班牙政府能成功在美洲建立龐大帝國，卻無法維持對荷蘭的控制，便清楚地闡釋上述這些事實。西班牙在新世界的軍事努力成就斐然。實際上，正是靠一五五〇年代後新世界白銀的大量湧入，腓力才認為他可以同時在地中海與鄂圖曼人作戰，又在北方與荷蘭開戰。再者，西班牙早期在歐洲建造帝國的經驗也令人振奮。西班牙士兵在一五二〇至一五二五年間征服那不勒斯和米蘭，並在隨後幾年內鞏固哈布斯堡對義大利的統治，他們幾乎證明了戰爭可以自行平衡開支。在西班牙人上場很久以前，那不勒斯王國和米蘭公爵領地都已經發展了一種稅收系統，能夠長久地維持規模相對較大的武裝力量。西班牙只需以西班牙人取代原先以防衛這些國家而得到軍餉的義大利傭兵隊長，在歐洲的帝國費用就可以藉此獲得解決，而無須對卡斯提爾（Castile）的納稅人施加額外稅賦。但一五六八年，當主要戰場往北轉向荷蘭後，這條路就行不通了。

引發這一經濟逆轉的主要因素是在技術方面。義大利式防禦工事的擴散意味著，西班牙軍隊的規模需要快速擴大才能進行圍城戰爭。即使取得勝利，西班牙人也必須在占領地區建造或修築防禦工事，並派兵戍守。每次攻城，加上每個設防和守衛的要塞，都需要數量不斷驟增的火藥和炮彈。同時，美洲白銀注入歐洲經濟，所有商品價格隨之暴漲。因此，即使在一五五六到一五七七年間，腓力二世將卡斯提爾的稅收提高三倍，還得拒付債款四次（一五五七、一五六〇、一五七五、一五九六年），並且從未能準時發放軍餉這些現象，實在也不會特別怪異。

幾個數字可以闡明西班牙軍事費用的激增情況（以每年百萬達克特為單位）：

一五五六年前：不到二
一五六〇年代：四．五
一五七〇年代：八
一五九〇年代：一三

債務款項（軍隊欠款）：[39]

一五五九年：一．〇四
一五七五年：二．一七
一六〇七年：四．七六

腓力二世花費如此龐大費用，並非全都徒勞無功。一五五〇年代他繼承父親查理五世的王位時，聽命於他的軍隊人數估計為十五萬人。到一五九〇年代他的統治末期，軍隊人數增加到二十萬。一六三〇年代，西班牙軍事勢力達到顛峰，國王的軍隊高達三十萬人。[40]

為承擔日漸沉重的軍事開銷，腓力二世曾嘗試將在義大利城市運作得如此完善的財政管理模式，套用在他的龐大帝國上。譬如，威尼斯人曾透過出售長期有息債券（通常賣給外國人），來支付戰爭和其他龐大公共費用。西班牙也如法炮製。但威尼斯地方行政官有財政概念，總是注意到要準時支付共和國數量龐大的利息，幾世紀以來都是如此。反觀，西班牙（和其他多數）皇家政府的高層卻缺乏這類財經腦袋。結果是反覆破產。如此一來，往後的貸款費用又被提高到天價程度。到一六〇〇年，在西班牙政府年收入中，已不低百分之四十必須拿來償還債務。[41]

對卡斯提爾農民的徵稅實際上已經到無法再提高的地步。誠然，已有的負擔還引起經濟倒退。王室收入減少意味著規模縮小和弱化的軍隊。十七世紀中期以後，西班牙已經落後法國。當時，路易十四的監督官管轄人數多很多的人口，得以找到支付軍隊的方法，而其規模很快就超越西班牙的資源所能負荷的極限。[42]

因此，最終，財政限制變成至高無上，它甚至凌駕於歐洲最強大的君王的君權。讀者也許會想問為什麼？為什麼腓力二世和其大臣的命令和意志不能迫使貸款給他們的銀行家俯首聽命？在亞洲國家，君主統治的領土比腓力二世治下的帝國面積要小很多，也沒有精明狡猾的銀行家編織的信貸網，來制約統治者的意志或限制其軍事進取野心。究其原因在於，在亞洲，當派兵上戰場而需要物資和勞力時，君主的命令就足以動員所有已經動員或可以動員的力量。如果從稅收和自由市場向政府銷售的物資中，不能得到適當的補給，官員可以恣意攫取百姓的物資和金錢——只要公權力代理人能掌握這類資源，並將它們轉化成對眼前軍事行動或任何其他公共工程有利的形式即可。

在中國的例子裡，我們往往看到，政府偏好採取較微妙的方式。政府先訂出一個低於該貨物擁有者願意出售的「公平價格」，這樣各方似乎都得到公平合理，或至少是政府當局和大部分大眾覺得的公平合理。官定的「公平價格」有效削減了毫無道德原則的商人和大量囤貨的狡詐分子哄抬價格後，所能得到的「不義之財」。因此，政府的行動就有效抑制了大規模私人金融和商業活動的發展。但在這類政權下，手工藝水準的生產和小規模貿易仍舊能夠繁盛，是因為在大批升斗小民中，進行沒收性購買或公然搶奪貨品，是不切實際的行政手法。

這種簡陋但可行的指令動員當然有其代價。大規模的私人資本累積既困難又不穩定，經濟發展和技術創新的步調被限制在小規模手工藝匠的生產範圍內。維持大型企業的唯一辦法是由政府管理，而官員們總是偏好熟悉的慣用手法，以盡可能降低失敗風險。我們在上文已經看到，大約在一五〇〇年以後，在軍事科技方面上，亞洲官吏堅持使用巨大的攻城炮，不肯汰舊換新，而後者是攻擊城鎮和城堡圍牆的主要武器。沒有人有辦法或動機從新的方向去發展火藥武器。只有日本人曾花費心思重新設計防禦工事，以減少炮火的火力。[43]亞洲政權因此在軍事和科技發展方面都大幅落後歐洲，並在長遠後為此付出慘痛代價。

相似的保守主義心態和漠不關心也在採礦和造船業瀰漫，而從十四世紀開始，與其他文明相較，歐洲的優勢顯而易見。這反映了私人資本提供歐洲這些相對大規模活動資金的事實，而且內含顯著的贏利目的。因此，人們熱切尋求任何降低成本或增加利潤的技術變革，並且迅速在歐洲世界得到推廣，這和亞洲政府的保守主義和漠不關心形成強烈對比。在經濟生產的其他方面，歐洲和亞洲在制度上的對比並未導致這般劇烈差異，而直到十八世紀，歐洲機械動力和工業過程的結合產生了嶄新原動力，最終將手工業工匠以及手工生產遠遠拋在後頭。更何況，從十四世紀開始，由於歐洲沒有對私人資本的大量累積進行有效抑制，西歐和文明世界其餘地區的基本差異就已經清楚和明確地展現。

指令動員為何沒有也在歐洲盛極一時？如果曾經如此，腓力二世和其大臣必定會感到更為遊刃有餘。他們和中國及伊斯蘭官員一樣，知道如何有效課稅和沒收財物。卡斯提爾是西班牙帝國內皇室稅收課稅最為沉重的地區，它的命運顯示了官員在此方面的能力。但指令原則很不順遂。腓力的軍隊所需的大部分物資無法在西班牙半島內取得。他為建立生產大炮和其他所需物品的工廠而做的重複努力總是以失敗告終。從西班牙官員的觀點看來，在國王的意志不是至高無上、執行低落之處，經濟活動和武器生產才會恰好集中，此點實在不合常理。私人事業一貫將大規模企業設置在低稅和可根據市場的容忍程度自由調節價格的地方。因此，例如，和西屬荷蘭接壤但又不受西班牙統治的主教轄區列日（Liège），遂變成荷蘭戰爭中軍備生產的主要地，供應西班牙和荷蘭雙方很大一部分所需的物資。[44]

一四九二年後，列日才變成重要的軍火中心，當時主教轄區解除武裝，正式宣布中立。隨後幾次的軍事占領都立即破壞此處的大炮生產業。因此，如果統治者希望得到列日鑄炮工人的技術產品——它們迅速成為歐洲和全世界最好、最便宜的產品——他們得先把軍隊撤出，使市場重新自由運作。唯有如此，每年鑄造數千門大炮所需的物資和服務才能重新流通。只有當列日和其他武器中心的手工匠和資本家無需以西班牙或其他政府規定的價格出售貨品時，統治者才能得到他們已經習以為常的大量物品。正是統治者的這一弱點，使得列日人能自訂價格。即使最強大的統治者也得按價支付，不然就空手而返。列日絕非特例。歐洲各地分散著數十個企業的避難地，多虧其特殊的政治地理分裂狀態。

在這種情況下，指令就是不可能比市場更有效調度人力和資源。只要任何單一政治指令結構無法將觸角伸到拉丁基督教世界的每個角落，因而扼殺處於萌芽狀態的資本累積時，市場高於當代最強大統治者的至高權力，就仍是終極現實，儘管具體施行可能受到大幅抑制。之所以受到抑制是因為，掌握各國日常管理的人仍舊完全拒絕或反對與債權人的盈虧計算有任何瓜葛。

腓力二世覺得此事難以置信，但就長遠來看，歐洲國家的強化，其實正是得益於國際銀行家和供應商所編織的財政網，才得到發展。首先，由於私人公司大規模的貿易和工業活動累積了資源，使歐洲的生產規模整體增大，因而稅收基礎得以成長。其次，地區專業化促進跨越政治邊界的規模經濟的發展。多重供應商和購買商的共存加快科技進步的腳步。私人貸款為政府特殊費用提供經費之餘——如支持腓力二世所有軍事行動的那類經費——也強化國家控制勞動力和物資的權力，儘管事實上付清舊債困難重重，也根本不可能。

矛盾的是，管理上兩個極端的混合——國王及其大臣與銀行家和供應商之間的爭鬥和合作——促進市場關係日漸滲透歐洲社會。每次增稅就將額外部分的歐洲財富帶入流通，因為國家會花掉所有進來的錢。因此，日常生計和全然地方性的經濟模式持久地受到強制（稅收）和誘惑（更便宜或更好的貨品，更多的個人收入）之組合的侵蝕。戰爭和發動戰爭的巨大費用則加速了整個過程。透過市場控制的人力及物資動員緩步前行，逐漸證明它比指令更有效，並能前所未有地將人類的群策群力結合在一起。

或許，在邁入現代的最初幾個世紀裡，歐洲經歷和亞洲經歷的基本對比可能可以如此闡述。在亞洲，指令動員使人類互動的原始模式得到強化，並反過來加以支持其運作。追隨者畢竟容易服從自己長久熟悉的對象。地位關係、傳統社會結構、得到尊敬和優先的地方層級：所有這一切都作為從屬元素完美嵌合入政治指令結構裡。儘管地方權貴間有著最繁複多樣的個人敵對狀態，但是社會行為必須遵循階級模式角色的這一原則，鞏固和維持了整個系統。這在許多層面中意味著一件事：全體民眾中只有一小部分能被軍事動員。但亞洲統治者願意默許這種現象，因為更廣泛的動員會將武器交到一些轉而挑戰現存社會階級和政府模式的個人和階級手中。

相反地，市場關係傾向於毀壞和弱化人類互動其傳統性、地方性和原始的模式。對市場誘因做出的反應，促使間隔遙遠的陌生人往往在毫無察覺的情況下合作。鑒於市場關係所能支撐的各種經濟專業化和技術精緻化，動員更多的人力物力就是可能之舉。簡言之，仰賴對人類行動的市場誘因就能增加權勢和財富，儘管許多統治者和他們大部分的子民都會悲嘆，貪婪和道德淪喪因此傾巢而出。

既成行為模式的崩解總是讓大部分目睹的人悲從中來。歐洲民眾和現代頭幾個世紀的歐洲君主一樣，厭惡和不信任那些逼迫統治者和民眾順從市場命令、進而富裕起來的少數富豪。但統治者和子民卻覺得對此無能為力。在亞洲，類似的情緒能起推波助瀾之效，因為貨物和勞動市場局限在手工匠的水準上，力量相對較弱。反觀在歐洲，一旦義大利和低地國的自治城市顯示，更熱切地釋放市場誘因的動力能創造更多財富和權勢，通過市場而結合的大眾努力就會占上風。到十六世紀，甚至連歐洲最強大的指令結構都變得必須仰賴國際貨幣和信貸市場，來組織軍事和其他重要事業。腓力二世難看的財政紀錄足以證明此論點。結果，在隨後的幾個世紀裡，市場關係的持續擴展和其向更偏遠地區及下層社會階級的逐步滲透，就得到確保。也就是在那幾個世紀中，由於西歐人心不甘情不願地容忍私人追求利益，才能進而宰制世界上其餘地區。

描述這些改變的另一種方法是探討資本主義在歐洲社會內部的興起，以及作為統治階級的資產階級的出現。從馬克思主義開始滲入知識界和學術界以來，這就一直是研究早期現代歐洲的歷史學者的關懷重點。但馬克思主義者不幸也戴上了十九世紀歐洲中心主義的有色眼鏡，後者無可避免地限制了卡爾·馬克思探究人類歷史的視野。對他那個時代的歐洲人而言，市場和金錢關係的至高無上似乎毋庸置疑——無論在過去、現在或未來。但從二十世紀末期的觀點看來，這似乎不再是一個不證自明的真理，因此，歷史學家可能很快就會對歐洲資本主義興起時的軍事——科技和政治問題，更為敏銳。

指令行為不只宰制古代，而且從一八八〇年代開始，便一直以驚人的威力自我展現。我們如果將歐洲在軍事以及其他管理領域中朝向市場主導的嘗試，視為偏離人類指令行為常規的異常做法，就能對此獲得更為公正的看法。本書接下來的篇章就是要嘗試在分隔軍事史和經濟史及史料編纂的鴻溝之間搭起橋樑，並藉此重新調整沿襲已久的觀點和評價。

第四章 歐洲戰爭藝術的發展，一六〇〇年至一七五〇年

歐洲地中海地區在西元一三〇〇到一六〇〇年間發展起來的商業化戰爭證實其效果彰顯。從那時起，可以恰當稱之為「軍事—商業複合體」（military-commercial complex）的型態就斷斷續續散播到新的疆域。一個與此平行的改變便是軍事管理的官僚化。在歐洲越來越廣闊的區域裡，為供養常規軍隊的徵稅，開始逐漸遵從官僚的規律性。陸軍和海軍的內部管理也朝著同一方向發展。然後，到了十七世紀，以荷蘭人為先驅，他們在軍事管理和慣例常規上做了重大改善。特別是，他們發現長時間反覆操練能加強軍隊的有效戰鬥力。操練特別能培養普通士兵的團隊精神，即使士兵們是徵召自社會最底層也是如此。

當一位宣稱君權神授的君王下達命令，透過一條明確的指令鏈逐級向下傳至每個下士和小隊，從而使一支訓練有素的軍隊聽命回應，如此一來，軍隊就成為前所未見的最服從和最有效率的政策工具。這類軍隊可以也確實在所有歐洲主要國家裡建立起良好的治安，進而使農業、商業和工業蓬勃發展，並反過來增加供養武裝部隊的可徵財富。如此產生的循環回饋支撐其運行，提高歐洲的威勢和財富，超越其他文明地區所曾達到的水準。因此，歐洲向本身軍隊沒那麼有組織、訓練沒那麼精良的地區進行擴張時，就變得相對容易，並確切可行。結果，歐洲的世界帝國事業快速擴展到世界上其他新地區。

地區性傳播

我們在第三章已經看到，武裝力量的商業—官僚管理源自於義大利，然後傳播到低地國、法國和西班牙。在十七世紀的過程中，這類戰爭的近代組織也在德意志諸國紮根，而其有趣的變體也出現在瑞士和英國，甚至連俄羅斯都有。

日耳曼軍事事業的商業化開端可以追溯到十四世紀或更早。當時，義大利城得以國家雇用大批瑞士山地居民和其他日耳曼人為他們衝鋒陷陣。瑞士人在義大利的作戰經驗反過來支撐瑞士在十四世紀成功取得獨立。一三八七年，瑞士戟兵和長矛兵在森帕赫（Sempach）戰役中打敗日耳曼騎士，建立起其作為所向披靡的步兵勁旅的威望。在下一個世紀裡，於一四七六和一四七七年，他們打敗大膽查理其在技術上占優勢的軍隊至少三次，讓全歐洲驚詫不已。在這之後沒多久，瑞士長矛兵成為法國傭兵（一四七九年），並在一段時間內，賦予法國（法國當時的騎兵和炮兵在歐洲已經是超越群倫）打敗所有敵人的明確優勢。[1]

瑞士和法國君主結盟，促使哈布斯堡嘗試招募日耳曼步兵，以求和瑞士人旗鼓相當。因此，裝備像瑞士人、但卻是由也是徒步作戰的貴族下命令的萬用傭兵（*Landesknechten*，又譯國土傭僕）出現，並在一四九〇年代達到不小規模。但是，由於馬克西米利安一世（神聖羅馬帝國皇帝，一四九三至一五一九年在位）和其他德意志統治者長期入不敷出，萬用傭兵只能期盼偶爾得到雇用。無論對士兵或當時他們恰好所在地區，解雇都會製造危機。這與十四世紀初期，義大利城邦國家還未學會如何以政治和財經手腕，有效約束職業化武裝力量前的情況非常類似。[2]

但德意志地區的情況與義大利的早期經驗有一重要不同。從一五一七年開始，德意志的政治逐漸沾染上險惡的宗教爭論。路德教派、天主教派，以及各種激進教派也很快就受到來自喀爾文教派的挑戰。各種宗教都有由不同的社會團體所組成的熱情、忠誠信徒撐腰，因此，世俗衝突往往在神學爭辯中體現。在距此兩世紀以前，義大利也曾經歷過尖銳的社會衝突，但無論何時何地，只要軍隊專業化並成為常備軍，下層階級總是得苦嚐敗果。在德意志地區也有類似的發展，儘管在初始階段，宗教改革中神學的歧異被神聖化，可能因而導致階級衝突變劇。

無論如何，在一個半世紀廣泛的暴力後——以殘酷血腥的三十年戰爭（一六一八至四八年）為其高潮——德意志諸國才取得某種穩定。等這段暴力時期結束時，德意志和波希米亞已經陷於歐洲軍事商業複合體內；下層階級和德意志城邦國家牢牢臣屬於以控制職業常備軍隊為基礎的王侯權力下。隨著官僚化的傳播和宗教狂熱的消散，德意志諸國按照「誰的地區，就信誰的宗教」原則，處於宗教分裂狀態。

在這個痛苦過程的開端，地方、教會、王侯和帝國的管轄權極為混亂，相互交疊。這種政治的複雜局勢和義大利各城邦國家雇用軍隊守護邊境要塞，以伸張領土主權前的情況，非常相似。但在德意志，不是城邦，而是王侯的宮廷透過削弱地方對手、教宗和皇帝的權勢，來有效鞏固君主權。傭兵成為支撐他們君主統治的砥柱，就像早些時候的義大利一樣。但德意志小諸侯宮廷的氛圍，和義大利文藝復興時期的城市氣氛，截然不同。所以，儘管在一三〇〇到一五〇〇年的義大利和一四五〇到一六五〇年的德意志有諸多雷同之處，但兩國發展過程的結果卻有深刻的分歧。

在這個演變開始時，法國國王在新近王國行政上中央集權的成功，提供德意志民族神聖羅馬皇帝們最吸引人的範本。法國國王為把英國人驅逐出法國（一四五三年）所做的一切，神聖羅馬皇帝也如法炮製，如領導十字軍討伐鄂圖曼土耳其人，或對付德意志諸邦內部的異教徒。

但是以十字軍討伐鄂圖曼土耳其人則遇上證實為不可跨越的地理障礙。自一五二六年起，匈牙利和克羅埃西亞就成為鄂圖曼和哈布斯堡帝國的爭議邊疆，入侵和反入侵不斷破壞地貌，而敵對雙方要在邊境地區維持龐大野戰部隊都極為困難。結果，哈布斯堡統治者能力所能及的，只是修建和戍守幾個能抵禦大炮的堡壘。

阿爾卑斯山以北地區發生大規模的天主教改革，同時，神聖羅馬帝國皇帝覺得更吸引人的是，將帝國軍隊轉而對付背棄天主教信仰的德意志王侯。因此，一六一九年，當斐迪南二世登基成為帝國皇帝時，決定使波希米亞（一六一八年波希米亞選出一位喀爾文教派的國王）重新歸順天主教和哈布斯堡，從而加速了一場全面戰爭。他最初的成功引發一連串外國干預：丹麥、瑞典，最後是法國。在天主教陣營裡，西班牙與荷蘭在一六二一年，與法國在一六二二年重新開戰，並試圖利用他們在義大利的帝國地位，將所有不同戰線連接成單一一致的天主教反攻戰。

最後的結局是德意志諸邦的僵持不下，和精疲力竭後達成的和平（即一六四八年的《西發里亞和約》〔*Peace of Westphalia*〕）。但在達成這一結果之前，某些戰爭技術得到新的改良，而作為整體的德意志諸邦也歷經了大規模商業化暴力的殘酷蹂躪。

戰爭期間，出現三次意義重大劇烈的力量重組。第一次是阿爾布雷希特・馮・華倫斯坦（Albrecht von Wallenstein）以軍隊企業家身分所做的傑出成就。華倫斯坦成長於波希米亞小貴族家庭，將從軍變成龐大的投機事業。在冒巨大風險的同時，也獲得鉅額的意外之財，至少在短期內是如此。他在波希米亞（也曾短暫在梅克倫堡）成了大片土地地主，並取得半獨立政權。但在一六三四年遭暗殺身亡後，他所累積的土地和辦公室全數被沒入。話雖如此，華倫斯坦有十年的時間像個龐然大物般在德意志諸邦叱吒風雲。儘管他名義上只是為皇帝效命的承包商，但實際上他幾乎擁有自己的統治權。他擁有一支親自指揮的大軍，並透過改良的稅賦、公然的搶劫，以及龐大市場交易來供養軍隊。

華倫斯坦的商業交易極為複雜。譬如，他以軍隊指揮官的身分，以自訂的價格，從波希米亞的莊園購買產品。他在一名叫漢斯・德威特（Hans DeWitte）的法蘭德斯投機商人的幫助下，用湊來的資本在這些莊園組織軍火生產。德威特和華倫斯坦的關係與華倫斯坦和皇帝的關係沒什麼兩樣。兩個都是靠上級獲得真正大生意的機會。然而，在執行委辦事務和履行大型合約時，華倫斯坦和德威特都全心追求私利，全然漠視道德規矩的傳統標準。他們只關心該採取怎樣的手段才能達到目的。他們選擇商業夥伴和下屬時，既不考慮出身，也不在乎信仰，更不在意是否具備任何傳統美德。華倫斯坦和他的商業夥伴都要求下屬在完成分派的工作時，俯首聽命，效率高超。而他們也總是能得到這類成果。這樣做的結果是，他們培養了一大批效率極高的手下，後者大力壓榨其所經營的鄉村，絲毫沒有良心掙扎。私人商業和軍事企業遂實現了如此完美和龐大的結合，這在歷史上史無前例，也後無來者。

其他軍事中間人在三十年戰爭中扮演較小的角色，只有華倫斯坦成功地為自己招募一支軍隊，顛峰時期人數高達五萬人。他按照統治君主因襲已久的作法，任命下級軍官組成連和團。在華倫斯坦的事業快近尾聲時，他曾考慮過一個想法，就是動用他的軍隊去強迫皇帝解散當時已經在宮廷裡籌組起來的「西班牙」政黨。那個黨派的領導人物非常仇視這位波希米亞冒險家，因為後者的商業手腕和曖昧的宗教傾向，與他們自己的貴族式天主教理念大為相左。安排暗殺華倫斯坦的幕後黑手正是他們。皇帝只是後來才為其背書。

自從一六三四年華倫斯坦突遭暗殺後，德意志民族主義者一直在納悶，如果當年華倫斯坦逃過一劫的話，會發生什麼事。他們的邏輯是，他的地位必定會導致他仿效一四五〇年斯福爾扎（Sforza）在米蘭採取的篡位行徑。斯福爾扎曾成功地將自己的軍隊和米蘭的國家軍隊合併管理，使米蘭在隨後的五十年間成為強權。華倫斯坦的軍事指令結構也許原本可以成為一個新德國的雛形，甚至可能超越強大的法蘭西王國，後者在三十年戰爭後成為西歐霸權。但事實上，到了一六三四年，華倫斯坦已經被慢性疾病折磨得虛弱無比。此外，德意志民族的神聖羅馬帝國皇帝本人畢竟還是環繞著神聖氛圍，即使連華倫斯坦如此富有大膽企業精神的人也不敢僭越造次。

無論如何，他在自己四周建造的軍事—商業帝國後來分崩瓦解。次要的企業家在帝國陣營中分割了他的角色，到戰爭快結束時，德意志最肥沃的土地滿目瘡痍，逼迫軍隊縮小規模，人數減到華倫斯坦權勢顛峰時麾下軍隊的一半左右。[3]

三十年戰爭的第二個顯著的權力結構是瑞典國王古斯塔夫．阿道夫（Gustav Adolf，一六一一至一六三二在位）創立的。瑞典之於阿道夫，就如同波希米亞之於華倫斯坦。對他而言，瑞典是個人資產，其人力物力都可以輸往在德意志的戰爭。古斯塔夫．阿道夫的確聲稱他的戰爭必須能自給自足，[4]但他仰賴政府從田地森林為他招募士兵，此外，一六二〇年代，瑞典煉鐵工業興盛，他大大得益於此。當時，一位住在荷蘭的列日人路易．德．吉爾（Louis de Geer）派遣瓦隆（Walloon）的煉鐵工人到瑞典，將新式鼓風爐介紹給這個偏遠國家。[5]

德．吉爾在瑞典的行徑和華倫斯坦的代理人德威特在波希米亞的作為如出一轍。兩人都大規模將新金融和技術手法引進原本落後的歐洲地區——至少從低地國的標準來看是如此。但他們在其他方面卻迴然大異。德．吉爾仍住在荷蘭，事業成功，成了國際金融家和企業家。他仰賴古斯塔夫．阿道夫的地方只在於從國王那得到在瑞典經商的合法許可。他遵照荷蘭商界比較明確的道德和法律規範行事，並將生意交給繼承人。而德威特於一六三〇年自殺時，僅留下一位破產投機商亂七八糟的帳本。同樣地，古斯塔夫．阿道夫是合法的君主和國王，沒有沾染到圍繞華倫斯坦整個投機生意在道德—法律上令人非議之處。因此，德．吉爾和古斯塔夫．阿道夫所創立的政治和經濟帝國得以持續幾個世紀，而華倫斯坦的「帝國」則隨著他遭暗殺而崩潰。

瑞典國王在戰爭中得勝的部分原因是他熱切地引進荷蘭最新的作戰和訓練部隊的方法。但他也添加些個人色彩，而那是他從早期與俄羅斯和波蘭作戰（一六一七年結束的對俄戰爭，一六二一至二九年的波蘭戰爭）時，所採納的騎兵戰術經驗中得來的。其結果是，當瑞典國王在一六三〇年登陸波美拉尼亞（Pomerania）插手德意志戰爭時，他帶來的是一支歷經百戰的軍隊。這支軍隊在一六三一年的布萊登菲爾德戰役（Battle of Breitenfeld）中證實其所向披靡，當時瑞典人首度展示他們改良過的戰術。

瑞典的戰術革新旨在於戰場上更有效地發動進攻，先用可以以手操縱的小型野戰炮齊射加強火力，在這樣的密集發射以後，長矛兵和騎兵馬上發起衝鋒。但華倫斯坦在仿效瑞典人後，立即調整了自己的戰術。他在隔年的呂岑會戰（Battle of Lützen）中示範此類新戰術，而古斯塔夫・阿道夫正是在第二次戰勝神聖羅馬帝國軍隊時喪命的。

這一案例有力地闡述戰爭的一方會對另一方的任何有效革新，做出反應的迅速程度。歐洲的國王和指揮官們顯然已經接受改革總是可能的想法。在西歐全境內，存在一個高效率的情報網，在利用口耳相傳、間諜活動和商業情報之餘，也利用印刷品，傳播有關敵人意圖、作戰能力、新技術和新戰術的資料。結果，到三十年戰爭結束時，歐洲的軍隊已經不再像早期中世紀軍隊一般，是訓練精良、好戰黷武的個人組合；也不像十五世紀瑞士長矛兵那樣，是一群行動一致、殘暴凶狠但一遇上戰爭就難以控制的群體。反之，由於有了特意培訓和極力完善的戰爭技術，一位將領至少在原則上，可以在戰鬥中統率多達三萬人。以不同方式裝備、接受不同戰鬥方式訓練的部隊，能夠在敵軍前展現靈活無比的機動性。他們能夠回應將軍的命令，利用意外的局勢，在長久纏鬥、爭鬥不休的戰場上，取得一面倒的勝利。換句話說，發展相當於中樞神經系統組織的歐洲軍隊，其新戰術能因此得以迅速成長，可達到堪比高等動物的水準，然後亮出各種不同功能的爪子和牙齒。

三十年戰爭中出現的第三個值得注意的軍事—政治結構在法國。在簽訂《卡托康布雷西和約》（*Peace of Cateau-Cambrésis*）而結束義大利戰爭（一五五九年）後，法國陷入長期內戰，部分是因為喀爾文教徒和天主教徒之間的宗教紛爭，部分則是由王位繼承情況不穩所造成。法國軍人在義大利已找不到差事的處境，和國內反覆出現內亂有關，因為躁動不安的失業士兵一有可發揮專長的機會，就會迫不急待。晚至一六二七到二八年間，法國國內的混亂仍使王朝政府頭痛不已。當時路易十三的軍隊包圍並攻克了喀爾文教徒的堡壘拉洛歇爾（La Rochelle）。在那之後，法國的軍事資源就導向國外，對抗西班牙和德意志的哈布斯堡統治者。正是法國在三十年戰爭中的干預，天主教的神聖羅馬帝國企圖統一德意志，鎮壓異端的努力最終受挫。

最初，法國將領的經驗不如飽受戰爭洗禮的西班牙和德意志指揮官。但到一六四三年，法國在羅克魯瓦（Rocroi）打敗西班牙人時，其戰爭技術已經與歐洲最佳同行的水準齊頭並進。由於法國國王掌握更大資源，波旁君主只需將規模更大、訓練更精良的軍隊送上戰場，就能使任何敵手聞風喪膽。十七世紀下半葉的政治歷史就取決於此基本事實。

下列事實也造成此一歷史情況。在《西發里亞和約》結束德意志戰爭（一六四八年）後，無論是哈布斯堡皇帝，或是法國國王，都認為把在三十年戰爭中為他們打仗的軍隊解散，實屬不智之舉，也無此必要。事實上，由於直到一六五九年才與西班牙達成和平，在簽訂和約前，法國人依然必須讓軍隊嚴陣以待。一六六一年，新國王路易十四親政時，考量到榮譽問題，並在謹慎評估後決定，無論如何，他都必須擁有隨時能上戰場的常備軍隊。而一六四八至一六五三年重新爆發內亂的事實也曾給年輕的路易留下深刻印象。他設置常備軍最初是要確保王權，壓制來自法國國內的所有挑戰，而對外國的軍事冒險只排在第二位。

對軍隊控制的改善

稱之為投石黨運動（Fronde）的法國最後一場舊式內亂被成功壓制，這遂成為歐洲戰爭和治國之道史上的一個重要轉捩點。或者，說它標誌著阿爾卑斯山以北國家，終於趕上兩世紀以前，威尼斯和米蘭在行政管理和軍隊操控方面已經達到的水準，可能是比較準確的說法。事實上，在十七世紀下半，法國和奧地利在軍事管理上幾乎每個層面所用的手法，在威尼斯和米蘭都曾施行過。文職人員負責供給，以稅收所得定期支付士兵薪餉，而步兵、騎兵和炮兵間既有區分又有戰術合作等都是十五世紀義大利城邦國家，和十七世紀阿爾卑斯山以北的君主國的共同作法。甚至連路易十四的著名大臣米歇爾・勒泰利埃（Michel Le Tellier）和他的兒子兼戰爭大臣盧福瓦侯爵（Marquis de Louvois），在為法國軍隊提供補給，和使軍隊結構正規化及裝備標準化上的努力，與不太為人所知的威尼斯的行政長官（*provveditore*）貝爾佩特洛・馬賽利尼（Belpetro Masselini，一四一八至一四五五年在任）為防衛聖馬可共和國（Republic of St. Mark）的部隊所做的工作，幾乎相同。[6]

然而，北歐的新常備軍卻有與以前的軍隊相差頗遠的一個層面，其重要性值得在此提出探討。盧福瓦在管理皇家軍隊時，得力於巡迴監察官馬丁內特（Martinet）中尉的協助。後者的名字後來成為嚴格執行紀律的象徵而變成英語字彙。厲行紀律的確是馬丁內特的優異處。盧福瓦在一六六八年給他的指示也要求他如此：

……你應該命令他們〔已任命的步兵軍官〕在每天衛兵換崗時在場。在衛兵解散前，按操練手冊訓練士兵，帶他們向左、向右和向前進行操練，並教他們以小單位，跨步整齊前進。[7]

當然，盧福瓦關心行進是否整齊，並非新鮮事。但是十七世紀以前，歐洲軍隊訓練史幾乎付之闕如。瑞士和西班牙長矛兵聽鼓聲行進，[8]在戰場上努力保持密集隊形，不給進攻的騎兵留下可趁之隙。其他步兵行進時也保持隊形，這在古代亦是如此，可追溯到蘇美人。但是，在執行衛戍任務時，一整年日日操練，甚至在作戰時還撥出空閒時間操練，至少就我們所知，那是以前的軍隊認為既無必要也不合理的作法。但有了盧福瓦和他的助手馬丁內特中尉成功使法國軍官和部隊服從其意志的前例，日常操練就成了衛兵下崗後的每日工作。而原因為何呢？

答案是，到盧福瓦的時代，已經有兩代歐洲指揮官發現，操練會使士兵更為順從，在戰場上更有戰鬥力。發展軍隊現代日常操練的主要推手是拿騷的毛里茨（Maurice of Nassau），也就是奧倫治親王（Prince of Orange，一五六七至一六二五年）。他於一五八五至逝世前擔任荷蘭和澤蘭的執政，爾後又出任其他省的聯軍統帥，任職期則長短不一。毛里茨唸過大學，受過數學和古典文學訓練。他在面臨與西班牙人在低地國打仗的難題時，會在羅馬歷史中尋找典範，並試圖從維蓋提烏斯（Vegetius）、埃里亞努斯（Aelian）[9]和其他古典作者的書籍中，去尋求軍事技術範例。

毛里茨親王並未亦步亦趨地模仿羅馬前例，然而，他的確強調了三樣歐洲軍隊在他之前並不普遍的東西。一是鐵鏟。昔日的羅馬士兵習慣於用臨時修築的防禦土牆來鞏固營地。毛里茨也如法炮製，尤其是讓士兵在包圍敵人城鎮或堡壘時挖壕防守。在他之前，歐洲軍隊並不看重挖土築牆，並將在牆後躲避戰火或挖壕藏身視為怯懦的表現。軍隊通常仰賴從附近徵召的勞工來完成大部分他們認為必要的挖壕工作。然而，對毛里茨親王的軍隊而言，鐵鏟比劍或滑膛槍更有威力。圍城軍隊系統性地挖掘戰壕，修築土牆，來保衛外圍防線，可保護自己免受解圍救兵的進攻，同時繼續對被圍城市施壓。依照這個方式，毛里茨的軍隊承受較小的守軍火力，傷亡較少，同時堅定地往前挖掘，日趨接近守軍的壕溝和城牆，直到最後的攻擊實際可行為止。如此一來，圍城變成一項工程，搬運大量泥土，揮鏟挖土成了圍城士兵的日常要務。如此沉重的工作有意外效果，可消除懶散和放蕩行徑，而這兩者是早期軍隊在包圍要塞時的常見消遣。毛里茨親王事實上強烈反對遊手好閒，他的士兵不挖土時，就忙於操練。

奠基於羅馬前例的基礎上發展而來的系統操練，是毛里茨第二項，也是最重要的革新。他強迫士兵練習火繩槍的裝彈和射擊動作；長矛兵則必須練習行進中和戰鬥時的持矛位置。這類訓練並非破天荒。軍隊總是需要訓練新兵，但以前的軍官相當合理地認為，只要士兵知道如何使用武器，訓練便宣告完成。毛里茨與前人的不同之處在於他使操練系統化。他將火繩槍相當複雜的裝彈和射擊動作[10]分解成四十二個單一的連續動作，為每個動作命名和賦予恰當指令。士兵動作一致，每個人都能在同一時刻準備發射。這使齊射變得容易又自然，並對敵軍隊伍造成震撼和威嚇效果。更重要的是，士兵裝彈和發射的速度更快，忽略基本動作的可能性也大為減少。結果，槍變得比以往任何時候的效率都高。此外，毛里茨則按照長矛的比例相對增加槍枝數量。

他也使行進正規化。訓練士兵步伐整齊，就可以訓練整個單位按照規定方式前進或後退，向左或向

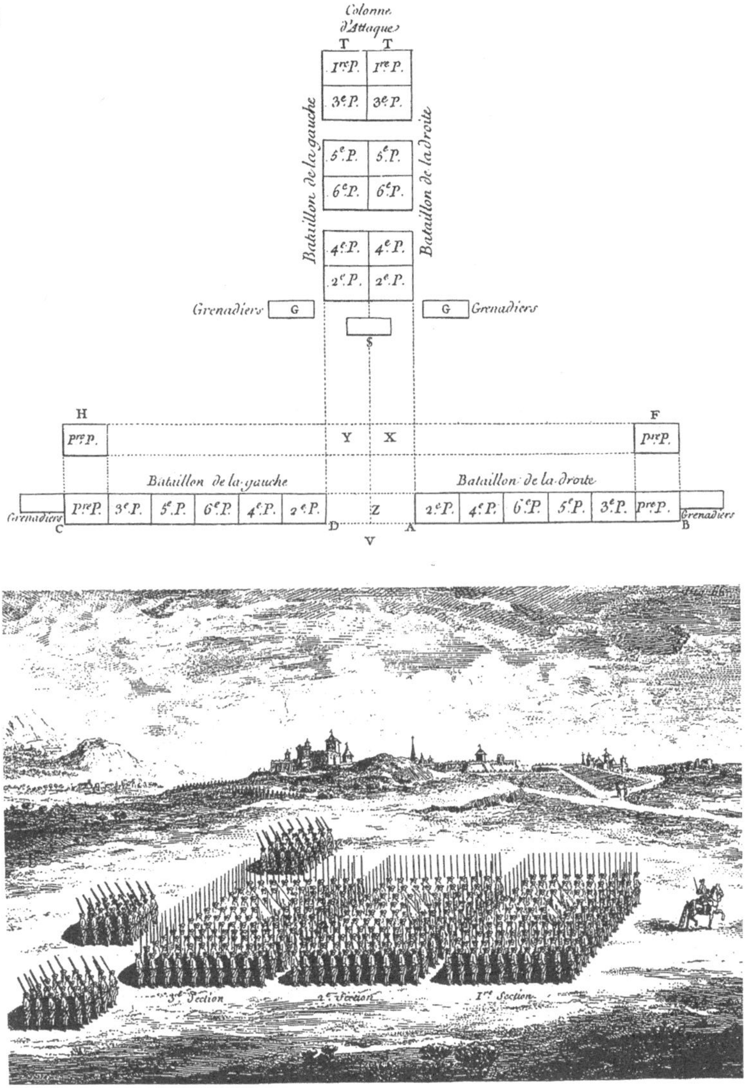

圖五　十八世紀的線式隊形

行軍整齊劃一，並部署大批士兵迅速轉換到預定隊形，需要不斷的操練。如上圖所示，一個細分成兩個營和十二個排的軍團，迅速從橫隊改變成攻擊縱隊；而下圖的蝕刻版畫描繪剛完成隊形變化，準備向敵軍前進的軍團。這樣的操練對於受訓士兵產生強烈的心理影響，以操練教官隱約理解的方式，創造了團結感與團隊精神。

圖片來源：Denis Diderot所著*A Diderot Pictorial Encyclopedia of Trades and Industry*（《貿易及工業狄德羅圖解百科全書》），Charles Coulston Gillispie編輯（New York: Dover Publication，1959年），第一卷，pl. 67，複製自1763年巴黎出版的原版百科全書。

右，從縱隊變成橫隊，再變回來。毛里茨親王的操練中最重要的動作是向後行進。一排火繩槍手或滑膛槍手發射完畢後，從站在他們身後的士兵中間走過去，到列隊後方重新裝填子彈，在此同時下一排槍手進行射擊。若經過練習和部署恰當排數，等第一排槍手重新裝好子彈時，其他各排也已經輪流發射完畢，後退就位，如此，第一排槍手就可以毫無阻礙或拖延地開始第二次齊射。遵照這種方式，一個訓練有素的單位就會像舞曲經過精心編排的軍事芭蕾舞，快速連續地進行一連串齊射，在敵軍還沒機會從第一次齊射火力中恢復過來時，另一次齊射就又命中目標。秘訣則在於時機的掌握，並防止士兵在背對敵人回到列隊後方重新裝彈時逃離戰場。反覆進行操練，使每個動作半自動化到近乎直覺，並把故障的可能性降到最低。大批軍官和士官嚴密監督普通士兵也是實行向後行進的必要手段。當一切都順利進行時，結果十分引人矚目。

毛里茨的第三項改革是使操練更加有效，而反覆操練又反過來提高改革的效率。也就是說，他模仿古羅馬軍團的中隊，將軍隊劃分成比以往更小的戰術單位。一個營為五百五十人，再向下劃分成連和排。劃分為這樣的小單位能便於操練，一個人的口令就可以控制所有士兵的動作。在這樣的小單位裡，也能建立指揮官和入伍新兵的個人關係。小單位在戰場上移動靈活，既能獨立行動，又能彼此配合，因為透過明確的命令鏈，指令會從指揮戰爭的將軍一路向下傳遞到帶領每一個排的每一行士兵的軍士。至少在原則上，指揮系統的各級指揮官都回應和執行上級的命令，將命令傳達至下級官兵，並根據實際情況附加額外指示。

軍隊以這種方式，變成帶有中樞神經系統、指令順暢的有機體，從而能對意外狀況做出靈活、明智的反應。每一動作在準確度和速度上都達到新的水準。各營在戰場上的移動，以及士兵在射擊和行進間的各個動作不但可以受到控制，還可以預期，而這是從前辦不到的。一個訓練有素的作戰單位，只要每個動作都達到標準，就能增加每分鐘射向敵軍的子彈數量。步兵個人的靈巧和堅毅幾乎已經無關緊要。勇猛和膽識在不可撼動的例行常規前消失殆盡。軍旅生涯出現新的面向，軍隊的日常生活發生深刻改變。經過毛里茨式訓練的部隊，自動在戰場上展現超級效率。大家意識到這點後，甚至在最頑冥不靈的軍官和紳士間，往昔非正規的軍事行徑英雄模式也隨之凋零。

戰鬥中的高度效率儘管重要，但還比不上下列這個重要性，即訓練精良的部隊在衛戍和圍城時所表現出來的效率改善。追根究柢，士兵幾乎所有時間都是在預期和敵軍正面作戰中度過的。如何使軍隊不會在等待中變得煩躁不安和難以控制，一直是以前軍隊的頭痛難題。但當一支軍隊在一個地方安置下來後，連續幾天或幾月終日無所事事，非常可能會導致士氣低沉，軍紀渙散。一天幾小時的操練很容易組織，有立竿見影之效，也容易施行，在在使衛戍部隊的紀律容易維持。[11]

再者，這類每日重複的操練還有一個重要面向，奧倫治親王和他的同僚對此可能只是有模糊的認識而已。當一群人的手臂和腿部肌肉長期一致活動時，他們之間會產生一種原始有力的社會情誼。這或許是大腿肌肉一致活動會引發人類所知最原始社會性共鳴的結果。也許甚至在我們還未演化成人類的祖先，在他們還不會說話前，他們可能是藉由圍著營火跳舞，來重演他們在打獵中做過的場景，並預演他們下次要做的動作。這類節奏性動作創造強烈夥伴情誼，使得武器簡陋的早期人類能透過有效合作，攻擊和殺死大型獵物，戰勝強大許多的敵人。我們的祖先憑藉舞蹈動作，以聲音訊號和命令作為補充並加以控制，最終將自己提升到食物鏈頂端，成為最強的掠食者。

毛里茨和他之後數千名歐洲教官所發展的軍事操練直接運用了這個社會性的原始潛能。儘管操練狀似重複單調，卻把招募自社會底層的各式各樣的人結合在一起，形成緊密社群，甚至在生命顯然處於立即危險的極端情況下，也能服從命令。遠古狩獵團隊在面臨迫切危機時，就是仰賴服從和合作來保住小命。我們據此可以推測，無數世代的天擇已經把人類這種行為的本能提到很高的水準。這類自然本能過去持續（現在也繼續）潛伏在我們潛意識的表面。

古代希臘和羅馬軍隊也曾利用這種本能結合民兵。城市國家獨特的緊張政治生活在相當大程度上取決於這種現象。所以，當毛里茨回顧羅馬軍團的作法，修改他們的操練模式，以順應他時代的手持武器時，他其實是將他的軍隊管理辦法嫁接在歷經淬練的古老歐洲傳統上。

因此，新的操練是擷取文學傳統而利用人類強烈的敏感度。軍隊單位變成一種專門化的團體，在其中，新而標準化的面對面關係提供傳統社會群體模式的可行替代方式——非個人的市場關係的傳播正在使傳統社會群體於各地消失，或至少是受到質疑。因此，操練精良的排和連的人為社群，能夠也的確十分迅速地取代根據個人勇武和地位形成的傳統階級。而在騎士精神盛極一時的時代，正是這個階級構成歐洲社會的形式，並給予它地方性的自我防禦能力。

路易十四時代開始，常備軍鼓勵士兵長期和重新服役，士兵之間的社會聯繫因而得到更進一步的加強。士兵一旦分配到特定單位，就可能會在軍隊中生活多年，與長期相處的同袍分享經驗，而這些同袍往往因戰死而消失，而不是解甲歸鄉。這使得團隊精神牢牢建立起來，將最小的軍事單位轉化成有效的基層社群。

上文已經提到，十四世紀時，作為軍事行動基礎的基層社群崩解，促使義大利開始冒險採用傭兵。兩個世紀以後，歐洲教官在所有技術熟練的部隊裡，設法創造人為的基層社群，這得多虧僅憑幾個星期的操練就能建立起團隊精神，即使在以前是孤僻的個人入伍後也能產生此類情愫。以這種方式，在歐洲軍隊的排裡激發的兄弟情誼，反過頭來舒緩了心理緊張和壓力，而在過去的幾個世紀裡，從一種基層社群要過渡到新的基層社群時，曾為軍事管理帶來相當大的困難。

嚴格訓練的軍隊通常與外界社會相當隔絕，士兵會覺得很難再回歸社會。從鄉村直接招募而來的新兵只需最小限度的心理調適，就可融入連和排等的人為基層社群。操練會迅速可靠地將約定俗成的服從和尊敬，轉化為對軍規的服從和尊敬。因此，軍隊可隨時準備汰舊換新，並在日益驟變的都市化、金錢化、商業化和官僚合理化的世界中，堅守「老式」，即鄉村的價值觀和態度。

這種對立，或看起來是對立的兩相結合，創造出前所未見、最有效的政策工具。遵守上級制訂的規矩成了常態，這不單是因為士兵害怕違反紀律會受到嚴厲處罰，也是因為普通士兵發現，能從不加思考的盲從和日常軍事訓練儀式中，得到真正的心理滿足。對數十萬人而言，團隊精神變成可以具體感受的現實，因為除此之外，他們沒什麼好自豪的。流浪者找到一個體面的庇護所，從而逃離那個買賣盛行的社會——在這個社會裡，缺乏必要的金錢自制、狡詐和遠見的人難以生存。於是，一個透過官僚化結構來控制，並以深厚、穩定和強烈的人類感情為基礎的人為社群就此成形。而在政治家、外交家和國王手中，它是多麼有用的工具！

一旦操練成為士兵的日常要務，歐洲軍隊一貫在武器操作上的優異表現，事實上很令人驚異。我們是過去歐洲的繼承人，很容易將他們的行為視為理所當然，並喪失那份他們值得擁有的驚奇感。然而，試想一下，兩軍擺開陣式對壘，相距幾十碼互相開滑膛槍射擊，周遭的人紛紛倒下死亡或負傷，但射擊卻沒有間斷，這是多麼令人匪夷所思。無論從本能或是理智來看，這類行徑都無法理解。但十八世紀的歐洲軍隊卻視此為理所當然。

軍隊的單位以幾乎相同的準確性，服從看不見的上級的命令，不管後者是在最近的山丘頂，還是在半個地球外。這點同樣非比尋常。數千沒有明顯個人利害關係的人彼此打得你死我活，並有顯而易見的理由希望遠離敵方的火線之外，然而這些人還是遵照命令作戰——他們還對此習以為常。結果是，官僚任命的軍官無論本身能力如何，無論被派到哪個出乎他們自己意料之外的地方，都能期待自身下達的命令會自動得到下級的服從和接受。

這類新利維坦（New Leviathan）*的創造（也許創造於半無意間）無疑是十七世紀的主要成就之一。這一成就的令人驚奇之處，不下於近代科學的誕生，或那個時代的任何其他重大突破。[12]

歐洲其他軍事專家很快就清楚看到，操練會提高效率。毛里茨親王之所以聲名大噪，是因為他以突襲和毫不鬆懈的圍城，從西班牙人那收復數十個設防城鎮，而他的每次攻擊在技術精確和行動迅速兩方面，都是前所未見。毛里茨的訓練方法是公開的秘密。一五九六年，他的表親和密切合作者拿騷的約翰內斯二世，委任一位名叫雅各布·德·格恩（Jacob de Gheyn）的畫家，為火繩槍手、滑膛槍手和長矛兵的每一個新式操練姿勢畫下圖解。一六〇七年這些圖成書出版。每一個姿勢的圖解都占對開本的一整頁，附上對應的口令。見習教官或普通士兵都可以透過看書，理解該如何操練。[13]

毛里茨在一六一九年創立訓練軍官的軍事學院——這在歐洲又是另一項創舉。毛里茨親王的軍事學院的一位畢業生後來投效於瑞典的古斯塔夫．阿道夫麾下，並把新的荷蘭訓練法帶進瑞典軍隊。新的操練方法（當然經過各種修改）從瑞典人那傳給所有歐洲軍隊，並證明效果顯著。新教國家率先接受此項革新；他們先傳給法國人，最後傳給西班牙人。西班牙人原本對自己的常勝傳統非常自豪，故步自封。但在羅克魯瓦戰役（一六四三年）中，法國軍隊在曠野上大勝西班牙步兵團後，歐洲軍界的睿智人士便一致贊同，新式操練法顯然比西班牙訓練法高明。

在東方，俄羅斯人很快就注意到這點。一六四九年，即新操練法的德文版出版後大概過一代人後，俄文譯本上市。[14]羅曼諾夫王朝的軍隊嘗試追上西歐的發展，儘管他們仍舊明顯落後。但鄂圖曼土耳其人拒絕相信異教徒竟然能夠改善穆斯林經得起時代考驗的操練方法和部署戰略。即使在戰場上的一長串敗仗（一六八三至九九年，一七一四至一八年）證明他們看法不對後，試圖以歐洲方式訓練軍隊的想法仍舊很晚才出現，而且結果只是在一七三〇年引爆鄂圖曼新軍（禁衛軍軍團）的成功兵變。直到再經過幾乎一個世紀的軍事災難後，蘇丹才終於在一八二六年成功摧毀新軍，這行動正是現代化操練和戰術的序幕。但到那時，鄂圖曼帝國的士氣和凝聚力已經受到無法彌補的傷害。因此，嘗試追上歐洲軍事方法的努力，未能阻止進一步的挫敗和一九一八年帝國的最終瓦解。[15]

＊ 利維坦，又譯巨靈，《聖經》中的海洋巨怪。——譯註

e 槍再握至手指間

f 吹火藥鍋

g 裝火藥

h 抽出通條

圖片來源：*Wapenhandelinghe von Roers Musquetten ende Spiessen, Achtervolgende de Ordre von Syn Excellentie Maurits, Prince von Orangie... Figuirlyck vutgebeelt door Jacob de Gheyn*（《奉奧倫治的毛里茨親王之命進行的炮管、滑膛槍和長矛的軍械操演……雅各布·德·格恩繪製》）（The Hague，16，1670年；複製本，New York: McGraw Hill，1971年）。

a 舉起滑膛槍

b 開火

c 放下滑膛槍

d 擊鐵扳至非擊發位置

圖六　毛里茨的滑膛槍手操練

上圖顯示毛里茨的滑膛槍隊總共四十三個預設動作中的八個動作。先將火藥、子彈和彈塞依次安全地裝入槍管，然後小心並精確地用左手將燃燒的火柴點燃引信。反覆練習可使動作熟練迅速。這些蝕刻版畫的出版是為了幫助教官標準化動作，並以此加快士兵的開火速度。

在更東方，由於歐洲教官開始招募本地男丁，創建小型軍隊駐守印度洋沿岸的法國、荷蘭和英國貿易站，訓練士兵的新方式就變得至關重要。到十八世紀，這類軍隊無論規模有多小，一和當地統治者習慣帶到戰場上的無效率大軍相比，就展現明顯的優越性。結果，歐洲各大貿易公司在印度和印尼不斷拓展，變成地區性統治者。[16]只有亞洲太平洋沿岸繼續和實力驟強的歐洲軍隊保持隔絕狀態——直到一八三九至四一年。

在更早的時代裡，圍繞歐洲戎馬生涯的一大難題就是技術效率（從十四世紀起，步兵就在這方面超越群倫）和市民社會既成階級之間的差異。從下層階級招募而來的步兵部隊預料將向貴族統治提出挑戰。十四世紀瑞士人成功在本國辦到此點。平等主義的理念也在日耳曼萬用傭兵間反覆出現。[17]

最初，歐洲統治者對付這個難題的辦法是雇用外籍傭兵來做步兵，因為外國人很難會與統治者管轄下的下層階級達成任何團結一心。瑞士人在本國內平等主義思想和自治盛行，在外卻成為法國國王的砥柱，幫助維持貴族—官僚政權對付法國內外的挑戰者超過三百年（一四七九至一七八九年）。[18]山民與來自貧瘠地區的其他居民（這些地區從未出現由明確的地主階級所建立的牢固政權）和歐洲其他地區的人民——譬如，阿爾巴尼亞人、巴斯克人、南斯拉夫邊境居民，以及來自威爾斯、蘇格蘭和愛爾蘭的凱爾特人——扮演類似的角色。當瑞典人介入三十年戰爭時，也發揮相似作用，儘管他們代表的當然是本國君王的利益，絕非充當外國統治者的傭兵。[19]

話雖如此，仰賴外國軍隊有其明顯缺點。在十八世紀前，統治者手邊的金錢總是遠不足以準時支付外籍傭兵的軍餉。手頭長期拮据的君主無法高枕無憂地依靠一支僅僅因薪餉逾時未付就揚言退出戰場的軍隊。[20]但從十七世紀初開始，歐洲統治者發現，無所事事的城市居民和貧窮農家子弟在反覆操練後可以脫胎換骨，充作新兵。平等主義思想於是失去共鳴，除了在一些受此類思想薰陶的教官的罕見案例；例如，英國內戰期間（一六四二至四九年）國會軍隊的某些單位短期出現的狀況，以及在很久以後的法國大革命（一七八九至九三年）的第一階段所出現的亂象。在更平靜的年代裡，軍隊成為永續循環的訓練機構，把剛入伍的新人訓練得煥然一新，也就是說，直到他們終於變成士兵為止。[21]

經過幾十年士兵間的傳承，圍繞著操練這個中心經驗，逐漸形成各式相關的行為特徵，進而界定獨特的軍事生活方式。嫖妓、賭博、酗酒、自豪感、拘泥禮節和勇猛都在這種生活中占了一席之地。簡而言之，歐洲軍隊並沒有完全擺脫老舊模式和慣例，但確實將某些軍事行為的傳統層面貶低至邊緣地位，將其中更具破壞性的行為圈制在不當班的時候。

歐洲軍隊的新心理特徵，使市民社會內部尖銳的階級差異完全能和國內的和平秩序共存共榮。服從國王親自按照官僚方式任命的軍官的士兵擁有碾壓一切的力量。只要有訓練精良的部隊保衛王室特權，如此一來，無論是貴族向王權挑戰，或下層階級抗議顯而易見的不公等，此類反抗活動都沒有一丁點成功的希望。因此，歐洲開始享受以前無法達到的國內和平水準。這促進了顯著的財富增長，以致歐洲大陸的許多地區變得能靠稅收來供養職業常備軍隊，而無須嚴厲壓榨當地人口的經濟資源。荷蘭共和國、法國和奧地利成為此界的開路先鋒，其他歐洲國家則緊跟在後。

歐洲武裝部隊的正規化和半穩定化

由於稅收變得足以滿足軍餉所需，且大致能準時支付，十四世紀時引進歐洲的戰爭商業化所帶來的嚴重紛亂，似乎終於可以控制。靠劫掠為生的士兵無須再以強迫國家動產重新循環的方式來供養自己。反之，穩定、可預期的稅收解決了此一問題，稅收將百姓的錢轉移到官員手中，官員用此供養自己和有效率的軍隊。這使得下列假設似乎順理成章：因為各國間持續不停的競爭，才阻止了這個從一六五〇年後便出現的舊政權之社會和政府模式，無從固定下來，沒能成為數百年的常規。

毛里茨親王其改革的另一項必然結果也促進了歐洲戰爭和社會模式在萌芽階段的穩定化。因為標準化的操練是以標準化的武器為先決條件。一五九九年，毛里茨發現必須要求他麾下的軍隊裝備統一的槍枝，否則他的新體系將無法成功運作。盧福瓦在法國軍隊也如法炮製，他一手主導軍裝的發展（儘管各團的軍裝各有不同）。而我們在二十世紀，之所以覺得士兵像士兵，是因為他們一身戎裝。

這類標準化的短期效果是大大降低軍事費用。只要確保工作穩定，從現在到未來能無限期地製造同一產品，即使手工匠供應商也能將產品降價出售。一旦只需要一種口徑的滑膛槍彈丸，那連戰場上的供應都不會吃緊。況且，既然每一個士兵可以按標準化操練的精確動作進行訓練，填補任何單位的空缺變得幾乎像替補已經消耗的滑膛槍彈丸一樣輕而易舉。總而言之，士兵就像武器一樣，成了巨大軍事機器裡可替代的零件。這類軍隊的管理比較容易，而且比以前更有可能達到預期的效果。有組織的暴力的費用大幅降低，或者，更準確的說法是，按每塊稅金比例計算，這類暴力的規模和可控制性可觀地提升。[22]

然而，從稍微長遠的觀點來看，數千名士兵武器的統一在軍火市場上反而引入一種新型的僵化和不知變通。一旦整個軍隊的裝備標準化，任何單一武器設計上的改良都會比幾十種不同武器同時使用時花費更大。軍火採購者得在技術改革和採買新武器後因所喪失的統一而得付出更高花費間，做出選擇。但這個新的兩難困境並沒有抑制所有的改變。誠然，背離現有武器設計的真正重大改變肯定會打亂操練、訓練和供應的既定模式。其結果是，從十五世紀到十七世紀變化速度十分迅速的火槍，到大約一六九〇年後，發展幾乎完全停止。當時，附環刺刀的發明，首次使得火力和近距離防禦騎兵衝鋒的結合成為可能，進而使長矛兵變得毫無用武之地。[23]

當然，到那時，歐洲軍隊使用的火槍在可靠性、簡易性[24]和耐用性上都達到令人滿意的水準，因此，設計上的改良可能比早期更難達成。使步兵武器停留在一個既定水準上不再改善的原因是，任何變化都會面臨兩難，需要在統一的好處和重新裝備整支軍隊的費用間做選擇。除了得經過這項合理的計算外，人們對熟悉的武器和慣例還是會有偏愛。在理性和感情的交織下，使得一六九〇年在英國設計、暱稱「棕管槍」(Brown Bass) 的滑膛槍，直到一八四〇年為止，一直是英國軍隊的標準步兵武器。在這整段時間內，它只有兩個小幅改善。[25]其他歐洲軍隊幾乎同樣保守。由於步兵在這整段時間中持續是戰場上的決定性力量，步兵武器的穩定便發揮穩定戰術、操練和軍隊生活其他方面的作用。

但完全的穩定從來就不存在，我們將在下一章討論這點。隨著毛里茨親王的訓練和管理模式橫掃整個歐洲，我們可以很清楚地看出，本章和前一章裡所闡述的歐洲在管理有組織的暴力上的巨大改變浪潮終告止歇。

我們可以做如下的結論：十二世紀，在義大利戰場上，步兵部隊興起，並有能力向騎兵的優越性提出挑戰後，局勢開始發生變化。十四世紀，城鎮民兵讓位給職業傭兵。十五世紀上半，義大利出現城市國家，常備軍的政治管理模式迅速發展，但到一四九四年後，法國和西班牙軍隊的入侵打亂其後續進展。之後，在阿爾卑斯山以北更遼闊的地區，義大利式的發展重新奏起樂章，到十七世紀中期時，達成一種讓人聯想到義大利城市國家管理的模式。當時，在法國、荷蘭共和國和英國這類國家，稅金收入和陸海軍費用多多少少達成穩定關係。但北歐人在兩個重要層面上改善了義大利的前例：一是發展系統性、經常反覆的操練；二是從君主（通常是國王）一直到最低階的軍士間建立一條清楚明確的指令鏈。在這條指令鏈中，從未有辦法完全消除人性的嫉妒；但是，由於圍繞王室成員的那種神聖氛圍持續存在，因此，以前威尼斯治安官和米蘭行政官仰賴「分而治之」的政策來管理職業軍人的手段，就不必為歐洲阿爾卑斯山以北地區採納。

國內穩定意味著在國外可擺出強勢姿態。在西歐戰場上，經過改良的現代軍隊和對手間的競爭非常激烈，但這只在權力的平衡中引發局部、暫時的紛擾，後者可以透過外交手腕遏制。然而，在這些發生紛擾的歐洲外圍地區，其結果是歐洲的系統性擴張——無論在印度、西伯利亞或美洲皆是如此。邊境擴張反過來支持貿易網的擴大，使歐洲可徵稅的財富遽增，倘若不是如此，供養軍隊體制在經濟上就會非常繁重吃緊。簡言之，歐洲開始發動自我強化的循環，而這循環支撐了軍事組織，後者則又支撐了以犧牲其他民族和國家利益而得來的經濟和政治擴張。

上述事實在世界近代史班班可考，其中大部分指向另一個更進一步的事實：歐洲在管理有組織的暴力上的技術和組織改革並沒有永遠停止在十七世紀，儘管歐洲軍隊到那時已經達到新的精確度，某些慣例也變得難以改變。相反地，技術和組織創新不斷推陳出新，使歐洲人越來越明顯地超越其他民族。到十九世紀，對歐洲人而言，全球帝國主義已經變得廉價又輕而易舉，就在唾手可及之處，但這對亞洲、非洲和大洋洲民族而言，卻是場災難。

本書以下各章將對這些變化進行闡述。

第五章 歐洲暴力官僚化帶來的拉力，一七〇〇年至一七八九年

在整個十八到十九世紀很長一段時間裡，歐洲君主們推行有組織的暴力的官僚化，不但得到令人驚異的成功，並進一步將其局限在市民社會之內，使其繼續宰制著歐洲的治國管理。在這個時期，歐洲人經常在和其他民族的衝突中取得勝利，這證明歐洲軍事安排的效率高超。這些成功促使海外貿易穩定成長，而這又轉過來幫助歐洲人較容易承擔供養常備陸海軍的費用。因此，歐洲君主們，尤其是那些位於歐洲社會地理前沿的君主們，便處於既幸運又異乎尋常的地位。他們不必在大炮和奶油間進行抉擇，而是在兩者兼得外，還可得到其他利益；同時他們的子民——至少是其中一些人——也因此致富。

毫無疑問地，十八世紀前半，長年豐收和美洲糧食作物（主要是玉米和馬鈴薯）的輸入歐洲，在促進歐洲繁榮方面，比任何政府行動的助力更大。但是，在一七一四年西班牙王位繼承戰爭結束後相對和平的幾十年間，西起愛爾蘭、東到烏克蘭平原的整體歐洲經濟成長，必定也強化了對舊政權軍事—政治模式的接受程度。

話雖如此，在十八世紀下半，人們對當時歐洲政治—軍事模式的尖銳挑戰清晰可感。局勢日益不平衡的一個基本因素是大約一七五〇年後的人口暴增。在像法國和英國這樣的國家裡，人口迅速增長意味著，鄉村—都市平衡開始轉變，農民從擁擠的鄉村到城鎮尋求發跡機會，或在某些案例中，少數人橫渡

大西洋到北美洲定居。[1]在大多數容易開墾的土地都已經耕種的情況下，如何處理鄉村人口的增長，這在十八世紀下半，成為整個西北歐的迫切難題。中歐和東歐國家是到後來才面臨類似困難的，因為當十八世紀人口暴增時，那裡還有許多尚未開墾的土地，後者無須採納特殊昂貴的重大改良，就可以用現有的農業方法來耕作。相較之下，廣泛來說，在英國、法國、義大利、低地國和德國易北河以西地區，任何在新土地上的耕作擴展，都必須事先進行一些昂貴特殊的農務準備，比如施肥、排水、將沙子或泥沙或類似物質與原有土壤混合以改變其成分等。因此，在東歐，直到十九世紀中葉以後，人口成長才成為問題。十九世紀中期前，當時的東歐是個提供將過去的林地、荒原或荒草地改成穀物用地的大好良機，而在這個過程中，也不必在鄉村勞動模式或習俗常規和社會關係上做重大改變。

西歐和東歐在一七五〇到一八三〇年間的差異還可以以下列方式闡述：在東歐，人口成長並未引發重大變化，人們仍舊可以單純重複已然熟悉的鄉村生活模式。當地產品（糧食、牲畜、木材或礦產）的出口數量雖然隨著人口增長而增加，但還沒有龐大到足以促成任何真正新式的社會組織抬頭。然而，在西歐，壓力比較大。鄉村只能吸收一部分增長的勞動力，更多人得到都市尋找工作。由於要做到這點證明難如登天或實在不可能，勞動力可能就會轉向掠奪性活動；這些掠奪者可能是公家機關核可的私掠船或應召的新兵，或是非法攔路強盜、土匪或一般都市竊賊。

在東歐，由於男性人數激增，普魯士、俄羅斯和奧地利政府變得更容易招募到士兵。軍隊規模變大，尤其是俄羅斯軍隊；但和士兵們來自的村莊數量日增一樣，這類規模的增長並未引發軍隊的結構改變。然而，西歐則從七年戰爭（一七五六至六三年）起，戰爭便日形激烈，在法國大革命那些年間和拿破崙時代（一七九二至一八一五年）更是達到高峰。戰爭的日漸慘烈標誌著人口增長以更為劇烈的形式，對舊社會、經濟和政治制度造成新壓力。君權神授的君主制衰落，從未恢復昔日榮光；但舊政權的軍事制度甚至仍舊繼續控制比如一七九三年的法國全民徵兵，其所引發的結果是，拿破崙一八一五年的敗仗成為得勝各國列強可能返歸類似舊政權的政體的良機。直到一八四〇年代，新的工業技術開始以激進和徹底的方式，影響海陸軍武器和組織，傳統軍事秩序才開始一蹶不振。在那之前，儘管法國人有革命抱負，也頗有成就，儘管英國製造業有飛快進展（我們也習慣稱其為革命性進展），但歐洲武裝部隊的組織和裝備基本上仍舊保守，甚至如一七九二年後的法國，在軍隊指令結構已經與革命政治目的的實現緊緊相扣時，情況仍是如此。

即使長期的後果從今日觀之可以稱之為保守，但在更仔細審視歐洲軍事制度在一七〇〇至一七八九年間所面臨的挑戰後，就可以從中看出，即使在舊政權顯然最穩固的時候，武裝部隊的管理是如何地恆常處於不穩定狀態。這些挑戰可以分為兩種。一種是反覆出現的挑戰，出自為支持歐洲式軍隊制度而起的地理擴張，進而改變了歐洲國家間的權力平衡；第二種衍生自體系內部的技術和組織創新，通常由歐洲某一強國在敗戰時所引發。這兩類挑戰都需要我們更仔細地考量，之後才能展開和探討在法國大革命和拿破崙時代，在歐洲武裝部隊的組織和管理上，曾發生和不曾發生過的事。

邊境擴張引發的不平衡

人類任何能引發令人驚異效果的技巧都會從發源地向外傳播，而其他民族碰到這一新鮮事物，發現它比所知或所做的一切都要優異時，這技巧就會紮下根來。正如我們上章所見，十六世紀末產生於荷蘭的軍隊組織方式，在十七世紀末前傳播到瑞典和德意志諸國、法國和英國，甚至到西班牙。這就是個軍隊組織新法的明顯傳播案例。在十八世紀時，其傳播的範圍更為廣闊：以近乎革命的力量在彼得大帝（一六八九至一七二五年在位）治下改造俄羅斯；並作為在以法國和英國為主角的海外帝國全球爭奪中的副產品，滲透新大陸和印度，甚至影響了像鄂圖曼帝國這樣文化截然不同的政體。[2]

在相同的幾十年內，市場調節的活動範圍（這些活動鞏固和支持官僚化武裝部隊的歐洲模式）的更加擴展，將無數亞洲人、非洲人、美洲人和歐洲人的日常活動，編織進一個越來越緊密的交換和生產體系中。在十八世紀結束前，甚至連澳大利亞都開始進入以歐洲人為中心和被歐洲人管理的經濟。只有遠東仍舊不受影響，因為中國和日本政府的政策特意將歐洲貿易限制在邊緣地位；而在日本的例子裡，歐洲貿易在經濟上所占的比例微不足道。

如此大規模的擴張使歐洲內部的權力平衡發生劇烈變化。處於歐洲邊緣的國家——尤其是英國和俄羅斯——能比更擁擠的中心國家，更快增強對資源的控制。邊界國家（march states）崛起，對靠近中心位置的較老、較小的國家投射下陰影；邊界國家對那些中心國家（重大改革最初集中在此發生）所造成的威脅，是文明史上最古老、最經得起時間考驗的模式之一。[3]因此，我們應該瞭解，十八世紀歐洲列強間的起起伏伏，不過是一個非常古老的過程的近代案例。當然，這過程持續到十九世紀，而在二十世紀也絕未抵達最終的平衡。

話雖如此，十八世紀歐洲的擴張，其發展非常平均，沒有一個國家能對其他所有國家擁有壓倒性優勢。直到一七八〇年代，法國和英國相互競爭，在分享由海外擴張得來的資源上，基本上旗鼓相當。與此同時，在東邊，奧地利和普魯士與俄羅斯爭奪歐洲陸地邊境的優勢，儘管隨著十八世紀的推演，成功的次數也逐漸遞減。因此，儘管有些相當尖銳的紛擾混亂，歐洲政治多元化現象還是得以留存下來。互相競爭的國家所呈現的多元主義持續共存，使歐洲保持與亞洲主要文明相較時所擁有的獨特性。而在亞洲，創立於十六和十七世紀的火藥帝國繼續獨領風騷，有時，如在中國，處於活躍繁榮狀態，有時，如在印度，則越來越混亂。

歐洲國家的多樣性產生巨大政治混亂。外交和軍事聯盟像萬花筒般繁複多樣，瞬息萬變。儘管如此，似乎還是值得指出，一七一四年西班牙王位繼承戰爭結束後，這體系發生了令人矚目的變化。到那時，為抑制路易十四的軍隊稱霸歐陸而組成的各國反法聯盟，贏得了有限度的成功。在隨後相對和平的四十年裡，法國不再在歐洲重新展開大規模戰爭，而是將精力轉向加勒比海島國、北美洲、印度和地中海黎凡特地區的海外事業。商人和大農場主取得巨大成功。法國海外貿易實際上增加得比英國快速，儘管在那個世紀初，英國的出發點比法國高，因而法國貿易在絕對數量上從未超過英國。[4]

國家競爭不管如何激烈，都可以透過在美洲、非洲和印度洋沿岸的特定港口和地區的壟斷貿易來做有效調整。這種地區壟斷有地區武力作靠山——堡壘、衛戍部隊、移民。來往船隻提供他們補給，並連結成一個網絡。這些船幾乎總是武裝有重炮，在緊急情況時，本國政府還會派出特遣艦隊支援，來強化、保護和擴展海外的帝國據點。

法國和英國不斷成長的貿易帝國則以複雜和變化多端的方式，相互滲透進歷史更悠久的歐洲海外事業。一七一五年後，荷蘭、西班牙和葡萄牙本國政府已經無法保護其帝國殖民地，免受歐洲派遣的強大遠征軍的攻擊。然而，這些較老的海外帝國仍舊巍巍顫顫地繼續生存，沒有失去真正重要的殖民地。這大多要歸因於在西班牙、葡萄牙和荷蘭帝國行政官員的默許下，法國和／或英國商人可以合法或非法地在前述各國所控制的港口經商，因而給予十八世紀的這兩大海上強權貿易實利，但又不必支付當地行政費用。再者，接近十八世紀尾聲時，西班牙在美洲的帝國資源開始增加。美洲印地安人口的土崩瓦解，曾經引發十六世紀和十七世紀早期的人口銳減和勞動力短缺，但在一六五〇年後，人口又開始上揚，至少在墨西哥和秘魯是如此。人口增長的速度起初很慢，後來越來越快，使地方資源得到更充分地利用。[5]巴西開始欣欣向榮，英國在北美洲的殖民地也是。其結果是，由於美洲人力和當地供給充足，地方防禦便顯得日漸重要。

在這個海外擴張的過程中，市場行為扮演了組織性角色。貿易利潤支撐了歐洲海外活動，規模則逐年擴大。與此同時，隨時準備動用武力也能確保利潤。世界上沒有其他地區能像歐洲國家那樣，長期並有效地供養一支軍隊；也只有歐洲的武裝部隊管理是掌握在同情或十分關切商人利益的人手中。對照之下，從十四世紀開始，歐洲君主就慣於發現自己處在一個商業—金融體系中，組織和籌劃眾人的努力。即使在不情不願或不理解的情況下，國王和大臣們仍仰賴市場調節的行為，來供給和維持他們的軍隊和廣泛的政府指令結構。英國在一六四〇年代後，法國在一六六〇年代後，統治者都停止妄想約束市場的鬥爭，而在這方面，西班牙腓力二世和他的大部分同時代統治者早就放棄此無用之舉，可謂前車之鑑。隨之而來的是統治者和官員成為一方，資本主義企業家成為另一方，而兩方有意識的合作變成常態。

法國和英國海外事業的興起標誌和反映了商業思想和政治管理之間相對和平的合作。這類合作在英法兩國內逐漸抬頭。西歐統治者不像其他地區的君主，後者往往將私人資本視為誘惑性十足的目標，強加沒收性徵稅。反之，歐洲統治者逐漸確定他們的信念，認為要給稅收設定精確的限度，而在徵收指定稅額的穩定狀態下，可以促使私人財富和稅金總收入一同增長。富有的商人和放債人能夠在英國或法國政府的管轄內，安全地住在倫敦、布里斯托、波爾多或南特，而不必像早先幾個世紀那般，在同類人治理的獨立城市中苟且度日。

對商人而言，在軍事強大的政府下安居樂業，其優點顯而易見：和依靠相對弱小國家允許他們在市場上自由追求利益相較，他們的企業能仰賴更有效、更廣泛的軍事保護。國王和大臣們允許朝氣勃勃的資本家階級在任何可望獲利的地方追求私利，這在十八世紀變得有明顯的好處，因為商人的活動會增加總體稅收，使得供養常備陸海軍變得較為輕鬆，而反觀在十七世紀，維持軍隊在財政上一直是個難題。[6]

統治者和資本家在國內外的合作同樣卓有成效。事實上，能以較低的價格保護自己和貨物是十八世紀歐洲商業擴張的不二法門。這有部分原因是歐洲船隻和堡壘在技術上優越，加上數量眾多和相對低廉的鐵炮的助力。歐洲商人較為低廉的保護費還有一同等關鍵因素，那就是歐洲訓練的軍隊、軍官和行政官員通常展現出優越的組織性和紀律，即使駐紮在離君王所在地、指揮司令部、發薪和晉升地點半個地球外，也是謹守本分。但他們的升遷最終還是取決於服從與否。

要造成這種現象得有幾個條件，其中之一是反覆操練的心理效果。反覆操練將士兵變成軍事機械中，服從性高、可取代的零件。駐紮在海外的歐洲軍隊，無論在剛離開歐洲閱兵場的軍官眼中，看起來裝備有多差，紀律有多鬆散，只要當地一發生事端，歐洲部隊優於亞洲、非洲或美洲印地安武力的實力就會明顯顯現。譬如，在印度，法國和英國軍事企業家因在那片廣闊土地上爭奪控制權，而爆發戰爭後，人數少到荒謬的歐洲分遣部隊通常扮演決定性角色，這倒不是因為他們武器精良，而是因為他們在戰場上服從命令，在面臨敵人時調度性高，海外事業要成功得仰賴這幾點。[7]

十八世紀，優勢武裝力量和（作為歐洲海外冒險特徵的）幾乎自由追求私利的商業活動之間的均勢，所產生的真正重要結果是，歐洲企業家的活動改變了數十萬亞洲、非洲和美洲人的日常生活。到十八世紀末則有數百萬。由少數歐洲人管理和把持的市場調節活動，於世界上幾乎所有海路可以輕易抵達之處，開始侵蝕和崩解舊社會結構。非洲人被突襲抓走，押送到港口當成貨物橫渡大西洋，轉送到甘蔗種植園當奴工。這些非洲人代表一個殘酷的極端例子，證明獲取利潤的動機能夠，也的確從根本改變了舊的生活方式。印度尼西亞人奉當地小王公的命令種植香料，而後者則服從荷蘭的命令。但他們並沒有完全脫離習以為常的日常生活和社會環境。印度棉布製造工人的情況也相同；他們為東印度公司生產布匹，運到遠離他們的紡車和織布機幾百英里甚至幾千英里以外的市場販售。而在對應那些將他們的勞動產品投入國際流通的商人和經紀人之下，地中海黎凡特地區和北美的菸草和棉花種植工人，則代表另一種程度的個人獨立性。但所有這些人都共同擁有一種現實：他們的日常生活都逐漸變得取決於歐洲人管理的世界貿易體系，在其中，貨品供給、信貸和貿易保護政策則影響人們的生計，而且往往支配著這些人的生存。但他們對自身身陷的商業網絡既不瞭解，也沒有最低程度的掌控權。

毫無疑問，歐洲人得到大部分的利潤，但是生產專業化也意味著財富的普遍增長，儘管在社會階級間、和歐洲組織者與在他們的命令或誘使下付出勞力的勞動者之間，分配極為不平均。甚至更別提在非洲，掠奪奴隸一定曾帶給部落群體極大破壞，並摧毀無數生命。但即使在這個案例中，新的技術和技能——最明顯的是玉米栽種技術的傳播——也增加了非洲的財富。保有戰略地位的非洲國家的國力也明顯看到成長，其中部分要歸功於它們能夠得到歐洲商人供應的武器。[8]

在新世界，就像在舊世界一樣，交通不便的內陸地區仍不太受到歐洲企業沿著大西洋和印度洋所連結起來的貿易網的影響。但是，世界市場可以擴展到極遠之處。例如，在冰天雪地的北方，由於毛皮昂貴，導致歐洲商人在十八世紀結束以前，就滲透了整片北美洲。他們和當地部落建立關係，提供金屬工具、毛毯和威士忌，來交換毛皮。其結果是，老舊的美洲印地安生活模式經歷迅速和不可逆轉的改變。俄羅斯毛皮商人以同樣的手法哄騙西伯利亞人，事實上，他們早在一七四一年就跨海到阿拉斯加。與此相對應的是，在十八世紀的後幾十年內，西班牙和英國對北美太平洋沿岸提出的所有權主張，與擴張中的俄羅斯毛皮貿易帝國狹路相逢。這場正面對決戲劇性地闡述，歐洲的海外擴張如何與俄羅斯同樣令人驚異的向東擴展，達成勢均力敵。

事實上，歐洲的陸地邊界在改變歐洲列強均勢方面，幾乎和十八世紀初的海外貿易帝國同等重要，而後者滋育了強大無比的法國和英國強權。廣闊的西伯利亞荒原儘管在地圖上令人印象深刻，然而卻不如穀物農民所占有的烏克蘭草原和其鄰近地區那般重要。在十八世紀期間，穀物農民的勞動大大增加歐洲的糧食生產，並為俄羅斯帝國的成長提供人力和物力基礎。

俄羅斯並不是唯一受益於農業向東歐草原擴展的列強。事實上，十七世紀，為爭奪西部草原而發生複雜的戰事。當地國家，如特蘭西瓦尼亞公國和波蘭的貴族共和國與三個較遠的君主國鄂圖曼土耳其、奧地利和俄羅斯，為控制這塊土地而展開你爭我奪。[9] 到十八世紀尾聲時，結果顯然對俄羅斯有利，因為鄂圖曼土耳其奪走的（羅馬尼亞）草原和落入奧地利之手的（匈牙利）地區，遠不如俄羅斯的那部分廣袤。俄羅斯得到烏克蘭和向東延伸到中亞的草原。至於波蘭，由於內部糾紛使國力嚴重衰弱，在一七七三、一七九三和一七九五年連續三次遭到瓜分，遂使作為主權國家的波蘭完全消失。在波蘭的政治覆滅戲劇性地表示東歐的權力關係已經發生尖銳變化之前，另一個要求大國地位的國家興起：普魯士王國。就像令人矚目的鄰國一般，普魯士統治者也從統治邊界國家而受益。在德意志各公國中，普魯士相對較大的疆域反映了它的中世紀邊界史。晚至十八世紀，普魯士才引進西邊國家早已熟悉的技術（尤其是人工排水系統和開鑿運河），因此得以開墾大片新土地，從而增加本國財富。[10]

但是，普魯士政治成功的基礎是為戰爭而執行的嚴格組織的優越性——這份嚴格可以回溯到十七世紀，當時霍亨索倫王朝（Hohenzollern princely dynasty）在當地人強烈抗拒瑞典掠奪下，以制度體現其嚴密的戰爭組織。戰後，大選侯（The Great Elector）腓特烈．威廉（Frederick William，一六四〇到一六八八年在位）鎮壓了當地人對集中徵稅的反抗。這使得他和繼任者能維持一支在歐洲舉足輕重的軍隊，儘管大選侯的原有領地狹小，又資源匱乏。腓特烈．威廉和其他德意志諸侯一樣，接受外國列強的補貼以補充當地稅收，並藉此建立自己的軍隊。直到腓特烈．威廉一世（一七一三至四〇年在位）時，霍亨索倫王朝才變得在財政上自給自足。此是透過貴族和皇家軍官團（這頭銜產生自一七〇一年）的完美結合才達到這一可能，而皇家軍官後來成為鄉村地主的常見職業。將軍以下的全體軍官和腓特烈．威廉一世都穿著沒有軍階標誌的「軍服」，如此一來，所有軍官和霍亨索倫王朝的全體公務人員一律平起平坐。軍官和士兵過著儉樸——事實上是貧苦——的生活，但集體「榮譽」感和責任感提高了普魯士軍隊的效率，也降低了供養它的費用，使其他歐洲列強都難以望其項背。隨後，一連串精明的統治者擴大普魯士軍隊的規模，以及霍亨索倫王朝的疆土。但要讓普魯士躍上大國地位還得等到腓特烈大帝（一七四〇至一七八六年在位）時代；他在奧地利王位繼承戰爭（一七四〇至四八年）中成功奪取西里西亞（Silesia）。[11]

邊境擴張引發了歐洲內部老舊權力平衡的紛亂，七年戰爭（一七五六至六三年）前的外交革命性劇變證明了此點。哈布斯堡和法國兩個君主國之間的競爭可以追溯到它們在勃根地繼承問題（一四七七年）上的爭論，而歐洲一些較小的對手國家也曾長期牽涉其中。一七五六年以後，法國和奧地利以各懷鬼胎的合作代替競爭，目的在於反抗各自越來越強大的敵人——英國和普魯士。但儘管法國和奧地利表面上資源豐富，贏得戰爭的卻是英國人和普魯士人。英國在海外贏得勝利，將法國人趕出加拿大，也幾乎消滅他們在印度的勢力。到一七八八年，法國海軍的勢力雖然已經幾乎全面恢復，但仍舊不足以修復一七五四至六三年的敗戰對法國貿易所造成的挫敗。

普魯士能夠承受奧地利、法國和俄羅斯軍隊的攻擊而存活下來，得歸功於普魯士教官的效率、軍官團的士氣，以及腓特烈大帝本人的將才。但聯盟間出現裂縫也是普魯士得以存活之因，尤其是一七六二年新沙皇彼得三世登基後撤軍，給了腓特烈所亟需的喘息機會。次年，英國大敗法國，法國也不得不退出，因此迫使奧地利也轉而談和（一七六三年）。

腓特烈在力量顯然懸殊的局勢下令人驚異地竟能全身而退，這使普魯士的軍事聲譽一下子達到顛峰。這在很大程度上令當時的人沒注意到東歐的關鍵現實，也就是說，俄羅斯力量的崛起。同理，十九世紀和二十世紀的一些事件使普魯士（後來的德國）史似乎成為歐洲整體歷史的中心。然而，我們非常有理由可以爭論，俄羅斯是從腓特烈的侵略政策中獲利最多的國家。（腓特烈在一七四〇年和一七五六年由於入侵哈布斯堡領土而引爆戰爭。）奧地利和普魯士在一七四〇年以後的交惡，意味著這兩個國家間沒有合作的可能性。它們的互不信任使彼得大帝得以能利用以歐洲方法成功重塑的俄羅斯軍隊，繼續併吞邊界那些較弱小、管理較差的國家，並且大力擴張疆域。因此，俄羅斯在一七七三至九五年間，獲得波蘭最大最好的一片土地；一七八三年併吞克里米亞；一七九二年，往東將邊界拓展至鄂圖曼帝國，進入高加索，往西挺進聶斯特河（Dniester）；一七九〇年，力擋瑞典人，並進入芬蘭。隨著烏克蘭糧食生產迅速發展，加上烏拉爾和俄羅斯中部的工商業擴展，促進帝國的崛起，並達到前所未有的勢力高度。在凱薩琳大帝（一七六二至九五年在位）治下，俄羅斯得以以空前的能力組織人力、原物料和可耕地資源來支持軍隊，當時俄羅斯軍隊的實力已經接近西歐各國海陸軍的水準。簡而言之，俄羅斯正在趕上歐洲的組織水準。與此同時，疆域廣闊的優點就展現出來。

英國在對抗法國的七年戰爭中獲勝，會有此結果的部分原因也是出於能夠動員遙遠的北美洲、印度和中間其他地區的資源。但在俄羅斯的例子裡，動員最終是仰賴農奴的勞動，並由一批官員菁英和官方核可的私人企業家發號指令。但英國的動員主要是靠市場誘因，後者是由相對多數的個人所做出的私人選擇，因此極少有強迫現象。話雖如此，加勒比海種植園的奴工勞動和海軍強抓壯丁入伍也在維持英國強權上扮演顯著角色。由此推論，以俄國式指令進行的邊界動員和以英國式的價格刺激進行的動員，對比之下，只有程度上的差異。但是，其中牽涉到的強迫程度非常重要。俄羅斯的方法（如產糖的島的奴隸經濟）通常相當浪費人力，而私人努力爭取最大利潤則能利用所有生產因素，使其有利於經濟。簡言之，市場行為能促成強迫勞動罕少達到的效率水準。

特別是，對自由市場或多或少反應靈敏則意味著，能引發生產的實質改善的新技術，有時能在英國的經濟管理系統中被接受；反觀在俄羅斯，發明或傳播新發明的動力充其量只會零星出現。苦惱至極的行政官員總是認定，最好是遵從上級命令，堅持熟悉的工作方法；要增加生產（如果那是上級要的），不是逼迫勞動者更努力勞動，就是找來更多工人。試用新式設備的替代方案肯定會不利於短期成效，而且也許也無法成功達到長期效果，因此很少會被考慮採用。只有在某項技術已經在外國證明成功後，俄羅斯行政官員才會認為值得引進此新技術，並廢棄原先的手法——往往同時會請外國技師來教導本地勞工新器材的使用方法。

在十八世紀初，彼得大帝便是如此這般建立起俄國軍備和大軍。在隨後的幾十年間，歐洲的軍事組織和技術處於穩定狀態，這意味著，俄羅斯行政官員和軍官比較容易迎頭趕上和超越較小的強國。俄羅斯部隊的成功，尤其是在十八世紀下半，證實他們有能力辦到這點。[12]

市場行為的高度靈活性為技術革新創造遊刃有餘的空間，使得英國和整個西歐能夠將經濟和軍事實力提高到讓俄羅斯和東歐的那點成就顯得渺小和不堪相比，並搶盡俄羅斯的先機。但這個局勢要直到一八五〇年後才變得顯而易見。在那之前，從一七三六至一八五三年，權力平衡外交和法國大革命引發的罕見軍事爆炸兩者勉強地遏制了俄羅斯的野心。

權力平衡在最大限度上也削弱英國似乎在一七六三年就贏得的海外優勢。尤其在法國對加拿大的威脅消失以後，英國和北美殖民地的關係變得比以前更加困難。當國王喬治三世的政府想逼迫殖民地居民幫助支付戰爭費用時，不滿轉成公開叛亂。法國迅速援助美國反叛軍（一七七八年），歐洲其他強權不是加入法國的陣營，就是以有害於英國利益的「武裝中立」，來表達他們對英國海外貿易壟斷的反感。到一七八三年，英國被迫認輸，承認美利堅合眾國的獨立。

如此一來，歐洲國家體系多多少少成功地阻撓了英國和俄羅斯強權的崛起，並適應了一七〇〇至一七九三年間，由於歐洲經濟—軍事組織向世界廣闊新地區擴張所引發的動亂。

審慎改組所帶來的挑戰

就某種意義上來說，歐洲對領土擴張所做的調整相當正常——那是政治領袖在權力平衡上考量過後會引發的半自動化後果。在別的時代和地方有過類似的行為模式，如五世紀雅典崛起後希臘各城邦的反應，或十四和十五世紀義大利各公國對米蘭和威尼斯成為強權後的反應。另一方面，接近十八世紀末時所開始展現的政治、經濟和軍事管理重組很是獨特，不是因為其他時代的其他國家不曾以內部改組來尋求增加軍事力量，而是因為歐洲行政官員和軍人所能獲得的技術，在範圍和複雜程度上都遠遠超過以前任何時代。理性計算大大拓展審慎行動的範圍，在十八世紀結束以前，管理決策開始改變數百萬人的生活。

軍事上的人力和物力顯然是這波管理改革的首要標的。十七世紀，陸軍和海軍可以說已經變成一門藝術，軍人生活和戰艦及大炮一樣，都是根據預先想好的計畫型塑，各有相當專門的用途。我們在上一章已見其結果相當驚人。十八世紀初期，更進一步的改變極小。然而，一七五〇年以後，隨著各地人口增長開始改變社會現況，專家們開始小幅度改善現有的軍隊管理和部署方式，希望能避免舊體系的內在局限性。一七九二年以前，他們並沒取得戲劇性成就；但軍事改革家在此之前很久便已經預示了法國大革命所會帶來的全體動員。

到十八世紀中葉，當時的軍事組織模式的四個局限已經明白顯現。首先是難以控制超過五萬人的軍隊之行動。[13]當戰線延伸得太遠，用小望遠鏡無法辨清敵友時，即使有騎馬來回奔馳的副官的幫助，將軍通常也難以掌握戰況。而戰術控制，就算有號角作為口令的輔助，控制範圍也無法超過一個營，即三百到六百人。新式的溝通方式和準確的軍情地形圖極為重要，藉由兩者，有效指揮規模更大的野戰部隊才能成為可能之舉。

補給問題是歐洲軍隊第二個，也是非常重大的制約因素。由於操練完美，歐洲軍隊在近程和幾小時的戰鬥中，能展現獨特的強大戰力和靈活度。但在距離長遠時，要將軍隊帶到新地點，只能透過幾個慢吞吞和分散的階段。如果數千名士兵和馬匹日復一日地不斷行軍，既有的運輸方法根本無法調集足夠的糧食來供應。例如，腓特烈大帝麾下的普魯士軍隊，確實是當年機動性最大、威力最強的歐洲軍隊，但他們最多也只能一口氣連續行軍十天，然後就必須停下來，以便讓烤爐趕上，並從後方重新安排補給線。馬匹的飼料是最大的困難所在，因為飼料體積太大，無法遠運。實際上，腓特烈大帝的士兵有時得停下行軍割草餵馬，即使他們手頭上就有供自己營養所需的麵包時亦是如此。[14]一年中有些季節可靠鄉村維持軍隊，但這樣就有失去控制士兵的危險，後者可能寧可搶劫手無寸鐵的農民，也不願上戰場殺敵。因為這個理由，加上領悟到被破壞殆盡的鄉村無法繳稅，十八世紀的統治者於是只得從後方供給軍隊，戰略機動性從而受到相當大的限制。

武器、火藥、制服和其他裝備的補給在正常情況下，不會使軍事行動受到限制。這類物品的費用相對而言較小。[15]食物、飼料、馬匹和運輸工具通常會匱乏。但是，滑膛槍、布匹、鞋和許多物品的手工生產，和國家兵工廠裡的大炮生產都無法輕易擴大。因此，戰爭往往得用上事先囤積的存貨。當發生嚴重耗損時，比如七年戰爭時的普魯士軍隊，就必須向外國購買，而這當然需要錢。當時主要的軍火市場中心仍舊是在低地國，最出名的是列日和阿姆斯特丹。[16]

第三個是組織和戰術限制。歐洲常備軍隊將他們源自私人傭兵團的許多舊習帶入十八世紀。結果，在招募、任命和晉升方面，所有權常常與官僚理性發生衝突。靠職業技能或結黨買官來晉升的兩個途徑總是相互競爭，但兩者同時又都受限於資歷原則和戰場上的勇猛表現。而任命和晉升往往反映國王和戰爭大臣的個人選擇。

由此產生的人事管理模式既混亂又變化難測，因而在法國引發對戰術的激烈辯論。敵對軍官團各自擁抱對立的教條，以其作為在軍階中爭權奪位的工具。但他們提出的請求和反訴只能透過野戰演習或火器試射等方法來加以定奪。因此，競爭集團為升官而變得火上加油的爭辯，在法國有意想不到的效果，並開啟了系統性測試新武器（尤其是野戰炮）和戰術的大門。在這些壓力下，在法國大革命加速和擴大職業軍人已經各自擁立的敵對狀態前，舊政權其軍事實踐的穩定性就已經開始瓦解。

指揮技巧、補給和組織的局限都反過頭來支持了第四個限制，並與其息息相關：就是跟著戰爭職業化而來的社會和心理局限。由於少數君主在歐洲壟斷了有組織的暴力，並官僚化其管理，戰爭變得和從前截然不同，成為國王們的遊戲。因為戰爭遊戲得由稅金支付，因此，如果能夠不干擾生產和繳稅階級的話，似乎是明智之舉。戰爭需要農民生產糧食，需要鎮民提供金錢，來供養政府和軍事機構。放任士兵去打攪他們的活動，就是危害會下蛋的金雞母。然而，將絕大多數的人口排除在外，只讓他們扮演被動的繳稅角色，就等於為戰爭的規模和激烈程度設下天花板，而這限制注定會被法國大革命打破。

無論如何，在上述突破出現很久以前，數十位專家和技術人員的發明已經為戰爭的革命性擴展規模鋪平道路。每當一個強權碰上意外的戰敗時，便會認真致力於這類努力。譬如，奧地利政府首先在和鄂圖曼土耳其人打仗（一七三六至三九年）挫敗，後來在奧地利繼承戰爭（一七四〇至四八年）中又敗於普魯士人和法國人。這兩個事件導致奧地利政府研發比以往所知機動性更強、更準確的野戰炮。[17]改良後的哈布斯堡大炮在七年戰爭中使普魯士人吞下敗戰。但戰後情況最困頓的國家是法國，由於它敗於普魯士（羅斯巴赫，一七五七年）和英德軍隊（明登，一七五九年）之手，它往昔在戰場上的優勢遂遭到質疑。因此，不令人意外的是，在一七六三年簽訂《巴黎和約》和一七八九年爆發法國大革命的幾十年間，法國變成最重要的軍事實驗和技術創新重鎮。

奧地利人、法國人或英國人（尤其是在他們一七八三年的敗戰後）的革新，都是試圖突破上文提到的戰爭管理局限。例如，仰賴肉眼觀察和偵察騎兵的指揮局限，慢慢被正確繪圖的沿革和改變指揮組織所克服，指揮遂回歸經過特別訓練的參謀官事先準備好的書面命令。一七五〇年，法國人率先開始編製精確繪測、適合參謀人員使用的小比例尺地圖。但是多年後，軍方才繪製出這種小比例尺的全歐地圖，繼而戰地指揮官才得以能根據這類地圖規畫每日的行軍。[18]實際上，直到一七六三年，一位叫皮耶·布爾塞（Pierre Bouçet）的法國將軍曾就此做過實踐，並在隨後幾年內，為法國邊境和入侵英國的戰役繪製詳細計畫圖。他在一七七五年出版一本叫做《山戰原理》（*Principes de la guerre de montagnes*）的手冊，在法軍內部私下流通。他在手冊內解釋，指揮官應該按照地圖，規劃軍隊的每日行軍和補給。拿破崙於一七九七年入侵義大利時，據說就是採納布爾塞的計畫翻越阿爾卑斯山，突襲奧地利人。[19]

仰賴地圖來控制行軍需要一批會讀地圖的專家和後勤專家。布爾塞瞭解此點的重要性，於是在一七六五年創辦一所學校，來培訓擅長這項新技術的副官。但學校於一七七一年解散，一七八三年又重建，一七九〇年又被迫關門。這個創辦又解散、解散又重開的模式，反映法國軍隊內部個人和學理方面的爭辯，而這種互不相讓是七年戰爭結束後到法國大革命於二十六年後爆發期間，整個時期的特點。

在這類氛圍下，其他方向也有豐富發展。統帥部仰賴地圖和經過特別訓練的參謀軍官擬好的書面命令，來控制龐大軍隊，人數可達法國大元帥莫里斯（Maurice de Saxe）論斷有效命令最大極限的三或四倍。但要這麼做，將軍必須將軍隊分成幾部分，因為當時的道路和補給線不可能同時容納數萬人馬。這就得要求自給自足的單位齊頭並進，並在情況需要時，於行軍路程中遭遇敵軍時，能夠自衛。

發明「師」的編制後便解決此一問題。師是軍隊的一個單位，其中步兵、騎兵、炮兵和諸如工兵、醫護人員和交通專家等支援分隊的部署，可以由一個適當的幕僚協調，並從屬於單一指揮官。一個師的人數可達一萬兩千人，能成為獨立的作戰單位，自成一個完整體系，或者在有需要時，有時可以和其他師聯合，根據上級總部制訂的計畫，合力進攻敵人或戰略據點。法國在這方面所做的實驗可回溯到奧地利王位繼承戰爭（一七四〇至四八年），但是要直到一七八七到八八年間，才開始長期按照師的編制安排軍隊管理；而反觀在戰場上，則是直到一七九六年，師的編制才標準化。[20]

到一七八八年，法國挾帶著地圖、技術卓越的參謀軍官、書面命令以及師的軍隊結構的優勢，因此得以超越野戰軍隊有效規模的老舊限制。否則一七九三年的全民徵兵就會毫無效用。倘若不能在戰場上有效控制軍隊，光是人數眾多並不能贏得革命軍後來實際取得的勝利。

補給方面的局限所能有的解決辦法較少。貨車和船舶只能運載一定的食物和飼料，沿著已有的道路、運河和河流，從一個地方到另一個地方。改善道路，開鑿新運河，都會增加貨物流通的容易度和速度。在十八世紀，尤其是下半葉，歐洲人在道路和運河上的投資規模大大超越以往。在普魯士，修築運河有意識地和戰略計畫連結。腓特烈大帝統治時修建的運河將奧德河（Oder）和易北河連成單一內陸水道，試圖確保糧食和其他補給能迅速確實地進出皇家軍事倉庫。正如腓特烈本人對他的將軍們所言：

「無論如何，永遠不要忽視水運的好處，因為沒有水利之便，就沒有軍隊能得到充分的補給。」[21]在法國和英國，交通改善和軍事便利間的直接聯繫觀念似乎沒有盛行起來，除了在一七四五年叛亂後，英國政府便修築貫穿蘇格蘭高地的道路外。反之，收費道路和運河通常由私人企業家修築，目的在於投資得利。當然，國家的控制和指導在歐洲大陸比在英國遠為普遍。[22]但即使私人和官方行動都受到相對短期的經濟收益宰制，交通運輸的改善總是具有促進軍事補給的效果。要是缺乏這類改進，或沒有築路的技術進步，就不可能建造成本相對低廉、甚至在濕氣重和雨天也能通行車輛的道路[23]，如此一來，法國革命家所開啟的那種大規模武裝行動就不會成真。

法蘭西共和國的軍隊也繼承了法國軍隊在一七六三年後取得的戰術和技術進展。七年戰爭中的挫敗嚴重傷害職業軍人的自尊心。法國國內普遍瀰漫著一股氣氛，認為得做些什麼來重新奪回法國曾一度在陸地上贏過普魯士、在海上贏過英國的霸權，在這種心態下，改革的阻力於是變小。但每位陸軍大臣開啟的改革都會引發某一批軍官的忿忿不平；每當新陸軍大臣走馬上任，軍官就會想要糾正現有局勢。既然沒有人能夠維護現狀（正是此導致七年戰爭的戰敗），各對立派系便轉而和互別苗頭的改革方針兩相結合，因而產生關於戰術和軍隊管理的激烈爭論。

在這種情況下，很快便發生了意義深遠的變化。招募士兵不再是隊長之責，改由國王的招募人員徵召士兵。士兵有固定的服役期限、薪餉和額外補貼。買官遭到逐步禁止，升遷的規定變得公開統一。各團都遵循相同的組織編制，並如上文所述，軍隊改組為許多師。換句話說，在法國的軍事管理上，官僚理性原則在越來越多層面擁有主導的地位，儘管對這類改革的反抗並沒有銷聲匿跡。[24]

一七七八年，各種敵對的戰術體系在野戰模擬演習中接受檢驗，儘管各體系的擁護者仍對已證實的情況抱持不同看法，但還是逐漸取得足夠共識，使法國陸軍部得以在一七九一年頒布更靈活的新戰術手冊。在整個革命戰爭期間，這手冊一直是個範本。新的規定授權指揮官依照局勢和自己的判斷，在戰場上運用縱隊、橫隊和散兵來作戰。腓特烈大帝在七年戰爭中取得耀眼勝利後，其他大部分的歐洲軍隊便改採普魯士戰術。[25] 結果，法國革命軍的步兵在戰場上的行動就比腓特烈二世偏愛和死守的刻板橫排隊形，更迅速也更靈活，甚至在地勢崎嶇時也能有效作戰。

線式戰術需要在曠野才能開展隊形；由於種植多種作物開始需要圈地，西歐地形變得越來越不利於老舊戰術。過多籬笆、灌木叢和溝渠，使兩、三英里長的橫隊無法開展，更別提移動自如。法國一七七八年的野戰演習在諾曼第舉行，這地區由灌木叢和曠野交替而成。法國經驗因此考慮到西歐地形的這一變化。而再往東，在柏林或莫斯科周邊，開闊的平原仍然適合使用舊戰術。

小規模戰鬥最先會在歐洲戰爭中占有顯著地位，這要歸功於奧地利軍隊。在奧地利王位繼承戰爭中，瑪麗亞・特蕾莎（Maria Theresa）* 將長期戍守在鄂圖曼土耳其邊界、防禦當地掠奪小隊的民兵納入野戰軍的編制內。這些野蠻的「克羅埃西亞人」毫無秩序地部署在戰線前方，結果證實其軍力勇猛無比，不但能騷擾敵軍後方，還襲擊補給護衛隊，並在參加正規戰鬥前，以零星狙擊打亂敵軍的戰線部署。其他部隊也很快地開始創建自己的「輕騎兵」來執行類似任務。因此，在一七六三到一七九一年

* 一七一七至一七八〇年，哈布斯堡王朝唯一的女性統治者。——譯註

間，法軍透過大量地吸收其他歐洲軍隊的經驗，戰術得到長足改進。[26]

有時法國改革會失敗，迅速便遭棄用。一七六八年，後膛裝填的滑膛槍試驗其命運就是如此。[27]在設計者放棄這個激進的點子後，一七七七年，一種略經修改的前膛槍經宣布成為標準武器，然後就一直沒再改良，直到一八一六年。然而，老式設計並不阻礙製造的升級。官方監督員開始要求零件進一步標準化，結果，法國的滑膛槍因此變得較牢靠準確。[28]

大炮設計更顯著和更重要的改革被證實可行。在查理五世時代，按照炮彈的重量將大炮分類就已經系統性地在歐洲各國實施。十八世紀初期，尚—佛倫特·德·瓦利萊爾（Jean-Florent de Vallière，一六六七至一七五九年）減少了法軍不同口徑大炮的數量。但只要每門大炮都得在獨特、個別的模子裡鑄造，這類標準化就只能約略達成。要使鑄模的型芯和外部成為一直線幾乎不可能，因為在澆鑄時，滾燙金屬的衝擊總是將中心位置不精確、支撐不牢固的型芯推得稍稍偏位。因此，根據型芯成形的彈膛和炮管，常常無法和外部呈現完美平行，而內部一些尺寸不規整的小問題則被視為無可避免。鑄造出來的大炮過於笨重，難以趕上行進的軍隊，因此很少出現在戰場上。它們主要是用在防禦和進攻堡壘，也安裝在船艦上。

這一情況後來由一位瑞士工程師和鑄炮匠尚·馬里茨（Jean Maritz，一六八〇至一七四三年）扭轉，他在一七三四年於里昂為法國服務。他發現，如果先將大炮鑄成一塊實心金屬，再鑽出炮管，造出的炮就可能更準確統一。馬里茨花了許多時間研發出比已知任何舊機器更大、更穩定和更強有力的鑽孔機；由於新方法極為保密，儘管不久後就遭洩漏，但關於他確切在何時和取得多大成功，紀錄全都語焉

圖七　鑽孔機大炮

圖中的機械裝置與尚・馬里茨（Jean Maritz）發明的臥式大炮鑽孔機類似。成功的秘訣在於讓大炮靠著刀片刀刃旋轉，後者由重量、齒輪和嵌齒推動，並對刀片刀刃維持穩定壓力。這設計能使刀口穩定，而大炮在發射時產生慣性旋轉的同時，不會因搖擺而出現準度的偏差。

圖片來源：Gaspard Monge所著*Description de l'art de fabriquer les canons*（《大炮製造法說明》），Imprimée par Ordre du Comité de Salut Public, Paris, An 2 de la République français, pl. XXXXI。

不詳。但到了一七五〇年代，他那位也叫尚．馬里茨（一七一一至九〇年）的兒子兼繼承人，已經改善了鑽孔機。一七五五年，他成了所有鑄工廠和鐵工廠的監察主任，任務是在法國所有皇家兵工廠安裝他的鑽孔機。[29]其他歐洲國家很快也對此深感興趣，一七六〇年代，這項新技術遠傳至俄羅斯。[30]約翰．威爾金森（John Wilkinson）於一七七四年在英國安裝了一架類似的機器。[31]

筆直而口徑統一的炮膛有極大的優越性。炮膛準確一致，這意味著炮手們無須掌握各類火炮的變化不定，可以期待炮彈連續擊中目標。炮膛中心定位準確，因為爆炸點各面的炮鋼強度和厚度相同，大炮就更安全。最重要的是，大炮可以打造得更輕、更容易操作，又不會喪失其威力。新大炮會有這些優點，主要在於鑽出來的炮管和炮彈的契合度緊密得多；而在以前，這被認為不安全，由於個別鑄模各有差異，造成個別大炮內壁不規整，於是炮彈和炮管間就需要充足空間（「遊隙」），以避免災難性的卡彈。減少遊隙後，使用較少的火藥便可更快地使炮彈加速，舊型大炮則會有更多膨脹氣體從炮彈周遭洩出。如此一來，即使炮管縮短，減量的火藥仍舊可以發揮同等功效。而火藥減量讓設計者可安全地減少爆炸發生處，即彈膛四周的金屬厚度。炮管縮短，炮壁變薄，意味著大炮重量較輕，移動性更強，產生後座力後更快恢復到射擊位置。一切端看製造的精確和武器樣品的系統性測試，便於確定炮筒可以縮到多短，炮壁厚度可以減到多薄，才可以既確保安全，又達到理想的速度和炮彈投射重量。

這類測試由法國炮手在尚．巴蒂斯特．瓦科特．德．格里博瓦（de Gribeauval）的指導下，於一七六三至一七六七年間進行。格里博瓦主導了類似的系統工作，重新設計野戰炮所需的所有相關零件：前車、彈藥車、馬具、瞄準器之類。他的想法俐落激進：將理性和實驗應用到創造新武器系統的任務上。

他成功建立起一支武力強大的野戰炮兵部隊，能跟上行軍的步兵，因此能在戰鬥中扮演主要角色。對細節的小心仔細擴大基本改良。例如，格里博瓦引進一種可精確調整大炮射角的螺絲裝置，和可以調整十字線的瞄準器。有了這種瞄準器後，就可以在大炮發射前，準確估算炮彈落地點。最重要的是，將炮彈和火藥合成一體，和以前得將火藥和炮彈各別從炮口塞入相較，發射速度大約加倍。最後，格里博瓦還發展出為不同目標而設計的不同種類的炮彈——實心彈、殼彈和霰彈——因此確保大炮的多樣性。[32]

格里博瓦新大炮的原型早在一七六五年就已製成，但由於那些年讓法國軍隊分心的爭吵和辯論不休，直到一七七六年新設計才獲得批准。甚至在新炮得到認可後，製造時仍難達到新的精確標準。軍隊中反對格里博瓦大炮的意見直到一七八八年決定以師作為軍隊新編制的方案後才停歇。因此，直到大革命爆發前夕，軍隊才開始使用新的移動野戰炮。在整個拿破崙戰爭時期，格里博瓦的大炮一直是標準炮型，直到一八二九年才漸漸淘汰。它們是法國從瓦爾密戰役（Cannonade of Valmy，一七九二年）後不斷取得勝利的致勝關鍵，因為格里博瓦創造了真正機動性強的野戰炮，幾乎可以和行軍的步兵同時趕到戰場，並可以射擊遠至一千一百碼以外的目標。

格里博瓦改革的第二個層面是組織改革。新野戰炮的運送變成炮兵的職責，若按照以前的習慣作法，這是平民承包商的責任。操作大炮的訓練，包括從前車卸下大炮、就位、瞄準、射擊等動作操練，達到了長久以來小型武器操練特色的常規準確性。格里博瓦也創立了炮兵軍官學校，傳授射擊理論和如何在已經認可的步兵和騎兵戰術中恰當地使用新炮。因此，合理的管理和設計延伸到人類所需的物質及

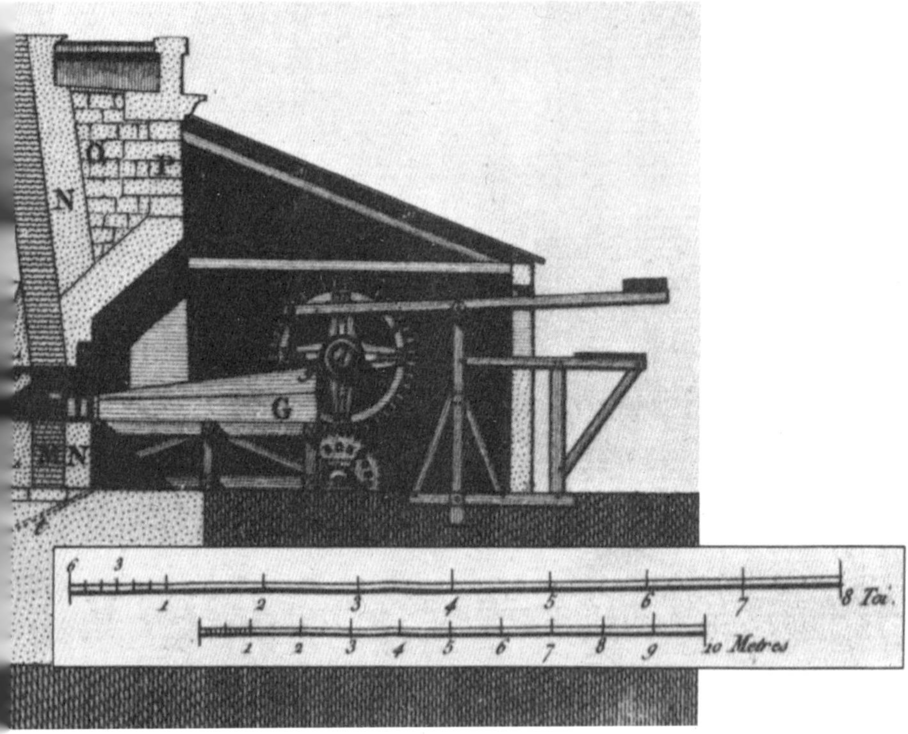
N
O
P
G
M N
8 Toi.
10 Metres

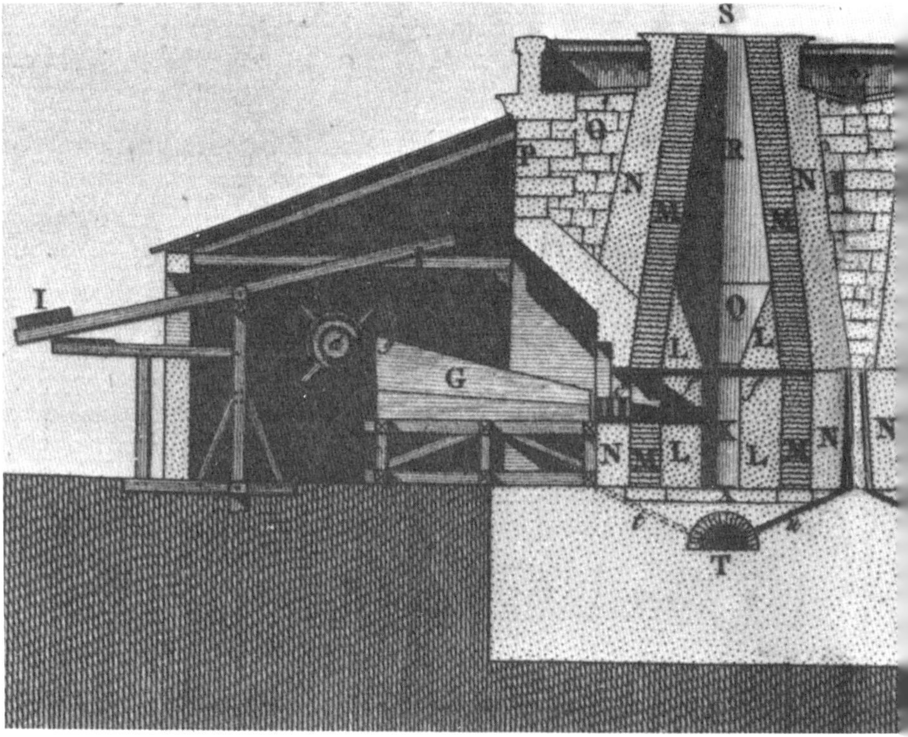

圖八　鼓風爐的設計

圖為法國海軍魯爾勒（Ruelle）軍工廠的鼓風爐。直到十六世紀末，主要工廠開始改進英國和法國的冶鐵工業。圖中的雙爐有十公尺高，可以融化足夠多的鐵礦石，一次可以鑄造數門大炮。注意，電力驅動的風箱可提供火焰多餘的氧氣，讓爐火燒旺。

圖片來源：同圖七，pl. II。

重新設計武器的人。其結果是，中世紀手工藝傳承完全在法國軍隊裡消失，取而代之的是，在新的師的編制中，炮兵、步兵和騎兵同等重要，成為重新組織和重新設計後的指令結構的部分，具體呈現理性思考和系統性試驗的成果。

格里博瓦的職涯令人覺得有趣，不僅在於本身引人入勝，以及對一七九二年法國軍隊連獲勝利的貢獻，也在於他和他的同事標誌著歐洲軍事管理的一個重要里程碑。這些十八世紀精於炮術的法國人著手創造了一種武器，性能前所未見，但在戰爭中的效用卻完全可以預見。簡言之，對格里博瓦和其圈內人而言，由政府當局組織和支持的計畫發明，已成無可置疑的現實。也許古希臘時代迅速發展的石弩[33]和十五世紀大炮工匠首次採納鐵彈所展示的顯著設計進步，都有相同的特徵。但這些早期案例的資料稀少，而為古希臘統治者製造石弩的工匠，和利用自己的技藝為大膽查理和路易十一鑄造大炮的鑄鐘匠，事先知不知道改良後的石弩和大炮的用途，則已無紀錄可查。但是在法國炮兵專家的案例中，一個改革團體圍繞在格里博瓦周遭，他們的領袖對於利用準確鑽成的炮管能達到什麼效果倒是非常清楚，並將技術改革視為軍事組織和訓練更廣泛合理化的部分。

傳統歐洲軍旅生涯強調階級、服從和個人勇氣，這些和格里博瓦的理性考量和實驗精神很難和諧共存。當技術專家尋求將相同方法應用到軍隊該如何部署等廣泛問題上，並著手將炮兵的地位提高到和步兵及騎兵相等時，自然會遇上極大阻力。對格里博瓦改革政策的急劇搖擺，反映法國軍隊內部及法國整個政府內部堅持理性主義和崇拜勇武（以及既得利益）之間的緊張關係。

武器能在超過半英里外殺死毫無利害關係的士兵，這違逆了關於軍人風範其根深蒂固的理念。從遠處攻擊步兵的炮兵不必冒著受到直接報復的險：在這種情況下，風險並非對等的，那似乎很不公平。這類晦澀難懂又具數學性和科技性的技能，威脅著要使老式的勇氣和驍勇善戰淪為無用武之地。這一轉變使何謂士兵的定義遭受質疑，儘管和後來十九和二十世紀相較，十八世紀的轉變仍留存在剛萌芽、也僅是部分的階段。在十六和十七世紀引進小型武器後，戰鬥中直接近身肉搏戰的角色已然降低；而到了十八世紀，只有還在用刀劍衝鋒的騎兵保留了戰鬥的原始意義。這使歐洲軍隊中承繼騎士精神的騎兵聲譽變得更高。貴族和一般保守士兵激烈死守老式的戰鬥肉搏定義。炮兵的冷血數學計算似乎顛覆了充滿英雄主義、值得讚嘆和奮勇殺敵的傳統士兵精神。

這類深切的感情很少能夠找到管道清楚展現。它牽動了人性中非理性的層面，而那些對遠程火炮極度憎惡的人往往拙於言辭。但新技術人員和他們最激烈的反對者倒是同意下列觀點：把軍銜賣給出價最高者，使無能之輩當上軍官，此舉實在不可取。為了排除資格不符的暴發戶，把軍職保留在軍人世家中，法國陸軍部在一七八一年頒發了相應的法令，規定想競逐步兵和騎兵軍官候選人的人必須證明自己有完整的貴族血統。軍隊內部只有懷有野心抱負的軍士反對此項法令，因為炮兵仍舊和以往一樣，只開放給擁有適當數學技能的平民。[34]

腓特烈大帝在一七六三年後系統性地把平民排除在普魯士軍官團外，為這種獨尊貴族的制度設立榜樣。他會這樣做是因為他不信任資產階級背景的人的老謀深算——而正是這種特徵宰制和激勵了格里博瓦和其圈內人。實際上，腓特烈對大炮的新發展感到沮喪，因為他察覺，在科技軍備競賽中，與俄羅斯強大的鋼鐵業相較，普魯士顯得裝備粗糙，甚至比不上奧地利和法國。他的反應是貶低炮兵的重要性，強調紀律和「榮譽」，而後者就是一直以來使普魯士官兵願意為國犧牲的精髓所在。腓特烈和後繼者選擇仰賴舊式軍事美德，特意不搭理格里博瓦提倡的那種理性實驗和技術改革。到一八〇六年，施行這保守政策的代價變得顯而易見。在耶拿戰役（Battle of Jena，一八〇六年）中，普魯士的勇氣、服從和榮譽根本無法與法國人已然完善的新戰爭模式相抗衡。法國人之所以能如此進步，要多虧法國軍官們對軍事上的理性和實驗趨勢還能勉強接受。[35]

在二十世紀，特意去尋求和創造一種超越現有能力的武器系統的授意科技，這類趨勢已為眾人熟知，但在十八世紀，這仍舊是嶄新概念。當年成功響應格里博瓦領導的法國炮兵理應被讚譽為今日科技軍備競賽的先驅。但我們很容易就會誇大其詞。當時的努力雖有系統性的成功，但卻只在個別和例外的個案上展現。就像在一六九〇年後發生地那般，當燧發槍和刺刀發展到持久不衰的「古典」形式時，野戰炮的設計卻隨著格里博瓦的成就而進入停滯期。法國革命戰爭開始時，其他歐洲軍隊的野戰炮則以不同程度落後於法國，但到一八一五年重獲和平時，所有強權已與法國使用的武器齊頭並進。在此之後沒有根本性的變化，直到一八五〇年後膛炮出現以後。

顯然，要達到法國炮兵於一七六三至一七八九年完成的改革，需要強烈的刺激，才足以徹底撼動常規的軍旅生活。在這個過程中，格里博瓦的個人遭遇也許至關緊要，極具參考價值。他在一七五二年被送去學習普魯士炮兵技術，一七五六年又轉調到奧地利軍隊，當時他在七年戰爭中功績彪炳。他先用攻城炮攻下西里西亞的一個要塞，然後堅守普魯士人圍攻的一個城鎮，大家都對他能守城如此之久非常意外。因此，當他於一七六二年返回法國時，已對奧地利人改良完成的火炮有透徹的瞭解。格里博瓦與外國軍隊實踐方法的接觸，可能在他心中紮根，形成以下願景——如何運用更系統性的方法創造新式武器，從而深刻改變戰場局勢。

但想要做出劇烈改變的意志顯然與當時瀰漫在法國人中的普遍感受息息相關：他們認為政府管理，特別是在陸軍海軍管理上，存在著重重問題。當想像中的美景和對現有安排的廣泛不滿相互結合時，格里博瓦的改革所構成的突破就成為可行之舉。但這類情況很希罕。當時，歐洲軍隊機構中的一般常規慣例還未遭到格里博瓦領導的研發小組的系統性干擾。總之，授意科技仍舊是特例，在專業炮兵軍官的小圈子外，很少受到注意或得到瞭解。然而，作為「無足掛齒的小事」和往後革新的先兆，格里博瓦中將和他的大炮設計者取得的驚人成就，值得得到更多的重視。[36]

無論如何，高效野戰炮的發展無疑對未來的歐洲戰爭有重大意義，但是攻城炮、要塞炮和艦炮仍舊比尚未經過充分考驗的新式野戰炮消耗更多金屬，數量也大很多。[37]但在法國大革命前夕，法國人在這方面的探索也遭遇到迄今既有的技術限制。從法國人的角度看來，問題在英國於一七八〇年代採納了先進的煉鐵新方法。關鍵改變是亨利．科特（Henry Cort）在一七八三年發明的所謂「鑄鐵攪煉」(puddling)。這是指有可能在燃燒焦炭的反射爐裡融化生鐵。熱量從反射爐爐頂反射下來，以致於鐵無須和爐底的燃料直接接觸，只要攪動爐內的融鐵，各種汙染物就可以氣化並從鐵內排出。英國的冶鐵師發現，當融化的金屬冷卻到發紅熾熱的黏性狀態時，就可以送進沉重的滾筒間加以碾壓。如此一來，可以透過調整滾筒間的距離將金屬壓到所想要的厚度，也可以利用機械力將多餘雜質擠壓出去。最後成品是低廉、方便成型的熟鐵，適合用來製造大炮以及無數其他用途。但這可是經過二十年的反覆試驗（也就是直到十九世紀的頭幾十年），設計合適爐子和排除有害雜質的困難才得到解決。[38]

在那很久之前，法國企業家和官員就意識到新的煉鐵方式對軍備生產的潛在價值。藉由使用相對便宜和藏量豐富的焦炭做燃料，可以大幅降低成本。使用滾筒的話，便可棄用以前必須採納的昂貴錘擊法，來鍛造更多的鐵。因此，法國倡導者推動一個遠大計劃，要在法國東部勒克勒佐（Le Creusot）建造冶煉廠，在那可使用英國最新的焦炭技術。這工廠將透過運河和可航行河流，與位於羅亞爾河（Loire）河口島嶼安德雷（Indret）的海軍鑄造廠相通。法國計畫者希望以此方式確保能獲得大量低廉的大炮，用來當艦炮和作為港口防務。一名英國技師和企業家，威廉·威爾金森（William Wilkinson）和法國工業巨擘法朗索斯·伊格納·德·溫德爾男爵（Baron François Igace de Wendel）及巴黎金融家聯手推動這項計畫。法國政府的無息貸款協助解決了初期費用，路易十六本人就認購了四千股份的三百三十三股。有此強大靠山，勒克勒佐於一七八五年開始生產，但卻遭遇長時間難以解決的嚴重技術困難；而在那些年中，英國冶鐵師也為相同問題頭痛萬分。事實上，這個宏大企業於一七八七至八八年間破產，在多年生產產品令人不滿意後，這計畫於一八〇七年遭到棄置，因為勒克勒佐生產的鐵過於低劣，製造出太多劣質大炮。[39]

儘管這項遠大的計畫最終以失敗收場，但它清楚地預示未來將因應大規模武器生產的全國總動員，而大規模武器生產直到二十世紀才贏得重要地位。這類計畫並非毫無先例。在十七世紀，柯爾貝爾（Jean-Baptiste Colbert）聘請相當多的列日武器製造者到法國皇家兵工廠服務。[40]甚至還有更早於此的例子。俄羅斯曾經從國外引進技術，將其運用在大規模軍火生產上，因而協助俄羅斯超越對手和鄰國。一六三二年俄羅斯在圖拉（Tula）設立由荷蘭人管理的武器工廠，隨後，彼得大帝成功地在烏拉爾建立鋼鐵冶金業。[41]更有甚者，十七世紀初，法蘭德斯人的冶煉技術傳至瑞典時也帶有類似特點，[42]普魯士人在一七七二年從列日請來技術純熟的技工，爾後他們在柏林郊區建立武器工廠的此類嘗試，雖然相對規模較小，[43]背後卻同樣需要有像法國於一七八〇年代的戰略計畫。

勒克勒佐─安德雷計畫的不同處在於，德．溫爾德男爵和他的同事汲汲於探尋製造軍備的大規模工業新方法的潛在可能性。在這方面，他們提前預示十九世紀下半的發展，當時，私人企業家成功地將大炮和其他武器賣給歐洲各國和其他國家政府。德．溫爾德與政府的關係比後來十九世紀私人軍火製造商和政府的關係相較，更為密切。在法國，政府當局和私人企業家在軍火製造上的密切合作開啟於柯爾貝爾時期；然而，德．溫爾德男爵嘗試的那種大規模生產合作，要直到一八八五年後才得以永久實現。一七八〇年代的現實是，如果法國企業家想趕上英國鋼鐵冶金學方面的進步，就必須大幅增加生產規模，如此一來，顯然海軍是為唯一的顧客。向法國移植設備昂貴的新技術，得連帶保證產品銷售。否則，腦筋清楚的投資者甚至不會考慮這個點子，因為法國有內部關稅，陸路運輸成本又很高昂，進而抑制國內市場的發展。相反地，在英國，一七八〇年代已經出現一個全國性民間市場，先後提供威爾斯和蘇格蘭的煉鐵師多種產品銷路。但即使在英國，當亨利．科特為攪煉技術申請專利時，他提出的理由竟然也是他可以藉此為海軍降低大炮價格。[44]而在一七九四到一八〇五的關鍵企業起步期間，英國政府向鐵器製造商購買了大約五分之一的產品，幾乎全部用於軍備。[45]

以向法國海軍提供低廉及數量足夠的重炮為核心的勒克勒佐─安德雷計畫規模儘管恢弘，但卻難逃終極失敗命運，充分展現出十七和十八世紀法國海軍的現況和特點。問題在於陸軍總是處於優先地位。法國政策只在零星情況下，才會將主力放在打造強大的海軍。柯爾貝爾曾在一六六二到一六八三年間為了打敗荷蘭人而這麼做，並獲得極大成功，以致於在一六八九年英國和荷蘭聯手抗法，而法國海軍在戰爭初始時，仍舊得以證明自己比英荷聯合艦隊優越。但戰爭開始後，法國海軍資源已經用到極限，因此在交戰時期不可能再擴大海軍規模。反之，英國則有財力和決心要在海軍建設上超越法國人。一六九二年，當十五艘法國風帆戰艦在拉烏蓋海戰（Battle of La Hogue）中被摧毀後，英荷海軍凌駕於法國之上的優越性，已經毫無疑問。

兩年後，法國轉而採納一種能為政府省錢的海戰形式，那就是私掠巡航。這是一個致命決定。英國人實際上走的是相反路線，他們於一六九四年創辦英格蘭銀行，發明了資助戰爭的有效中央信貸機制。就在同時，在歉收引發的金融危機壓力下，法國政府把為海軍事業籌措資金的工作委託給私人投資者，即私掠船船長。國家無法再繼續花錢在昂貴無比的海軍上。其結果是，在整個十八世紀初期，英國相當輕易地取得海軍優勢，使英國得以在七年戰爭中幾乎全數殲滅法國海上貿易。英國的勝利又轉過來導致法國內部可以用來資助私掠船的資源巨幅驟減，而在英國內部，商業利益在國會中取得重大戰略地位，反對對海軍撥款的阻力遭到有效挫敗。[46]

七年戰爭的災難性慘敗後，法國大臣們做出結論；他們需要一支和英國旗鼓相當、甚至是更優秀的海軍，好為一七六三年復仇雪恥。但法國海軍締造者不像格里博瓦那般幸運，因為他們得不到能將英國海軍狠甩在後頭的重大技術改進。鑽孔大炮的確改善了海軍火力，但英國人趕上這個變革，後來居上；

何況，在顛簸不已的船上要用重炮瞄準非常艱難，因此對野戰炮而言至為關鍵的精確瞄準，在船上就難以掌握或實現。法國戰艦幾乎總是優於英國戰艦，但在十八世紀的最後幾十年內，英國皇家海軍是兩大重要科技改良的先驅——用銅包覆船底，以及使用短炮筒、口徑大的卡隆炮（carronades）。[47]

在整個十八世紀，橡木木材的形狀和強度限制戰艦的規模。設計改良證實可行，諸如使用輪舵以為舵手提供機械優勢，使用縮帆索以便根據風力強弱調整風帆大小，使用銅包覆船底以防腐爛等，儘管在這些要素累積下，的確大大改善重型戰艦的操縱性，但卻始終不能像格里博瓦的野戰炮那般，突破舊有表現水準。[48]

最後，數量決定一切。在一七六三至一七七八年間，法國成功建造足夠的新風帆戰艦，幾乎能夠在海上與英國人達到勢均力敵。的確，當戰爭再度爆發，西班牙與法國結盟時，法西聯合艦隊曾暫時控制英吉利海峽。儘管如此，在戰爭後期，英國人又恢復了傳統海上優勢，因此當一七八三年和平降臨時，美國雖然取得獨立，但英國並未喪失其海軍優勢。

有兩個因素持續阻礙法國海軍的努力。首先，在法國戰略計畫中，陸戰占有優先地位。如以前和荷蘭作戰一樣，和英國作戰的總體計畫是發動陸軍入侵，海軍則是用來護送登陸部隊直接橫渡英吉利海峽，或在愛爾蘭或蘇格蘭沿岸登陸，而不是獨立行動。入侵計畫不斷地擬定，但由於陸海軍合作困難一再灰飛煙滅。事實是，在十八世紀，參謀工作和技術都達不到成功登陸設防海岸的要求；英國幾次嘗試在法國海岸登陸都宣告失敗，更是充分證實此點。但是當入侵英格蘭或愛爾蘭的計畫因野心過大而受挫時，法國決策者最終的結論竟是，將經費虛擲在海軍上是無謂浪費，應該大筆刪減。[49]而當私掠船成為低廉、流行的替代方案，既可騷擾敵人的商業活動，而政府又一毛錢都不用出時，這類政策就有雙倍吸引力。

想突然停止海軍經費的衝動性決策，則因法國海軍始終面臨的第二個弱點而遭到強化，變得顯而易見：財政來源不足。一七二〇年約翰．羅（John Law）*的計畫的分崩瓦解，意味著在整個十八世紀的剩餘時間內，法國政府缺乏中央銀行和類似英格蘭銀行那樣的信貸來源。建造、裝備和配備人員得耗費鉅資。由於只能仰賴供應商和承包商的短期信貸，任何因情況突變所造成的鉅額海軍花費增加——暴風或戰鬥後的修繕、將戰艦從後備編入現役、將一個海軍中隊從布雷斯特移至土倫或再回返等——都會立即導致嚴重的財務困難。

指令動員的效力有限。強迫水手操縱軍艦不是不可能。法國和英國定期使用強制拉伕手段來填補海軍空缺。然而，用強迫手段對待食物供應商和木材商人幾乎無效。不付款就會立即使價格飆漲，供應中斷。[50]十八世紀早期，多虧政府能透過英格蘭銀行得到信貸，英國海軍行政當局開始可以定期付帳，在這方面，英國較之法國的優越性就變得相當明顯。由於容易獲得信貸，每當戰爭遇上緊急狀況、需要擴大海軍規模時，英國總是能劍及履及。法國行政官員則因缺乏可與之相較的信貸來源，完全無法比上英國那種令人嘆為觀止的靈活度，而正是這種靈活度，使海軍軍力特別成為十八世紀英國政府其靈活又有效的政策工具。[51]

值得指出的是，供應英國海軍和戰艦以及官兵的數千種品項合同，強化和擴大了英倫諸島內以及外圍地區如新英格蘭和加拿大沿海諸省等地區，其資源的市場動員，比如，從很早以前，就得在這些地方尋找供船桅使用的大木材。供應皇家海軍肉類、啤酒和餅乾的食物供應商得餵飽一萬至六萬人，他們從內陸購買食品，將其運送到沿岸海軍倉庫。在愛爾蘭和英國其他偏遠地區，海軍食物供應商在刺激商業性農業的興起上頗有作為。同時，在英國，市場關係拓展到新地區和社會下層階級，然後又轉而反過來維持稅收和信貸系統，使海軍多多少少可以準時付帳。[52]

法國海軍則未曾在法國建立起這類整體的反饋系統。在主要軍港及其周遭，當地供應商和承包商無疑受益於海軍消費。但是，由於沒有集中的信貸來源，海軍的消費無法產生如英國在一六九四年後就有的全國性推動力。柯爾貝爾時代和一七六三至一七八九年間的高層政策也許曾決定要打造海軍。但這計畫所需的龐大花費通常得不到法國人的普遍支持。[53]而在英國，每當危機出現時，都可以指望英國國會批准可能需要的額外稅收，以償還海軍部在海軍行動中所欠下的債務。

兩國的差異反映也證實，法國商業利益在政治上仍受皇家政府指令結構的抑制，或說綁手綁腳。由於缺乏全國的團結向心力，法國商人傾向於支持海上武力的分散資金和管理——即私掠事業——只因為這樣做就能親自掌握這類活動的規模和發生率的決定權。但私掠戰只要有可能，總是只想尋求奪得戰利品，並避免與敵方戰艦交手，因此不肯服從戰略指揮。每位船長和船員做事都以自己的利益為出發點。因此，在戰時，法國海外商業帝國只能任由英國海軍擺布，而後者則完全回應和聽命英國政府在何時、何地和如何行動的決定。[54]

---

* 一六七一至一七二九年，曾任法國財務大臣。——譯註

可能有人會假設，供應法國軍隊麵包和其他必需品的生意可以代替海軍承包業務。當然，供應軍隊在十八世紀的法國是鉅額生意，私人承包商不但供應滑膛槍，[55]還有幾乎所有士兵所需的一切。但這些品項中的大部分必須在離軍隊駐在點近程內採購，這是因為物資體積龐大，陸路運輸昂貴。麵包和飼料比所有其他軍隊必需品重要；即使麵包承包商是住在巴黎，糧食幾乎總是在駐紮當地購買。因此，受到英國海軍合同的刺激和英格蘭銀行信貸的支持而興起的英國全國性商業網絡，並沒有在法國生根，或更準確來說，法國全國性市場仍舊薄弱——需要像勒克勒佐—安德雷那樣的計畫來推動，且一直無法維持牢固和恆常的存在。[56]

這些結構性的弱點意味者，法國從未趕上英國皇家海軍，儘管在十八世紀下半，法國戰艦的設計往往優於英國，也儘管法國政府仍舊企盼得到海軍均勢，甚或優勢。

而英國對一七七六至八三年間戰敗的反應是，著手改良皇家海軍的財政、管理和補給組織。[57]儘管後來沒有成功，但在美國獨立戰爭期間，英國政府仍在海外維持九萬兵力，其中大部分是完全從英國提供食物和補給，這的確是個令人讚嘆的行政成就。事實上，海軍對英國經濟的戰時需求已經很大，此時又增加陸軍需要的補給。在激烈的行政摩擦後，海軍局於一七七九年負責將陸軍補給運往美洲。在船舶短缺的情況下，海軍局仍設法防止陸軍糧食或其他必需品處於匱乏，儘管通訊聯絡持續不穩定，更久的運輸延誤阻礙了所有在紐約和倫敦策劃的戰略行動。

十八世紀早期，英國的戰爭是在海外軍隊單位能在當地獲得糧食、馬和運輸的條件下作戰，不管是在美洲、印度或歐洲大陸都是如此。但是一七七五年以後，美國愛國人士得以阻止英國軍隊甚至連從當地都難取得零星補給。這使得倫敦當局相當震驚。但好在他們手邊就有效率較高的海軍採購系統，必要時，可以擴大採購來滿足數千名士兵的需求。這使英國士兵免於遇上徹底災難，儘管有時情況相當緊急，如在一七七九年一月，當救援船抵達紐約時，英國軍隊只剩四天的配給食物。[58]

然而，壓力想必非常大。十八世紀早期，戰爭似乎對英國經濟有利。政府加速購買促使市場興盛，金屬行業的技術發展腳步加快，長期失業降低。付給外國政府的補貼很輕易就能從海外的商品外銷中彌補回來。但一七七六至八三年的戰爭後經濟挫敗卻接踵而至：英國喪失了與反叛殖民地之間的貿易，國內投資也萎縮。[59]換句話說，由於美國獨立戰爭，大不列顛開始碰上歷時九十年的反饋模式的極限；原先在這模式中，海軍力量和開支在強化商業擴張之餘，同時又讓政府能輕易承擔起海軍的花費。

一七八〇年代，在法國，政府也碰到了財政資源的極限。事實證明，美洲戰爭使得當時政府信貸和稅收的形式承受過於沉重的負擔。眾所周知，為解決後繼的財政缺口而做的努力，導致一七八九年五月三級會議的召開和法國大革命的爆發。大革命促成的劇烈政治和社會改變，很快就釋放出到那時都想像不到的軍事能量。同時，在英國，一種不同的技術和工業革命將軍事和非軍事的可能極限，提高到人類做夢也想不到的境界。法國和英國在一七八九到一八一五年間的巨變，將其他歐洲國家和世界其他地區拋在後頭。事實上，十八世紀最後幾十年所啟動的出人意表的民主和工業革命，在在使全人類迄今仍能感受到其衝擊。因此，我們必須在下一章探討人類社會組織的這兩個孿生變化。

第六章　法國政治和英國工業革命的軍事衝擊，一七八九年至一八四〇年

在法國大革命中，憤怒激切的群眾一次次成功地推翻似乎穩固而神聖的政府和其他當局，著實讓同代人驚訝難當。英國工業革命在當時並未引起很大注意，但卻使尋求瞭解其發生過程和原因的現代學者驚異不已。在這兩個革命中，理念、企望、自我私利、飢餓和恐懼都扮演了它們的角色，集團、階級和國家感情亦是如此。本章將專注於論述這兩場革命的軍事層面，但這樣做並不意味者，我影射——而我也不相信——重要的只有組織性力量。

相反地，十八世紀末，於法、英兩國擾亂舊政權模式的基本要素可能是人口增長。在中國或歐洲，人口增長似乎主要仰賴致命傳染病發生率的變化。[1]不管原因為何，在十八世紀後期，人口無疑得到成長，而這表現在法國和英國的現象是，許多地區鄉村就業機會不足，都市人口暴增，尤其是在兩國首都。倫敦人口從一七五〇年的五十七萬五千人左右，增加到一八〇一年的九十多萬人。巴黎一七八九年的總人口在六十到七十萬之譜，其中流動人口有十萬，後者沒能在都市中牢固紮根，因此在當年的官方人口統計中並未納入。[2]

在城市中要安置這麼多新市民自然會引發嚴重問題。城市就業機會和食物供給不會因為必須滿足新來者而自動增長。從繁榮到蕭條的經濟週期使城市工人和靠他人養活的人陷入險境；因為隨著人口和其

流動性的增加，過去由教區組織主導的社會控制和貧困救濟的老舊方法變得完全不管用。[3]例如，在法國東部的史特拉斯堡（Strasbourg），官方統計人口在一六九七年為兩萬六千四百八十一人，到一七八九年增加到四萬九千九百四十八人，而在後者中，貧民就超過百分之二十。城市人口和生活供應之間的當地平衡一向很不穩定，在此時則已陷入嚴重失衡。[4]

在這些情況下，法國大革命初期的群眾行動遂變得非常具有決定性。倫敦也發生類似事件，即所謂戈登暴動（Gordon riots，一七八〇年）；倫敦群眾在此事件中選擇支持反動理念，即反對天主教解放，而非擁護當時法律制度的改革；這可能是偶然，而不是經過特意人為推動的結果。一七八九年的巴黎便是如此，隨後在幾個月內迅速發展為對貴族和其他人民公敵規模浩大的攻擊。[5]

倫敦群眾只是表達反對，巴黎群眾最後卻演變成革命，產生這類分歧結果的原因不論多薄弱，卻明白表示，法國和英國在人口增長和都市擴張在兩國所創造的新問題上，反應一貫不同。簡言之，法國輸出軍隊，在歐洲大部分地區創造了一個帝國；而英國輸出的是商品和（武裝和非武裝）人員，由此試圖建立一個透過市場支持的權力體系，後者證實比法國所建立的任何機制或成就都還要持久，儘管法國於這段期間曾取得多次勝利。英國和法國的這種差異並非人們刻意為之，而是在面臨全面緊急狀態下，所採取的孤注一擲和倉促行動發展而成的後果。

不過，這也是因為英國經濟和軍事力量的市場基礎，反映了顯然偏離伊莉莎白或更早時代的作法。至於法國人，儘管一七九三年的人權宣言說得慷慨激昂，他們仰賴指令動員的革命手段從來就貫徹得不夠徹底。法國歷屆革命政府既採納強迫手段，也仰賴（多多少少是）自由市場來為國家動員資源。這實際上是相當忠實地複製路易十四和更早的法國國王的王室政府，在面臨對外戰爭和國內危機時，所採取的類似兩手策略。英法兩國的分歧無疑具有地理根源，並反映島嶼和大陸國家反覆存在的差異，後者可回溯到遠至西元前第二個千年。[6]但到了十八世紀晚期，兩國的差異變得特別明顯，這可能肇因於技術累積和人口成長，為兩國創造新的可能視界有根本上的歧異。

法國減輕人口壓力的策略

法國革命政府在解決人口過剩和經濟生產工作機會不足的問題上，一直要到一七九四年才有明確方針，並直到拿破崙崛起後才穩定確立。從一七八九年六月對王室權力發出初始反抗，將三級會議改組為國民會議，到一七九三至九四年間法國軍隊勝利進入比利時和萊茵蘭（Rhinelands）*，在這一段繼承舊政權的期間內，法國陸海軍都有重大變革。

第一個變革實為革命理念會成功的絕對關鍵因素，因為它使軍隊不願為保護舊政權而對抗造反者。[7]法國軍隊的士兵，尤其是那些駐紮在巴黎或附近的士兵，深受首都居民中突然爆發的革命騷動的影響，但至於是如何受到影響，則已無從考證。

前一章提到舊政權的軍隊與平民社會（雖存在於平民間但卻若即若離）的疏離，因此，這道法國軍

* 德國西部萊茵河兩岸的土地。——譯註

隊的變革之風如何吹起就需要特別加以解釋。顯然，有兩種情況會利於新思潮滲透進軍隊中。第一種是在正常衛戍狀態下，法國軍官，甚至包括下級軍官，都很少花時間和士兵共處，日常操練和其他例行公事大部分交由軍士處理。因此，掌握日常實際指揮權的人傾向於同情反對貴族的革命，因為就是貴族特權阻止了他們向上晉升為軍官的願望。在早期，中士有時能升為軍官，儘管很少能升任中尉以上。[8]一七八一年的規定將軍官職務保留給貴族，軍士已對此忿忿不滿，因此到了一七八九年，新仇舊恨一下子全爆發出來。

再者，許多懷抱憤恨的軍士受過文化薰陶。一七八七年頒布法令，開辦學校教導下士和中士讀書識字，由於書面命令和紀錄日漸重要，因此得要求最低階的指揮人員也必須識字。[9]如此一來，革命記者的文宣和在市面流通的宣傳小冊可能並確實影響到直接指揮士兵的人的思想。等到團級軍官察覺到這個狀況不妙時，才想扭轉士兵的意見趨勢已經太遲，而嘗試將士兵與百姓（特別是巴黎市內和周遭的平民）隔絕，證實毫無效果。

一七八九年七月十四日，在巴黎群眾攻打巴士底獄時，軍隊內部同情革命的趨勢戲劇性地展露無遺。在這著名的一天，攻擊的人想獲得成功，必須得到駐紮在巴黎的士兵的默許。這大約七千名士兵身負保衛王宮和為國王執行任務的重責大任。法國禁衛軍的一些分隊的確加入群眾，並帶來大炮，在攻下巴士底上扮演重要角色。[10]在後來的餘波蕩漾中，路易十六承諾將他的軍隊從巴黎和凡爾賽撤走，以平息會爆發武裝反革命的恐懼。國王的決定（也可以說猶豫不決，因為他私底下常搖擺不定）使軍官和貴族想使用皇家軍隊來武力鎮壓革命的計畫不幸挫敗；隨著時間的演進，這類計畫變得越來越像是幻影，因為導致法國禁衛軍士兵轉而支持革命的過程，迅速讓法國其他地區對舊政權效忠的士兵喪失忠誠。軍士們使軍隊以無法察覺的腳步慢慢走向革命，在軍官和大臣真正注意到當時正在發生什麼事前，舊政權就已經被剝奪其生存基礎。

促使軍隊和民眾的意見合而為一的第二個情況是，部隊通常不是住在軍營裡，而是駐紮在城鎮，不當班時就住在都市的市井小民間，有時還從事手工業以貼補家用。大部分的士兵在入伍時都是都市人，軍旅生涯的經歷和軍紀不足以切斷他們與故鄉都市百姓的一般接觸，更遑論他們原本就是百姓。[11]相較之下，仰賴徵召農民的軍隊（如普魯士和俄羅斯軍隊）則能有效切斷士兵與農村的聯繫。

在野外，法國士兵能像舊政權的軍隊那般成為封閉的自治社會，只和家鄉的市民社會稍有聯繫。一七九四年後情況就是如此，也替拿破崙的崛起鋪路。但在一七八九至九二年間的情況下，士兵和城市革命群眾之間的距離幾乎消失，導致路易十六的君主政體遭到致命衝擊。

巴黎國民自衛軍是革命者首度自己創立的武裝部隊。志願兵來自巴黎家家戶戶，他們得有足夠的經濟能力買自己的制服和武器。但打從一開始，巴黎國民自衛軍就包括以領薪的六十個職業連隊為其核心，徵召了許多以前的國王禁衛軍成員，以及戰鬥部隊的退伍軍人和逃兵。國民軍每一連的軍官都由駐在地城市的選民選出，這代表軍事管理的舊原則已起激烈變革。但在執行上，在巴黎國民軍萌芽之初，拉法葉侯爵（Marquis de Lafayette）就被選為司令，並在決定誰獲選發揮很大的作用，儘管每當群眾情緒興奮到變得激昂時，他擔任司令此事就受到公開挑戰。[12]

王室軍隊的退伍軍人成為新志願部隊的教官。這些教官在使國民自衛軍成為巴黎重要軍事力量上扮演吃重角色。自衛軍有時也在巴黎範圍外執行任務，如一七八九年十月五到六日，自衛軍與憤怒的巴黎人共同趕到凡爾賽，將國王帶回，作為革命的人質。革命的理想和群眾的反叛無疑將巴黎的舊軍事體制逼到崩潰點。但自衛軍中領軍餉的核心部隊和分派到志願營中的教官，維持了新舊軍事體制的真正傳承。軍隊高層中有幾個人，如拉法葉——他在一七八九年曾在王室禁衛軍中擔任少將——則提供紛至沓來的改革合法的假象。

在巴黎外，類似的改革擴散到整個法國軍隊。在外省，傳承比首都更強，因為只有少數舊政權部隊（大部分是外籍兵團）受到鎮壓。在一七八九至一七九一年間，隨著革命思想和同情開始滲透進省級軍隊，官兵之間的關係日益緊張。不同部隊接受革命理念的時間不同，擁護程度也各有殊異，這種現象部分取決於他們駐紮城鎮的政治調性，部分則取決於特定單位的軍官、軍士和普通士兵的內部互動。剛開始時，士兵以逃兵方式來表達他們對軍官的疏離和不滿，他們之後常常設法加入巴黎自衛軍。在這條路被禁止後，公開不服從的舉止開始倍增。

一七九一年六月以後，高潮降臨。當時國王試圖逃離巴黎，結果以在瓦雷納（Varennes）被捕獲的丟臉下場結束。這事件使貴族們將軍隊團結起來在國王背後撐腰、並攻擊巴黎革命人士的希望大為受挫。由於士兵同情革命的跡象日漸增溫，越來越多的法國軍官拋棄職位逃往國外。到了一七九一年年底，超過一半的法國軍官流亡海外。他們的職位由得到晉升的中士和下士接手。因此，在一七九二年間，不服從的案例變得微不足道，軍隊的內部凝聚力遠超過前三年。[13]

新軍官專業能力強，經歷豐富。他們人數眾多，堅忍不拔，足以將老式軍隊傳統教導給新兵，後者在一七九二和九三年因國內外敵人開始威脅革命時大量入伍。但結果證實無法立竿見影。一七九一年，甚至在對奧地利和普魯士的戰爭尚未爆發前，立法議會便下令建立新的志願軍隊，最初徵召的新兵只需服役六個月。一七九二年再度徵募志願兵，這次服役期限延長為一年。由於每個省都有徵募的配額，因此在志願原則上又添加了強制義務。其結果之一是，大批農民子弟首度進入革命軍隊。

在大革命的最初幾個階段，新的武裝部隊的目標是國內敵人。但在一七九二年四月以後，奧地利人和普魯士人與反革命的國內敵人聯手時，法國軍隊的角色和性質迅速經歷另一場變革。一方面，徵召資產階級志願兵進入國民軍的方針，不得不被將更廣大的群眾武裝起來的政策取代。當革命領袖變得更仰賴巴黎較低階級時，這政策似乎只是保證他們會繼續掌權的謹慎作法。另一方面，號召全國齊心反抗國外敵人似乎也是必要之舉。當得和國外而非國內敵人正面交鋒時，承繼自舊政權的正規軍和獨立的志願革命軍之間的彆扭區分，就變得毫無意義。因此，一七九三年二月，國民議會頒布法令，將正規軍和志願軍合併。合併後的軍隊儘管有些立場傾向於革命理念，[14]但似乎可以很公平地說，處於支配地位的仍是正規軍。之所以如此，憑仗的並非人數，而是因為他們的戰場經歷使新兵體會到，舊軍隊的知識頗有用處而且意義重大，而革命理想的自由平等元素卻少有機會在實戰中表現。[15]

舊軍隊和革命軍的基本傳承因此而得到保證。軍隊甚至還承受了一七九三年著名的全國總動員的考驗。那年八月，國民議會頒布法令：

……長期徵召全體法國人為軍隊服役。年輕男人要上戰場。已婚男人要製造武器，運送彈藥。婦女要製作帳棚和衣服，在醫院服務。兒童用老舊亞麻布製作紗布。老年人會被送去廣場激發士兵的勇氣，倡導共和國的團結精神和對國王的仇恨。[16]

如此大力強調全民應該為國盡其軍事義務的革命原則實屬罕見。執行法令的高度要求的努力雖然常常出現混亂紛雜，但卻積極有力，非常成功。[17]

政治理想自然至關緊要，徵兵的法律形式也是。但全民總動員之所以會如此成功，乃是因為農業歉收、災難性的通貨膨脹和普遍存在的經濟困難，導致市民社會的嚐盡苦難和隨之瓦解。失業無所不在，當年輕人被徵召時，最窮困潦倒的人是很願意參軍吃大鍋飯的。軍事服務提供了逃避因沒有工作所帶來的沮喪心情的機會，並能獲得大剌剌讓他人供養的合法權利。但新建立的軍隊只能偶爾透過官方渠道得到補給；軍隊必須仰賴自己的力量去尋找食物和其他必需品，如此一來，往往使普遍存在的經濟混亂更加惡化，因為軍隊強取豪奪，毫不理會地方上的需要，如地方對巴黎和其他城市的供給。

只要軍隊仍留在法國領土上，這類行徑就會使城鎮民眾的生活極不穩定，苦不堪言，而那反過來又鼓勵年輕人響應徵召。[18]這種反覆循環使國民會議在一七九三年八月頒布的法令，在隨後短短數個月中成為現實，進而提供革命軍所需的人數和熱忱，因此得以鎮壓法國境內所有發起反革命行動的部隊。一七九三年年尾國內叛亂得到平息，從而使集中優勢兵力對抗革命的外國敵人成為可能。軍隊得到首次勝利後，便踏上外國領土。從那時開始，供養軍隊的重擔就轉移到法國境外的居民身上，法國經濟從而復甦，而回歸市場系統以供給都市中心糧食，遂再次變為可能。

到一七九四年的法國局勢大致就是如此。[19]由於可以開始回歸更正常的生活形態，人們因而對危機高潮時橫行遍地的革命恐怖行徑、物價壟斷和武裝侵害產權等，發出強有力的反彈。與此同時，城市群眾對革命的熱情和積極已經消散，即使在巴黎也是如此，因為大部分年輕人和失業男子已投入軍隊，身處遙遠的異鄉。因此，當左右為難的政治家試圖再度號召群眾運動，以戰勝他們的政敵時，以往的力量和熱情已不復見。羅伯斯比爾（Robespierre）*的朋友曾在一七九四年七月號召部分巴黎民眾為他解難，但這招已不見奏效。大約一年以後，在一七九五年六月三日，一群憤怒的群眾試圖再像以前那樣威嚇國民議會，軍隊遂被調前往聖安托萬（St. Antoine）大力鎮壓，因為群眾就是來自那裡。喬治．勒費弗爾（Georges Lefebvre）曾說，「這天應該被當作是大革命結束的日子。」[20]他說的話有幾分道理。

曾為革命加火添油的都會動盪和貧困卻並未就此消失，但在一七九四年之後，它們卻能使群眾的憤怒化為有效戰鬥力量的動力，從此不再見諸於街道之間。這也使得鎮壓變得相對容易。一七九二至一七九九年間，[21]法國士兵陣亡人數約為六十萬，倖存者大部分駐紮海外，以掠奪和強迫比利時、德意志和義大利「被解放」的人民繳稅為生。當那樣還不夠時，法國國內會提供補給。之所以能這樣做是因為，一七九四年後，法國迅速恢復了由市場調節的經濟活動。購買取代了強徵，因而一批發戰爭財的富人趁勢崛起，他們因做軍隊補給的生意而致富。法國國內的軍隊管理又回頭遵照舊政權模式運作，儘管全民總動員已使軍隊人數大增。

* 一七五八至一七九四年，法國大革命時期政治家，後被政敵送上斷頭台。——譯註

法國的勝利曾使當代人驚異不已。但以後見之明，透過創建龐大軍隊所獲得的革命成功似乎相對簡單，考量到這是藉助人口增長和經濟混亂互動下所產生的動力促成，其成果相當直截了當，而最後法國既蒙受其利，亦深受其害。與此並行的任務是創造足夠的武器，這樣一來，將如此龐大的法國軍隊擺在戰場上才有意義。總體而言，武器生產方面所取得的成就更令人矚目。這是因為在美國獨立戰爭開打時，法國向美國軍隊運送大批武器，[22]所以等到法國大革命時，王室軍械庫已經告罄。從美國獨立戰爭勝利結束到法國大革命爆發的六年間，法國政府財政拮据，軍械庫裡從來沒有足夠庫存。因此革命者發現，庫裡的貨架上幾乎空無一物，[23]而當時既有的武器生產也完全不足以裝備一七九一年及隨後幾年的總動員所徵召的數十萬新兵。

新的革命軍建立初始，秩序嚴謹的管理制度一般已被打破，地方還得自行解決軍需，這些都意味著，已無法找到當時武器生產的可信統計數字。當「革命處於險境」的警告聲達到最激切的高峰時，巴黎和其他城市都紛紛臨時建立兵工廠。[24]而全民總動員所構想的恢弘計畫至少暫時得以實現。法令規定，已婚男子會「製造武器，運送彈藥」。但顯然已婚男子並沒有全部去製造武器，有的人就算努力嘗試，也無法製造出真正管用的滑膛槍。但是，的確有許多人製造武器，並在改建過的工坊裡製造滑膛槍。那些工坊以前往往是修道院或其他宗教建築。

武器供應困難加劇，因為法國主要王室兵工廠都位於遠離巴黎的其他地區，而那些地區的革命熱情不總是很強烈。例如，一七九三年秋天在里昂附近爆發了激烈的反巴黎暴亂，打斷附近聖德田（St. Etienne）的武器生產，而法國最大的軍械庫就位於此。然而，當新的金屬材料又送到聖德田的槍炮工匠那裡時，武器生產轉眼間又迅速恢復，而且很快就超越舊時最高產量。譬如，在舊政權治下，聖德田的槍枝年產量起伏不定，擺盪在一萬和兩萬六千之間。一七九二至九三年的年產量驟降，但因為紀錄沒有保存下來，無法得知確切發生原因。然後，一七九四至一七九六年間，年產量超過戰前水準，平均年產量為五萬六千六百。但隨後產量又降低，根據需求而年年不同。一八一〇年達到高峰，此年拿破崙的軍官們從聖德田的工匠那取得超過九萬七千支槍枝。[25]其他舊政權時代的兵工廠，如靠近比利時邊界的查爾維爾（Charleville），則在一七九二至九三年的危機高峰時被入侵的敵軍占領，一直等到法國人趕走敵人後，才開始為革命效力。

因此，自一七九三年八月到一七九四年七月間的革命危機高潮時，採納臨時措施和仰賴毫無經驗的工人是常態。在那幾個月裡，指令經濟的原則以驚人的方式和自願或非自願的行徑結合為一。每當軍隊急需物品時，特派代表、軍隊人員和其他政府官員就會竭盡所能地去找來物資。例如，一位國民會議公安委員會委員路易．聖茹斯特，要求史特拉斯堡市民貢獻己力、解決軍隊燃眉之急時，就成功募集到兩萬雙鞋。當然，在他專橫的要求背後隱然含有威脅的意味：凡不捐獻者，就有被當作人民公敵的危險，因此可能被捕和處決。然而，對許多、也許是大部分的法國人而言，這項為國盡力的要求似乎公正，而個人財物或時間或精力的犧牲似乎還堪可忍受。

這個時期發明了一些新技術，有的首次運用在工業規模。例如，兩位化學家研究出製造硝酸鉀的方法，此後就無須再從馬廄或公廁牆壁上刮取這種製造火藥的關鍵成分。[26]此項發明使法國無須再仰賴進口——此事至為緊要，因為當時英國海軍控制海域。其他新技術包括氣球偵查隊，可以從空中鳥瞰敵方部署；另外還有搖臂信號，連接巴黎與前線。[27]

新軍隊所面臨的難題，就像規模小得多的舊時軍隊一樣，是保證糧食和飼料補給充足。對於一個在極大程度上仰賴巴黎民眾支持的政府而言，第二個關鍵難題是提供首都和其他城市足夠的糧食，使貧民免於餓肚子。革命政權以頒布《限價法》解決此問題，其中規定糧食和其他日常消費品的價格。由於法定最高限價遠低於市場投機商的價格，因此生產者和經銷商往往偷偷囤積商品，拒絕照規定價格出售。如此一來，政府人員常常得在武裝部隊的陪同下，去查緝囤貨者，將找到的貨品撥給公眾使用，就算得付款，最多也只按法定最高限價給付。

在這些問題上，地方的積極行動與否決定一切；因為想從巴黎或其他單一中心做全國性的實際控制根本不可能。但在全國資源的計畫性動員方面卻缺乏統計數字。儘管是藉由無數個人和地方團體的行動完成這項任務，但他們對民眾意志和革命利益卻各有各的解釋。無論如何，透過勸誡、強迫和限定價格的相互配合，促使數百萬男女為保衛國家做出貢獻。儘管以一般經濟尺度來衡量的話，這類努力無疑有許多效率不彰之處，但任務還是完成，而且規模浩大。男子參軍，維持軍隊所需的糧食和補給也紛紛到位，即使在到一七九三年七月軍隊規模擴張到大約六十五萬人時，問題還是得到解決。這個人數比路易十四所能徵召到的軍隊人數大兩倍以上。而兩倍大的軍隊（一七八九年的人口基礎只比一七〇〇年的多出百分之三十）可提供法國大革命期間戰爭動員強度的粗略估計。[28]

一七九三至九四年的革命戰爭就像洶湧的浪濤，沖刷得很高，但卻無法持久。一旦羅伯斯比爾被推翻，恐怖統治有所緩和，想用威嚇手段從法國民眾那強徵供給，必會遇上高漲的抵抗。《限價法》廢除，政府（心甘情願地）只能仰賴私人承包商，而後者必須出（通貨膨脹下的）高價收購供軍隊和政府所用商品，再加上可觀利潤。督政政府（the Directory，一七九五至九九年）統治時期的特色就是通貨膨脹失控和暴發戶階級的興起。

但當政府仰賴市場誘因來管理法國經濟時，實際上也將緊急時期的指令經濟出口到鄰國——比利時、萊茵蘭，和一七九七年後的義大利。當然，要辦到這點得先贏得打敗共和國敵人的勝利。一七九二年九月，法軍在瓦爾米（Valmy）取得第一場勝利，靠著四十門格里博瓦大炮遠程轟擊，普魯士人四散潰逃，終於撤出法國領土。[29]

在隨後的戰役中，革命熱情和浩大人數所扮演的顯著角色，超越任何專業技術。不過，在這些戰役中，革命軍隊的表現大致遵照一七六三年以後在法國軍隊裡所發展的新戰術思想。比如，在翁德舒特戰役（Hondeshoote，一七九三年九月）中，散兵從灌木叢後面向敵軍射擊，從而在逼迫英普聯軍撤退上扮演重要角色。而在瓦提涅（Wattignies，一七九三年十月）戰役，法國士兵完全靠革命熱情和行軍中所能找到的東西來維持士氣，卻證實自己能以慣例行軍速度的兩倍橫貫法國。如此一來，他們便能在戰場上集中優勢兵力，包抄奧地利軍隊，以前後左右的夾擊來對抗職業軍隊的優勢火力。

這是首次革命軍隊清楚展現其取得決定性勝利的戰術。「組織勝利的人」拉札爾・卡爾諾（Lazare Carnot）在瓦提涅戰役中坐鎮指揮，代表公安委員會的最高權力。也許打勝仗的功勞都該歸功於他；積極的攻擊策略和戰術是要冒險的，而他也大膽冒險了。但是，如果當時法國士兵拒絕對戰鬥前進做出最大努力，或其士氣在戰場上稍有搖擺，緊隨於其後的必然是敗仗。反之，普通士兵對革命力量產生深沉強烈的嶄新信心，並激勵了大部分的法國軍官。[30]

自此之後，高速行軍、戰略集中和在戰場上積極的攻擊戰術就變成法國軍隊的特色。其他軍隊通常會被軍紀綁死，無法順勢而為。法軍卻能靈活運用散兵戰術，在崎嶇地區或森林地帶發動攻擊，而舊式戰線無法在這種地方形成。[31]如此一來，軍隊就無法再像腓特烈大帝時代那樣，依靠難以通過的地形來保護步兵戰線的兩翼。而在整個拿破崙時代，軍隊人數和大炮數則是決定性關鍵。

法軍取得勝利後，轉而入侵比利時和萊茵蘭，因而將因恐怖統治結束而快要消失的指令經濟，帶進這些富庶和人口稠密的地區。軍隊一貫需要的糧食和飼料體積過大，不利遠運。無論如何，打勝仗的法國人已經不想拿取自己寒酸的庫存來供給軍隊，何況在新近占領的土地上，強迫徵收和公然掠奪就能解決補給。

透過這種簡單有效的方法，法國政府在很大程度上舒緩了國內的社會不安，而後者正是引爆革命的首要因素。在督政府統治下，革命前無法在民間找到滿意工作的大批年輕人，不是成功進入國內職場，就是當了兵出國靠鄰國人民供養，要不就是壯烈犧牲，獲得程度不等的榮耀。[32]

直到一八〇〇年，針對曾大力推翻路易十六的人口經濟危機，所採取的解決方式仍舊不甚牢靠。拿破崙於一七九九年當權時，再次快速大敗敵人，致使法國政府得以對公民施行有效的稅收制度。之後，通貨膨脹得到抑制，拿破崙將供養他軍隊的費用更公平地分配給國民，而這是革命政權從來就沒辦到的棘手難題。一八〇四至〇五年間，拿破崙將法國精銳部隊聚集在布洛涅（Boulogne），準備入侵英國，供養軍隊的主要重擔再次轉移回法國，儘管鄰國在或多或少的強迫下，繼續對法國的戰爭提供為數不少的援助。[33]

法國軍隊徵召新兵的制度早些時候就已正規化。一七九三至九四年間響應徵召的士兵沒有定期的服役期限。隨後的徵召辦法也混亂而局部——往往施行在法國新併吞的土地上。直到一七九八年，督政府通過一項法律，要求所有介於二十到二十五歲的男子到陸軍部登記。他們按照出生年分分類；議會每年該決定徵召多少新兵。然後陸軍部向各省分配配額，地方政府選擇願意服役的人，從最年輕的適齡男子開始挑選。後來演變而出的標準辦法是抽籤決定誰該入伍；但是一七九九年以後，這種革命性的平等方法遭到修改，找人替代入伍合法化，只要被抽中的人能支付雙方談妥的議價即可。軍隊徵召以此方式變得仰賴市場調節，允許富人逃避服役的艱苦和風險。這制度在法國一直實行到一八七一年以後，儘管在一八一五年後的大部分年分裡，徵召新兵人數極少，甚至沒有，因此這種徵召方式只影響到少數適齡男子。

當然，沒有人會公開承認每年徵兵是種將過剩年輕法國男子輸出國外、以舒緩人口快速增長所引發的社會摩擦的高明手法。話雖如此，在整個拿破崙時代就是有此類效果。反過來說，徵兵要成功得仰賴每年有足夠的年輕男子成熟茁壯，既可入伍當兵，又可執行國內基本工作。到一八一四年，人口短缺，拿破崙被迫「刮桶底」(scrap the bottom of the barrel)*，但直到一八一二年，拿破崙對兵源的不斷需求，並未顯著干擾法國市民的生活。從十八世紀中期開始，連續二十年法國人口增長，持續提供足夠身

* 意指濫竽充數，將就湊合使用。——譯註

強體健的男丁，滿足軍事和社會的人力需求。

在法國本土，徵兵對人口的衝擊因領土的擴大而削減。法國的吞併幾乎讓「法國人」人數加倍，從一七八九年的兩千五百萬暴增到一八一〇年的四千四百萬。在拿破崙的管轄下，這些新公民對拿破崙於一八〇〇至一八一二年間所徵召到的一百三十萬人，也做出不小貢獻。此外，被占領的國家也在勸說或強迫下，在拿破崙於一八一二年率領大軍入侵俄羅斯時，提供武裝分隊的士兵，因此他的大軍中真正會講法語的人只占少數。[34]

因此，實際上，拿破崙將為緩和人口快速成長所引發的社會緊張而採取的革命手段，應用在人口較為稠密的西歐地區，而在這些地區很難用開墾新耕地的簡單方式解決此難題。在奧地利和俄羅斯，哈布斯堡和羅曼諾夫政權也擴充軍隊規模，以大量徵召農民來補充損失的兵力。但這兩國的情況不同，增長的勞動力可以完全投入農業而坐收其經濟效益，而在人口密度較高的西歐地區要做到這點很難，或說根本不可能。換句話說，東歐軍隊的擴展肇因於政治—外交和軍事因素，並沒有社會內部推動力，儘管人口增長使徵召者相對容易從農村來補充兵源，完成指定的徵兵配額。

普魯士是個例外，因為一八〇八年在拿破崙強迫腓特烈·威廉三世接受和約後，普魯士的軍隊人數被限定為四萬兩千人。但是這種強迫遣散和法國長年來的占領徵用所形成的經濟艱困，為一八一三年的解放戰爭（*Befreiungskrieg*）提供了大量人力和反抗情感基礎，當時普魯士大舉徵兵，而百姓群起響應。

因此，在歐洲大陸，革命對舊政權的人口危機所做的反應大致上證實有其功效，至少在一八一〇年前是如此。拿破崙多次打贏奧地利（一七九七、一八〇〇、一八〇五，一八〇九年），並在一八〇六年給予魯士致命打擊，使各地舊政權沮喪不已，權威掃地，只有英國例外。英國的公眾感情傾向於對法國人採取強硬姿態，支持貴族寡頭政治的領袖。在整個戰爭期間，英國的經濟和國家管理相當成功，這點我們很快會在下文中討論。俄羅斯菁英對革命風潮則抱持矛盾態度，既激賞又恐懼。由於心態躊躇不定，幾乎每個人都滿足於順應統治獨裁者的陰晴起伏，首先是暴躁怪異的保羅一世（一七九五至一八〇一年），隨後是滿腦子罪惡感的空想家亞歷山大一世（一八〇一至二五年）。[35]

無論是英國領導的全歐商業整合，或由法國宰制的西歐軍隊統合，都未能真正與俄羅斯東正教感情契合，兩者也不符合俄羅斯的國家利益。但由於英法勢力的突然崛起，實際上這就是沙皇和俄羅斯統治菁英所面臨的抉擇。這類左右為難比不上俄羅斯以西的統治者所面臨的尖銳局勢，因為俄羅斯農民和城鎮下層民眾幾乎沒有感受到強烈橫掃過西歐的改革之風，因而沙皇仍能自由地在與英或與法聯盟間搖擺，而兩者開出的條件都無法真正滿足他。奧地利哈布斯堡王朝統治者也是如此，儘管在一八一〇年梅特涅（Klemens van Metternich）的安排下，拿破崙與奧皇法蘭茲二世的女兒成婚，法奧兩國看起來已經按照王朝聯盟的古老模式達到長久的和解。但這位新近崛起的法國皇帝和聲稱是基督教世界領袖的古老家族達成聯姻，只是為了取得他重視的合法性；反之，對哈布斯堡皇帝來說，有拿破崙這位女婿撐腰，似乎就可保證不會再吃敗仗。

因此，從軍事和外交的角度來看，到了一八一〇年，法國在中西歐的霸權地位似乎相當穩固。法國的征服帶來深遠的法律變革。在法國境內外，新政權的既得利益階級快速出頭，逐年強大。

然而，英國仍是不容小覷的敵對勢力。法國為了使英國陷入困境，切斷英國與歐洲大陸的所有貿易。拿破崙於一八〇六年頒布這項經濟封鎖政策，結果他的權威就與歐洲相當大部分的民眾利益產生衝突，因為對後者來說，廉價棉布和英國製造品以及只有透過英國貨物集散地才能獲得的殖民地商品，至關重要。如果法國能從自己國家境內的工廠提供相等的商品，大陸封鎖政策一定能收到成效，但結果並非如此。法國製造業在一七八九到一八〇〇年間遭受嚴重打擊，儘管在拿破崙治下曾經恢復生機，使得一八一一年的產值超過革命前時期百分之四十。[36]但這個增長率還是遠遠落後英國，法國產品因而很難在數量和價格上與英國產品相互競爭。[37]更重要的是，在歐洲大陸境內，無法找到讓民眾滿意的茶、咖啡、糖、原棉和海外類似商品的替代品——至少在短期內的確找不到。[38]

法國的基本弱點是仰賴昂貴的陸路運輸，民間市場的商品批送是如此，更關鍵的是，軍隊補給也是如此。拿破崙的軍隊在西班牙和俄羅斯所遭遇的災難，根本原因在於在這兩個戰場，敵軍都能利用水路做軍隊供給，而法軍在沿路的農村搶不到的物資時只得仰賴陸路運輸。在富庶的農村，比如義大利和德意志地區，以及在夏季的幾個星期裡，法軍在行軍沿途搶不到的物資還可用陸路運輸，拿破崙的早期勝利便證實此點。但如果一年的軍隊行動仍舊無法分出勝負——如在西班牙——如果軍隊駐紮的地區十分窮苦，難以供養軍隊，那麼法軍自一七九三年以來所遵循的軍事勝利方程式就會失效。靠掠奪來補充後方補給的不足，只會加深當地居民的同仇敵愾，不管是在東普魯士、西班牙或俄羅斯。這意味著得增加來自遙遠後方的陸路運輸量，但如此一來，又缺乏足夠運輸工具。

反之，英國在葡萄牙和西班牙的遠征軍（一八〇八至一二年）大部分仰賴英國的海路補給。管理海路運輸的行政措施在美國獨立戰爭期間就已發展，而一八〇八至一二年的海路運輸並未對英國國內資源造成過度壓力。再者，在貧窮的伊比利半島，英國人所需的物資和勞務（尤其是陸路運輸）若由當地居民提供，英國政府便按照議價支付。這意味著，當敵對兩軍逼近時，英國人能優先獲得西班牙和葡萄牙農民所能提供的人力和物資。因此，一八一〇至一一年，在英法兩軍於里斯本外的托雷斯韋德拉什（Torres Vedras）對峙的關鍵時刻裡，法軍淪落到挨餓的田地，而英國軍隊卻得到多少算是足夠的補給。法軍在西班牙高達二十五萬的軍力規模不但並未占到優勢，反而還增添困難。

總之，從許多意義上來說，西班牙仍舊是個舊政權國家。西班牙開闊的小麥田和牧場很適合舊式的英國列隊戰術。西班牙的窮困使得威靈頓所率領的高度訓練有素的軍隊，其人數雖然小於規模大得多的法軍，打起仗來卻綽綽有餘。[39]

拿破崙在一八一二年入侵俄羅斯時遇到幾乎同樣的困難。早在一八〇七至〇八年，法國人在東普魯士和波蘭和俄羅斯人打仗時，已經察覺在沼澤和森林遍布、農地稀少的國家作戰困難重重。拿破崙因此做了萬全準備，從後方為大軍運送補給，但用大車陸路運輸緩慢昂貴，行軍速度受到限制，並慢到使俄軍能很容易趕上。況且，在從莫斯科撤退期間，整個運輸補給系統完全崩解，結果隨拿破崙遠征的大軍只有少數存活下來，絕大多數不是死亡，就是被俘。[40]

拿破崙仰賴大車來為軍隊運送補給，事實上這是以此來和水路運輸一決勝負，因為沙皇控制了俄羅斯的河流和運河系統；這便意味著，沙皇的軍隊在夏季可以用駁船和河船運送糧食和其他必需品，冬季則可用雪橇運輸。因為利用水路長途運輸笨重物資極為容易，俄羅斯人就能更充沛地供給士兵，相對之下，靠大車搬運較少物資以進行艱困費時的陸路運輸的入侵法軍，顯然非常吃虧。[41]

英國的不同情況

在討論拿破崙在俄羅斯打敗仗所造成的後果前，似乎該將注意力先轉移到海峽對岸，簡單探討一下，在革命的那些年歲裡，英國政府是如何統籌其對法國的戰事。在動員資源投入戰爭的過程中，英國並未爆發突然的決裂或國內動亂，儘管從長遠來看，英國社會的變化與法國革命可同等觀之，這點從我們慣常使用的「工業革命」這名詞就可資證明。

試圖解釋這個島國如何和為何變成工業革命發源地的歷史學家們，最愛引用的論點就是，人口增長是打破英國舊式經濟平衡的重要因素，可能也是頭號因素。[42]當時，英國一方面擁有充足的勞動力，另一方面國內市場不斷擴大，使得利用新發明的機器來達到規模經濟的效益成為可行之舉，不管使用的是製造棉線的紡棉機或融鐵的煉鐵高爐。低廉的水上運輸對整個經濟發展至關緊要，無論是對從海外進口的棉花之類的原料來說，或是對英國海內外商品的分配和再分配都是。一七六一年開通的布里奇沃特公爵運河為曼徹斯特的棉紡廠帶來了煤，該市才得以興盛繁榮。而運河的經濟成功啟動英國建造運河的風潮，一直持續到一七九〇年代。另外再加上對原有河道的疏浚改善，結果是英國就此擁有有效的內陸航行系統，使到每個地方的陸路運輸減少到至多只有幾英里，大幅降低運送大量商品的成本。[43]

但就像在法國，人口、食物供給和薪水高的就業機會之間的關係並無法保證能令人滿意。英國某些地區的農村非常窮苦，無法促進任何種類的商業和工業成長。在愛爾蘭和蘇格蘭高地顯然就是如此。甚至在工商業發展旺盛的倫敦，市內仍有大量生活極不穩定、窮困潦倒的民眾，有些人即使在時機好的時候仍舊得靠乞討和竊盜為生。倫敦發生群眾暴動的潛在可能性與法國相當；而像約翰．威爾克斯（John Wilkes）*這樣的民眾領袖又前仆後繼，他們提供覺醒的民眾政治目標和遠大理想，就像巴黎在一七八九至一七九四年間那些讓人驚駭莫名的血腥暴力一樣。

無論如何，即使在大革命最初的時日裡，法國的自由呼聲飄盪過海峽對岸，也在其他鄰近國家裡迴盪，但英國的貴族寡頭政治仍舊未曾在國內受到嚴峻挑戰。[44]一個原因是，一旦和法國開戰，反對現有政權就會變得很難和叛國行為區分開來。此外，英國政府發現應付人口快速成長的有效措施，想方設法抑制人民的不滿，因而沒有出現路易十六在巴黎面臨的人民怒氣爆炸局面。

如同在法國，英國陸海軍的徵兵也扮演重要角色。一八一四年到達動員高峰時，陸海軍徵召的新兵達到五十萬人左右，[45]那將近是英國在職勞動力總數的百分之四。從貧窮的蘇格蘭高地招募到多得不成比例的陸軍新兵，海軍則從海港城鎮補充兵源，拉伕大隊只要看到居無定所、沒有固定職業的壯丁就拉進軍隊裡。這意味著，在這兩個從十八世紀的紀錄看來特別高漲著政治不滿情緒的地區，失業和學非所用的年輕男子都去當兵，得以找到宣洩管道，就像一七九四到九五年之後的巴黎和法國其餘地方一樣。

長期以來，英國社會和政治上的一個沉痾就是愛爾蘭。在那，對農村困苦和人口增長的反應朝兩個歧異路徑邁進。在北愛爾蘭阿爾斯特省，自從一七一七到一八年的饑荒之後，蘇格蘭—愛爾蘭新教徒移民美洲蔚為風尚；美國獨立戰爭曾一度使這股移民潮中斷，後來一七七五至八三年間才又有少數人從北

* 一七二五至一七九七年，英國激進派政治家。——譯註

a

b

圖九　昔日的海上霸主

這兩幅圖呈現了十七至十九世紀歐洲戰艦設計的變革。圖a的帆船是1626年在荷蘭製造的；圖b則是1847年於法國建造。在這段時間內，戰艦裝配的炮數增加超過一倍，但在船兩側排列重型火炮的基本概念維持不變。

愛爾蘭移民美國，直到再度在一八一二至一四年美國又爆發戰爭而止歇。[46]這種平均每年兩千到三千左右的人口外流現象，就足以使阿爾斯特省的局勢翻轉，為不列顛群島這一地區的社會不滿提供有效安全的宣洩出口。在愛爾蘭南部，另一種移民人口流動暫時舒緩愛爾蘭天主教徒長期飽受的農村人口過剩之苦。倫斯特省（Leister）和芒斯特省（Munster）的地主們發現，若將一七九三年前就用來放牧的土地，轉來耕作小麥或燕麥的話，利潤則會更大，因為穀物價格持續上揚。這種轉變需要人力來播種和收割。結果，一六只要給窮困的愛爾蘭人每人一英畝地種馬鈴薯餵飽全家，就可找到從事農作所需的勞動力。結果，一六五〇年克倫威爾（Oliver Cromwell）當權時僅限天主教窮人定居的康諾特（Connaught）——原本部分地區在戰爭期間居民都捲鋪蓋離開——因此有十年左右的時間，愛爾蘭南部幾乎是充分就業。

職是之故，在不列顛群島，遭受鄉村人口增長的難題衝擊最嚴重的地區，每個都能找到合理有效的解決之道。蘇格蘭高地用徵兵，阿爾斯特省輸出一部分勞動人口至海外，愛爾蘭南部則是將牧地改為耕地。就英格蘭本身而言，商業性農業和「集約農業」（high farming）則得到更完全的發展，此處對人口增長的重大反應就是修改《濟貧法》。一七九五年後，越來越多的教區授權對院外窮人救濟，救濟款的發放數額則是依據申請救濟人的薪水、家庭人口以及（此點很重要）麵包價格來制訂。救濟辦法因地制宜，但這個所謂的「斯賓漢蘭制度」（Speenhamland system）[47]可以保證每個人都能維持最低生活水準。這意味著，即使逢上災年，部分地區歉收致使麵包價格飆漲，窮人也可逃過餓死的命運。如果沒有《濟貧法》的幫助，農村勞工在遇上糧食不足或農閒季節時，就會在別無選擇的情況下逃進城市，抱一線希望在城市裡找工作，或是靠貧困鄉村所沒有的慈善機構的救濟而存活下來。一七八八至八九年就是因為歉收，大群這類求助無門的人湧進巴黎。然而，一七九五年後，在英國幾乎不會發生這種事。新《濟貧法》的實施使鄉村勞工在饑荒季節仍可以在原居住地生存。因此，斯賓漢蘭制度的院外救濟在長久以來穩定了英國社會。

在那之後，英國內部的人口流動就取決於人們對經濟機會和工資差異的反應。這類人口流動又反過來對十八世紀晚期英國社會對人口增長的自我調節，有特殊而基本的重要貢獻。換句話說，英國藉此擴大了工商業中有經濟生產力的就業機會。新技術降低產品價格，從而擴大市場，連帶擴大生產規模，於是就反過來需要更多工廠工人、運輸工人和各類服務人員，以保持交換經濟的平穩運作。這種成長不是經過人為策劃，而且曾在戰爭期間發生過幾次嚴重危機，從而使整個系統為之撼動。但在每次危機中，英國政府、業主和經理們都挺過危機，重新恢復蓬勃生機。其中特別有三次是在全國的沉著冷靜和足智多謀下，克服初始災難。一七九七年，英國民眾接受沒有黃金儲備做後盾的紙幣；一七九九年接受所得稅法；一八〇六年後英國商品在歐洲大陸受到嚴格限制，出口商遂在拉丁美洲和黎凡特地區找到新市場。

研究工業革命的大多數歷史學家很少注意戰爭。而那些注意到戰爭的學者通常會爭論，主張戰爭阻礙而非促進英國工業發展，或是認為有無戰爭都差別不大。[48] 這種說法有相當大的問題。政府支出大量增加，幾乎全用於戰爭目的，必然會影響到英國經濟中每個交換貨品的供給和需求。[49] 只有假設當時有另外一種刺激可以使全部勞動力充分就業，並使原先就業不足的英國群眾的有效購買力，能等同於英國陸海軍的採購能力，才能斷定，如果沒有戰爭，英國工業化的步伐也會等同或超越當時的實際情況。

在國外，政府支出也為英國出口開闢康莊大道。英國政府對盟國政府的補助總計高達六千五百八十萬英鎊，[50]使歐洲大陸的官員得以有能力購買英國商品來裝備軍隊。而在俄羅斯、奧地利或普魯士的補助，使柏林、聖彼得堡和維也納有可用於倫敦的外匯，如此一來，這些國家的民眾就能購買英國殖民地貨物或其他商品，而其中大部分得經過英國或是由英國起運。倘若沒有這些英國政府對大陸盟國的資助，如果沒有將購買力移轉給原本貧窮、就業不足、但後來徵召入陸海軍的那五十萬人的話，就難以相信英國工業生產的增長能那般快速。[51]

不僅如此，政府干預也改變了大不列顛不斷擴大的工業生產所製造的商品組合，特別是獎勵鐵的生產。窮苦和學非所用的人不會購買大炮和其他昂貴的工業產品。但將成千上萬的窮人徵召入陸海軍，提供他們新行業的工具，這樣有效需求就會從個人消費品，轉而被對龐大組織而言的有用物品所取代。而這些組織首先就是陸海軍，隨後是工廠、鐵路和類似企業。其次，那些原本在威爾斯和蘇格蘭荒涼地區建造用焦炭做燃料的新鼓風爐的人，如果沒有穩定可靠的大炮市場，可能就不會冒險做鉅額投資。無論如何，他們最初的市場大多來自軍方。[52]

因此，從一七九三年到一八一五年，英國工廠和鍛鐵廠的絕對生產量和產品組合，都深深受到政府為戰爭目的所做的花費的影響。特別是，政府的需求創造鐵工業的早熟發展，其生產能力還超過和平時期的需要，一八一二至一八二〇年間的戰後蕭條可資證明。但在提供英國冶鐵師特別獎勵，為他們的大型新式鼓風爐製造的產品找尋新用途之外，此舉也為未來發展創造了最佳環境。因此，軍事對英國經濟提出的需求，形塑了工業革命後繼幾個階段，促進蒸汽引擎的改善，[53]以及當時鐵路和鐵船極為關鍵的革新。在那個時代的條件下，如果沒有戰爭推動著鐵工業生產，這些進步根本不可能存在。將這個英國經濟史特點斥為「反常」，[54]無疑是很大的偏見，而這態度在經濟史學家裡，卻很普遍。

此外，還有一點。在十九世紀的頭十五年裡，英國的圈地運動達到高峰，當時的糧食價格對集約農業有利。眾人皆知，議會是在犧牲窮苦農民階級的利益下而通過圈地法；但是，如果不是戰時條件能為失去土地的人提供合適的替代出路，使他們能夠加入軍隊，或靠救濟為生，或到因戰時需求的刺激而興盛的民間經濟尋求工作，那麼，即使議會是由地主和商人組合而成，也不會不顧社會後果地貿然通過那麼多圈地法。如果圈地法曾導致城市中冒出大批失業和就業不足的憤怒群眾，那麼它肯定不會繼續實施，而英國的經濟史就會走上不同的道路，就像法國在十九世紀時的經驗。

沒發生過的歷史只能用來刺激想像；本書的重要論點是，英國政府對市場的大規模干預[55]卓有成效，在加速英國的工業革命之餘，還幫助確定其道路。而這種成效在當時沒有廣被人們認識到，英國政府也不是完全特意如此主導。多虧政府的支出，儘管聯合王國的人口從一七九一年的一千四百五十萬驟增至一八一一年的一千八百一十萬，[56]繁榮和充分就業在戰爭時期仍是主要現象。

在法國，處理失業和就業不足難題的政府政策同樣成功，但手法則有所不同。法國年輕人入伍的比例較大，而工商業儘管真的有增長，但步調較為緩慢。其部分原因是，隨著法國統治的領土擴大，許多新工業區納入巴黎政府管轄，因此，列日和杜林（Turin）以及法國本土較老的軍備中心開始為法國的戰爭效力。同理，棉紡廠和其他新工業崛起時集中在比利時和法國邊境的亞爾薩斯（Alsace）此點也不可忽視。

英法兩國不同的政府政策為先前學非所用的兩國年輕人，在軍隊和工商業開創的就業比例也非常不同，而這有著非常重要的長期後果。一七九二至一八一五年間，法國在戰爭中損失的軍人總計在一百三十到一百五十萬之間。[57]同時，從十九世紀開始，法國的出生率卻顯著下降，這意味著，隨著波旁王朝的復辟，人口迅速增長的刺激（和問題）永遠從法國領土上消失了。而英國和愛爾蘭以及德國和歐洲大陸其他國家，在整個十九世紀的出生率則遠遠領先法國。[58]

如此看來，法國人學會了控制生育，而英國人則學會了如何使不斷增長的人口進入工商業就業。這是英法兩國政府在一七九二至一八一五年間，個別採納的政策所意外造成的後果。英國技術領先群倫，其優勢持續半個世紀左右；法國走向工業化和都會化的腳步要慢得多，社會人口中農民占很大比例，直到一九一四年後情況才有所改變。

整體來說，我們應該指出，在十八世紀晚期，在未開發土地匱乏而人口又空前增長兩方所造成的危機上，英法兩國都解決得相當成功。在一七八九至一八一五年的動盪年代中，法國和英國都將國家財富和權勢提到新的高點，而東歐則難以望其項背，儘管以其他任何標準看來，俄羅斯和奧地利的經濟和軍事成長也相當驚人。但是在部分歐洲，人口和軍隊規模的成長不需要新的人類合作和管理形式，因為在那些地方，可以將林地和荒地改成農田，新增的勞動力可以立即投入。因此，對政府而言，這類廣泛的發展不如英法兩國的集約開發模式那般有價值。英法兩國的集約形式產生大規模的整體合作，在法國主要是透過指令，在英國則是透過市場得以實踐。之所以這麼做是因為墾荒新移民很快就會落入收益遞減規律的陷阱。農耕者分配到的土地越來越貧瘠，因此能上繳政府和其他當局的剩餘農產品就越來越少。

一八一五年後的愛爾蘭便是如此，和英國持續的都會和工業發展形成鮮明對比。就像十九世紀後期的東歐人，愛爾蘭人最後被迫移民，以逃避鄉村的貧苦，那是在饑荒的暴虐力量還沒有發威的時候。

一七九二至一八一二年間，法國政策取得了驚人但不穩定的成功，因而掩蓋了一個弱點，而它在拿破崙於俄羅斯吞下敗戰後，就變得非常明顯。儘管英國的金融和商業優勢不受歐洲大陸人民的歡迎，但相較之下，由於法國占領軍強迫大陸人民供養和服從，法國的軍事優勢和經濟剝削較為受到民眾的怨恨。因此，一八一三年，當裝備供應不足的普魯士、俄羅斯和奧地利軍隊得到英國的金援和武器時，推翻拿破崙的物質手段和意志便堅定地結合起來。這兩方面結合所產生的力量證實非常巨大。拿破崙的地方行政官表現卓越，建立新軍隊迎戰敵人，而拿破崙迎戰來犯反法聯盟軍隊的戰術也贏得軍事歷史學家的激賞。但是法國資源不足，而法國軍隊和民眾在革命初期的那種熱忱，在長期戰爭的耗損下，也已消失殆盡。因此，一旦拿破崙垮台，由權力平衡的傳統計算在其中扮演關鍵角色的和平協議便變得舉目在望，而法國也得以在相當短的時間內，加入歐洲的大合奏。

戰後協議，一八一五年至一八四〇年

然而，要從歐洲的容貌上抹消革命痕跡實屬不可能，甚至連最反動的復辟政權也罕見這樣做。在軍事事務方面，飽含未來變化可能性的國家主要是普魯士。英國和俄羅斯的軍隊仍舊完全是舊政體的軍隊，儘管都曾趁戰爭時擴大規模。在其他地方，因傳統政治階級以及貴族和平民、貧富、統治者和被統治者之間殘存的互不信任，導致統治者和貴族號召平民拿起武器來對抗法國人的努力和呼籲變得很薄弱。奧地利不能肆無忌憚地反抗法國人，因為拿破崙畢竟是奧皇的女婿。況且，在一八一二年後，哈布斯堡家族外交政策大師梅特涅就認識到如果法國作為一個軍事強權被淘汰，俄羅斯沙皇便會取而代之，主宰整個歐洲，削弱哈布斯堡在羅馬天主教國家中居首的地位，並會透過丟給普魯士這匹豺狼一點美味珍饈，進而破壞和威脅奧地利在德意志諸國的領導位置。因此，梅特涅的外交政策和戰爭策略完全遵從舊政體標準，就像英國和俄羅斯軍隊一樣。

但是，在普魯士，一八〇六年普法戰爭的徹底軍事瓦解完全是意料之外，故而打開了大力改革之路，不僅是社會和政府，軍隊也得接受改革。漢諾威一位新起之秀格哈德・馮・沙恩霍斯特（Gerhard Johann David von Scharnhorst，一七五五至一八一三年）在軍事改革派中頗吃得開，多虧他本人的素質和腓特烈・威廉三世對他稍嫌冷淡的支持。這位普魯士國王覺得自己被無能和懦弱的貴族軍官背叛，因此，在耶拿戰役戰敗後，他改而重用沙恩霍斯特和其改革同伴。國王是以絕望的心情這麼做的，因為他不信任改革派能以透過和民眾合作、進而重新恢復普魯士往昔榮光的信念。沙恩霍斯特認為，法國成功的真正秘訣在於統治者和被統治者間的積極聯盟。普通法國人一再證實他們自身願意為他們的國家和統治者奮勇作戰。德意志人也會為普魯士國王赴湯蹈火，但條件是要給他們和國家唇亡齒寒的感覺。腓特烈・威廉三世不情不願地接受這個想法，因為他可是清楚記得當年路易十六試圖背離民眾意志時的悲慘下場。而這位普魯士國王願意准許的社會和政治改革僅限於廢除農奴制和建立權力有限的地方自治政府。

但在純軍事事務方面，沙恩霍斯特的想法較能贏得國王的認可。一八一三年以前，法國政策顯然無法履行武裝人民這一理想，但與此同時，軍事效率、技巧和訓練水準的改善似乎可行。職是之故，沙恩霍斯特強烈相信，軍官的任命與晉升必須以表現出來的能力來作依據，這後來在一八〇八年的一份皇家官方飭令中成形，規定如下：

> 從現在開始，軍官在和平時期的任命和晉升必須以知識和學歷為基礎；在戰爭時期，則以勇氣膽識和是否能迅速判別局勢為據。因此，在全國，具備這些素質的所有個人，都有資格要求擔任軍事機構中的最高職位。軍事機構內一切現存社會特權從今起全數廢止。今後任何人不論出身，均有同等義務和權利。[59]

為了施行此飭令，建立了軍事學校，軍校學生畢業後或許有資格擔任軍官，而在職軍官也可有資格獲得晉升。炮兵訓練在每個歐洲國家都有長久的歷史，因為重炮射擊術極為複雜，需要經過學校訓練。[60]但要求所有軍官接受學校訓練，並通過考試以證明該軍官有資格接受任命或升遷，這倒是嶄新概念。[61]一七九〇年，法國軍隊曾短暫實驗類似的制度，但在革命熱忱如火如荼的時期，實施一個只保留給接受過教育的人的軍官體系，階級特權的味道未免太過濃烈。因此，一七九一年就廢止了用書面考試認證教育水準的上述制度，軍官的晉升遂改而為取決於資歷和選拔。[62]拿破崙繼續施行此項政策，因此法國軍官團變成由一群歷經戰爭洗禮的老兵組成，他們蔑視書本知識和流行的任何思潮。在俄羅斯、英國和奧地利軍隊裡也有同樣強烈的反智主義，對這些軍隊來說，高舉思想和意識形態的大纛無異於法國大革命。

在普魯士軍官中，反智主義也沒有單單因實施軍官入學和通過考試的新規定而銷聲匿跡。實際上在一八一九年以後，一八〇八年法令的原則已遭到修改，並往往賦予等待任命的貴族候選人特權，故與法令本身多有違背。但改革派的一些理想得以苟延殘喘下來，一八〇八年以後，一些普魯士軍官因學業優異而得到任命或晉升。這些軍官相互鼓勵，遇上新問題或可能性時，應用思考集思廣益來解決專業問題，頗有格里博瓦將軍的風格和精神。

一八〇三至一八〇九期間，普魯士軍隊創立了總參謀部（Great General Staff），為那些知性活躍的軍官提供腦力激盪的組織據點。只有在培育軍官的高級學校以優異成績畢業的人才有資格到總參謀部任職。總參謀部負責在和平時期籌劃未來可能的戰役——這策略在剛被提出來時顯得很激進，而且不符合戰爭道德。為了完成這個目的，就必須收集地形和其他方面的情報，研究過去戰役中的優劣戰術，並評論和平時期模擬演習所展現的戰略戰術。如此一來，總參謀部的軍官們儼然成為普魯士軍隊的智庫，對軍隊管理和行動尋求和應用系統化理性和計算。總參謀部將其成員派駐到每個司令部，以確保正規軍隊和指揮官間的聯繫通暢無阻，在那他們運籌帷幄，運用他們對技術和後勤方面專業知識，對指揮官如何有效指揮提供建議。

訓練有素的專家和堅決果斷的指揮官兩相合作的優點，在一八一三至一八一五年間可充分看出。格布哈德·列博萊希特·馮·布呂歇爾（Gebhard Leberecht von Blücher，一七四二至一八一九年）將軍是一位普魯士老派軍人，他的參謀長先是沙恩霍斯特（直到一八一三年因受傷去世為止），然後是沙恩霍斯特的密切合作人格奈森瑙（Gneisenau，一七六〇至一八三一年）。將軍發現這兩位參謀長能將他的意圖化為詳細的作戰命令，預見並先行阻止會使準確執行不可行的變因。若能從地圖預先瞭解當地地形，能力卓越的參謀人員就能憑藉過去經驗整理出經驗法則，估算出輜重隊、炮隊或步兵部隊通過該地形所需的行軍速度。如此他就能預計完成運輸或行軍的所需時間。每個單位何時該開始行軍和該走哪條路線都得以準確確定，使戰地指揮官能有更大的軍隊掌控力，而這些是若缺乏這類參謀工作，就窒礙難行的。

對於這點，布呂歇爾比大多數普魯士指揮官認識得更為透徹，他尊重和仰賴身邊的專家，反之，當時的拿破崙和其他將軍都做不到這點。布呂歇爾和沙恩霍斯特以及格奈森瑙的關係持續對一八一五年後的普魯士軍事實踐產生影響，儘管直到十九世紀中葉以後參謀人員的威望才會得到穩固。赫爾穆特·馮·毛奇（Helmut von Moltke）*在一八六六年的奧普戰爭中將參謀人員的優點表現無遺；在此戰爭中，總參謀部計畫人員能事先小心算出一切，憑此加速或控制大批軍隊的戰略部署。

普魯士人也在和平時期引進全民皆兵的理想。這實踐的部分成功原因在於一八一三至一四年間的情緒仍在蔓延。那時，在倉促建立起來的軍隊裡，穿軍裝的老百姓人數大大超過正規士兵，他們加入著名的反法聯盟，和法國對戰而取得多場勝利。[63]但光靠激昂的情緒是無法支撐起全民皆兵的理想的。戰後的普魯士財政困窘，不可能像奧地利、俄羅斯和法國那樣保持規模龐大、長期服役的常備軍。但想躋身大國之列，即使只是有潛力如此，普魯士都得仰賴後備軍。這支平民軍隊是在一八一三年對抗拿破崙時倉促成軍的。隨後，在和平時期，這支軍隊又以服役滿三年的士兵來補充兵員。後備軍官則從大學生中招募，他們只要曾在正規軍中志願服役過一年，便有資格擔任後備軍中尉。

因此，普魯士軍隊即使在其最反動的時刻，也能設法在往後的和平時期保留其在一八一三至一八一四年間所展現的革命特色。一八一九年以後，儘管強烈的貴族偏見又在普魯士軍官間勢力抬頭，但軍官們（尤其是參謀人員）的專業能力已有所提升，而且仍舊能夠仰賴平民後備軍。這是改革時期傳承而來的思想遺緒；當時，國王和人民的合作夥伴關係一度成為現實，普魯士也因此再度成為歐洲霸主之一。腓特烈大帝在位時的那些輝煌歲月便屬此例。[64]

在其他歐洲軍隊裡，在重新回歸舊體制原則上則更為徹底，各國都偏好保留長期服役的專業軍隊。法國、奧地利和俄羅斯都保留擁有數十萬士兵的大軍，來執行正規的衛戍任務。這些國家的軍隊不提倡教育和學識，參謀工作相對之下受到輕忽。對技術兵種的炮兵和工兵仍然只要求擁有少量知識和操作能力即可，不多奢求。各國在戰時都付出鉅額軍事花費，因此戰後莫不實行緊縮開支，導致沒有人想到該應用工業科技去生產先進的新式武器，進而改變陸海軍生活的傳統規範和模式。話說回來，也沒有人歡迎這種革命性突破。等到一八四〇年後這種突變降臨時，幾乎所有職業軍官都起而反對，而非支持變革。

總而言之，儘管在一七九二至一八一五年間，革命理想主義和自由及平等政策的施行為法國人帶來

---

* 一八〇〇至一八九一年，普魯士和德意志總參謀長。——譯註

嶄新力量，但歐洲的統治者和軍人顯然仍舊偏好舊體制帶來的安全感。因此，舊體制的海陸軍傳統和模式在經歷革命風暴後，基本上仍舊完好如初。武器沒有多大變化。思想保守的指揮官對各種很有希望的創新冷漠以對。其結果是，拿破崙解散了一七九三年引進法國軍隊的氣球偵察隊，威靈頓斷然拒絕使用新式「康格里夫」火箭，後者的飛行雖然不易準確控制，但在攻擊城鎮和堡壘這類大目標上的確證實頗有成效。[65]

一八一五年後，對歐洲統治者和軍事顧問來說，最安全的政策似乎是「經過驗證確實可行的」。某些戰爭的後遺影響殘存下來，如師和特種部隊的編制，它們在一七九〇年代仍舊是新鮮事物，到一八一五年已成常態。更為仰賴軍情地圖和參謀工作在很大程度上被視為理所當然，因為在一七九二至一八一五年間軍隊規模驟然擴大很多，而和平時期之後的復員沒能使其縮減。譬如，俄羅斯幾乎沒有復員，對法戰爭結束十年後仍保持著六十萬人左右的大軍。[66]技術改進良多的野戰炮兵部隊也成為每個歐洲國家的標準兵種。

但一八一五年後，掌握公共政策的人覺得下列此點不言自明：法國在一七九三至九五年透過徵召新兵所獲得的強烈能量，以及一八一三至一四年間德意志民兵所展現的民族主義狂熱，是個兩面刃，既能挑戰既有政府，也能鞏固和加強既有政權。一如康格里夫火箭的彈頭，被武裝的公共民意有如脫韁野馬。任何不謹慎地從社會深層中招募助力的統治者可能會被武裝百姓反噬，就像一八一〇年在威靈頓面前舉行的康格里夫火箭試射時一樣，發射人員差點罹難，因此這項新武器在這位公爵眼中永遠喪失信任。

因此，歐洲統治者反而贊同更進一步的軍事實驗實屬不智之舉，這點倒也不無道理。他們要的和得到的，就是遵循舊體制風格訓練和裝備的陸軍和海軍。因此，如果他們不願試探革命年間所揭露的國家力量的深度，又有何妨？只要勝利者之間同意共同遏制革命混亂的幽靈再度出來悠悠遊蕩即可。

職是之故，在一八一五年後的四分之一個世紀裡，舊體制模式的軍事管理，在歷經法國大革命所啟動的群眾暴力和政治理想主義的意外結合後，似乎存活下來。毋庸置疑，復辟的波旁王朝國王們面臨法國士兵對政治不滿的幾次零星爆發。在拿破崙時代，才華洋溢的軍人對前途莫不懷抱著高度期待和興奮之情，如今卻被死板的生活和低薪悲慘地取而代之。但是自一八三〇年開打的阿爾及利亞作戰為這類不滿開啟安全的宣洩管道，之後，對共和國和拿破崙的輝煌過去的記憶也很快便消失無蹤。在一八四〇年代，於法國土地上形成一支立場中立的軍隊，不管政府是保皇派、共和派或拿破崙派，一律服從。隨著這個變化，最後僅存的革命軍事遺緒似乎得到妥當埋葬，激昂不再。[67]其他歐洲國家的軍隊也已成為保守主義的砥柱，在整個十九世紀間都一貫如此。海軍中唯一算數的英國海軍亦不例外。

因此，政治革命被成功逆轉。只有工業革命才能襲擊和撼動軍事慣例與傳統。但要直到一八四〇年代後此趨勢才真正開始。討論歐洲戰爭方式的改變將是下面幾章的主題。

第七章 戰爭工業化的開端，一八四〇年至一八八四年

一八四〇年代，普魯士陸軍、法國海軍和英國海軍都捨棄了原本使歐洲各舊政權政府立於不墜之地的武器。這些變化預示著戰爭工業化的開始。但武器製造的轉變還要到下一個十年才會變得活躍起來，那時，克里米亞戰爭（一八五四至五六年）凸顯傳統補給方法的缺陷，促使英法兩國的發明家有機會應用土木工程來解決各種軍事難題。從那之後，武器變革和武裝部隊管理方法改進的腳步加快，因此到了一八八〇年代，軍事工程學開始超越土木工程學，逆轉了兩者三十年以來的關係。

新武器當然改變了戰爭，但在戰爭工業化的第一階段，運輸的變革比新武器還重要，當時是使用化石燃料來解決武裝部隊的補給和部署的古老難題。汽船和鐵路在運輸人員、武器和軍需方面達到空前規模。這反過來意味著歐洲國家的大部分男子都能接受戰爭訓練，並能確實被運送到戰場上。全民皆兵的理想本來只是古老野蠻社會的特徵，如今在全球科技最進步的國家裡也幾乎能夠實現。從此以後，軍隊人數開始以數百萬計。

與此同時，廉價的運輸和快捷的交通使歐洲人能夠統一地表，把較弱的亞非國家置入一個以歐洲為中心、由歐洲管理的市場體系，而稍微用點武力就足以讓中國、日本、內亞和非洲對歐洲（尤其是英國）貿易敞開大門。但歐洲人無法抵擋熱帶疾病的侵襲，這問題仍舊是個障礙，尤其是在非洲。直到大

概在一八五〇年之後，這個有害於世界市場關係擴張的障礙也因為歐洲醫生研發出對抗瘧疾的有效藥物而分崩瓦解。

直到一八七〇年代中期以前，一個以倫敦為其穩固和活躍中心的世界市場，似乎勝算在握，睥睨無敵。然而一八七三年開始的蕭條標誌著一個轉捩點。英國的工業領先地位開始受到施行保護關稅的國家的挑戰。由於採取行政手段來管理經濟事務成效如此之大，於是以審慎政策來改變供需模式的行政干預紛紛出現。此種作法的先驅有時追求的是私人利潤，[1]有時是窮人福利，有時則是提高戰爭效率。但是這三者並行不悖，而其影響人類行為的力量則越來越強。

這一切都構成了社會組織的明顯變化。現在回顧起來，在一八四〇年代無意間興盛起來的戰爭工業化，在推動計畫經濟的過渡上扮演了領導角色，一馬當先。但是當時的人們並沒有意識到這種結局，因為在一八八〇年代以前，科技改革幾乎總是由私人發明家提倡，後者則透過說服當權者來改變既有武器或生產方法的某些層面，希望藉此大賺一筆。而那些真正擁有技術創新方法可販賣的人必須和當時充斥在市場上的怪人及瘋子相互競爭；直到一八八〇年代前，身兼是否批准技術革新的官員對積極想賣出軍械新玩意的推銷員的口沫橫飛，普遍抱著極端懷疑的態度。

商業競爭和國家軍備競賽

歷經幾個世紀發展起來的陸海軍生活慣例不鼓勵任何改革。只有當民間技術的進步已經確實無誤地超越陸海軍目前採納的水準時，才有可能克服官方的慣性和保守主義。大約在十九世紀中期，這情況在海軍裡比在陸軍裡更明顯，因為從一八三〇年代開始，私人公司就積極著手打造能夠橫渡大西洋的汽船。金融企業集團彼此互相競爭，都想打造出更大、更好、更快和更壯觀的船隻，希望藉此得到利潤和威望，而這類競爭也推動造船業高速發展。從一八三九年開始，英國政府對運送郵件給予政府補貼，這些補貼幫助支付研發新設計的費用，但新蒸汽機和煉鐵工業的突飛猛進並不是完全仰賴海軍當局。[2]

發展的腳步非常迅速。一八〇七年羅伯特・富爾頓（Robert Fulton）在哈德遜河上展示一隻成功利用蒸汽推動的船隻。三十年後，裝有明輪的天狼星號在蒸汽動力的推動下（無疑也有船帆輔助），在僅僅十八天內便橫渡大西洋。兩年後，橫渡時間縮短為十四天又八小時。一八四〇年代，螺旋槳開始取代最早成功的汽船所使用的笨重明輪，而在同一個十年裡，遠洋大型汽船的船身用鐵製造，取代木頭。一八三七年推動天狼星號橫渡大西洋的蒸汽機有三百二十匹馬力，而僅僅在二十一年後，推動六百八十呎長的巨大大東方號的蒸汽機已經高達一千八百匹馬力。[3]

但汽船的快速發展並沒有立即改變海軍的管理方式。英國是新汽船科技的重鎮。英國海軍自特拉法加海戰（Battle of Trafalgar，一八〇五年）以來就確保著世界第一的地位，但其霸權背後所仰賴的武力竟是帆船及在帆船上作戰的技巧，而這類帆船設計自一六七〇年代以來基本上就沒改變過。在這種情況下，英國海軍部不做任何改變是完全合理的。當時的木材供給、建造和修繕戰艦、鑄造大炮和儲存糧食的海軍造船廠設備等——總而言之，就是英國海軍保持海上霸權所需的一切，應有盡有，運作順暢有效，所以，何必採納從未試驗過的器械或發明呢？海軍部一八二八年那份常被引用的備忘錄，雖然對未來的看法徹底錯誤，但卻表達了英國海軍當局對其所面臨的情況完全合理的評估。備忘錄是這麼說的：

> 大臣們認為，他們的本分是極力勸阻採納汽船，因為他們相信，採用汽船會給帝國的海上霸主地位帶來致命的打擊。[4]

然而，英國皇家海軍的保守主義無疑是給競爭對手打造技術更現代的戰艦的絕佳機會，法國人很快便看到這個可趁之機。例如，一八二二年，亨利．匹希斯（Henri J. Paixhans）將軍出版了一本叫《新海軍》（*Nouvelle force maritime*）的書。他在其中主張，如果軍艦有鐵甲保護，配備能發射爆炸性炮彈的大口徑大炮，就能在摧毀木製戰艦之餘還保持自身完好無缺。匹希斯寫這本書時，他剛研發出一種能發射爆炸性炮彈的大炮。一八二四年，這種大炮對舊式船體進行射擊實驗，證明其所言非虛，因此法國海軍在一八三七年正式採用這款大炮。就在隔年，英國皇家海軍也立刻比照辦理，很快地，歐洲其他海軍紛紛跟進。從此以後，大家都知道，如果再發生海戰，木製戰艦會被新式爆炸性炮彈嚴重損毀。[5]一八五三年在黑海的錫諾普海戰（Battle of Sinope）就如此證明。當時俄羅斯的炮彈兩三下便摧毀鄂圖曼土耳其艦隊。這次俄羅斯的勝利大力加快英國投入克里米亞戰爭（一八五四至五六年）的腳步，因為倫敦認為除非英國（和法國）戰艦駛入黑海，出手阻止，否則君士坦丁堡將落入俄羅斯人之手。

在克里米亞戰爭中的經驗促使英法海軍設計師開始走向新的方向，他們設法用鐵甲保護戰艦，以防止威力越來越強大的大炮射穿艦身。如此一來便需要馬力越來越大的蒸汽機來推動很快就會變成海上城堡的戰艦。

在距此十年前，軍方就已經將蒸汽機用於海軍軍艦上。法國人會大膽採納這項特殊技術，是因為在一八三九至一八四一年的近東危機中，英國皇家海軍使他們飽受屈辱，沒齒難忘。當時一支英國海軍中隊迫使法國海軍撤掉對埃及穆罕默德．阿里（Mehmet Ali）*的支持，後者和鄂圖曼蘇丹起了衝突。於是，法國海軍內一個有影響力的派系所做出的反應是尋求新的科技，以挑戰英國的海上霸權地位。無論風向如何，以蒸汽推動的戰艦都可以橫渡英吉利海峽，這類戰艦的前景看來似乎大好。法國人用蒸汽機裝備了一些戰艦，不久後，由於英國害怕法國的蠢蠢欲動會帶來入侵，也很快地在主力艦上安裝輔助蒸汽機。[6]

在此後二十年間，重要的科技進步繼續來自於海峽的法國那邊。法國工程師和政治家一再希望以劃時代的戰艦設計來推翻英國的海上霸權。他們曾兩次超越英國皇家海軍。一次是在一八五〇年，拿破崙號戰艦下水，九五〇馬力的蒸汽機時速可達十三節。另一次是在一八五八年，法國戰艦榮耀號裝有四吋半的鐵板，可防禦當時的任何大炮。[7]

每次法國的技術突破都立即激發大不列顛的反制行動，大眾惶惶不安，呼籲海軍增加撥款，此氛圍並伴隨著可怕的預言，如果法國人橫渡海峽來襲，英國即將面臨滅頂之災。但英國的工業生產占有極大優勢，每次法國人改變競爭基礎時，皇家海軍都能相對輕易地在技術和數量上超越法國人。

* 一七六九至一八四九年，現代埃及的奠基人。——譯註

在這個歐洲自由主義鼎盛時期，財政限制總是至關重要。如同在十八世紀時一樣，英國公眾情緒相當歡欣地支持英國海上霸權，樂於為此付出高昂費用。在法國則正好相反，海軍大力擴建時期和緊縮階段輪流交替，遇到緊縮階段時，政府判斷想超越英國海上霸權的幻想不切實際，因此便縮減海軍預算。[8]

法國海軍費用的起起伏伏，部分反映了路易．拿破崙的看法，他認為他伯父的重大錯誤便是與英國為敵。因此，從一八五一年他變成法國皇帝時起，就不僅致力於在戰場上贏得榮譽，推翻一八一五年《巴黎條約》的協議，以此證明自己是拿破崙當之無愧的繼承人外，也回頭和英國合作，或至少是避免發生公開爭執。但當拿破崙三世在一八五〇和一八六〇年代統治法國時，法國和英國的摩擦和敵意並未完全消失。真實情況遠非如此。但就算法英之間只是出現零星和斷續破碎的合作，就足以打亂一八一五年時界定的歐洲均勢。

克里米亞戰爭使這點變得顯而易見。俄羅斯在一八一五年已經成為歐洲最大的陸上強國，在隨後的歲月，俄羅斯陸軍的規模持續是歐洲最大。[9]其陸軍的效率已經多次在不同前線和地形做過反覆測試：在中亞（一八三九至四三年和一八四七至五三年）；在高加索（一八二九至六四年）；對波斯和鄂圖曼土耳其（一八二六至二九年）；對波蘭叛軍（一八三〇至三一年）和對馬札兒叛軍（一八四九年）。俄羅斯陸軍在技術上鮮少變化，但當時，其他歐洲國家的陸軍也普遍對在拿破崙戰爭時代已臻完善的武器和組織感到滿意，對改革裹足不前。俄羅斯海軍雖是全球第三大，卻在技術變革方面落後於英國和法國，但並沒有落後太多，而在一八五三年錫諾普海戰中，俄羅斯海軍大舉摧毀鄂圖曼土耳其艦隊即可證明

a

b

圖十　海上工業革命

這兩幅圖標誌著海軍設計中蒸汽和鐵時代的開始。圖a是英國皇家海軍聖喬治號，有一根煙囪佇立在風帆之間，但在船腹的蒸汽機牽涉到整體設計的最小改變。這類老式和新式之間的妥協在1861年變得過時，當時法國海軍榮耀號下水，如圖b。其鐵甲船身能抵禦所有海軍大炮，但此戰艦作為霸權象徵和堅不可摧的武器時間並不長久。榮耀號很快就被取代，因為敵方設計師繪圖桌上畫出的重裝甲戰艦，裝備了更新、更強有力的大炮。

圖片來源：*Illustrated London News*（《倫敦新聞畫報》）第38期（1861年1至6月），78、227頁。

此點。

法國和英國的克里米亞遠征軍與這樣的巨獸搏鬥，還能取得勝利，實在令人矚目。他們的成功仰賴補給的優勢。俄羅斯人在向死守塞瓦斯托波爾（Sevastopol）的部隊運送彈藥和其他必需品時碰上很大難題。聯軍切斷了海路，俄羅斯人又發現他們無法穿越克里米亞海軍基地北部的空曠草原。雖然為那個目的徵用了大約十二萬五千輛農民大車，但是運送的規模從未達到令人滿意的程度。動物需要進食，而在最初路邊的草被吃光後，沿途便再也找不到飼料。如果要為役畜帶上在沿途夠吃的飼料，那意味著有效載重量會幾乎下降為零。相較之下，法國和英國的遠征軍是靠船舶運送物資，補給不虞匱乏。當然，最初也曾出現過災難和管理不善，想要讓運輸達到完善組織需要花點時間。但在圍攻的最後時日裡，聯軍在一天之內就能對塞瓦斯托波爾發射多達五萬兩千枚炮彈，使得此城防禦吃緊，而俄羅斯人則因為缺乏彈藥，大炮炮彈得採取配給制度。[10]

換句話說，克里米亞戰爭的補給和一八一二年正好相反，當年俄羅斯軍隊有水路之便，而入侵者則得仰賴陸路運輸。結果，儘管俄羅斯人在塞瓦斯托波爾的海軍大炮口徑大，數目又多，部署靈活，最後還是證實其不足以和聯軍的物資優勢相抗衡。在英雄式的防衛戰後，衛戍部隊撤退，實際的戰鬥也宣告結束，因為聯軍無力追擊。聯軍攻陷塞瓦斯托波爾，摧毀俄羅斯黑海艦隊，實際上也完成了他們的作戰目標，那就是確保君士坦丁堡免於受到來自北方的海軍攻擊。

塞瓦斯托波爾圍城戰是第一次世界大戰西線的小型預演。戰壕系統、野戰防禦工事和猛烈炮火轟擊成為決定性關鍵。缺的只有機關槍。另一方面，經過阿爾瑪（Alma）、巴拉克拉瓦（Balaclava）和因克爾曼（Inkerman）的三場初期戰役後，聯軍將俄羅斯人趕進塞瓦斯托波爾，這場景則是普魯士在一八六六年於柯尼希格雷茨（Königgrätz）戰勝奧地利的預演。這麼說的道理在於法國和英國步兵當時剛領到性能優越的新式來福槍，令他們對俄羅斯人有決定性優勢，後者當時還在使用老式滑膛槍。追根究柢，兩種槍的基本不同是：新式來福槍的有效射程約是一千碼，而滑膛槍的有效射程只有兩百碼。

歐洲槍匠早已熟悉來福槍的優點。他們早在十五世紀末就發現，刻上膛線的槍管能使子彈縱軸旋轉，確保其能在空中平穩飛行，故而可以使射程更遠，準確度更高。但是來福槍造價較高，發射過程緩慢，因為當時還需將子彈敲進槍管，使軟鉛子彈成形，並與膛線完全密合。這樣做不但費時又得小心翼翼，不適合混戰中人仰馬翻的時候。自十六世紀以後，歐洲各國軍隊中只有少數專業狙擊手配備來福槍，主要是作為散兵出擊之用。但是由於戰場勝負取決於射擊速度，因此步兵的主力部隊遂無法利用來福槍射程較遠的優點。

一八四九年這一長期存在的技術問題終獲解決。一位法國陸軍軍官克勞德．埃德內．米尼（Claude Etienne Minié）上尉取得一種子彈專利。那是種長形子彈，底部中空，可以扔進槍膛穿出（如同幾世紀以來將球形滑膛槍彈丸扔進槍膛一樣），當火藥爆炸所產生的氣體衝力使子彈凸緣底部緊貼槍管內部時，子彈就會因熱膨脹而與膛線密合。將米尼子彈塞進槍管時，彈頭必須向上。但除了這一微小差異外，裝填彈藥和射擊過程就和老式滑膛槍沒有兩樣。由於例行步驟和過去用槍方式變化很小，得以使這個改良易於被接受。因此，法國人立即試驗上尉的發明，經過克里米亞戰爭實證過其價值後，在一八五七年遂將其訂為標準槍彈。英國人則於一八五一年購買專利，克里米亞遠征軍配備的便是來福槍，從而確保了在與所向披靡的俄羅斯軍隊作戰時的優勢。[11]

其他歐洲軍隊也注意到這個趨勢。從一八四〇年開始，普魯士人就秘密製造大量後膛裝彈的來福槍，並在一八五四至五六年間，將老式滑膛槍默默改為米尼系統。[12]大西洋彼岸的美國陸軍也在一八五五年改用米尼子彈和來福槍。

因此，從一八五〇年代中期開始，十七世紀以來幾乎沒有什麼改變的海陸軍舊軍備開始走上被淘汰的命運，這使將軍和政治家相當惴惴不安，因為他們得在採納沒有直接實證經驗的武器的情況下，面對戰爭的可能性。這助長了海陸軍領袖的想像力和智力，而對那些虛張聲勢、不願動腦筋的人則是極為嚴厲的懲罰。這類影響的可見後果在陸地上最大。訓練最精良、動作幾乎變成本能的軍隊，也就是歐洲最優秀的軍隊，在新技術面前承受的壓力最大。與此相反的是，普魯士陸軍原本在大國中敬陪末座，但從一八六〇年以後，過去的強烈劣勢卻翻轉成可資利用的優點。

在探討普魯士如何在陸上達成軍事優勢前，值得先注意克里米亞戰爭中使用新武器的經驗所帶來的另外兩個結果。第一個是將大量生產的技術應用於製槍業。之所以如此的原因是，當與俄羅斯開戰而突然創造出新需求時，人們發現伯明罕和倫敦的製造業工匠組織非常沒有彈性。製造槍枝長期以來已經變成一門手工藝，分工很細，需由無數專家合力達成。企業家與政府簽訂合約，講定製造定額的成品槍，再分包給下面的工匠，這樣一來，政府檢查員就需要一路檢查許多工匠，以確保每個零件都符合規格。有時，伍利奇（Woolwich）兵工廠會自行組裝配件。在拿破崙戰爭時期，這個系統尚足以承受壓力，儘管英國（和法國）的製槍工匠花了二十年才達到生產速度的高峰，滿足了戰時需求。

但到了一八五四至一八五六年間，沒有人願意再等幾十年讓數千名工匠能慢慢調整而趕上新的需求水準。這個難題在英國更是嚴重，因為製造業已經苦於難以適應米尼的新設計。習於製造棕管槍（自馬爾堡時代以來幾乎沒有改變）的鐵業工藝的舊習慣和舊方法，無法一下子就達到新式來福槍所要求的精確度。但當檢查員為了執行縮小偏差的規定而拒絕驗收不合格的零件時，便會與工匠們起激烈爭執。更糟糕的是，克里米亞戰爭爆發後，槍枝需求量驟增，工匠們認為提高薪資的黃金時機已經來臨。因此，由於長期以來的惡劣習性和過高期待已經起了激烈改變，製槍業在生產過程的每個階段都發生多次罷工事件。結果，在國家有需要的時候，不但沒能生產出更多更好的槍枝，實際產量還反而下降。

對此，政府無論內外都感到憤怒。主管機關認為應該採取嚴厲措施來加速和改造來福槍製造業。巧合的是，伍利奇兵工廠的負責人已經熟悉一種替代生產方式，他們叫它為「美國生產系統」，因為這個系統是在一八二〇至一八五〇年間，於美國麻薩諸塞州斯普林菲爾德（Springfield）兵工廠以及康乃狄克河流域間製造小型武器的私人工廠發展起來的。此系統的關鍵原則是使用自動或半自動銑床切出規定形狀的零件。[13]這種機器生產出可以互換使用的零件，因此組裝一支槍時，就不需要像組裝較不精確的手工製造槍一般，零件需經過仔細修整銼齊。銑床當然較為昂貴，而且較為耗費材料，因為其所生產的碎屑比用鎚和銼來製造的熟練工匠要多。但如果需要大量的槍，透過比較經濟的大量生產，自動化可以節省成本。

在一八五一年的萬國工業博覽會上，英國人注意到美國的製槍法。塞繆爾・柯爾特（Samuel Colt）展示他的左輪手槍，示範其零件的可互換性。他拆解幾把手槍，把零件弄亂，再隨意組裝起來，每把槍仍舊能夠運作如常。

因此，在克里米亞戰爭的前幾個月裡，當生產瓶頸和摩擦倍增時，大不列顛已經有足夠的人瞭解美國的成就，於是輕武器特別委員會才有可能建議在恩菲爾德（Enfield）建立採用美國製造系統的新工廠。新廠一八五五年開始動工，但需要的機器得由美國進口，因此遲至一八五九年才完全安裝完畢——那時克里米亞戰爭已經結束三年之久。[14]

自動化並不僅限於進口美國機器來製造標準化來福槍。例如，在伍利奇兵工廠，新發明的自動化機器每天能以二十五萬顆米尼子彈的速度生產。另外還有一台機器每天能生產二十萬個將子彈和火藥合為簡單一體的彈藥（cartridge）。[15]大量生產也未被官方兵工廠長期壟斷。私人製槍業也很快就被迫跟上腳步。為了購買昂貴的新機器，先前各自獨立的承包商開始整合，在一八六一年成立了伯明罕輕武器公司。六年後，其他承包商也合併起來成立倫敦輕武器公司。在此之後，政府合同就分別發包給恩菲爾德兵工廠和這兩家新成立的現代化私人武器製造廠。承包的比例不但仰賴政治遊說，也取決於政府官員想要維持適當後備生產能力的戰略策略。萬一新戰爭爆發，就會突然需要來福槍的生產快速提高。兩家私人工廠主要是靠向英國及國外個人販賣獵槍來維持運作，除此之外，也接外國政府的訂單。[16]

其他歐洲政府也注意到機器能根據需求大量生產槍枝。到一八七〇年，俄羅斯、西班牙、鄂圖曼土耳其、瑞典、丹麥和埃及都已採納英國的例子，進口美國銑床來製造槍枝。[17]比利時列日的槍枝製造商成立新公司，進口美國機器，因為一八五四年英國國內槍枝生產落後，便向列日訂購了十五萬支來福槍，而買美國機器是滿足英國這筆訂單的唯一方法。[18]

自動化的結果深遠而徹頭徹尾地改變了歐洲槍枝製造業。手工業生產方式慢慢凋零。各國官方兵工廠安裝新機器後，過去幾世紀以列日為中心的輕武器國際貿易逐漸萎縮到微不足道的地步。[19]

另一結果則如下。在一八五〇年代以前，發給數十萬士兵的輕武器，如果在設計上稍做改變，要全體汰換便會耗日費時，成為難以辦到的大工程。這就是為什麼歐洲滑膛槍在一百五十年間幾乎沒有多大改變的原因。儘管如此，自動化機器上場後，只要做出新的模型，幾十萬支全新設計的槍就能在一年內生產出來。整個軍隊可以快速重新配備這個新武器，而士兵對其操作變得熟練的速度也會一樣快。如此一來，更進一步改良輕武器的大門於焉敞開，但付出的代價是，這打亂了所有現行戰術規則和步兵操練條例。

普魯士人在一八四〇年以後清楚意識到，如果維持手工生產，輕武器設計便會難以改變。他們為此頭痛不已，因為才在一八四〇年，腓特烈．威廉國王決定開始用後膛來福槍來裝備軍隊。最初訂單是六萬支這類槍種。但七年之後，也就是一八四七年，這種槍的發明人約翰．尼古勞斯．馮．德萊塞（Johann Nicolaus von Dreyse）的工廠每年只能生產出一萬支槍，而且發現在這樣的生產規模下，依然很難保持品質。普魯士軍隊的人數加上後備軍一共是三十二萬人左右。以上述生產速度計算，想從滑膛槍全部改為後膛來福槍得花超過三十年。難怪普魯士人在一八五四年將現有的滑膛槍做重膛處理，讓它們變成來福槍，並投資米尼子彈——這個改變只花兩年便告完成！

但普魯士國王和軍事顧問仍舊深信後膛裝彈設計的優越性，因此鍥而不捨。為了加速製造，於是改裝三家國營兵工廠來生產新式槍枝，將產量提高到每年兩萬兩千支左右。在一八六六年的普奧戰爭中，德萊塞這種被稱作「撞針槍」（needle guns）的槍枝接受了第一次考驗，結果令人刮目相看。當時普魯士軍隊的每個單位剛完成新武器裝備。花了總共二十六年才完成從滑膛槍換為後膛槍的改變。在這類情況下，難怪各國政府從十七世紀以來就沒有改變槍枝的設計，除了一些細微的變動外。[20]相較之下，在恩菲爾德兵工廠開始投入生產四年後，一八六三年就一口氣生產了十萬三百七十支槍，而當時並未有需要大量生產的緊急狀況。[21]當法國（一八六六年）和普魯士（一八六九年）決定用新式來福槍裝備軍隊時，只花四年就完成改變，儘管設計和安裝必要新機器需要幾個月。[22]

因此，一八五五至一八七〇年間，歐洲的輕武器大量生產是克里米亞戰爭的直接後果。新機器大多安全地安裝在兵工廠裡。輕武器設計和製造的政府管理的確變得更加嚴格和全面，而這在以前手工產品只能接受官方粗略檢查的時代是不可能辦到的。但大炮的製造則正好相反。這部分肇因於英國境內有能力製造大炮的廠商的激烈競爭。但還有一個新因素扮演了重要角色；這在剛開始時只是個人競爭的意外結果，後來變成牢固穩定的影響因素，那就是出現了新的大炮金屬材料——鋼。而所有既有的政府兵工廠都還沒有辦法掌握製造其所需材料。

就如同輕武器的製造一般，為大炮開闢新路的決定性刺激也是來自克里米亞戰爭。英國和法國在克里米亞戰爭中所碰到的苦戰，透過報紙達到前所未有的公開程度。戰地記者回報巴黎和倫敦的軍事行動報導詳細記載此事，引發諸多熱潮，其中之一就是無與倫比的戰時發明熱。[23]但只有幾個新武器的構想真正得到實現。有些設計不切實際，就像在克里米亞戰爭結束後一年製造出來的四十二噸重迫擊炮，後來擺在伍利奇兵工廠大門外，作為門神以供觀賞，變成古怪卻恰如其分的象徵——即兵工廠十九世紀的大炮設計和生產太笨拙也太慢。[24]

但有些新想法和新發明還是具有廣泛而久遠的影響，其中最重要的可能是製鋼技術「貝塞麥轉爐煉鋼法」（Bessemer process）的發明。亨利．貝塞麥（Henry Bessemer）是英國一位忙碌的發明家，他在從事大炮新設計的實驗時，發明了融化礦石吹風煉鋼法。透過這種方法可以大規模製造鋼，並可以對其化學成分和結構進行比以前更精準的控制。因此，貝塞麥在一八五七年得到的專利權開啟了新的冶金時代。僅僅二十年內，老式的大炮鑄造法毫無希望地變得過時，儘管兵工廠官員死抱著傳統大炮金屬材料不放，直到一八九〇年才完全放棄。[25]

在一八五〇和一八六〇年代，由於不充分瞭解鋼鐵的分子結構，所以無法鑄造出統一和毫無瑕疵的大炮。德國鋼鐵企業家，埃森的阿佛烈．克魯伯（Alfred Krupp）首先嘗試用鋼鑄炮，一路上面對許多失望和遇上不少障礙，最後在一八七〇至七一年的普法戰爭中他的大炮品質證實優越。在那之前，歐洲最大的私人大炮製造商是威廉．阿姆斯壯（William Armstrong）。他在克里米亞戰爭前是新堡（Newcastle）的液壓機械製造商，偶然進入軍備生意，就像貝塞麥很偶然地發現他的煉鋼法一般。

有天，阿姆斯壯在倫敦一家俱樂部讀報，讀到英國軍隊如何克服重大困難，將兩門笨重的野戰炮拖進戰場就射擊位置，才贏得因克爾曼戰役。據說阿姆斯壯當時評論說，「把軍械工程提高到目前機械工程的水準的時候到了。」[26]他很快就畫出後膛炮設計草圖，並著手製造原型炮。[27]而一八五七年的射擊試驗證明這種炮比前裝滑膛炮在準確度上優越許多。

到這時克里米亞戰爭已經結束，但是印度兵變（一八五七至五八年）引發英國社會極大關注，以致於人們普遍對武器技術的改進有急迫感。因此，阿姆斯壯的大炮得到有關當局的核准。透過一八五九年談妥的一項交易，他將專利權交給政府，被任命為「線膛軍械工程師」(Engineer for Rifled Ordnance)，年薪兩千英鎊，受封為爵士。阿姆斯壯以其官方身分著手組織埃爾斯維克機械公司（Elswick Ordnance Company），就位於新堡外。這家私人公司之後和戰爭部簽訂合同，製造阿姆斯壯設計的大炮，並同意不將大炮賣給他人。到一八六一年，埃爾斯維克已經製造大約一千六百門各種大炮。但後膛裝彈裝置有點棘手，容易卡住，而且大口徑的阿姆斯壯後膛炮需要體力操作，一般人無法勝任。

批評家聲稱阿姆斯壯爵士利用職權將合同全發包給埃爾斯維克公司，並阻止其他設計有公平試驗的競爭機會。爭論吵翻了天。約瑟夫·惠特沃思（Joseph Whitworth）是曼徹斯特製造商和阿姆斯壯的競爭對手。他展示其設計的前膛炮，聲稱其在準確度和穿甲能力上都勝過阿姆斯壯的大炮。他的宣稱有憑有據。[28]另外六位發明家也在大力推銷他們的設計，但沒有一個像阿姆斯壯和惠特沃思一樣，能不靠政府資助來建造和實驗原型炮。

很快地，由於海軍不喜歡阿姆斯壯大炮，私人批評的火力轉而變得更為猛烈。一八五九年法國軍艦榮耀號下水，其鐵甲是任何現有英國戰艦都拿它莫可奈何的。因此，製造出能穿透榮耀號鐵甲的大炮，就成為英國槍炮製造商的當務之急。連阿姆斯壯最大的後膛炮也無法達到這類標準。一八六三至六四年間所進行的艱辛官方測試說服相關的委員會，想要穿透船身鐵甲，前膛炮比後膛炮更安全、簡單、有效。人們認為惠特沃思的大炮過於難以製造，因為這種炮得有炮彈和炮膛的高度密合，當時普遍的製造技術還辦不到這點。[29]委員會原本就對追求利潤、說話半真半假的私人槍炮商不信任，又夾在提出不同設計的競爭對手的大聲爭吵之中，最後建議政府終止與埃爾斯維克的合約，將大炮完全交給伍利奇兵工廠生產，就像一八五九年以前一樣。兵工廠人員奉命在競爭中提出的十幾種大炮中，利用其優點，研發出新的大炮設計。[30]

在此過程中，伍利奇的專家挑中一項法國設計，將膛線與前膛裝彈的優點結合。炮彈的周圍有突起部分，與炮膛的螺旋槽密合。就像米尼來福槍，這個大炮的優點就是只需現有大炮和操練做出最低限度的改變。將老式滑膛炮改為新式線膛炮，只要在炮身內加上有螺旋溝痕的內襯，使溝痕與新炮彈的突起部分密合即可。因此，在普魯士炮兵開始使用克魯伯的後膛鋼炮後的十年間，法國和英國陸軍仍然保留他們的前膛炮。另一方面，兩大西方強權費勁打造更大、火力更強的艦炮。因此，法國和英國武裝部隊的軍械製造雖由國家壟斷，但並未導致重武器的研製停滯不前。他們在海上的競爭以及在炮火和軍艦鐵甲上無止無休的拉鋸戰就可資證明。

何況，雖然法國在直到一八八五年前都禁止私人製造大炮出口，[31]在英國則毫無禁忌。阿姆斯壯於一八六三年辭去官職後，就像他的對手惠特沃思，完全有自由將埃爾斯維克的產品賣給任何買得起的買家。克魯伯已經在倫敦萬國工業博覽會（一八五一年）上展示其後膛鋼炮設計，以與兩家英國槍炮商競爭，並獲得各界激賞。克魯伯在一八五五年將第一批大炮賣給埃及。普魯士陸軍部隨即在一八五八年向他訂購三百門後膛鋼炮。但他真正開始賺錢是在一八六三年之後，當時有大筆俄羅斯訂單。阿姆斯壯和惠特沃思都因在內戰期間出售美國大炮而致富。北方的勝利只短期阻礙他們的繁榮。歐洲小國和遙遠地區的政府，如遠東的日本和中國及南美洲的智利和阿根廷，都有錢也願意購買私人製造商的大炮，而且很快地便開始購買配備大炮的軍艦。

如此一來，在一八六〇年代，全球性的工業化軍械企業於焉興起。自從十五世紀以來、以低地國為中心的手工業武器製造國際銷售便從此相形見拙。甚至連法國、英國和普魯士那些技術純熟度高的政府兵工廠也面臨私人製造商的持久挑戰，後者總是毫無忌憚地指出他們的產品在哪些方面超越政府製造的武器。除國家競爭外，商業競爭也添加了促進大炮設計不斷改進的推動力。

這情況對海軍大炮製造業的影響最早也最深。現在需要安裝巨炮來穿透隨著新鐵甲設計而推陳出新並越來越厚的鐵甲，因此在戰艦兩側安裝成排大炮的老辦法已經不切實際。新的大炮如此沉重，必須安裝在船艙中央才能保持平穩。而安裝在船腹就意味著必須捨棄桅杆和船帆，否則大炮就無法毫無障礙地射擊。到一八八〇年代，蒸汽機的效力和馬力得到大力改進，使上述要求變得可能。為了保護大炮不被敵軍擊毀，就得建造裝甲炮塔來安裝大炮。同時炮塔必須能旋轉自如，使大炮能對準目標。重型液壓機械能執行此項任務，但卻需要增加蒸汽機馬力。彷彿這一切還不夠複雜似的，早在一八六八年就引進的電力點火設備又給海軍大炮的射擊和定位技術增加難度。然而，在這段時期歐洲的唯一一場海戰——一八六六年奧地利和義大利在亞得里亞海（Adriatic Sea）的海戰——炮火經證實不是關鍵因素。只有一艘戰艦沉沒，而且是被撞沉的。因此，此後的一代海軍軍官都認為，撞擊和炮火都是致勝關鍵，沒有孰輕孰重的問題。大家抱持相同看法，海上作戰會繼續像納爾遜（Nelson）時代那樣，採近距離作戰。由此，軍艦設計全力集中於達成下列目標：那就是在近距離下，以最大威力擊穿敵方鐵甲。[32]

一個新典範：普魯士的作戰方式

另一方面，陸軍並沒有受到十九世紀中期大炮製造方法演變的最初衝擊，理由很簡單，凡是無法用馬拉過開闊地帶的大炮就不能當野戰炮。但在一八七〇至七一年的普法戰爭後，陸軍也捲入了大炮技術迅速發展的漩渦之中。在那場戰爭中，普魯士的後膛鋼炮大大勝過法國人送上戰場的青銅前膛炮。職是之故，一八七一年後，歐洲各國陸軍迅速改採新設計的大炮。更重要的是，普魯士管理和動員軍隊的模式也變成典範，只有英國這個島國不受影響。為了理解這為何會發生，我們必須回顧歐洲和美國在十九世紀後半的作戰經驗。

這個時期規模最大的武裝戰鬥是美國內戰，但它對大西洋彼岸衝擊甚小。歐洲士兵對美國人動員的規模和強度並不刮目相看。從表面上看來，美國內戰散漫而不專業。軍容明顯散亂。作戰混亂無序，戰役陷入僵局。而能讓歐洲軍官感覺上較為心有戚戚焉的統治階級並不存在，即使是在南方。基於所有這些理由，加上歐洲職業軍人普遍認為自己的軍事技術比美國同行高超，因此一致認為可以省去研究美國戰爭經驗的麻煩。稍後，在一九二〇年代，他們才認識到，南北戰爭的苦澀鬥爭預示了第一次世界大戰，到那時，美國內戰才擁有嶄新的意義，並被視為首次完全成熟的工業化戰爭範例。在工業化戰爭中，機械製造的武器決定新的防禦戰略，而鐵路和水道競爭，變成運輸百萬武裝人員的供給動脈。

在最初受挫後，由於北方聯邦的將領無法克服南方以線膛輕武器的優勢所做的防禦，於是便將內戰轉變為消耗戰。戰場上的勝負變成取決於是否有能力威脅敵方的補給運輸線。為了取得最後勝利，就得破壞和干擾南方邦聯從遙遠後方支援其軍隊的運輸和管理系統。

在不到十年前的塞瓦斯托波爾圍城戰時，農民的大車根本無法和船舶運輸一較高下。可是在內戰中，南北雙方都有可供他們支配的鐵路。因此，和克里米亞戰爭相比，南北內戰雙方比較旗鼓相當這點，就不足為奇。而使這種均勢平衡產生不利於南方邦聯的決定性變化因素是，南方在海洋沿岸和內陸水道上的居於弱勢。北方聯邦海軍封鎖南方各州，導致南方無法從歐洲進口武器和補給，以補救自身生產的不足。此外，海洋沿岸和可航行河道的戰略機動性對北方的許多次進攻性戰役也具有關鍵的重要性。戰時水道運輸的角色吃重並非嶄新事物。當時的戰艦有時是以蒸汽機推動，甚至以鐵甲護身，如一八六二年梅里麥克號（Merrimac）和蒙尼特號（Monitor）著名的漢普敦錨地海戰即是如此。由於這個歷史事件，南北戰爭的海上作戰便有了前所未有的特質，強調新式工業生產能力的重要性，而光靠後者就能生產出非常複雜的戰爭工具。

鐵路則為嶄新事物。火車頭的機械動力大幅超往昔越陸上運輸的老舊限制。火車行駛百英里比大車走上十英里還要不費功夫。一列火車的裝載能力抵得上幾千輛馬拉的篷車。事實上，鐵路能從數百里之外運送補給，使十萬餘軍隊能長年作戰。這是以往任何時代都無法達到的成就，也再次展現工業能力在進行新式戰爭上的關鍵重要性。

到了一八六五年，就像兩世紀左右前的克倫威爾一樣，美國總統統御著威力強大的武裝力量。但美國並沒有像克倫威爾般試圖維持新近贏得的武裝威勢，反而大力解散其軍事機構，在實務上將戰爭視為違反常態。這就使得歐洲人更容易將發生在北維吉尼亞、維克斯堡（Vicksburg）和查塔努加

(Chattanooga）的戰役，不視為是對激變中的科技的明智反應，而是看成未能進行專業有效的戰爭管理因而導致的笨拙失敗。

一八五九至一八七〇年間，在歐洲大陸爆發的幾次速戰（更別提幾次殖民戰爭）都讓人覺得上述判斷其來有自。挑起戰端、煽風點火的人是拿破崙三世，他認為他的歷史角色是透過支持爭取自由的民族渴望，來確保法國的輝煌。克里米亞的勝利使他的胃口變大，所以他同意參與將奧地利人從義大利趕走的計畫，期待心懷感激的義大利人會將法國視為他們的保護者。其結果是，在一八五九年爆發了一場短暫激烈的戰爭。法國軍隊雖然在兩次會戰中擊敗奧地利人，但死傷慘重。而在隨後的政治改組中，除了威尼斯和教宗國外，全義大利與皮埃蒙特（Piedmont）統一為義大利王國。

參戰國從一八五九年的戰爭中痛定思痛後得到的教訓遠比戰爭本身重要。當時奧地利的部分軍隊裝備了新式的前膛來福槍，然而法軍以縱隊進攻，突破了奧地利的防線。這似乎證明訓練精良的軍隊能憑藉拿破崙的老式優良戰術，在來福槍的射程中突進並贏得勝利。[33]在先後擊敗俄羅斯人和奧地利人後，法國軍隊似乎已經證明，就像在偉大的拿破崙時代般，自己是歐洲最優秀的軍隊。法國嚴格遵守拿破崙的典範，相信勝利的關鍵是士氣和勇猛，而不是參謀工作或任何思考作業。在法國軍隊裡，士兵從班排中晉升的比例其他歐洲軍隊都要來得高，這使法國軍官團擁有歷經戰爭洗禮的專業特質，而其他國家軍隊的貴族軍官則通常缺乏這類特質。[34]至於來自法國的普通士兵，他們全來自法國社會的較低階層，這是因為法國法律允許抽到「壞籤」而得被徵召入伍的人付錢找人代替服役。而服役期滿的退伍軍人是最好和最容易找到的替代人選。因此，徵兵制並沒有妨礙法國軍隊仰賴長期服役的士兵，後者的職業化和軍官團的職業化反過來相互彌補不足之處。

拿破崙三世個人很關注米尼來福槍和線膛前膛野戰炮，這證實法國軍隊並非對改善裝備漠不關心。法國軍隊在一八五九年使用新建造的鐵路前往義大利此舉，便展現技術上勇於犯難的類似精神。但在阿爾及利亞、墨西哥和亞洲與裝備低劣的對手的作戰經驗，加上拿破崙戰爭的光榮傳統，使法軍死抱舊式戰術不放，完全不考慮採納威力強大的新武器，而那時的歐洲軍隊已經紛紛開始採用新式武器來自我裝備。無論如何，法國就是用這些戰術打贏奧地利人的，使得奧地利人對法國人聲稱所代表的新思想——民族主義、自由主義和進步——原本大為抗拒的政治意志有些動搖，自我懷疑。

拿破崙三世強有力的「進步」意識形態，加上充分職業化的軍隊和革新的作戰技術，的確形成所向披靡的組合。基於上述這些理由，一八六〇年，無論在法國人自己眼中，或在外國專家眼中，法國都被視為歐洲大陸最強大的霸權國家。[35]

奧地利人則從義大利的敗戰中得到下列結論，他們需要仿效法國步兵戰術，並投資和購買線膛野戰炮。到一八六六年，新式野戰炮的確使奧地利炮兵明顯超越普魯士；[36]但奧地利人過於強調重新訓練步兵以密集縱隊陣式向敵軍衝鋒，導致他們在柯尼希格雷茨戰役（Battle of Königgrätz）吃下敗仗。

普魯士會贏的原因在於普魯士軍隊與敵手走上不同的道路；在技術改革上，他們選擇線膛後膛槍作為步兵的基本武器。後膛裝彈的一個極大優點是，士兵可以蹲下或趴倒射擊，只要能找到任何可供掩護的地方即可。與得站著從前膛裝彈相較，上述用槍方式使得士兵大大降低成為敵軍火力目標的機會。後膛裝彈的第二個優點是射擊速度快上許多。[37]

但後膛裝彈也不是毫無缺點，因此其他歐洲軍隊莫不以懷疑的眼光評估普魯士軍隊和其裝備。德萊塞槍（Dreyse gun）的後膛不是很嚴密，撞針很容易斷裂。它也比米尼來福槍的射程短，準確度差。這些技術上的弱點，加上操控及戰略機動性的難題似乎顯示，任何悖離前膛裝彈所需動作的古老操練模式，在執行起來都會困難重重。讓士兵排好隊，教導他們裝彈，瞄準，數數射擊，是從毛里茨時代以來就證實效率高超的操練方式。倘若是用後膛槍，如何阻止一位激動的士兵在恐懼中不會以最高速度亂射一通到子彈用盡為止？如何阻止他浪費子彈呢？反之，又如何能說服在敵軍炮火下趴倒在地的士兵，再站起來在戰場上的槍林彈雨下衝鋒陷陣？

對普魯士軍隊來說，這類問題似乎更為尖銳和具有針對性，因為普魯士的普通士兵是由短期服役的招募新兵構成。而濫竽充數、使普魯士軍隊人數達到大國規模的後備部隊，不過是穿著軍裝的升斗小民。而且後備軍隊的訓練和紀律都不可能比得上法國、奧地利和俄羅斯等長期服役的正規軍的水準。

更有甚者，一八四〇和五〇年代的普魯士軍隊與市民社會的關係相當模稜兩可。軍官團主要是來自易北河彼岸的貴族，抱持著政治反動態度。軍官不喜歡也不信任中產階級企業家，而後者已經開始將萊茵蘭和柏林及漢堡這樣的城市，轉變成機器生產和技術創新的重鎮。一八四八年的革命尚且留有苦澀的餘味。群眾最初奪得勝利，控制柏林街道，使普魯士軍官團顏面喪失，飽受屈辱。與此同時，政府又不願意利用此大好良機統一德意志，此舉使所有將國家統一看作治療生活上困境和惆悵的萬靈丹的那些人對政府感到疏離，大失所望。在這種氛圍下，普魯士軍官恐懼革命再起，便竭盡全力使軍隊成為社會階級鮮明的強大堡壘，因為他們的生活方式仰賴這種制度，而他們也相信普魯士作為國家的偉大也全繫於此。而政治改革派則認為普魯士軍隊只一心想要反對和壓制國內的革命，卻不願去創造他們夢想中偉大的德意志。

但雙方卻都深深懷念一八一三至一四年反抗拿破崙統治的解放戰爭。德意志愛國志士記得他們的父祖輩是如何在普魯士國王的旗幟下，組成人民軍與法國人作戰。普魯士軍官也很清楚，如果普魯士要在戰爭中扮演大國角色，那麼有效的平民後備軍力將是基本要素。

一八五八年，威廉一世因哥哥發瘋而變成攝政王，展開新的朝代。隔年，義大利的統一激化了德意志民族主義者的不滿。威廉（作為國王的時間是一八六一至一八八八年）對此的反應是尋求增加軍隊撥款，但選舉代表聚集在議會中，拒絕通過必要法律。雙方都援引英格蘭十七世紀的先例，因為斯圖亞特國王與議會的權力爭奪似乎和他們眼前的十分類似。但在普魯士的結果則大相徑庭。一八六二年，威廉國王發現，俾斯麥這位大臣和政治家在對權力的渴求、高明的運籌帷幄和為推行政策不惜發動戰爭的毅力上，都使所有對手難以望其項背。

首先，俾斯麥和國王只是先推動軍事改革，並像以前那樣繼續收稅。一八四八年議會得到審批政府開支的權力，並在國王批准的憲法中得到確立，而這是當年為解決革命風暴而採納的部分妥協和決議。但是一個國王給予的，另一個國王可以收回，至少許多普魯士人似乎抱持著這類看法。而服從王權的陋習根深蒂固，甚至連反對俾斯麥和國王最激烈的人都覺得拒絕服從根本是不可能。

除了製造足夠的撞針槍來裝備整個軍隊，和向克魯伯購買三百門後膛鋼炮這類昂貴的軍備手段外，威廉國王其改革的主力是在擴大軍隊規模，提高適齡青年的徵兵比例。他也尋求改善後備軍的效率，將被設計在戰時投入戰場的後備軍隊收編於正規軍官的指揮下。[38]

一八六四年，軍事改革更是迫在眉睫，因為在這年俾斯麥聯合普魯士和奧地利與丹麥作戰。在剛開始時，奧地利軍隊對抗丹麥的表現比普魯士搶眼，畢竟後者自一八一五年後就沒和外敵交戰。但一八六五年四月，普魯士軍隊成功襲擊杜派（Düppel）的一座防禦要塞——這是戰爭中最具意義的行動——使德意志諸邦燃起一波愛國狂潮。職是之故，丹麥尋求媾和，將什勒斯維希（Schleswig）和霍爾斯坦（Holstein）割讓給勝利者。這反過來又使俾斯麥找到藉口，能夠就如何分配戰利品以及重組德意志邦聯的議題上，和奧地利爭執不休。

丹麥戰爭的另一個重要結果是使普魯士軍隊的總參謀部和其首長赫爾穆特．馮．毛奇將軍獲得前所未有的聲望和權威。上文說過，總參謀部是由沙恩霍斯特所創建，屬於一八〇六年普軍敗戰後改革的一部分。從那時起，普魯士軍隊中對參謀部軍官的專業訓練一直持續進行，培養出一小群善於小心估算所有影響軍隊機動性的因素的計畫人員，他們的專業水準則讓其他國家軍隊無人能及。但是一位普魯士將軍是否會選擇聽從派駐在他司令部的參謀人員的建議發號施令，則取決於其個性，結果殊異。在柏林，總參謀長相對默默無聞，他甚至不直接向陸軍部長報告，但卻從屬於陸軍部。

威廉一世對軍事事務有強烈興趣，在他成為攝政王不久後，就任命毛奇為總參謀長。新總參謀長在丹麥戰爭中穩定地建立威望。當時在杜派的普軍由王儲腓特烈指揮，毛奇奉命從柏林趕到王儲處做高級參謀，王儲對他言聽計從。之後，毛奇成為國王軍事顧問團的顧問之一。然後，在普奧戰爭逼近時，威廉國王決定不按習慣將指揮權全權授予軍隊指揮官，而是恢復腓特烈大帝的光榮傳統，自己親自指揮。

他仰賴總參謀部提出的建議和計畫指揮大軍。為了使毛奇有效行使其新權限，國王頒發飭令，總參謀長有權跳過陸軍部和其他中間部門，在戰場上指揮軍隊。因此，在軍事事務上，威廉的最高權力在實務上變成毛奇的最高權力。當然，每個重大行動都必須在事前國王商議，國王批准後才能下達命令。

有效的統一指揮仰賴新的交通和通訊手段。一八四〇年代發明的有線電報，使行軍中的軍隊能和遠方的總司令部保持聯繫，前提是只要能一邊前進一邊鋪電線即可。透過這種方法，毛奇和國王就能確切掌握大規模戰略行動。指令能立即傳達到有鋪設電線的下級司令部。當然，要保持好幾英里長的電線良好運作絕非易事，尤其是在那個只有少數人瞭解電的奧秘的時代。間歇的中斷和意外的延遲持續發生。[39]但從原則上來說，有效戰地電報的發展意味著，在實務的很大程度上，毛奇和國王能日復一日，甚至是每小時，實際控制普軍的戰略部署。

總參謀部的另一個重要工具就是鐵路。使用鐵路運送大批軍隊上戰場並不是嶄新事物。但是像毛奇和下屬為準備在一八六六年入侵波希米亞而事先擬定那麼詳盡的計畫，則是聞所未聞。事先小心擬定軍隊調動的行程表能大大提高速度和運輸量。精確計算每次調動需要多少火車頭和車廂，意味著鐵路運輸能被充分利用。[40]

雖然如此，一八六六年的普魯士戰役仍包含極大風險。但結果是普魯士得到勝利，隨即而來的和平時期使普魯士人能對德意志邦聯進行政治重組。俾斯麥和毛奇與威廉國王共享榮耀。奧地利人則將他們的失敗歸咎於撞針槍，以及指揮官的無能，這其實很不公平。

這種速戰速決的決定性戰役，與美國內戰那種纏鬥良久、難分勝負的軍事行動，形成戲劇性對比，而這似乎也是歐洲——或至少是普魯士——軍事專業優越的有力證明。但現在回顧起來，普魯士一八六六年的勝利就像法國一八五九年的勝利一樣，主要是得益於哈布斯堡帝國的政治傳統，那就是，奧地利政府只要打一、兩次敗仗，就會低聲下氣地求和。拿破崙和許多早期對手都和哈布斯堡打過仗，而一旦打輸，哈布斯堡就會立即求和，以後再找機會回敬，所以哈布斯堡王室才能延續如此之久。戰爭被視為國王的遊戲和專業軍隊的事務，因此如此處理並無不妥。哈布斯堡在一八四八年以後有一個很大的不幸是哈布斯堡君主制和傳統的治國之道已經變得老舊過時，無法觸動人們內心深處的熱情，遠遠不如一個較受民眾支持的政府，而後者能喚起民眾的響應。

一八六六年，普魯士人藉由重組德意志邦聯所釋放出來的國家自豪和對集體榮耀的渴望，在哈布斯堡王室心中顯然不值一提。儘管如此，俾斯麥巧妙讓人民對國家有與有榮焉的夥伴感，正如十九世紀早期沙恩霍斯特和其改革同伴所嚮往的願景。誠然，俾斯麥在普魯士的國家架構內，將反動和革命結合的這類高超政治手腕，確實是普魯士取得勝利的關鍵因素，而其重要性不下於毛奇的軍事專業。

實際上，向前進攻的普魯士軍隊一挺進波希米亞，補給系統就出現巨大混亂。鐵路的運輸能力遠遠超過從補給分發點用篷車經由道路運送食物和彈藥的能力。儘管毛奇盡了最大努力，普魯士軍隊行軍沿線上還是普遍出現紛亂沓雜。最後只有讓士兵和馬在前頭全速前進，將補給列車留在後頭，接受食物和飼料的嚴重短缺，才使普魯士軍隊成功集結在柯尼希格雷茨。奧地利人當然也飽受類似困難之苦，儘管他們的行軍速度較慢。但如果戰爭持續得久一點，如果哈布斯堡在最初戰敗後沒有立即求和的話，那麼往前猛衝的普魯士軍隊就會遇上補給困難，使他們迅速和戲劇性的成功就此劃上休止符。[41]

在一八七〇至七一年普法戰爭的最初幾個星期內，普魯士軍隊的作戰能力顯然沒受到此類限制，因為一開戰時普魯士就取得比一八六六年更驚人的勝利。再者，在一八七〇年普魯士是以壓倒性的優勢打敗一支在歐洲被視為最優秀的軍隊，而法國在一八六六年看到普魯士大捷的反應，是使用比普魯士的撞針槍性能更優越的後膛來福槍，來重新裝備軍隊。拿破崙三世親自督導新式來福槍的加速生產。這種槍是根據一位法國中尉早在一八五八年就提出來的設計研發而成的，並以設計人的名字適切地稱此新式來福槍為夏塞波槍（*chassepôt*）。法國人還對一種米特拉約斯機槍（*mitrailleuse*）寄予厚望，但在一八七〇年戰爭爆發時，法國人手上的這個秘密武器卻只有一百四十四枝，[42]而且還未能來得及訓練法國士兵如何最有效使用這類新式武器。事實上，法軍領袖並不認為戰術有任何變更的必要，結果將米特拉約斯機槍當大炮使用，這種角色置換證實無效。就像在一八五九年法奧對戰時，他們預期戰爭高潮的危機時刻該由步兵縱隊以刺刀衝鋒殺敵一樣，做出嚴重誤判。

在補給和部署方面，法國人遠遠落後於普魯士人，這證實是個無可救藥的弱點。於是普魯士人的參謀計畫打敗了法軍士氣，結果，民兵輕易戰勝歐洲最精銳的職業軍隊，使全世界驚愕不已。原本所有的人，包括毛奇，都預期會在德意志土地上進行進攻性的戰鬥，結果卻是法國人得臨時建築防禦工事來抵擋前進的普魯士軍隊。不消多久，拿破崙三世和整個法國軍隊就發現自己被圍困在色當（Sedan）。皇帝在看到他的軍隊受到普魯士大炮無情的轟擊後便豎旗投降，這時開戰不過六週。八個星期後，被圍困在梅斯（Metz）的法國野戰主力部隊也投降。

取得這一驚人勝利的一個重要因素是，普魯士參謀人員在他們的對奧經驗中汲取了良好教訓。例如，一八六六年普魯士野戰炮的表現顯然比不上奧地利炮的水準。設計和製造更好的新式大炮需要時間，一八七〇年以前在這方面沒多大改進。但普魯士人在戰場上部署大炮的方式可以改變，也確實做了激烈改變。其結果是，法國軍隊在試圖組成縱隊發動攻擊時，就受到遠程炮火轟炸。當然這樣的隊形提供大炮可輕易轟擊的目標，而普魯士步兵偏好的併排隊形則使法國大炮手難以找到下手點。再者，由於普魯士的大炮射程比法國的遠，因此，當普魯士大炮做有效轟擊時，法國大炮根本無力還擊。

普魯士人從過去敗仗中學到教訓的能力，可能是他們獲得一連串光榮勝利的主要關鍵。在十九世紀的歐洲，於戰爭中運用理性和智力，完全不是嶄新事物；但是由一小群人如此系統性的運用，並有權力毫不遲疑地將其付諸行動，則實屬罕見。一八六五年毛奇和總參謀部所贏得的威望，以及一八六六年威廉國王給予總參謀長的權力，在在使普魯士軍隊在面對戰爭經驗時，能做出如此快速、理性和徹底的反應；在這點上，其他歐洲軍隊則難以匹敵。

另一個例子也可以強化這個論點。從改用後膛撞針槍的那天開始，普魯士參謀人員就意識到，武器的改變需要新的操練方式；而新的操練方式就需要重新訓練在戰場上實際指揮軍隊的軍士和下級軍官。這是個艱鉅的任務。參謀人員於是設定了六個月的特訓來教導新戰術。每個團都得派出定額的軍士和下級軍官到學校受訓，畢業生再負責將所學到的東西教給團裡其餘人。結果令人嘆為觀止。其他國家軍隊認為無法同時克服的兩大難題順利得到解決。那就是，在敵軍的火力下，個別士兵能自由尋找掩護，蹲下或俯臥射擊，在節省彈藥的前提下，又能兼顧戰略機動性。而將徹底理性精神向下推展到命令鏈底層，對普魯士取得勝利的重要性，不輸於毛奇、俾士麥和國王透過電報和鐵路，從命令鏈頂端施行的戰術指揮。

但事前計畫和理性管理所能做到的有其極限。普魯士在色當和梅斯取得勝利後的後續發展可資證明。法國人的抵抗並沒有就此結束。拿破崙三世投降的消息一傳到巴黎，議會馬上就成立臨時政府，試圖喚醒民眾在一七九三年展現的那種熱情，而且成功讓入侵的普軍日子難熬，因為游擊隊神出鬼沒，攻擊德國不斷延伸的交通線。巴黎圍城在一八七一年一月向德軍投降時結束，那是在德意志第二帝國於凡爾賽宮鏡廳正式宣布成立後十天。五月簽訂和約，法國將阿爾薩斯省和大半的洛林割讓給新成立的德意志帝國。不過在這之前，首都爆發暴力革命，導致新遴選的法國政府和巴黎公社間出現短暫的血腥內戰。難以想像，對第三共和國而言，還有什麼比這更不祥的開端。[43]

因此，到一八七一年為止，普魯士已經兩度展示，如何在很短的時間內打贏一個大國。普魯士只用了三個星期就打敗奧地利，花了六個星期就俘虜拿破崙三世。人們當然會比較偏好這樣的典範，而不是雜亂無章又痛苦萬分的美國內戰，或長達一年的塞瓦斯托波爾圍城戰。普魯士的軍事威望因此扶搖直上。普魯士在歐洲大國中原本最不被看好，但現在德意志的新主人已變成全球軍事事務的先驅。

大規模動員顯然是毛奇致勝的基礎。毛奇會打勝仗是因為他趕在敵人準備好前，就命普魯士軍隊開始行動。速度、規模和動力反過來又得仰賴鐵路集結、軍隊部署和裝備的巧妙運用。徵召軍隊所需要的人數在戰時可用後備軍加強和補足。因為徵召來的士兵只領微薄的軍餉，因此徵召軍也是歐洲政府唯一供養得起的大軍，可以在新式戰爭中先送上戰場打頭幾個關鍵遭遇戰。同時，由於有大量生產輕武器的機械，政府這下就負擔得起由大量百姓組成的軍隊的裝備費用。於是，在之後的幾十年裡，每個歐洲大陸國家的軍隊都仿效和步上普魯士的後塵，只有英國例外。

從一八七〇年代開始，歐洲人就此定義下的戰爭藝術，完全吻合拿破崙時代或往昔騎士時代的概念。後備軍被召回服役幾個星期或幾個月，能夠離開單調無聊的生活使他們異常興奮，可以冒險，體驗艱困，測試個人勇猛，順便打勝仗，在國家歷史上又寫下光輝的一頁——日後每個孩子都會在學校裡，從愛國心澎湃的老師那學到這段歷史。一八六六和一八七〇至七一的戰爭，對幾乎所有參與其中的普魯士人來說，的確「既新鮮又令人振奮」，至少在回味時滋味實在美妙。職是之故，在其後的幾代人中，特別是德國人，戰爭的邪惡意義竟幾乎完全消失。

一八六六和一八七〇至七一年間普魯士的勝利，使德國和其他歐洲大陸主要國家的軍官在社會中扮演如同羅馬門神雅努斯（Janus）的角色。一方面，軍官承襲了鄉村地主的精神傳統，他們往往是出身地主世家，習於對耕作的佃農發號施令。另一方面，這些穿上軍服的地主也需要最新式的工業機械才能打勝仗。在四十年左右的時間裡，這類對立的相互依存關係似乎讓兩方都感到心滿意足。在整個中歐和東歐——法國在某個程度上也是——軍事命令鏈保留了對社會高層毫無質疑的服從模式。而這類社會高層當時正從市民社會中快速消失，因為市場關係以倍數成長，選擇職業和購買商品的自由越來越擴展到社會下層，也從都市擴展到城鎮，從城鎮擴展到村莊，快速拓及整個歐洲。甚至連俄羅斯都在一八六一年廢除農奴制！

在這種背景下，軍隊因此顯得陳腐過時。普魯士這個典範尤其如此，因為普魯士軍官的思想來自東部的容克階級（Junkers）。在大部分的德國已經將鄉村那類簡化的兩極社會模式遠拋在後之後，容克階級腦袋裡殘存的老式主人與農奴關係仍舊縈繞不去，難以根除。反過來說，歐洲的一般軍隊，尤其是德國軍隊，其軍事效率就有一部分是以此古老的關係為基礎。新兵入伍後發現，他們來到一個比他們熟知的市民社會更為簡單的社會。普通士兵幾乎喪失所有個人責任。醒著的時候幾乎總在執行儀式和慣例。在例行的軍事生活中不時得不假思索地服從命令，遵從吩咐將手邊活動轉至新的方向。簡單服從命令解除了個人得自己下決定的焦慮。在城市生活裡，這種憂慮無止無盡地倍增，因為生活裡充斥著敵對的上級、相互矛盾的效忠，還有得做什麼樣的實際選擇來打發自己的時間（至少是一部分時間），而可以做的事實在太多。聽起來可能很自相矛盾，但逃離自由後往往才是真正的解放，尤其是對生活在變化非常迅速的大環境下的年輕人而言更是如此，這是因為後者還沒有能力一肩扛起成年人的所有責任。

從十九世紀中期左右開始，一個模仿貴族禮儀的軍官階級（即使為資產階級出身）在大部分的歐洲，與年輕的普通招募士兵兩方相安無事，和平共存，因為這些士兵覺得，服從是解決某些都市化兩難困境的好方法。這種一心想逃避令人煩憂的模稜兩可態度，再加上嚴格隊形操練一貫會喚起人們對古老狩獵社會本質的原始共鳴，兩者相乘後使一八七〇年以後的歐洲大陸軍隊具備獨特的特徵，明顯與長期服役的軍隊氣質相左。德國人後來得以證實由職業軍官所指揮的市民士兵擁有巨大能耐，但在那之前，歐洲的軍隊主要是由長期服役的士兵所構成的職業軍隊。[44]

而這一切都能古怪地與工業社會的變化莫測和日益複雜的結構相互調和。軍隊生活一成不變，主導了武器的標準化和操練的儀式化。即使是在一八六四到一八七一年間，帶給普魯士豐厚戰爭成果的總參謀部專業，在戰勝法國人之後也開始暴露其技術上的僵化趨勢。在抗拒技術改革上，歐洲軍隊與德國相當，在英國則更有甚之。儘管私人武器製造商使盡全力向世界各國軍隊推銷重型大炮和機關槍，但卻得到緩慢和消極的反應。重到馬拉不動的大炮有何用處？每分鐘可噴出數百發子彈的機關槍，在戰場上要如何找到充足的彈藥供應或補給？普法戰爭已經再一次證明，從鐵路卸載點分發補給的運輸系統已經不敷所需。在這種壓力下再增添煩惱似乎愚蠢萬分，因此堅決抗拒武器推銷商的花言巧語頗能言之成理。推銷商不斷向軍官和官員兜售昂貴的新式武器，可是沒人願意購買。

在每個歐洲國家中，私人武器製造商和軍官間普遍對彼此有著強烈厭惡。但是，在一八七〇年後，雙方又變得彼此不可或缺：官方兵工廠的設備就是不足以生產鋼炮，而改裝工廠的費用在政治上又無法被接受。因此，即使在官方兵工廠技術最嫻熟的國家裡，也必須向私人製造商購買鋼製武器。一八七〇年法國因為仰賴兵工廠製造的青銅炮而付出代價。而英國人也看到，伍利奇兵工廠生產的巨型前膛炮遠遠落後於克魯伯和阿姆斯壯生產的後膛炮的表現。到了一八八〇年代，技術上的差距變得無法再視而不見。一八八六年英國皇家海軍不再聽從軍需處的建議，採購官員與私人武器製造商開始建立更為緊密的聯盟關係，而在從前，沒有歐洲陸海軍想到這樣做過。但在探討這個突破所引發的軍事—工業相互依賴的密切合作之前，我們先停下來概觀一下，歐洲在一八八〇年左右發展起來的戰爭技術對全球的衝擊。

全球的影響

當我們將注意力從歐洲大陸本身，轉移到一八四〇至一八八〇年間，非洲和亞洲國家和民族的軍事經驗時，立即會發現驚人的差異。主宰歐洲大陸的場景是由短期徵兵建立起規模越來越大的軍隊，後續再以後備軍服役一段時期來做補充，但這樣的軍隊並不出國征戰。亞洲和非洲統治者無法靠徵兵建立大規模軍隊，他們缺乏必要的行政體制，更遑論軍官團和武器補給了；甚至在許多國家裡，連可以信賴的公民都付之闕如，因為後者只要有機會，就會起來打倒自己的統治者。只有日本能夠透過徵兵，效法歐洲模式建立軍隊，而這是在一八七七年引發一場短暫但殘酷的內戰*後才得以實現。

相反地，歐洲政府不能將短期新兵送到海外作戰，因為往返就會消耗掉大部分法定的服役時間。所以，歐洲人需要的是派遣長期服役的軍隊到遠方作戰。英國直到一九四七年前在印度建立的就是這樣的一支軍隊，但實際上，在十九世紀，英國大部分的軍事行動都是由印度軍隊代勞。[45]那時代的其他大帝國，如法國和俄羅斯，就缺乏像英國的印度軍隊這樣的獨特工具可供調度，儘管法國在一八八九年實施短期兵役制後，在非洲和亞洲殖民地保有志願軍隊，包括聞名遐邇的外籍軍團。

世界史上一項令人嘆為觀止的事實是，在十九世紀，即使是小分遣隊——以當時最先進的歐洲武器裝備——都能輕易打敗非洲和亞洲國家。隨著汽船和鐵路發展，加上馱運隊的補充，地理和距離的天然障礙日益微不足道。歐洲的陸海軍因此能夠任意帶上資源，到遙遠地域出征，或甚至暢行無阻地到達以前無法深入之境。這種驚人之事頻頻出現後，歐洲和當地的軍事體制的戲劇性差異便在世界上一個又一個地方一再地清楚展現。

相較於其他民族，歐洲新近強大軍事優勢的展現，其最重要的案例在一八三九至一八四二年間的中國沿海的軍事活動可供佐證，當時一小支英國軍隊在鴉片戰爭中打敗了中華帝國的現有軍隊。在整個維多利亞女王漫長的統治時期（一八三七至一九〇一年）裡，一系列的類似戰爭使英軍幾乎是馬不停蹄地作戰，[46]而當中有某些戰事幾乎不曾得到英國民眾的關注。在大英帝國進行正式和非正式擴張的同時，法國和俄羅斯也在非洲和亞洲展開成功的軍事行動，只是相較之下，較為零星。三個帝國強權都發現，在其各自的帝國周遭採取軍事行動幾乎不用付出代價。譬如，對中國和日本至關緊要的鴉片戰爭，從一八三九年十一月持續到一八四二年八月，但是英國一八四一年的軍事撥款實際上還比戰前減少，如以下數字所示（單位為百萬英鎊）：[47]

年分	陸軍和軍需處	海軍	總計
1838	8.0	4.8	12.8
1839	8.2	4.4	12.6
1840	8.5	5.3	13.8
1841	8.5	3.9	12.3
1842	8.2	6.2	14.4
1843	8.2	6.2	14.4

＊　此為日本史上最大內戰，稱為西南戰爭。——譯註

事實上，陸海軍開赴戰場的費用，不比他們老老實實待在家鄉軍營裡的費用多多少。軍餉沒有變，而且只要投入戰場的是一小批人，供給的費用也不會增加很多。彈藥的花費幾乎沒造成什麼不同，因為火藥不利於長期儲存，但如果沒在戰爭中消耗掉，過幾年因化學變化，品質也會惡化，總是得丟掉。損失幾條歐洲人命似乎無關緊要，因為當時是人口快速增長時代，而要在市民社會中找到發揮英雄氣概的機會也極少。於是從一八四〇年代以後，歐洲人以比任何往昔時代更迅速猛烈之姿，幾乎完全壟斷戰略交通運輸，加上武器演化快速，在這方面總是遠遠贏過任何當地戰鬥勇士所能找到的武器，從而使得帝國的擴張不必耗費鉅資——費用便宜到有句名言說，英國在心不在焉之間就得到一個帝國。這是句諷刺的話，但絕非妄言。[48]

但歐洲強權的力量實際上有其極限。美國在內戰期間和結束時的短暫時間所展現的明確政策和軍事潛力，都警告著歐洲國家不要妄想在新大陸進行軍事冒險。法國在一八六七年從墨西哥撤退，英國在處理阿拉巴馬索賠案（一八七二年）以及委內瑞拉（一八九五至九九年）和阿拉斯加（一九〇三年）邊界爭論時，對美國利益的尊重，在在都凸顯了這個基本事實。美國無需維持歐洲規模的陸海軍，就能阻止歐洲帝國主義在加勒比海和拉丁美洲擴張。同理，一旦日本證明自己能建立歐洲式的陸海軍時，它也畫出自己的勢力範圍，而歐洲強權無法在其中造次。儘管如此，這點要直到十九世紀末才變得顯而易見，日本在一九〇四至一九〇五年間的日俄戰爭顯示其軍事力量後，歐洲軍事優勢所受到的這個第二限制才得到全球認可。

就某個層面上來說，俄羅斯在克里米亞戰爭後撤回其廣闊疆域內，形成一個孑然獨立的世界，在此，西歐無法挾帶著工業和軍事優勢侵入。誠然，俄羅斯與西方一爭高下失敗後，在中亞倒是獲得補償，其遠征軍輕易征服穆斯林部落和國家。沙皇的士兵發現，在這些戰役中，老式的英雄主義仍舊有自由揮灑的天空。與此同時，法國殖民部隊在非洲和印度支那也是如此。這類勝利使這兩個國家的軍隊漠視其落後於德國軍事組織和計畫的現實。

然而，俄羅斯人對他們在克里米亞戰爭中所受到的屈辱耿耿於懷。俄羅斯的落後使英法遠征軍在俄羅斯的土地上打敗俄軍。但要克服這種落後狀態所必須執行的手段，只是打開了社會結構中的痛苦裂口，並無法改變俄羅斯軍隊仰賴的農民基礎，也無法恢復一八一五至一八五三年間的俄羅斯軍事強權。儘管如此，俄羅斯的國力仍舊強大，不容小覷，官方政策投注極大努力以最新和效率最高的武器，來裝備沙皇的陸海軍，儘管得向克魯伯和阿姆斯壯這樣的外國公司購買武器。實際上，自一八六〇年代後，俄羅斯是這兩家公司的最佳客戶之一。[49]

在俄羅斯境內，老式社會命令結構的殘存力量仍舊清晰可見，甚至在十八世紀已經廢除貴族的強迫服役，於一八六一年已廢除農民的強迫服役之後，那種殘風仍舊揮之不去。日本社會也將人際關係的老舊「封建」形式的明顯遺緒帶進二十世紀。俄羅斯和日本社會的這些層面，與英法在十九世紀於非常廣闊的範圍內，所施行的自由主義、個人主義和市場調節的行為模式，有著天差地別。但要一直到第二次世界大戰以後，這些過去傳承才轉眼變成障礙，而不是優勢，遲早注定會頹敗而消失。誠然，英國和法國戰勝後自信心高漲，因此他們所標榜的自由主義對其餘歐洲和世界具有很大的吸引力。這風潮至少在一八七三年發生經濟蕭條前是如此。後者導致各個國家更為積極地干預經濟事務。

在十八世紀末期，法國和英國都面臨人口迅速增長的問題，但鄉村可耕地的極限已達飽和狀態，因此壓力極大，但兩國都解決了這個難題。法國的辦法是降低出生率，而來自新工商業活動穩定成長所提供的經濟機會的擴大則和人口增長相輔相成。大不列顛則恰恰相反，至十八世紀末之前維持高出生率，但從一八五〇年代時起，便將國內在工作上無法發揮長才的人出口到遙遠海外土地上屯墾定居。[50]德國則發現英國解決人口增長的辦法廣泛有效，也就是加速工業化，並以海外移民為補充手段。到了一八八〇年代，德國以東的歐洲國家對農村人口過剩也採取類似措施。[51]

因此，就西歐而言，到了一八五〇年左右，曾使舊體制機構和政府在一世紀前如此動盪不安的因素似乎終於獲得滿意的控制。法國大革命戰爭的風暴和工業革命的最初濫觴已經開始隱退回歸過去。在接下來的二十年內，和平、繁榮、自由貿易和私有財產等自由思想似乎比以往越來越可行。

在經過超過一個世紀後，我們很容易便能在英國、法國、德國或美國十九世紀自由主義其狹隘的同情心和種族中心觀點，找到可資抨擊的謬誤。然而，即使自一八七〇年代後，社會變革的潮流轉向集體行動模式，並似乎恢復了命令原則的首要地位，但我們於此章中強調的一八四〇至一八八〇年間，英法兩國在這短暫期間擁有的世界宰制地位確實有其非凡特色此點，看來方向大致正確。機器製造的廉價商品和費用低廉、仰賴機器的武裝優勢都變成出口品，而且的確銷售出口。結果，世界連結成前所未見的單一互動整體。世界市場超越所有既有政治疆界，儘管美國和俄羅斯的關稅壁壘，以及非洲和亞洲內陸難以翻越的天然障礙，阻擋了經濟關係的全球化。

無論如何，人類在一八七〇年代終於可以跨越大陸，進行整合，這構成世界歷史的重大里程碑，可與九百年前中國宋朝的商業一體化成就相提並論。正如我們在第二章所指出的，中國人在十一世紀取得的成就可能在發動世界性商業整合上扮演關鍵角色，此後一路演變，在十九世紀全球貿易模式達到高峰。中國宋朝各種不同的商業化形式使更多人能賴以為生，勞動生產力也超越過往。同理，在十九世紀，透過市場調節，人類事務的全球一體化也大幅提高勞動生產力，使供養全球快速增長的人口成為可能之舉。在超過一個世紀以後的今日，我們仍舊是這一成就的繼承人，儘管出於福利和戰爭的雙重考量，因而在全球市場體系中阻止引進商品和服務自由流動的障礙，仍然存在。

第八章　軍事—工業互動的強化，一八八四年至一九一四年

我們可以把戰爭工業化的濫觴訂於一八四〇年代，因為當時鐵路和半自動化生產興起，加上普魯士的後膛炮，和法國利用蒸汽動力來削弱英國海上霸權的努力，這些都開始使既有的軍事體制發生劇烈轉變；同理，我們也可以將歐洲社會的工業和軍事領域間強化互動的起始時間訂於一八四八年，那年大不列顛掀起了沸沸揚揚的海軍恐慌。一位頭腦聰穎的記者史特德（W. T. Stead）和一位野心勃勃的海軍軍官約翰·阿布斯諾·費雪上校（Captain John Arbuthnot Fisher）是本事件的主角，儘管有些人也扮演了配角，在幕後操縱英國公眾輿論。

英國戰略地位的衰落

上述人們的成功仰賴一個基本事實：那就是自一八七〇年代以後，英國戰略的安全性不斷受到系統性侵蝕。追根究柢，原因是工業技術已經從英倫三島散播到其他國家。這個過程自一八五〇年起進入高峰，德國和美國開始與英國生產能力和技術相互競爭，在某些方面的生產甚至還超越英國。在海軍軍備的這個狹隘領域裡，危機也是存在的，由於高科技被輸出賣給其他國家的海軍，英國的海軍優勢陷入險

境，岌岌可危。總部設在英國的私人造船廠和軍備製造商在此過程中則扮演積極角色。在一八六四年決定將英國軍隊的大炮改由伍利奇兵工廠製造後，阿姆斯壯和其他英國公司是純粹靠出口才得以維持經營此事，的確是事實。但是，當一八八二年阿姆斯壯造船廠為智利打造一艘巡洋艦，其速度超過當時既有的大型軍艦，火力又勝過較小的軍艦時，即表示這些私人廠商已經願意將技術專長賣給任何肯出價的客戶，這使英國海軍的安全開始讓人質疑。[1]

當時英國仰賴從大西洋對岸運來的糧食，因此快速巡洋艦對英國的威脅尤其大。自一八七〇年代中期以後，較低廉的運輸費用使得從遙遠的北美洲平原（後來很快也從阿根廷和澳大利亞）用船運小麥和其他食品到利物浦和倫敦成為可能，而其價格之低廉，連英國本地農產品都無法與之競爭。結果，由於英國沒有設置其他歐洲國家那種能在海外農業競爭中保護本國農業的關稅，英國農業生產便驟然衰落。[2]消費者可以買到較便宜的麵包，無論這對都市工人階級多麼有利，這都意味著農業上的弱點急遽增強。到了一八八〇年代，英國有百分之六十五的糧食來自海外，倘若敵方的巡洋艦隊能從大西洋彼岸攔截糧食運輸，就可以在短短數月內使英國面臨饑荒。

這種可能性吸引法國政治家和海軍軍官重新開展與英國在海上的長期競爭。一群海軍理論家，即所謂的「綠水學派」(*jeune école*) 主張，只要有專門轟炸海岸的炮艇，加上快速巡洋艦和更快的魚雷艇，法國就能消滅英國的海軍優勢。這類艦艇由於價格低廉，因此有很大的吸引力。一艘裝甲戰艦的價格等於六十艘魚雷艇；而一枚魚雷只要能擊中艦艇吃水線下方，就能擊沉任何既有戰艦。法國在一八七〇至七一年大敗後，陸軍的重新裝備成為優先考量。因此，一個能保證減少海軍開銷，同時又能迫使英國艦隊從地中海和法國大西洋海岸撤退的計畫，似乎十分誘人。職是之故，一八八一年下議院投票批准撥款建造七十艘魚雷艇，並停止打造裝甲戰艦。五年後，綠水學派主要人士海軍上將奧貝（H. I. T. Aube）成為海軍部長（一八八六至一八八七年），說服下議院核准建造十四艘襲擊商船用的巡洋艦和再打造一百艘魚雷艇的計畫。雖然在法國，主力艦仍舊存在，而且在一八八七年的法國海軍中重新叱吒風雲，但英國宿敵在一八八〇年代中期，顯然將全部希望寄託在近距離作戰的全新武器系統大炮上，同時也未放棄遠程襲擊商船的古老戰術。[3]

這一古老戰術的沿用使一小群擁有科技思維的英國軍官憂心忡忡，他們一直追蹤自行魚雷的發展；它是在一八六六年由一位英國移民羅伯特・懷特海德（Robert Whitehead）於傅姆（Fiume）發明的。[4]法國人提議要建造的那種快速小魚雷艇絲毫不必畏懼一八八一年時的英國既有主力艦。英國戰艦裝備的重型前膛炮重達八十噸，這類怪物在近距離轟擊靜止目標時的確能造成毀滅性效果。這類大炮的設計實現其原先構想，那就是假設未來的海戰會和納爾遜時代一樣，是近距離作戰。但發射速度慢和遠程命中率低則意味著，快速、機動靈活的魚雷艇能闖進海域來發射魚雷，在皇家海軍的重炮能射中這類快速移動的目標前，就已逃到老遠。簡言之，歌利亞和大衛對戰的戲碼重新搬演——這次是在海上。

射程五百到六百碼的魚雷能給裝甲戰艦致命打擊，這已經夠糟糕的了，但讓皇家海軍更煩惱的是，在此同時又發生更激進的大炮技術革命，使前膛炮變成毫無希望的過時之物。最重要的改革是發射火藥(propellant)，將火藥顆粒做成內部中空，點火後，火藥就可以從內而外和從外而內同時燃燒，使炮膛內從開始點火到燃燒完畢所產生的化學變化步調一致。這一改進的主要推手是美國陸軍軍官湯瑪斯・羅德曼（Thomas J. Rodman，卒於一八七一年）。後來這一改進和一八八〇年代發明的新式硝化纖維炸藥（法國人在此方面領先）兩相結合後，就產生了威力更強大的無煙發射火藥。

調節良好的爆炸過程可不斷推動炮彈，大大提高其離開炮口的速度。如此一來，就需要加長炮身，因為調節良好的爆炸過程所產生的膨脹氣體能持續為炮彈加速，而時間比以前要久。過去只是最初猛然推動一下，然後推力就逐漸消失，由於火藥顆粒從開始燃燒到燒盡，燃燒面積會不斷縮小，從而氣體產生的速度也會逐漸降低。炮身變長後，前膛裝彈遂成為不可能。因此，一八七九年，英國正式決定海軍得裝備後膛炮。最後促使海軍部完全捨棄前膛炮的臨門一腳來自克魯伯令人驚嘆的大炮射擊演練。克魯伯為此目的特地在梅彭（Meppen，見二八三頁圖b）設置大炮試射場，並在一八七八和一八七九兩年舉行一系列試射，廣邀外國和德國的潛力買主前來觀賞，請他們親眼見證長炮身後膛鋼炮已有的巨大優勢。[5]

英國軍需處自一八六四年以來只批准過一種炮種，那就是前膛炮，現在一旦決定要放棄此類炮種，伍利奇兵工廠馬上陷入危機，根本來不及改變。改裝設備來生產後膛炮既昂貴又困難；與此同時，兵工廠還得將基本製炮金屬材料從鑄鐵更改為鋼，花費將會非常巨大。如此一來，建造與伍利奇現有裝備非常不同的兵工廠成為必要之舉。而等待兵工廠和軍需處官員依照新需求採取必要步驟改裝設備，無論其改革腳步將會多麼快速，海軍的耐心注定會消磨殆盡。

陸海軍之間的長期摩擦在此事件上展露無遺。軍需處歸陸軍管轄，對海軍的要求和建議反應緩慢，至少海軍大炮技術官員是如此認為。特別讓海軍惱火的是一八八一至一八八七年間，海軍為改裝後膛炮計畫所需的款項，軍需處只核准了三分之一。[6]這樣的步調，無論本身具備多大的革命性，是根本不夠快的，因為當時法國和德國以及英國的私人槍炮製造廠所製造的鋼炮，已經讓皇家海軍的現有軍備完全過時。

對吝嗇小氣的陸軍軍官和缺乏同情心的兵工廠官員展開官僚纏鬥，似乎不是解決這般關鍵技術難題的妥當方法。這個難解的困境促使約翰·費雪海軍上校將消息秘密洩漏給了記者史特德，他知道記者打算在《帕瑪公報》上發表一系列煽動文章。一八八四年九月出現第一篇猛烈抨擊，文章標題是〈海軍真相〉，裝模作樣地署名為「深知內幕者」。此文章引發廣泛關切和憂慮，因為它列舉了大量具體事實，爭論「海軍的真相就是我們的海軍優勢幾乎已經不存在了」。[7]其他文章隨後發表，最後來到一篇堪稱高潮的文章，〈海軍應該做什麼〉，裡面有詳盡的說明。這篇文章在十一月十三日發表，就在國會重新召開後不久，政府準備對《帕瑪公報》的揭發所造成的民心惶惶不安，做出反應的兩個星期之前。官方反應是建議增加海軍撥款五百五十萬英鎊，分五年支付。因為一八八三年海軍的例行撥款是一千三百萬英鎊，所增款項雖無法使「深知內幕者」滿意，[8]但危言聳聽的鼓譟者已經取得巨大勝利。

即使是秘密進行，透過這種公諸於世的辦法，費雪無異是迫使自由黨政府和自己的海軍上級做出不得已的決定。當時的第一海務大臣阿斯特利·庫伯·基爵士（Sir Astley Cooper Key）不贊同這種策略。他非常厭惡煽動大眾不安情緒，也不信任戲劇性增加海軍撥款的策略，認為這類策略只會刺激其他國家增加他們的海軍預算，從而加快而不是阻止英國海軍優勢的衰頹。[9]作為海軍資深官員，他認為他的職責就是善用當時政府提供的撥款。海軍紀律禁止個人介入決定撥款數目的政治過程。但費雪已經決定違

c

d

a

b

圖十一　鋼鐵技術與大規模軍備生產

這四張照片顯示克魯伯公司如何在鋼鐵科技上搶得先機，在一八九〇年代大規模發展軍備產品。從外觀可見圖a是有鼓風爐的冶鐵工廠，而圖b是梅彭地區火炮射程測試場地。內部照片圖c是炮架零件加工工作坊，圖d則是炮管最後內外部加工的加工場。這四張照片原先刊登在該公司1892年的宣傳手冊上。

圖片來源：芝加哥大學圖書館。

逆這項行之已久的規定來達到他的目的；他這麼做有一部分是受個人野心的驅使，有一部分則是出自科技改革的急迫感。而對那些多半埋首於文書工作的資深海軍官員而言，他們是感受不到這種急迫感的。

英國出現軍事——工業複合體

無須說，費雪絕非單獨行動。一八八四年百業蕭條。停工的造船廠急於尋求訂單，而記者毫不猶豫地指出，「現在有個一石二鳥的方法——既然國營造船廠無法供應，那就尋求私人造船廠的幫助，這樣做既能為我們的艦隊打造船艦，又能使餓肚子的工匠找到工作」。[10]

正當政府準備制訂修正過的海軍預算時，國會在十月二十五日提出救助失業者的問題。海軍大臣向上議院提出補充計畫時宣稱：「如果我們要花錢增強海軍，由於我國的大造船廠處於停工狀態，額外的花費應該……花在私人造船廠的合同上。」[11]

在這之前的數十年中，國會代表有產者和納稅人，碰到貿易蕭條時，便被要求減少其相應政府開支。但一八八四年，就在要提高海軍預算兩星期前，威廉．格萊斯頓（William E. Gladstone）首相的自由黨政府提出一項法案，大幅擴大了選舉權。從此以後，所得稅只影響一小部分的選民。[12]另一方面，沒有國會能夠長期抗拒來自失業選民的壓力，何況後者還有極想獲得政府合同的企業家撐腰。

因此，新的選舉權改變了政治動態。如此一來，貿易蕭條不但不會使耗資巨大的海軍法案難以在國會通過，反而還會使額外的開支比在繁榮時期顯得更緊迫、更具吸引力。武器製造承包畢竟能恢復薪資和利潤，同時又能加強英國的國際地位。納稅人不願意承擔額外政府開銷，這點在政治中已經不再是關鍵因素，尤其在越來越多的選民相信有錢人能夠也必須買單的情況下。[13]

當一群技術精通的海軍軍官與私人武器製造商建立密切關係時，這類模糊籠統、但卻有決定性意義的政治和經濟利益的重新組合，就取得最重要地位。費雪上校也在這個變革中扮演關鍵角色。一八八三年，他擔任樸茨茅斯海軍炮術學院院長。一八八四年，他從這個有利地位進入高級政治圈。由於費雪負責改進海軍大炮技術，他便汲汲於找出各式各樣的大炮，包括那些私人製造的炮種。他熱切相信競爭，而他在一八八四年時的想法就是刺激伍利奇兵工廠和私人製造商之間的競爭心態，以確保海軍能坐收漁翁之利。

儘管如此，費雪的理念在實際上並未實現。伍利奇兵工廠從未獲得使它能在對等地位上和私人公司競爭的必要設備。諷刺的是正是費雪自己的行動，和他對官僚再三延宕的顯著不耐，壞了他的計畫。陸軍軍官的從中作梗，使他的理念無法透過伍利奇兵工廠實現。事發經過是如此這般：一八八六年，費雪出任海軍軍需處處長，他要求並被授予向私人公司購買國營兵工廠無法更快或更便宜供應的商品的合法權利。當時沒有人意識到，這個決定很快就會讓私人武器製造廠在製造海軍重型武器上，獲得有效壟斷權。理由很簡單。伍利奇兵工廠從未得到鉅額投資，而要製造巨型鋼炮、炮塔以及戰艦裝備所需的其他複雜設備則需要鉅額投資。另一方面，克魯伯在一八七八和一八七九年的兩次大炮試射示範後，阿姆斯壯立即看出他的工廠必須馬上安裝生產巨型後膛鋼炮所需的設備，才能在競爭中勝出。阿姆斯壯在製造巨型海防炮和海軍炮方面本來就立於不敗之地，如今克魯伯威脅要入侵這個領域，阿姆斯壯的反應則是投資建立全新的煉鋼廠和造船廠。[14]因此，到了一八八六年，阿姆斯壯已經準備好要將英國皇家海軍加入其當時已經很亮眼的外國客戶名單中。而此時，伍利奇兵工廠才剛開始轉產後膛炮。

在其後的三十年間，因為經濟規模而證實這類鴻溝無法跨越。長期以來，主要製炮設備都是靠國際銷售來保持其連續（或接近連續）運作的。這種體制大幅降低生產成本，從十五到十九世紀的舊例看來，列日就是因此而得以在歐洲槍炮貿易中扮演如此重要的角色。但在整個十八世紀，歐洲領導國家都紛紛設立兵工廠，可是其鑄炮機器卻在大部分時間裡閒置不用。唯有如此，這些國家才能享有製造自己的大炮的完全主權。後來到了十九世紀中期，最貧窮的大國普魯士和工業化水準最低的俄羅斯，都以購買克魯伯的大炮，來作為補充自己兵工廠生產不足的辦法。但是在法國和英國（除了一八五九至六三年間威廉．阿姆斯壯得到官方許可的時間外），國營兵工廠一直維持其官方壟斷，直到一八八〇年代。

自一八六〇年代起，伍利奇兵工廠就開始投資新機器，為英國皇家海軍製造越來越大的鑄鐵炮。但是轉而生產鋼炮會使費用遽然暴增，這使得有關當局遲疑不決，不願在伍利奇安裝必要的新設備。如果當初他們這樣做了，那麼一座耗費鉅資的大廠就會在大部分的時間裡閒置不用，因為皇家海軍的需求根本無法使這樣的機器忙碌運轉。國際銷售是克魯伯和阿姆斯壯生意興隆的方式，也才是使新的大廠得到充分運用的唯一途徑。這反過來意味著，只要伍利奇只服務英國政府，兵工廠的生產成本絕對就會超過私人公司。

因此，一八八六年同意了一些基本規則，其效果就是要讓阿姆斯壯和一八八六年以後的維克斯（Vickers）的報價能一貫低於國營兵工廠。如此一來，伍利奇根本無法和它們競爭；事實上，兵工廠的官員從未這麼想過，也從未著手主要工廠的大規模擴建——而要趕上科技改革的爆炸性腳步，此為必要之舉。而這樣的科技改革是一八八四到一九一四的整個三十年間，海軍—工業的新式合作所產生的結果。

伍利奇兵工廠和皇家海軍造船廠繼續為海軍奉獻心力，[15]但一如既往，它們從來沒引進重要革新。伍利奇兵工廠有時也承擔新武器的製造，但後者都已經在其他地方做過初步研發。譬如自行魚雷（self-propelled torpedo）就是如此。伍利奇兵工廠在一八七一年後開始生產此型魚雷，因為發明人羅伯特·懷特海德願意將專利權出售給海軍部，兵工廠才能夠製造。[16]然而，如果發明人偏好設立新公司自行製造，就像一八八四年海勒姆·馬克沁（Hiram Maxim）自創公司生產自己新發明的機關槍一樣，根據法律，伍利奇便不能侵犯專利權。

馬克沁機關槍的主要英國買主當然是陸軍，而非海軍。同時，自一八八四年後，真正有效的武器設計清一色都來自私人製造廠的事實，可能使職業軍人對新式武器抱持更加懷疑的態度。無論如何，儘管馬克沁機關槍的致命殺傷力在殖民戰爭中一再得到證實，陸軍部購買的槍枝仍舊屈指可數。[17]在波爾戰爭（Boer War，一八九九至一九〇二年）前，英國陸軍一貫滿足於兵工廠所能供應的武器，原則上只要可能，就盡量避免和私人公司簽約。陸戰軍備總是相對緩慢的技術革新使這成為可行之舉。[18]每個人都認為野戰武器一定得輕得讓馬拉得動。一八八〇年代，為私人汽車研發的內燃機，其潛力並未獲得充分發揮。這類科技保守主義使得士兵易於保留對馬兒的傳統熱愛，以及對於追求利潤的商人和發明家抱著傳統懷疑態度。不單大不列顛如此，歐洲大陸也是如此。一八七一年後，甚至連得為野戰炮和克魯伯、而非兵工廠人員打交道的德國人，對商業本質的唯利是圖和貪婪也懷抱著深沉的反感。相信克魯伯甜言蜜語的陸軍軍官畢竟是孤掌難鳴，在同袍中或多或少受到懷疑和猜忌。[19]另一方面，由於一八八〇年代以後，所有歐洲陸軍都懷有這類態度，使得陸軍科技改革的腳步，與同時期的歐洲海軍比起來，宛如蝸牛爬步。

基於海軍建設的複雜，因此一旦英國皇家海軍開始向私人製造商購買大炮和其他重型裝備，就採取了與以往截然不同的態度。負責技術採購的海軍官員們無法避免地和私人製造廠的經理建立了非常密切的個人關係。例如，威廉·懷特（William White）在阿姆斯壯工作兩年後，隨即在一八八五年轉任海軍首席設計師。在此之後，他變成皇家海軍和私人工業之間的主要聯繫人。[20]海軍上校安德魯·諾伯（Andrew Noble）則恰好是個反證。他放棄海軍事業去為阿姆斯壯工作，一九〇〇年在工廠創立者過世時，升任董事。這類案例也可能是從最高職位開始，如海軍上將阿斯特利·庫伯·基爵士在一八八六年成為新成立的軍火公司諾登菲爾德槍炮彈藥廠（Nordenfelt Guns and Ammunition Company）的董事長。到二十世紀的頭一個十年，海軍上將帕西·史考特（Percy Scott）甚至差點將他在本職中當作「副業」的發明，拿來和維克斯簽訂使用費契約。[21]

追求個人財富累積在海軍中與在陸軍中一樣，不真正受人尊敬和推崇。而史考特海軍上將偏偏又是貪婪之人，相較之下其事業雄心並不大。儘管如此，私營商人和海軍軍官間的廣泛來往和就技術和金融問題而不斷進行的彼此諮詢，大大有助於打破過往的互不信任。

自古以來買賣雙方之間的利益就相互衝突，從來無法完全消除摩擦和爾虞我詐。但儘管偶爾會發生指控對方詐欺的情況，在如何設計更好的新式戰艦的無數問題上，合作仍舊是雙方普遍抱持的態度。往昔海軍軍官和製造業與企業界之間隔著一道鴻溝，現在已由一小群技術官僚建立起一條窄橋。如此一來，他們就提供了可發揮民主和議會政治新潛力的手段，在其運作下可使連續幾代的新武器具體被製造出來，而新一代的武器都會比上一代的更強大，更昂貴，對整體國民經濟也更形重要。

海軍和軍火工業之間的橋樑仍舊薄弱，一八八四年的武器計畫已經告終，因此在一八八九年時橋樑上的交通流量相對較小。政府適時提出《海軍防禦法案》，所需費用為兩千一百五十萬英鎊，幾乎是一八八四年補充撥款的四倍。預定建造的艦艇總數達到令人印象深刻的七十艘之多，半數交由私人造船廠建造。此計畫的規模是根據官方宣稱的「兩強標準」制訂，意味著皇家海軍的軍力應該總是等於或超越全球第二和第三海軍大國力量之總和。理由是，唯有如此，英國的安全才能在任何可能意外下得到保障。[22]

一八八九年計畫的顯著事實在於它超越了海軍部的期待。個人的提議和目的不再控制局勢發展。誠然，有組織的團體彼此互動，創造出來的過程複雜到任何單一參與者都無法通盤瞭解。但其結果都指向同一方向，那就是推動政府增加軍備投資。

就像在一八八四年，眾多英國人警惕又不安地看著海峽對岸。法國人團結一氣，他們在一八八八年啟動大規模海軍建造運動，不再只限於魚雷艇和巡洋艦，同時還發起以虛構人物布朗熱將軍（General Boulanger）為中心、主張武力外交的狂潮。法國的極端主義敲醒警鐘，在海峽對岸引發陣陣反響。在英國，最受人尊崇的軍人沃爾斯利勳爵（Lord Wolseley）在上議院宣稱：「只要海軍仍保持目前的疲弱狀態，那麼女王陛下的陸軍……甚至無法保障我們現在所在的首都的安全。」[23]而首相索爾茲伯里勳爵（Lord Salisbury）則相信，「在某些情況下，法國有可能發動入侵。」[24]

事實是，儘管英國當時整體說來是處於繁榮時期，但煉鋼和造船業卻陷入困頓，因此為上述的不安情緒添火加油。但是對政府思維影響最大的是戰略考量；如果法國和俄羅斯艦隊攜手合作，就可能將英國皇家海軍趕出地中海。此外，像一八八九年出任海軍大臣的喬治・漢密爾頓（George Hamilton）這樣的保守黨政治家也意識到，海軍撥款頗受民眾歡迎，在選舉中可能對保守黨有利。[25]

由於政黨利益、國家利益和群眾熱情全都朝私人武器製造廠、鋼鐵和造船業的特殊利益方向發展，因此海軍部在一八八九年得到比要求或期待中更多的錢來打造新戰艦，也就不足為奇。這在英國社會裡顯然得到的效果是，繼續提供和增加海軍撥款是符合英國既得利益此觀點，得到民間的強力支持和肯定。[26]

到一八八九年，制訂的五年計畫快結束時，這點變得明顯可見。一八九三年，廣泛貿易蕭條重擊英國；格萊斯頓再度出任首相，全力反對在經濟衰敗時期為建造更多軍艦而增加稅收的點子。但到了要做決定的時候，沒有內閣成員同意他的看法。經過幾星期的激烈辯論，格萊斯頓拒絕為其同事，即海軍大臣史賓賽勳爵（Lord Spencer）的海軍建設計畫背書，因而悍然辭職。一旦格萊斯頓不再構成阻礙，這個花費兩千一百二十萬的五年計畫就在國會中順利過關。政治評論家以高明的手段為此法案迅速喚起支持，他們在一八九四年成立「海軍聯盟」（Navy League）後，這類鼓動宣傳就完全組織化。

但新的危機也很快降臨，因為到了一八九〇年代，其他國家也罹患海軍熱，包括美國和德國這樣的工業大國。美國海軍軍官阿佛烈·賽耶·馬漢（Alfred Thayer Mahan）在一八九〇和一八九二年出版了他的知名著作《海權對歷史的影響》(*The Influence of Sea Power on History*)，努力說服美國人建造新型現代化海軍的重要性。他在美國國內和國外，尤其是德國，聲名大噪。結果，隨著二十世紀的來臨，爆發波爾戰爭，戲劇化地凸顯英國的孤立，兩強標準對英國而言變得不切實際。波爾戰爭出人意外的長期拖延和居於劣勢，使陸海軍的支出達到前所未有的數字，因此，一直要到一九〇五年，新的自由黨政府執政後，才有機會對軍事開銷做更嚴格的把關。

那時的海軍大臣已經是費雪上將，他的任職期間是一九〇四至一九一〇年。他對撙節的要求所採取的反應是改革國內人事政策，關閉國外海港，並毫不留情地命令過時戰艦退役。[27]同時，他投注巨大心血於建造一艘新的超級戰艦，那就是無畏號戰艦（Dreadnought）。這艘威力強大的戰艦在一九〇六年下水，迫使其他海軍對手，尤其是德國，中止原來的造艦計畫，直到能設計出比得上無畏號的戰艦。自由黨政治家相信，國外的這類中斷可使英國政府放慢海軍建造的腳步。只有如此，海軍刪減預算的計畫才能得以實現。

但這類政策就意味著失業，並使仰賴海軍建設的造船廠和其他承包商喪失飯碗。當海軍縮減預算只會損害在國會沒有代表權的海外地區，如哈利法克斯（Halifax）、新斯科細亞省（Nova Scortia）或巴哈馬群島時，倒是無關痛癢；但倘若會影響到英國的選區，那可就事態嚴重。[28]保守黨緊咬此議題不放，進行大規模鼓譟，要求增加而非減少戰艦。德國人的行動決定性地打破平衡局面。一九〇八年德國人宣布新的擴大造艦計畫。結果，自由黨政府本來在一九〇九年只計畫建造四艘無畏艦，最後卻核准興建八艘。用溫斯頓・邱吉爾（Winston Churchill）的話來說：「最後達成古怪但頗具特色的解決方法。海軍部原本要求建造六艘，撙節派［包括邱吉爾在內］提議四艘即可，而我們最後妥協的結果卻是八艘。」[29]

長長一系列的政治決定總是傾向於增加海軍支出，肇因於快速的科技革命、國際競爭，以及英國國內政治結構的改變。一個強有力的回饋迴路得以建立，因為如果沒有贊成政府編排更龐大支出的經濟利益集團，來推動通過越來越大的海軍預算的話，科技改革的腳步就無法如此快速。而每一次的海軍建設計畫又反過來為進一步的科技改革開疆闢土，使老軍艦過時，從而得為下一輪的建設籌劃更大的撥款。

我們無法斷定科技創新作為一個獨立因素，在海軍不斷增加預算的過程中，重要性究竟有多大。然而我們卻能清楚辨識科技革新特質的變化。在一八八〇年代以前，發明幾乎都是個人職志，有時技師和技工會擔任配角，幫助製造原型，或幫助發明家用物質形式具體呈現他的點子。阿姆斯壯和惠特沃思都是以這種方式創造發明，利用各自公司的資源，按照自己的點子研發新大炮和其他機械。當時的研發費用只能由發明家自行負擔，他回收費用和賺取利潤的唯一希望則取決於他能否將發明賣給滿腹懷疑的買主——無論是民間私人消費者或武裝部隊的軍官。在軍備製造領域中，賠錢風險極大。就如惠特沃思在一八六三至六四年所發現的那般，即使自己的產品相較下絕對優越，也不一定會被財政和技術上保守的軍官和官員看上眼。

在這種情況下，對武器研究和發展的投資肯定相對有其限度。即若如此，如同我們在前一章所看到的，有少數創新發明家，如阿姆斯壯、德萊塞和克魯伯等，單單只是將軍事科技提升到既有的土木工程水準，就能順帶一舉革新軍備。但是，十九世紀中期的這種私人發明方式，完全無法將船舶工程的水準提高到一八八四至一九一四年間的實際高度。就算是像克魯伯和阿姆斯壯這樣成功的大公司，如果事先無法確定有買主，也不敢冒險投資快速增長的實驗和研發費用。

然而，一八八〇年代以後，海軍部總是依照慣例提供私人公司所需的保證。海軍技術人員對新大炮、引擎或艦艇的所需性能提出具體要求，並在實務上挑戰工程師構思出合適的設計。發明因此變得特意為之。在一定範圍內，戰術和戰略計畫開始型塑戰艦，而非反之亦然。最重要的是，海軍部官員不再以評判武器製造業所提出的新穎巧思，來對武器革新設限或踩煞車。反之，朝氣蓬勃的費雪上將周遭圍聚技術高超的軍官協力推動著改革。隨著二十世紀的來臨，海軍部甚至開始舒緩先前總是一直困擾發明家的艱困之處，那就是對於特別有希望成形的新裝置，至少會先行預付部分實驗費。

這類「授意科技」(command technology)的首批勝利果實之一就是速射炮的研發。一八八一年，當魚雷艇成為新威脅時，海軍部於是對專門擊毀魚雷艇的速射炮的性能做出具體要求。海軍部規定其所需大炮每分鐘至少要能發射十二次，並能在駛近的魚雷艇遠在自行魚雷有效射程六百碼外就將其擊毀。[30]

到了一八八六年，費雪上將終於獲准可向私人公司購買伍利奇兵工廠不能供應的武器。此時，符合海軍部標準的速射炮設計已有兩種。雀屏中選的是名叫諾登菲爾德(Nordenfelt)的瑞典設計師的設計。他迅速成立一家新公司來製造這類速射炮，並聘任退休的庫伯·基海軍上將擔任董事長。與此同時，阿姆斯壯研發了大口徑速射炮，其威力遠遠超過一八八一年的規格，其中最大的是使用液壓制退缸，使大炮每次發射後可以自動彈回發射位置。除此之外，還有大力改善的後膛機制和點火時封閉彈膛的簡單裝置——兩者都是借自法國的大炮設計——這些都使阿姆斯壯一八八七年的速射炮具有非常深遠的革新性。事實上，後來的大炮基本上都是以結合這幾類特色發展而來，可使大炮每分鐘連發數次，而在每發後仍能穩定對準目標。新的制退裝置後座系統的主要設計人是約瑟夫．瓦瓦瑟（Joseph Vavasseur）。他與費雪上將的個人和專業關係都非常密切，他自己膝下無子，因此指定費雪的兒子為他的財產繼承人。[31]

當然，在一八八一年，授意科技並非全新事物。如同我們在第四章中所見，在十八世紀，也許還要更早，官員和發明家之間就出現類似關係的零星案例。事實上，自一八六〇年代開始，隨著戰艦設計開始迅速產生變革，海軍部對新戰艦的基本特色，如速度、大小、鐵甲和裝備，總是提出具體的規格要求。海軍部有時也會提出更特定的要求，如首度出現的全方位炮塔就是如此應運而生。[32]

一八八四年以後的發展非常特殊，原因則不是出現了什麼前無古人的武器，而是授意科技的新海軍版不斷延伸發展，影響既寬且廣。[33]事實上，在一八八四至一九一四的三十年間，這類授意科技就像腫瘤般生長在世界市場經濟的組織內，而在此之前，後者似乎是無法摧毀又永生不朽的。

只要快速回顧一下一八八四至一九一四年間海軍技術變革的重大里程碑，就可以觀察到授意科技在這些年間逐漸擴大的規模。速射炮的尺寸迅速增大，發射速度只稍微降低，[34]然後就是戰艦速度的升級。最初的革新是新式「管式鍋爐」設計的研發，由造船專家阿佛烈．亞羅（Alfred Yarrow）首先提出。他贏得海軍部合同，承包建造一種新型軍艦，最初稱為「魚雷快艇驅逐艦」，後來只簡稱為驅逐艦。驅逐艦的任務就是在魚雷艇能靠近主力艦、造成威脅前，便加以攔截。但如此一來，驅逐艦的速度一定得比魚雷艇快，而且得具備很好的適航性。這是很高的要求，但一八九三年下水的第一艘驅逐艦時速就超過二十六節，比當時的魚雷艇快上二或三節。四年後，亞羅的鍋爐和汽輪機（為查爾斯・帕森斯〔Charles Parsons〕一八八四年的專利）兩者配合運作，結果軍艦的時速超過三十六節——比十年前的快速軍艦快一倍以上。[35]

一八九八和一九〇五年在遙遠的海域發生的實際海戰，使海軍設計師對新戰艦在戰事中所該達到的性能有了更清晰的點子。一八九八年的美西戰爭顯示，科技落後就得吞下敗果，因為過時的西班牙戰艦完全無法與美國的新式軍艦相比擬。但是美國的海軍炮火，無論是在風平浪靜的馬尼拉灣，或是在波濤洶湧的聖地牙哥灣，命中率都令人尷尬地低得可以。[36]後來瞄準方法的努力改進贏得很大成功。一九〇五年日本在對馬海峽打敗和摧毀俄羅斯海軍時，已經能在一萬三千碼〔一一・八八七二公里，六・四一五海浬〕的距離外命中目標。而七年前在馬尼拉灣，令美國射擊手感到無以為繼的大炮射程只有這個距離的一半。[37]

英國皇家海軍對這些發展的回應就是建造無畏艦。無畏艦大炮為遠程射擊，在這點上超越當時既有戰艦，為優勢速度和火力兩相結合的結晶。無畏艦時速二十一節，比其他所有主力艦快二或三節。無畏艦舷側裝備十門十二吋口徑大炮，遠遠超過舊式戰艦的發射炮彈重量。油類燃料和空前的巨型渦輪發動機使無畏艦除了上述特色外，還有令人印象深刻的續航力。因為其遠距射擊準確，所以相對較輕的鐵甲就不是致勝關鍵。而其航速快，使得艦長可以選擇在何時、何地和多少距離外對敵艦開火。[38]

然而，在一九〇六年，英國皇家海軍要在高速航行的軍艦甲板上，擊中移動中的目標的能力還是有待加強，因為軍艦本身顛簸得太厲害，在與敵艦交火時可能還得改變航向。為了解決此難題做了極大努力，並令人驚異地擴展到海軍大炮有效射程的領域。但當第一次世界大戰在一九一四年爆發時，英國皇家海軍的大部分軍艦尚未裝備專家已經研發出來的高性能測距儀和射擊統一指揮裝置。再者，英國的測距儀比德國的低劣，整個系統無法讓新軍艦所裝備的大炮達到其有效射程，發揮該有的威力。例如，一九一二年向阿姆斯壯訂購了十五吋口徑的大炮，射程為三萬五千碼（二十英里），結果皇家海軍的測距儀只能量到一萬六千碼。[39]

與此同時，魚雷射程迅速增長。[40] 這時，經過改良、可攜帶魚雷的潛艇對皇家海軍所造成的威脅，遠遠超過一八八〇年代的魚雷艇。一如既往，法國人在這方面領先群倫。一八八七年古斯塔夫・澤代（Gustave Zédé）設計出第一艘可以在海底航行的潛艇。一九〇三年發明的潛望鏡使潛艇長了眼睛，可以在水下以魚雷瞄準目標。這對法國長期以來想找到可以摧毀英國海上霸權的新武器的夢想，簡直是如虎添翼。但法國和英國的海上競賽在一八九八年法紹達（Fashoda）事件短暫重新開啟後，不久便變得有如過往雲煙。一九〇四年的外交協約使法國建造潛艇來對抗英國的計畫變得荒謬無比。法國於是集中資源，轉而去想法超越其在地中海的對手——義大利、奧地利和鄂圖曼土耳其。[41]

儘管如此，英德競爭在一八九八年後才激烈起來。這兩個國家的競爭幾乎全部集中在主力艦上，因為德意志海軍元帥鐵必制（Tirpitz）和他的同事全心全意接受馬漢的主張。對鐵必制而言，潛艇只不過是戰艦的次級配備，光靠戰艦本身就足以控制海洋。由於如此專心地發展戰艦，在一九〇六年無畏艦下水後的十年間，戰艦設計達到用來製造引擎、大炮和鐵甲的合金鋼其物理特色的極限。

空軍一出現就注定打破這類初步穩定。一九一四年以前人們就清楚預見到這類可能性。譬如，皇家海軍在一九一三年就成功進行飛機攜帶魚雷的實驗，但魚雷從空中入水後，如何在水中沿著合適路徑前進此難題，在大戰開打時仍舊沒有完全解決。[42]

對於這種從空中和水下對主力艦形成的新式挑戰，直到一九一四年，英國海軍部都尚未研發出有效的反制技術。一八八四年，海軍部曾利用害怕被其他國家超越的恐懼，來動員對皇家海軍科技現代化的支持，後來這類恐懼心理越演越烈，而且有更充分的科技事實基礎。就像《愛麗斯夢遊仙境》中的紅皇后，英國和所有其他海軍強權必須跑得更快，才能保持其原有地位。誠然，由於德國的海軍計畫，一八九八年後，英國皇家海軍所面臨的挑戰是一七七〇年代以後最嚴峻的。這似乎可為當初一八八四年庫伯．基海軍上將對費雪創議的後果有其先見之明此事提出辯護。但在討論這一點之前，似乎可以考慮一下，海軍競賽在第一次世界大戰開打前十年內對英國社會的影響，因為就是在這個時期，現代軍事─工業複合體突然發達起來，開始在歐洲自由主義的碉堡內，展現出其反覆無常的自我意志。

海軍軍備與經濟的政治化

首先，海軍建設和戰艦上各種機器的製造已經變成非常龐大的生意。一八五五年，武器製造業曾落後於民間機器製造業，導致威廉．阿姆斯壯決定，必須使武器製造技術和當時民間製造水準並駕齊驅，而軍事科技爾後便成為英國（和世界）工程和科技發展的前鋒。[43]根據一個估算，一八九七年海軍或海軍大承包商所雇用的民間人士約有二十五萬人，占英國全部男性勞動力的百分之二點五。[44]到了一九一

b

c

a

圖十二　科技的主導地位

圖a是無畏艦的照片，其行動迅速，裝備重型火炮，1906年下水後，改變英德海軍競賽的基礎。圖上方的左右插圖是艦首和艦尾。圖b是潛水艇的照片，潛水艇已對擁有最強大火力裝備及重裝甲的戰艦構成威脅。特別注意，潛望鏡才在三年前發明。圖c是法國飛行員攝於1906年的照片，他似乎操縱推進式螺旋槳輕型飛機向後飛行。飛機也在此時迅速發展。

圖片來源：*Illustrated London News*（《倫敦新聞畫報》），1906年，548頁（10月20日）、301頁（9月1日）、841頁（12月8日）。

三年，海軍撥款是一八九七年的兩倍，估計約英國勞動力的六分之一仰賴海軍承包商給予的工作。[45]

透過福利事業和戰爭兩相結合的過程來支持海軍競賽自有其黑暗面。半真半假的事實和蓄意欺騙比起公然的賄賂和腐敗，扮演了更吃重的角色。想簽到海軍合同的商人尋求本地國會議員的支持，由後者去說服海軍部的軍官給他們承包案件；而議員候選人則從滿懷感激或只是抱著丁點希望的選民那裡獲得捐款以支應選舉花費。報紙宣傳也有辦法安排，透過洩漏內幕消息給願意合作的記者，或奢侈地招待他們，將秘密暗渡陳倉，並期待他們在次日向全世界大肆宣傳。

海軍軍官透過這些手段開始內鬥，有意或無意地洩漏消息給媒體，而記者的猜測和直截了當的散播謠言往往又讓這類內鬥更形加劇。海軍上將費雪和海軍上將查爾斯·貝斯佛德（Admiral Charles Beresford）的宿怨特別屬於此例，其激烈的內鬥大部分是在媒體和議會中上演，幾乎牽涉到海軍部事務的所有層面。海軍軍官在廣受歡迎的報紙上得到明星般的宣傳，宛如後來的電影演員，有時其舉止簡直像寵壞的小孩。

遊戲規則晦暗不明。揭露醜聞的新聞報導的開風氣之先是克里米亞戰爭醜聞。而透過新聞報紙操縱公共事務的人都面臨是要保護個人利益，或是維護假設的公共利益間的兩難困境及緊張關係。一個為擴大新聞發行量就編造新聞的記者在道德上站不住腳。同理，想透過向政治家捐獻競選基金以影響海軍合同的武器製造商也是。海軍軍官利用媒體作為手段批評上級，或走漏秘密消息以試圖影響政府政策，其道德也有問題，因為這樣做會使得他們個人對國家懷抱的「崇高責任感」，和傳統的服從與紀律原則相互衝突。然而，個人事業的成功或幻滅就取決於這類帶著風險的策略，海軍上將費雪就是個明顯可見的例子。

任何重大社會變革可能都會打亂傳統的道德準則和行為模式。一八八四年便是以如此大張旗鼓的手段動員資源的濫觴，在道德上頗啟人疑竇，但也許只是標誌出這類為想成功達到目的的不惜借用另類手段的開端。

這類手段的影響有多遠大可以表一的數字來做總結。從圖表中我們可看到，在三十年的時間裡，陸軍支出增加不到一倍，但海軍支出卻暴增了將近五倍，而這時期的物價基本上相當穩定。顯然，皇家海軍擁抱新科技，讓私人工廠供應軍備，成功獲得更多的政府預算。與此同時，陸軍死抱著舊式管理形式，幾乎完全仰賴國營兵工廠生產和設計武器，因此遠遠落後於海軍。

表一　批准的軍費支出

（百萬英鎊）

年分	陸軍和軍需處	海軍
1884年	16.1	10.7
1889年	16.0	13.0
1894年	17.9	15.5
1899年	20.0	24.1
1904年	36.7	35.6
1909年	26.8	32.3
1914年	28.3	48.8

資料來源：B. R.米歇爾，《英國統計概要》（劍橋，1971年），397-398頁。

工業和海軍之間的互動得到強化，為公共管理的其他兩個層面帶來新的嚴重壓力：一個是財政，另一個是技術。

由於海軍支出無法預估，財政問題遂變得異常尖銳。支出之所以無法預估則肇因於新裝置和生產方法的引進非常迅速。事實一再證明，一個很有希望的新發明比當初的預估會昂貴許多；但倘若半途而廢，或在一項新發明的可行性能被驗證前就加以拒絕，又等同於將科技領先地位拱手讓給其他國家的海軍。

皇家海軍的支出當然不應該超過國會批准的數目。但從塞繆爾．皮普斯（Samuel Pepys）*和他之前，海軍部就已經習慣在國會批准預算前，向倫敦銀行家借錢，以支付目前的額外花費。只要船艦和大炮變革緩慢，或是沒有多大變化，那麼花費完全可以預估。因此，審慎的海軍委員會可以在緊急時借貸，等到國會認為應該彌補過去的赤字，免得債務沉重到危險程度時，就可償還債務。這系統讓國會心滿意足，而海軍部在處理財務上也能遊刃有餘。

但一八八〇年以後，科技開始突飛猛進，支出的可預估限度就煙消雲散。借款來支付超出的預算變得難以抗拒。如果不借錢，一艘軍艦可能就無法完成，或讓德國在某些重大科技發展上超越皇家海軍。但如果為了支付超支而借款過多，僅僅利息就會吃掉當年撥款的一大部分。由於海軍部在技術上採納全力衝刺的政策，因此發現自己一頭栽進嚴峻的財務困境——如果是私人公司的話就必定會破產——儘管國會的撥款逐年增加。

在這種情況下，國會對海軍支出的控制開始消失。普通議員對海軍部的借貸知悉甚少或全然不知，並像一般大眾一樣，以為年度撥款就是實際開支，而且海軍部有妥善控制。到了一九〇九年，情勢已經遠遠失控，必須另外增加稅賦來償還過去的債務，同時還得擴大海軍建設的規模。勞合．喬治（Lloyd George）聞名遐邇的一九〇九年預算案中向富人徵稅以及其相關社會福利規定，就是政府對此問題的答案。法案清楚表明，只有在政府準備大力干預既有的社會經濟關係的條件下，才可能進行全面的軍備競賽。特別關鍵的是，累進稅必須夠重，才能在社會內部實踐讓民眾有感的財富再分配，也才能為了公共目的在必要規模上動員資源。上議院努力阻擋勞合．喬治預算案強行課徵的新稅制，政府則決心推翻貴族的決議，使他們的否決無效，結果差點鬧出革命。這是十九世紀自由主義社會和制度總崩潰的一個重要因素，而在第一次世界大戰期間，它就變成一個非解決不可的難題。

財政上的各種不確定性，傳統管理模式又被打亂，這類情況不只限於海軍部和財政部。反之，新的武器製造技術也給私人武器製造公司帶來極大的管理困難。它們面臨的兩難抉擇是：不是大好就是大壞。有些公司獲得鉅額利潤，如維克斯在二十世紀的頭十年，其資本所得平均股息為百分之十三點三，[46] 其他公司則不是宣告破產就是瀕臨破產。海軍部在選擇如何給予承包的政策上——這政策在狹隘的政治考量和廣泛的政治因素之間一貫搖擺不定——往往可以決定哪些公司生意大好，哪些則關門大吉。

一般市場行為在這種環境下能起的作用極為有限。和採購或有科技創新思維的官員建立特別關係，往往比決定誰得標誰又沒得標的價格更為重要。但若公開施加政治壓力要求撙節，或在訂定承包合約時

＊　一六三三至一七〇三年，曾任海軍部首席秘書和下議院議員。——譯註

也寫入得幫助陷入困境的地區或公司的條款，專家間的這種密切關係就會受到外部的強烈干擾。

在這種情況下，對於任何想管理武器製造廠的人來說，傳統的成本核算反而是種不完美的手段。承包建造以前從未有人看過的機器，一般需要鉅額資本投資。而在完成一項承包案件後，新添的設備會不會繼續使用，會不會因為在建造期間，有某些新裝置或設計出現，而使這個設備瞬間變得過時，爾後慘遭捨棄的命運——這點完全沒有人能夠確定。那麼要怎麼計算這類承包案件的合理成本呢？公司能夠或應該期待從單一承包案件上回收其所有資本成本嗎？倘若如此，那價格就得定得很高；而以後對這些新基礎設備的後續使用必然就會帶來豐厚利潤，然後軍備製造商就會反過來因此飽受嚴厲指控。但如果將資本成本改換以長期逐步回收的方式，誰又能保證未來能拿到新的合同？而新工廠是不是就不會在最初的承包合同完成後便淪落到閒置不用？在科技變遷十分迅速的世界裡，不管是海軍官員或私人企業家，都無法對上述問題給予確切答案。因此軍備製造無可避免地成為一個風險極高的行業。

的確，對於私人公司來說，向外國出口能讓這類問題的尖銳性大大降低，但這只能在海軍部沒有限制的情況下進行。對於研發資金（至少有部分）來自公款的項目，海軍部會限制出口，禁止讓外國人分享技術秘密。[47]相互競爭的公司進行圍標是降低風險的更明顯手段。海軍部對付此類手法的對策是尋找新的廠商，讓它們也參與武器交易，以此擴大供應，降低價格，並防止壟斷。例如，維克斯在一八八八年就是這樣進入武器製造業的，當時它響應海軍部的緊急要求，投標承包生產裝甲板。但維克斯的決定也反映了該廠在民間市場上越來越難以和美國及德國的鋼價競爭的窘況。維克斯進入武器製造業後就轉型成功，不用再和外國競爭，因為海軍部只對向英國供應商購買軍備有興趣。[48]

由於對私人公司或政府而言，價格都難以預估，因此競爭和公開招標的實質意義迅速縮小。像維克斯這樣的新廠商很快就學會如何和阿姆斯壯及其他老牌武器製造商攜手合作。的確，一項新專利也許能讓另一家公司進入武器製造業；但是這樣的公司一旦完成最初的承包合同後總是面臨財務危機，因為它們通常無法很快又得到新的大型合同，使基礎設備能保持忙碌運轉。在這種情況下，通常的應變手法是和老牌武器製造商合併，而合併後的大公司擁有的財政和技術資源可以讓管理者在公司內部分散風險，也就是依據海軍部（和對外出口）的需要，將人力和機器從一個承包案件轉到另一個，保持工廠運轉。

這類公司等到它們規模夠大時，就具有政府官僚的許多特徵。就製造複雜的軍備項目而言，它們占有壟斷或類似壟斷的地位，能夠在多少平等的基礎上和海軍採購人員討價還價。這些軍方採購人員越發感覺，如果要買高度專門化（往往也是秘密的）新軍備，只有向這些公司購買一途。換句話說，私人武器製造廠越來越像伍利奇兵工廠，不同之處只在於海軍和他們的供應商習慣承受激烈的武器變革，而陸軍和兵工廠則是還沒遭遇到這類關卡。

英國武器製造公司合併速度之快，馬克沁槍炮公司（Maxim Gun Company）的歷史就是一個例證。一八八四年為製造機關槍，該公司成立，不過四年後，就與諾登菲爾德公司合併。然後馬克沁諾登菲爾德公司又在一八九七年被維克斯買下。阿姆斯壯公司也經歷了一連串的合併，其中最重要的是將它的長期對手惠特沃思公司，在一八九七年買下。因此，到了一九〇〇年，維克斯和阿姆斯壯兩大軍武巨擘就宰制了英國的重武器裝備業。這兩家公司都在半官方的基礎上和海軍部交涉。也就是說，任何大的新承包案件在兩家大公司以及較小的競爭對手之間的分包方案，其所產生的政治和經濟後果，變成海軍部決策過程中的重要考量，而後者和單純的財政考量一樣重要，有時重要性甚至還超過。[49]

在國外銷售方面，一八八五年以後，與克魯伯和法國主要武器製造廠施耐德—克魯梭（Schneider-Creusot）的競爭日趨劇烈。國家威望、外交聯盟和公然賄賂常常是決定一個技術落後國家會買何種大炮或戰艦的考量因素。外交機構和私人銀行家之間（至少有部分）的信貸安排甚至更具決定性，因為購買軍備的國家很少手上有足夠現金來支付他們想要的武器。

維克斯和阿姆斯壯一旦在國內市場的地位穩定後，它們便覺得在國外相互競爭未免顯得無恥和不夠厚道。到一九〇六年，它們實際上已就全球大部分地區的市場分配達成默契。此外，與克魯伯達成的專利和使用費協議，使這兩家英國公司能夠採用克魯伯的一些冶金技術，而作為回報，克魯伯則獲得使用一些英國專利的權利。施耐德也有類似的協議。如此一來，一個國際武器製造集團儼然成形，在第一次世界大戰後曾遭受激烈抨擊。大公司之間的合作和圍標通常是出自金錢考量。另一方面，政治敵對和國家尊嚴也導致不擇手段的競爭，有時所定的價格會低到賠本的水準。至於實際發生的情況，每個個案各有不同，完全取決於這些對立力量之間如何互動。

自從一八五〇年代的技術突破以來，私人武器製造商因進入外國市場而事業蒸蒸日上。由於國內對它們產品的需求起起落落，形成高峰和低谷，進入外國市場便能彌平這種不確定性，並增加收入。只要發明和研發費完全由私人公司掏腰包，便不會引發任何特別微妙或敏感的道德問題。但一八八〇年代以後，當每項重要新產品的研發，都牽扯到海軍軍官、私人公司工程師和生產專家三者的密切合作時，對外銷售就開始引發嚴重問題，比如，誰有權力銷售什麼以及對誰出售。對國家的忠誠阻止人們和潛在敵國進行唯利是圖的交易。而在與本國結盟或合作的國家裡經營業務就能繞開這個兩難困局，至少只要在外交局勢維持不變時確實是如此。但是英國武器公司和克魯伯簽有專利共享協議，有些協議甚至在第一次世界大戰中也獲得遵守，這便產生了何者為重的問題——國家或公司，公眾利益或私人富裕？這問題在當時特別尖銳。[50]

整體來說，在煉鋼、化學工業、電氣機械、無線電通訊、渦輪機、柴油機、光學儀器、計算機（射控系統），和液壓機械等方面，武器製造商變成一個又一個新技術的先驅，它們迅速演變成帶有半官方性質的龐大官僚機構。大公司內部的技術和財政決定開始對國家舉足輕重。它們的武器的實際品質對歐洲敵對國家和軍隊至關重要。一八六六年和一八七〇年以後，人們意識到某項新取得的技術優勢可能會在戰爭中帶來決定性好處。因此，武器設計中的每個技術選擇都帶有重大的政治和軍事意涵，選擇時還得考量到國家利益和研發新武器的公司的財政未來。

快速回饋迴路就是如此應運而生。透過這個迴路，海軍部的財務和管理決策便與表面上仍是私人公司的財務和管理決定緊密嵌合。國家和私人政策無可救藥地糾纏難解。一九二〇和三〇年代的自由派批評家和一九五〇年代以來的馬克思或準馬克思主義（quasi-Marxist）歷史學家都斷言，在這個混合體中，私人公司占主導地位。根據這個觀點，追求利潤提供動力，其他一切都是衍生之物，由聰明貪婪的人所操控；那就是，他們想讓自己和所服務的股東致富。

這類觀點恐怕是對人類動機和行為的扭曲。無疑地，在愛國主義和利潤趨向一致時，反應是極其興奮的；而私人武器製造廠的經營者就是這樣看待自己的角色的。但解決問題的抽象挑戰也宰制著人類的行動，而武器製造業在第一次世界大戰前吸引了特別多科技創新人才，純粹是因為在那個行業，工業研發最為活躍，可以一展長才。[51]一位創新者會吸引另一位創新者的投入，就像連鎖反應。

再者，提高技術效率、為國效力，以及透過做出正確決定來促進軍旅事業發展等想法，在整個過程中，顯然在海軍軍官心裡扮演非常重大的角色。透過晉升使人們發展野心奮發努力的背後驅動力確實強大，任何曾在現代陸軍或海軍服役過的人都能證實此點。晉升當然有其經濟上的誘因，但人們真正在乎的是其所帶來的尊敬和崇高地位。但如果真正支配人類行為的是經濟動機，費雪海軍上將就不會在一八八七年拒絕惠特沃思的招聘；同樣地，海軍設計師威廉・懷特也不會在阿姆斯壯公司工作兩年後又返回海軍部，因為海軍部的薪資只有此公司的三分之一。

染上海軍各級軍官事業野心色彩的國家利益，加上來自內閣及透過國會的政治公開施壓，兩者對技術改革整體方向的控制，可能要大於私人利潤考量。若問在這些複雜的動機中，何者支配政策決定，這個問題實在不符合歷史事實。重要的是，公共和私人動機交織得過於緊密。在一九一四年以前，市場和金錢考量並非全然屈從於政治考量之下；但是當時，政治或經濟決策也不必顧慮私人製造商謀求最大利潤的貪念。[52]

一九一四年前，歐洲較弱、工業化較低的國家努力使政治決策成為經濟革新的決定性基礎，這點顯而易見——日本的例子就毫無疑問。但自一八八〇年代以後，英國和德國也朝此方向快步前進。在高級技術領域裡，大型武器製造公司賴以為生的政策決定的政治化，遙遙領先其他工業部門。因此，武器製造公司和與它們打交道的武裝部隊構成二十世紀特色的兩個相關過程背後的主要推動力。而這兩個過程就是戰爭工業化和經濟政治化。

合理設計和管理的限度

一八八四年以後，英國皇家海軍對新科技趨之若鶩，而新科技有如瀑布般來勢凶猛，不僅在士氣、財政和管理組織上造成壓力，並且也開始失去控制，宛如脫韁野馬。到了第一次世界大戰前夕，各種射控系統的裝置已經變得複雜到，負責決定買或不買的海軍將官在面對眼前相互競爭的設計時，已經不再能理解其運作的關鍵所在。其中所牽扯到的數學原理和射控系統所仰賴的機械連動裝置，已經超過煩惱不堪又忙碌的一般人所能理解的範圍。職是之故，軍方高層在對原理一竅不通的狀態下做出決定，根據的理由往往是財政或個人或政治考量。

煉鋼的秘訣也是極其複雜。海軍將官可能根本不瞭解一次次革新大炮和軍艦鐵甲的新合金背後的化學原理。但是，應用在大炮和鐵甲上的測試結果則是明擺在眼前，[53]只要經過測試和親眼目睹，任何人都能判斷哪門大炮或裝甲板樣品較為優越。至於射控裝置，或許也能構想出類似的測試。但對什麼樣的測試條件最為合適，論辯的空間則很大。比如，目標艦和試驗艦平行航行與蜿蜒航行呈現出來的問題就完全不同；軍艦高速和低速航行時顛簸狀況不同，而風狂浪大時變數更大。再者，在戰艦上安裝一台機器與大炮連接，使每門大炮都能同時對準同一目標，這樣是很昂貴的。這類設施得由瞭解戰艦最內部運作秘密的專家來製造。

其中最根本的問題可能是如何設定射控系統裝置的性能應該達到什麼樣的要求。這反過來又取決於對未來戰爭的設想。如果德國人計畫打納爾遜式的近距離海戰，那麼在天色昏暗時有能力追擊距離兩萬碼外的敵艦，並能讓第一次齊射的炮彈落在敵艦附近的裝置，就不具備關鍵的重要性。但是如果能發明出這種高性能機器，那缺乏這種機器的海軍又怎麼能算是安全的呢？

這對皇家海軍而言變成棘手的兩難。此時又有一位叫波倫（A. J. H. Pollen）的創新獨具的英國公民聲稱，自己已經解決了從移動和顛簸的軍艦上遠程準確瞄準的數學和機械困難。當一九〇六年波倫將此裝置的設計圖拿給海軍部時，費雪海軍上將反應熱切，並宣布海軍應不擇手段取得該發明的專有權。波倫在一個月內與海軍部簽訂合同，合同保證支付他十萬英鎊，而如果測試證明他的機器性能真的如他所說，在未來銷售時還會付給他更高的使用費。基於這個合同，波倫建立一家新公司來製造他的發明。但不久後他便陷入財政危機，因為要打造一台樣機時，總會碰上許多複雜難題。此時海軍部也面臨財政困難。有一位精通技術的軍官斷言說，他能設計出和波倫一樣好的機器，海軍部認為如此就能省下那筆答應好的十萬英鎊。海軍花了四年才製造出可以運作的機器，而且還是抄襲了波倫一九一一年的原型，否則是做不出來的。[54]無論如何，到了一九一三年，時任海軍大臣的邱吉爾在國會上說：

「我們並沒有採納波倫的機器的意圖，而是仰賴海軍專家所研發的更令人滿意的機器……我可是根據海軍同僚以及海軍倚賴的專家的意見辦事。」[55]

但是，「海軍專家所研發的」機器只能在軍艦直線航行射炮時才能運作，而波倫的機器在不斷改變航向時也能進行調整，運作如常。一九一三年以後，英國軍艦安裝的射控系統還有其他缺失。特別是皇家海軍的光學測距儀的準確度遠遠不如德國人在日德蘭所用的光學測距儀。原本可能證明波倫機器的優越性的測試從未執行過。因為做測試所費不貲，而且一旦成功，海軍部就得支付承諾波倫的十萬英鎊，並連帶使海軍部內部一群有影響力的專家名譽掃地。[56]

當然大可以爭論，一台機器能在有限條件下運作又造價低廉，套用邱吉爾的話來說，的確比昂貴的私人設計「更令人滿意」。鑒於當時海軍開始感到的財政壓力，明智的人都會做出這樣的決定。何況，排成直線隊形射擊也是傳統戰術。否則一位艦隊司令官如何指揮艦隊，發揮炮火的最大威力呢？而在一個極為混亂的世界裡，又該如何維持海軍傳統？倘若直線比蜿蜒航行讓敵艦更容易測量距離，又有何妨？英國艦隊司令官偏好的戰術是仰仗納爾遜準則，盡快縮短距離以取得決定性勝利。為了配合一台機器就去改變艦隊管理和戰術原則，未免太過本末倒置，何況這台機器除了發明人之外，沒幾個人真的搞得懂。

顯然，憤怒的相互誤解所引發的激烈辯論，在很大程度上讓人忽略了真正的技術關鍵爭論處。很少人充分瞭解箇中風險所在。這整個問題應該是個秘密，事實上也只有少數熟知內幕的人知道。但必須做決定的人本身並不擅長技術，只能仰賴其他人的建議。在這種情況下，作為平民的波倫就被懷疑是貪婪成性。[57]面對「海軍專家」暢言自己技術水準低劣的發明，波倫在推銷自己的產品上，則處於毫無希望的劣勢。一位憤怒的艦隊司令官在一九一二年的言論將這個窘境表露無遺：

讓波倫先生這位發明家受盡優惠，等於是讓他控制我們最複雜的射控系統。波倫先生不斷對我們施加壓力，要我們支付他鉅額金錢以擁有獨家使用其發明的權利。每次我們付他專利權，他就會獲得更多機密訊息……套在我們脖子上的鎖鍊越來越無情地勒緊。[58]

皇家海軍必須在極限距離轟擊敵艦，因此決定採納性能較低劣的射控系統是聽信很糟糕的建議。那些所謂的戰鬥巡洋艦（在一九〇五至一九一〇年間建造）裝備最大的大炮，能以最高速度行駛，但只配備基本的裝甲。[59]一旦遇上敵艦，不被摧毀的唯一方法就是靠速度快速航行到敵艦炮火射程之外，然後用遠程炮火將敵艦轟成碎片。費雪將這種超級軍艦視為軍艦設計的第二次革命，堪可與無畏艦的革命相比。而無畏艦正是使他在海軍部嶄露頭角的海軍革命。但是，倘若沒有配備能發揮重型大炮其射程遠的優點的射控機械，這類軍艦無異是死亡陷阱。

奇怪的是，似乎沒人在乎，甚至連費雪海軍上將也不焦急。當他的下屬告訴他，他們較廉價的機器也管用時，他當初對波倫的發明懷抱的滿腔熱情就瞬間蒸發殆盡。費雪對新戰鬥巡洋艦的戰術概念甚至從未成為常規戰略。而一九一三年擔任戰鬥巡洋艦分遣艦隊司令官的海軍上將貝蒂勳爵（Lord Beatty），則將艦隊視為一種海上騎兵，應該利用其速度優勢進行偵察，在作戰時帶頭衝鋒陷陣。滿腦子傳統思想的海軍軍官也許認為躲在敵艦射程之外，於極限距離進行轟擊，實在偷摸鬼祟，膽小至極，不符合納爾遜堂堂正正對決的作戰風格。反正當時海軍的既有射控裝置也無法這樣做。因此，當時規定練習打靶距離為九千碼——鐵甲薄弱的戰鬥巡洋艦在此距離可能等同自殺——的條例持續有效。官僚的惰性，無論有多不合理，仍舊瀰漫整個軍方。[60]

現在回顧歷史，我們至少可以看出箇中奧妙。派系鬥爭、技術無知，再加上吝嗇（與戰鬥巡洋艦的造價相比，波倫的區區十萬英鎊又算什麼？）搞砸一切。英國皇家海軍在日德蘭（Jutland）半島為這些錯誤付出代價。*在這次海戰中炮火射擊距離遠，迎戰時得不斷改變航向，英國原本想要得到的決定性勝利的機會因而大幅降低。[61]

因此，可以正確地說，在第一次大戰前夕，技術問題失控，也就是說，依照既定方法來處理技術問題，已不再保證能做出合乎理性或在實際上令人滿意的選擇。保密會阻礙人們做出明智的決定；派系鬥爭和懷疑別人追逐私利也是。最重要的是，這問題所牽扯到的複雜數學原理——這複雜性顯然超越許多直接當事人的理解範圍——剝奪了制訂政策中甚至那麼丁點殘存的合理性。

一八八四年倉促草率發動的技術革命不可能會有更諷刺的結果了。如同二十世紀初年海軍競賽的許多層面一樣，這也是對未來事件的預嚐滋味，預示我們現今這個技術上未加控制也無法控制的時代來臨。這其中顯現的巨大矛盾是人們費力使管理合理化，在每個前線都獲得巨大和令人印象深刻的勝利，[62]然而整個社會系統卻因此失控。社會的各個部分變得更合理，更易於管理，更可預測，但皇家海軍及其對手所存在的整體人類社會脈絡卻變得更混亂，更加難以控制。[63]

---

* 一九一六年英國和德國海軍在日德蘭發生海戰，雙方在戰後都宣布勝利。——譯註

國際迴響

上述矛盾最明顯的層面就是其國際影響。眾所周知，軍事—工業複合體迅速從大不列顛傳至其他工業國家。到一八九〇年代為止，法國是英國唯一必須面對的海上競爭者。但是法國納稅人繼續反對用鉅額海軍撥款來發展英國在一八八四年後所興起的那種自給自足的回饋迴路。一八七五年發明的生產辦法可供法國海軍製造第一種均勻可靠的合金鋼，[64]但即使連這般搶眼的法國技術突破也不足以使法國海軍成為本國冶金家的長期可靠市場。反之，如前所述，法國眾議院反而完全停止在一八八一至一八八八年間製造戰艦。

與此同時，德國煉鋼廠則增強其價格競爭能力。法國政府的對策是在一八八一年施行保護關稅，然後又在一八八五年撤銷不准外銷武器的禁令。在此之前，這條禁令曾阻止法國武器製造商在國際軍備業裡和克魯伯、阿姆斯壯和維克斯大廠競爭。法國武器製造商對此的反應引人側目。[65]一八九〇年代，法國首屈一指的武器公司施耐德—克魯梭將克魯伯擠出俄羅斯市場。法國野戰炮確實設計優越，[66]但法國人會取得俄國市場，是因為一八九一至九四年間兩國在政治上重修舊好，法國成為俄羅斯的同盟，共同反對德國。在法國外交部的暗示下，法國銀行做出反常舉動，慷慨貸款給俄羅斯，使沙皇政府有償付能力，能購買具有戰略價值的法國進口品。用來建造鐵路的鋼鐵和武器一樣重要，特別是對法國煉鋼廠而言，多虧有了新的外國市場，它們終於能達到大規模生產，程度大到足以使科技先進、完全現代化的煉鋼廠開始獲利。結果，在一九一四年前的二十年間，法國鋼鐵冶金業的成長率甚至遠遠超過德國。[67]法國鋼鐵冶金業的新技術效率，加上法國銀行在金融方面魯莽地將貸款範圍擴大到信用可疑的政府，從而使法國公司能在中國、義大利、巴爾幹國家、拉丁美洲和俄羅斯這些不同的地域裡，瓜分德國的武器和鋼軌市場。

武器和鋼軌的出口也伴隨著技術知識的出口。法國和英國的武器製造公司盡全力協助俄羅斯人建立新廠並擴建老舊武器製造廠，規模之大，尤其是在一九〇六年後。很快地，一個重新武裝、技術現代化的俄羅斯，伴隨著能迅速動員其龐大人力的鐵路網，開始像個陰魂不散的幽靈般，使德國總參謀部的作戰計畫人員越來越寢食難安。法國和俄羅斯間的金融—技術合作，加上英國的些許協助，使德國人認為他們遭到圍堵的擔憂在此現實局勢中顯得並非捕風捉影。[68]

由於經濟和軍事—戰略因素，法國大舉入侵外國武器市場引發克魯伯和德國政府嚴重關切。克魯伯一貫仰賴外國銷售來保持其機械工廠和武器製造廠忙碌運轉。例如，在法國競爭開始明顯影響銷售前，於一八九〇至一八九一年間，克魯伯生產的武器有超過百分之八十六點四銷往國外，而德國政府購買的只有百分之十三點六。[69] 在那之後，國外銷售數字不再公布，但是可以肯定，法國（和英國）對外國的新武器銷售讓克魯伯受創最深。其結果是到了一九一四年，克魯伯的外國武器銷售縮小到該公司總產量的一半不到。大戰前夕，施耐德的出口也占產量一半左右，而相較下維克斯的出口則不到三分之一。[70]

在一次又一次的案例中，克魯伯的價格競爭都占優勢，但價格競爭也不得不考量到政治經濟因素。一九〇三年以後，克魯伯已經不再能說服法國銀行，提供新貸款給俄羅斯和其他貧窮政府來購買自己公司的武器。這辦法在以前行得通，因為投資在傳統上都是追求最大利潤，將政治疆界或聯盟關係的考量棄置一旁。但一九〇四年後，法國借貸方越來越嚴格要求貸款方購買法國武器和其他商品。[71]正如施耐德—克魯梭公司一位發言人幾年後說的：「我們自視為政府的合作者，沒有政府的同意，我們就不談判，不和對方繼續做生意。」[72]這樣的合作關係使法國武器出口在不到二十年內幾乎增加一倍，從一八九五到一九〇四年間的年平均六百六十萬法郎，暴增到一九〇五到一九一三年間的一千兩百八十萬法郎。[73]顯然，由於克魯伯的國外市場萎縮，該公司就必須尋求有政治保證的替代出路。眾人皆知，克魯伯的經理後來找到一個解決方案，那就是一八九八年開始啟動的德國海軍建設計畫。這後來計畫定期更新，規模不斷升級，直到一九一四年為止。

起初，德國海軍計畫似乎只是向英國皇家海軍的海上霸權提出挑戰的幾個類似計畫之一。日本作為海上強權在遠東崛起，所造成的局勢較為迫在眉睫，因為它決定性地改變中國海域的力量均勢。英國的反應是在一九〇二年與日本結盟。除此之外，西班牙在一八九八年的戰敗代表著美國海軍的興起，[74]將加勒比海和太平洋劃入美國的實質勢力範圍。一九〇一年，英國海軍大臣通知他的內閣同事，倘若把美國也納入潛在敵國，那要維持兩強標準就超出英國的能力限度。[75]在美國海域的英國和美國海軍分遣艦隊最初維持表面的友善，不久後英國皇家海軍分遣隊大批撤離，急速縮減，幾乎是關閉在新斯科細亞省、英屬哥倫比亞和加勒比海的英國海軍基地。這有助於費雪海軍上將省下錢來打造無畏艦，加上與日本結盟，他就能將英國艦隊集中在本國海域，以防萬一。法國的潛艇本來已經開始對英國造成嚴重威脅，但在一九〇四年以後兩國達成協議，英國的危機解除。俄羅斯在一九〇四至五年被日本打敗，在力量均勢上俄羅斯遂變成次要角色。如此就只剩德國為英國的唯一競爭對手。

然而，鐵必制海軍上將和他的同事本領高強。鐵必制是馬漢的忠實信徒，相信所有海軍政策的終極目標是取得決定性勝利。他因此傾全國之力打造戰艦。這就毫無疑問地對英國造成威脅。但德國政府不願公開宣稱，新海軍的設計就是要用來將英國皇家海軍趕出狹窄的北海。反之，鐵必制卻宣布其「風險理論」，說是等到德國海軍艦隊變得足夠強大，能真正對英國海上強權構成威脅時，那時英國就得尊重德國作為世界霸權的利益。而到那時，也只有在那時，德國商人和戰略家才不用再鎮日擔憂，海外市場和原物料的供應會有被英國切斷的危險。[76]

一八九八年，鐵必制在德意志帝國議會難以獲得必要票數，不得不答應海軍建設計畫不需要新的稅收。但在一九〇六年，費雪的無畏艦攪亂一池春水，因為德國人如果要跟上腳步，就必須建造比原先設想的更為昂貴許多的軍艦。此外，（一八八五年開通的）基爾運河需要加寬，因為讓大型軍艦自由航行在波羅的海和北海之間已經成為必要之舉。運河還得進行疏浚，以保證大型軍艦能一路駛入威廉港（Wilhelmshaven）和其他北海港口。

如果要求德意志帝國議會增加新稅收，那麼保守的農民利益集團和提供鐵必制計畫主要支持的都市集團之間的微妙聯盟，可能就會生變。即使對進口糧食課以高關稅保護，普魯士的地主——陸軍軍官在傳統上來自這個階級——也會難以維持生計，因此他們堅決反對以任何形式繳納更重的稅。地主們知道三艘戰艦的費用等於陸軍的五個軍；但鐵必制和他的助手為海軍計畫所動員的公眾支持強大到沛然莫之能禦，甚至連普魯士的老統治階級也無計可施。[77]

當德國海軍部開始希望建立能與英國相抗衡的艦隊時，鐵必制知道他必須動員潛在支持者。他有條不紊地徹徹底底做到這點。他動員報紙和記者、工業家和大學教授、政治家和神職人員，任何在德國境內對政治決策能發揮影響力的人都沒被忽略。宣傳的成功可以從加入「海軍聯盟」的人數得到佐證，這個組織在一八九八年由於得到克魯伯的金錢奧援而成立。到次年，其會員人數多達二十五萬，[78]遠遠超過英國在三年前建立的類似組織所曾吸引入會的人數。

結果，當無畏艦打亂鐵必制的原先計畫時，他仍能在一九〇八年使德意志帝國議會通過另一個更大的海軍預算案——而如上所述，這又反過來及時促使英國決定邁開大步，在一九〇九年打造八艘無畏艦。但為了支付海軍擴大計畫，關於徵收什麼稅和誰來繳稅等議題，大家爭得臉紅脖子粗，而首相馮·比洛（von Bülow）在議會中的支持分崩離析。結果他在一九〇九年黯然辭職。這一年，勞合·喬治預算案的爭論也開始使英國輿論引發震動，辯論焦點也是海軍擴大計畫籌款辦法。顯然兩國都發現，他們軍備競賽的花費過於昂貴。雖然兩國政府都表達願意停止競爭的意願，如在一九一二年，但終究無疾而終。

造艦仍舊繼續如火如荼地進行，但鐵必制海軍上將想建造力量強大到足以在北海打敗英國海軍的計畫在一九〇九年生變。他的最初構想後來證明是個錯誤。英國並沒有因和法國及俄羅斯的帝國利益衝突而分散力量，疲於奔命，反而是與德國的敵人達成協議。而且，在一九一〇年，英國政府展現氣魄，採納新的累進稅來為海軍和社會福利籌款，而德意志帝國政府則沒辦法如法炮製。

再者，到了一九一二年，鐵必制和海軍還得在國內面對新的強大對手，那就是陸軍。自從一八四八年開始，普魯士軍官們就一直對會爆發革命的可能憂心忡忡。甚至在一八七〇至一八七一間打了勝仗後，由於害怕一支真正由群眾組成的陸軍可能威脅到有產階級的特權，所以陸軍領袖很快就同意，隨著人口增長，只會招募比例越來越小的合格青年入伍服役。將陸軍限制在德意志帝國議會中小氣的議員所能接受的人數範圍內，就有可能使軍官團能保持其同質性的貴族背景——形成一個防止社會主義者倡導潛在革命的安全堡壘。

然而，到了二十世紀第一個十年的末期，這個政策遭到質疑，因為俄國加快了重新武裝的腳步，其大部分金援來自法國。當德國的保護國鄂圖曼土耳其在第一次巴爾幹戰爭（一九一二年）中，迅速被法國重新裝備的多國部隊擊敗時，德國被圍堵的感受因此強化。德皇的軍事顧問得出下列結論：就算得冒著發生革命的風險，陸軍規模還是必須擴大，每年招募入伍的適齡青年比例必須增加，接受訓練。他們也決定用更重型的野戰炮裝備陸軍。這一計畫所費不貲，並且與海軍預算直接競爭。實際上，新首相特爾巴登·馮·貝特曼—霍爾維格（Theobald von Bethmann-Hollweg）積極鼓勵陸軍計畫，以此來限制鐵必制海軍上將的海軍經費要求。[79]

俄國顯然已從一九〇五至六年敗戰後的革命動盪中恢復生機，這甚至使名聞遐邇的施里芬計畫的可行性遭受質疑。如果俄國能發展夠密集的鐵路網，迅速動員其龐大人力，那德國可能就沒時間養精蓄銳，慢慢等著打敗法國，因為在那之前俄國就會入侵，使德國承受天大災難。可是自從一八九三年後，總參謀部（普魯士參謀部在一八七一年以後改名）所奉的大纛是：能同時兼顧兩條戰線的唯一方法是趁俄國人仍在動員時，先取道比利時攻打法國。這就是總參謀長施里芬（Alfred von Schlieffen，一八九一至一九〇五年間任職）最初在面對法國和俄國於一八九一至九四年間恢復友好關係的難題時，所做的結論。

施里芬計畫每年都根據最新軍事情報所報告的德國和敵人資源的變化而做出仔細調整和修正。但從一八九三年計畫第一次制訂，直到一九一四年實際實施時，基本概念卻從未與時俱進。比利時的中立得到國際條約的保證，而且普魯士還是一八三九年的簽約國，但在德國計畫人員看來這點無關緊要。比利時（對法國）的獨立是英國的長期承諾，因此進攻比利時會使英國開戰。但是在法國和英國在一九〇四年達成協議，又與俄國在一九〇七年簽訂類似協議後，德國人認為一旦發生戰爭，英國就會和德國的敵人聯手——如果不是一開始就這樣做，遲早也會這樣做。進攻比利時會加速衝突，但如果能保證對法國決戰能取得迅速和全面的勝利，如此一來，為挑起戰端所付出的代價還是利大於弊。[80]

一八九三至一九一四年間德國制訂的鉅細靡遺攻擊計畫的一個更為重大的後果是：一旦下達動員令，就無法回頭。每件事都得準時進行。任何干預都會立即阻擾進行步驟，使計畫人員籌劃中的人力和補給的順暢運作，陷入癱瘓和混亂。因此，要使軍事行動從屬於政治考量之下完全不可能，這點俾斯麥在一八七〇至七一年間就已經發現難以辦到。[81]一旦決定開戰後，沒有人能改變計畫，就是德皇也不例外。在法國、俄羅斯和奧匈帝國也存在著類似的嚴峻情勢，沒有轉圜餘地，儘管在這些國家裡，軍隊的威望較低，即便在危機時刻，政治干預的可能性都要比德國來得大。

合理化和專業化的計畫所帶來的不合理性在此展露無遺。誠然，在一九一四年八月，歐洲主要強權以神秘難解、夢遊般的前後步伐，一致邁向戰場的場景，形成我們這個時代中心兩難難題的恰當象徵——局部的和諧更加緊密，組織更為優越，但整體的分歧卻更為劇烈。

第九章 二十世紀的兩次世界大戰

一九一四年八月，在歐洲城市化較高的區域，男人們興沖沖地奔赴沙場，幾乎每個人都深信這場戰爭不過幾星期就會結束。在德國、法國和英國，公眾心頭湧現戰鬥的熱忱，幾乎瀕臨瘋狂邊緣，全心期待著決定性戰爭的來臨。因此，當幻夢破滅時低落情緒也同樣強烈。然而在這漫長而可怕的四年中，即使面對龐大的傷亡名單和西線的軍事僵局，戰鬥的意志仍舊持續高漲。

我們只能猜測造成如此難以理解的行徑其背後原因。一個強調愛國主義和研讀古典著作的教育體系所孕育出來的英雄崇拜主義和此息息相關。第二個原因是，在第一次世界大戰爆發前的十年間，每個歐洲主要國家內都瀕臨內亂，潛在的好鬥人士得以藉由仇恨和恐懼外國人來得到宣洩，而不是去痛恨和害怕身邊的本國人。不僅有產階級，連社會主義者和無產階級也覺得此態度令人深感心安。或許是從鄉村生活模式轉變為城市生活模式所需的多重心理調整積壓下的壓力，透過一九一四年的愛國主義和軍國主義狂潮而得到釋放。東歐的戰爭熱情遠未如此明顯的事實便支持此一論點，因為這地區人口城市化的比例較小，大多數農民仍舊追求遵循傳統生活模式。但是儘管學者專家努力解釋，[1]第一次世界大戰仍舊令人難以理解。

經歷過這次大戰的人根本無法套用過往經驗的任何模式。人們最初陶醉在光輝榮耀的美夢中，但是戰壕裡的屠殺月復一月地持續下去，使人們變得恐懼無比，陷入絕望的困境。一九一七年出現的那種威爾遜（Woodrow Wilson）和列寧式的雄辯辭藻僅僅是強調了這場戰爭所具有的獨特、異常和空前特質。末世景象好像就在眼前。戰爭終於結束時，人們對一切和殺戮有關的事物產生迅速及強烈的反應。大部分的倖存者認為一九一四至一九一八年間發生的所有事情，都是脫離文明生活的常軌規範、返回野蠻時代的顯現。

但即使我們僅憑表象接受當代的判斷，同意第一次世界大戰是使歐洲和世界史的一個時代猛烈和陡然結束的大型決戰，但隨著時間的嬗變，我們現在能清楚地觀察出，世界大戰也開啟了世界事務的嶄新時代，而儘管如今已至一九八〇年代，我們仍在這個新時代中踉蹌摸索。因此，將第一次世界大戰視為打斷歷史正常進展的空前災難此類論點已經不再切合實際。不必舉別的例子，單單第二次世界大戰就可以證明第一次世界大戰絕非獨一無二；而當第二次世界大戰在現代意識中也開始喪失其顯著地位時，我們應該已經能用多少較為持久的觀點來審視二十世紀的這兩大武裝鬥爭。

第一和第二次世界大戰的均勢與人口

有三種分析方法特別大有可為。首先，可以把兩次大戰視為敵對國家間政治力量平衡的又一角力過程。當然，第一次世界大戰中的協約國和第二次世界大戰中的同盟國與德國對抗的方式，從許多方面在基本上都與歐洲以前的兩段歷史相互呼應：一是一五六七至一六〇九年和一六一八至一六四八年間遏止哈布斯堡的兩場戰爭；另一則是一六八九至一七一四年和一七九三至一八一五年間為阻止法國稱霸所發生的較為分散的爭鬥。在這兩個案例中，每一次都像一九一四至一九一八年和一九三九至一九四五年間一樣，一個由幾個國家組成的聯盟和當時即將稱霸歐洲的統治者對戰；而每次聯盟成員國間的殊異目的、互相猜忌和意識形態的激烈分歧，都沒有阻止協約國或同盟國取得最後勝利，因此他們能在戰爭結束後繼續吵不休，但又不會破壞大局。[2]

士兵和百姓在過往時代裡，無法參與政治家對於國家維持均勢的算計。但在二十世紀的兩次世界大戰中，雙方每一個交戰國都籲求其公民和士兵相信戰爭目的，並公開駁斥這類均勢考量，狡辯說後者絕非管理國家事務的理想方針。為了替戰爭鋪路、甚至為引發戰端的均勢算計而忍受艱苦和犧牲性命這點子，完全不能被準備上戰場的人員接受。而政治家出於意識形態或其他原因，也一再透過特定行動駁斥均勢政治原則。[3]

然而，即使政治家、公民和士兵都說均勢政治邪惡且不恰當，並對此深信不疑，政府行徑和輿論變化仍舊不可避免地得密切注意各國力量動態。想來，只要主權國家存在，每當其中一個變得過於強大，威脅到其他主權國家的繼續獨立，那麼受到威脅的各國內部就會產生相似條件，在各方面鼓勵對潛在強權展現敵意。在這種情況下，民眾情緒和民心支持能夠和的確也會產生急遽的變化，在短短幾星期或幾月內，就能形成和解散國際同盟和聯盟關係。只有在缺乏挑起保持均勢行徑的緊迫外部威脅時，相反的意圖和相互衝突的理想才會占上風。例如，在兩次大戰間德國疲弱時就屬此例：這情況使蘇聯和美國有意識地試圖超越均勢政治。兩國都將注意力轉回國內，保護更純粹、政府更為偏好的政治信念。

無論如何，國際均勢似乎無法充分解釋兩次大戰。激烈的戰爭和戰爭促進的深遠變革使得社會掀起翻天覆地的變化。戰爭目的和政治意識形態也許誤導了所有相關人士；但在苦澀鬥爭的背後，我們確實可以看到人口因素，它與敵對勢力的軍事力量布局一樣，必然存在。

這個人口概念則為瞭解兩次大戰提供了第二個分析方法。如前面第六章所述，倘若引發民主和工業革命的原因之一是十八世紀末西歐人口增長的壓力，那二十世紀的軍事動亂也可以用相同的方法詮釋——戰爭是由人口增長和鄉村生活傳統模式的限制兩者之間的衝突所引發，特別是在中歐和東歐，在亞洲廣大地區則以更為豐富多樣的方式出現。誠然，無論何時何地，只要鄉村的農民子弟成批成批地長大到結婚生子的年紀時，卻無法獲得足夠土地，無法像先輩一樣過著自古以來的生活的話，那麼既有的社會關係就會發生根本的動搖。在這種情況下，傳統的鄉村生活方式便會處於難以承受的壓力之下，導致傳統鄉村的家庭義務和道德規範一概無從實踐。而僅剩的唯一問題就是什麼樣的革命理想會吸引這些飽受挫折的年輕人。

自從十八世紀中期以來，歐洲和世界人口就呈現失衡狀態。與早先的時代相較，死亡率降低，更多孩童長大成人；但是出生率並不會自動往下調整。剛好相反的是，出生率反而可能增加，因為致命疾病減少，人們也更常存活過能夠生育的年齡。[4]

在超過一個世紀的時間裡，中歐和東歐人口的增長單純意味著財富的增加。更多勞動力改善了農耕、從事墾荒，並以許多不同的方式進行集約農業生產。然而，這類成果有其限度。到了一八八〇年代，在萊茵河和頓河之間的幾乎所有歐洲村莊，人口的急遽減少相當明顯。從下面兩個變化可以清楚看出此現象。第一，在一八八〇至一九一四年間，移民所占比例異乎尋常地高，幾百萬人渡海到美洲，而往東去西伯利亞的也有幾百萬人。第二，在這幾十年內，各種形式的革命不滿情緒開始在中歐和東歐悶燒，同時影響鄉下人和城鎮居民。

對遵循農村習俗和傳統社會生活模式的壓力激增，直到一九一四年第一次世界大戰將其轉到新渠道，藉由中歐和東歐數百萬人的喪生，才多少緩解了鄉村人口過剩的難題。但要直到第二次世界大戰帶來大得更多的死亡，並伴隨著大規模逃生和整個民族遷徙，中歐和東歐才得以複製法國在十九世紀初期應對革命動亂的辦法，那就是符合經濟狀況和預期發展的節制生育。結果，一九五〇年後，人口增長不再對歐洲社會形成嚴重壓力。[5]

應付人口增長的不同經驗，相當適合拿來解釋第一次世界大戰前夕，歐洲各國的態度和行為。如在第六章所述，法國和英國對於從一七八〇至一八五〇年間，鄉村人口激增所造成的國內緊張，已在十九世紀中葉各自用不同的辦法解決。[6]在一八五〇年代以後實際薪資的增長就證實此項事實。法國有意識的計劃生育則將人口增長與經濟狀況和預期發展緊密聯繫起來。而在大不列顛，在國內找不到滿意工作的人就前往海外，遠赴遍地是工作機會的歐洲殖民地闖天下。[7]

就某些方面而言，俄羅斯的現況與英國類似，在出生地的農村承受不住傳統生活模式壓力的鄉下人，就可以移居到政治上可以施展手腳、人煙稀少的邊疆。一八八〇至一九一四年間，約有超過六百萬俄羅斯人移居西伯利亞，約四百萬人定居高加索。與此同時，約有兩百五十萬人從俄羅斯最西邊的省分移民海外，儘管其中大部分是波蘭人和猶太人，不是俄羅斯裔。[8]多虧鐵路以及因陸路交通費用降低而刺激的多種工商業增長，城市就業機會得以擴大，為上述各類的出路做足補充。然而，在二十世紀的第一個十年內，俄羅斯鄉下充斥著不滿情緒，一九〇五至一九〇六年間突然爆發的暴力革命可資證明。

十九世紀末二十世紀初，歐洲真正困難的人口問題發生在法國和英國以東、俄國以西的地區。以德國為例，在一九〇〇至一九一〇的十年間，出生人數減去死亡人數後的人口淨增數為八十六萬六千人，但是德國工商業的顯著擴展提供了非常多的就業機會，還得進口波蘭農夫來耕種德國東部的土地。[9]儘管如此，迅速城市化對往昔的生活模式造成很大的壓力。德國統治菁英大多來自鄉村和小鎮背景，常常覺得受到活躍的嶄新城市精神的威脅，產業工人中流行的那套馬克思主義革命論辯尤其令人恐懼。與此同時，許多德國人憂心斯拉夫人將從東方如潮水般蜂擁而來，強烈的被圍堵感油然而生。一九一四年夏季，德國人堅決和不計後果地支持奧匈帝國就是源自這份擔憂，否則無法解釋。[10]

回顧德國和法國發展上的差異則相當諷刺。如果當初德國舊政權在處理十九世紀人口遽增的問題上沒那麼成功，某種革命運動就有可能在德國得勢，挾帶著吸引人的普遍性意識形態，如同十八世紀法國的革命理想一樣，對歐洲其他人民發揮其廣大號召力。但是情況卻恰好相反，德國以狹隘又排他的民族主義和種族主義論調，加入爭奪歐洲霸權的戰爭，不僅無法吸引人，還引發反感。德國在迅速工業化上取得的成功，換句話說，也許使德國失去了以某種革命社會主義為名，來贏得二十世紀大戰的長遠機會。未來並未像馬克思主義者預測得那樣發展。反之，一九一七年以後，馬克思主義成為俄國人掌握國家權力的意識形態工具。這種命運的扭轉會使馬克思驚駭不已。

然而，在一九一七年前，這種顯著的角色顛倒實在令人難以想像。德國以東和以南的歐洲地區，工業化的擴展腳步完全跟不上人口增長。[11]因此，在哈布斯堡和前鄂圖曼帝國（俄羅斯的波蘭各省也隸屬於此範疇）境內，政治上的憂慮以最尖銳的形式顯示。雖然有大量人口移民海外，[12]仍不足以舒緩這個難題。希望獲得白領工作機會資格因而接受中等教育的年輕人，其社經地位正好適合向同時代飽受挫折、沮喪不已的鄉下人傳播革命政治理想。他們做得非常成功，早在一八七〇年代就在保加利亞和塞爾維亞[13]開始發揮影響力，稍後也在東歐其他地區散播革命種子。因此，巴爾幹遂成為歐洲的火藥庫。第一次世界大戰的戰火其實是由一位叫加夫里格·普林西普（Gavrilo Princip）*的年輕人點燃的，這絲毫不令人意外。他所接受的中等教育完全無法提供他滿意的成年生活，但卻灌輸給他強烈的民族主義革命思想。[14]

第一次世界大戰在某種程度上舒緩了中歐和東歐鄉村人口過剩的問題。數百萬農民子弟接受動員，徵召進入敵對雙方的軍隊，死亡人數約為一千零五十萬。[15]在大戰後的餘波蕩漾中，哈布斯堡帝國的民族主義革命（一九一八至一九年）和俄國的社會主義革命（一九一七年）對於舒緩農村過剩人口卻沒多大幫助。除匈牙利外，前述兩種形式的革命都成功剝奪戰前有產階級的大部分地產。但在已經貧窮化的農民間進行土地重新分配幾乎無法改善生產率。事實往往適得其反，因為新地主缺乏有效耕作的資金和知識技術。因而，戰後的解決辦法幾乎無法緩解過多人想追求傳統農民生活的困境。俄國人在一九二八至一九三二年的對策是以強迫集體農業來支持國家計畫的工業投資。在東歐其餘地區，於一九三〇年代

* 一八九四至一九一八年，刺殺奧匈帝國王儲者。——譯註

經濟大蕭條來臨前，農村窮困普遍轉為反猶太情緒，因為當中間商的猶太人很多，很容易受人指摘是透過買低賣高、犧牲農民利益而致富。

因此，到了第二次世界大戰，一個更為殘酷但持久的解決辦法才姍姍出現，解決了東歐人多地少的問題。在第二次世界大戰中，東歐死亡人數比第一次世界大戰多上許多，總數可能高達四千七百萬人。[16]東歐居民是在第二次世界大戰期間和之後才開始限制生育，出生率因而迅速下滑，達到比以前低得多的水準。實際上，有些國家還降得太低，到了如果沒有外國移民就無從確保人口補充的地步。[17]

由於在整個歐洲，生育率和經濟發展緊密相關，[18]因此，中歐和東歐在一八八〇至一九五〇年間所經歷的危機時期便就此宣告終結。家庭模式和性習慣改變，農民生活的習俗和規範也隨之變化，因而引發第一次和第二次世界大戰的人口危機便逐漸消失。

而在世界其他地區，人口增長的節奏當然各有所異。以中國為例，鄉村人口和可耕作土地之間的衝突早在一八五〇年就已經很尖銳，最後民怨爆發，人數眾多、範圍廣闊、毀滅性強烈的太平天國崛起，橫行於一八五〇至六四年間。[19]後來，要直到第一次世界大戰後，亞洲農民才會再度大規模響應革命理想的號召。在此僅舉甘地（一八六九至一九四八年）和毛澤東（一八九三至一九七六年）就足以為例。甘地從一九二〇年代早期開始，首度成功喚起印度鄉村階級。毛澤東則從一九二七年開始動員中國農民，支持他的馬克思主義版本。當初在歐洲普遍的人口過剩、土地過少以及鄉村人口革命政治化的因果關係，在隨後數十年間，於大部分的亞洲重新搬演，[20]而在非洲某些地區亦是如此，但情勢因地區而差異頗大；而在許多熱帶地區，有效阻礙人口增長的疾病體系繼續稱霸，直到第二次世界大戰以後。日本在二十世紀的帝國侵略時期和國內人口急遽增長的時期相互重疊，但人口成長的高峰遲至第二次世界大戰後才來臨，儘管最大增長率出現的時間要早了一點。[21]但第二次世界大戰為日本鄉村生活帶來決定性的徹底翻轉，而戰後日本出生率的下降幾乎與中歐和東歐同時。顯然從各方面看來，日本和大部分的歐洲國家一樣，在第二次世界大戰期間，也經歷了自己的現代人口危機版本。[22]

顯然，鄉村的百般挫折會透過革命的形式表現出來，肇因於土地不足，以及年輕一代無法像上一代那樣過生活的沮喪。而這種透過革命表現的方式顯然尚未從全球消失。在拉丁美洲、部分非洲，以及東南亞，這種情況仍舊持續爆發。但是，對第一次和第二次世界大戰而言，日本的人口激增以及中東歐同時期的類似危機，才是引發戰爭的重要引爆點。但這些國家已經改變人口模式，因此不太可能會再成為可與過去相比擬的軍事—政治動盪根源。

儘管人口格局和農民生活方式的崩潰引發的痛苦，在很大程度上可以用來解釋二十世紀兩次大戰的血腥殘酷本質，但卻無法闡釋為何較先進的工業國家能夠沿著無法預見和預期的路線，為戰爭進行自我重組，從而開啟了管制經濟（managed economy），而後者則是我們當代社會的特有標誌。這是理解兩次世界大戰的第三種方法，也似乎是最有希望的一個。之所以如此是因為在二十世紀，我們又目睹了以發號指令，而非仰賴市場作用，來動員大規模人力的管理手法重磅回歸。因此，我準備以更長的篇幅闡述兩次大戰所造成的管理的演變，我相信這也許能證明此層面是兩次大戰在人類史上所造成的最主要和持久的後果。

第一次世界大戰中管理的演變：第一階段，一九一四—一九一六年

第一次世界大戰出人意料地曠日持久，這迫使每個主要參戰國得在國內各方面組織和重整，以改善效率並擴大國家戰力投入的規模。結果，舊的管理模式產生深遠的變化。尤其是，過去在市場網絡中，多少是相互獨立行動的無數官僚機構，此時都合併起來，組合成為進行戰爭的單一國家公司。在這些機構中，企業公司或許最為重要，但工會、政府各部以及陸軍和海軍的行政官在界定管理國家的新方式上，也扮演了主要角色。

經歷時間考驗的習俗和制度在交戰雙方的技術官僚手裡，變得靈活和擁有可以變通的空間，他們讓百萬人成為士兵，也讓百萬人進入戰爭生產。家庭生活、財產權利、消費物資的取得、地區和階級關係——全都發生劇烈變化。整體看來，日常生活和工作上的改變加起來就形成社會蛻變，明顯又自然而然地有如昆蟲變態。

這一切是怎麼發生的呢？

剛開始時，大家都以為戰爭只會持續幾個星期。在歐洲大陸，交戰雙方的完美動員計畫意味著，戰爭爆發後，正常生活就會突然停止。只有英國還堅持「照常生活」。[23]法國工廠裡和農田上的壯丁幾乎都被徵調。其他國家受到的震動要小些，因為並非所有適齡男子都受過軍事訓練。在每個交戰國裡，政治爭論也「在此時期」自動終止。除了一小群堅持擁護教條的死硬派外，各國的社會主義者都背叛了他們的革命理論，暫停階級鬥爭，以驅逐國家敵人為共同目標。

在頭三十六天裡，估計戰爭打不久的預期心態似乎正確。施里芬計畫的開展幾乎與德國總參謀部預期得如出一轍。德國軍隊擊退法國在洛林的攻勢和俄軍向東普魯士的進軍。與此同時，德國主力軍擊退英軍和比利時軍，橫掃低地國，準備包圍法軍。但是這樣的行軍和作戰已經使人和馬匹達到體力的極限，不料法軍又及時停止自己的攻勢，而於一九一四年九月六日至十二日間，在馬恩（Marne）發動大規模反攻。因此，德軍在九月九日開始撤退。三天後，精疲力竭的雙方軍隊陷入僵持，都躲在匆忙挖掘的戰壕裡對峙不下。前線彈藥極度缺乏，其他補給也是。雪上加霜的是在隨後的幾個星期裡，局部僵持變成全面僵局，而一再試圖包抄敵人只延長了戰壕線，後者南起瑞士邊境，穿越法國，北至比利時的一隅。之後，這條西線在往後四個悲慘沮喪的年頭裡，幾乎沒有移動，儘管雙方都做了極大努力，試圖突破對方防線。

這個事與願違的結果為交戰國帶來完全意料之外的難題。繼續作戰困難重重；但放棄作戰則更不可能。結果，交戰國被迫採取臨時措施支援軍隊，月復一月地運送食物、裝備、補給、進行訓練、醫療傷患、埋葬的士兵動輒百萬。這在歷史上沒有前例。難怪古老習俗和制度逐步枯萎，新辦法和行為準則到處竄出盛行。

在主要交戰國中，戰爭於最初幾週內受到最劇烈影響的是法國。初期的折兵損將非常嚴重，[24]經濟幾近崩毀。等戰線穩定之後，法國的危機反而加劇，因為位於德國防線後方的法國領土是特別重要的煤和鐵產地——軍備製造的砥柱。[25]而那些位於法國防線後面安全地帶的武器製造廠則缺乏人力，因為身強體健的工人也和其他人一樣入伍了。[26]當大炮顯然得以無法想像的數目不斷射擊和飛越戰壕線時，[27]

法國陸軍部長早在一九一四年九月就得出結論，他必須從陸軍調派人手去製造所需彈藥。剛開始時還曾引發一片混亂。工廠人員得到政府授權，到火車站或其他人群聚集之處尋找有適當技術的人。[28]

打從一開始，法國當局就看到有必要採取臨時措施，因為法國戰前的冶煉廠有許多已經落入敵人之手。因此，法國當局號召各種工廠設立新生產線，將機器改做新的用途，根據當地條件和可能性來發明新的生產方法，以便製造戰爭物資。大家對一七九三年和那年巴黎工作坊的創新手法記憶猶新，因此這項大規模臨時措施非常容易推行。政治家將各種細節交給各地工業家委員會，工業家再在彼此之間分配承包合同和任務，並常常與相關內閣部長開會商討，以配合陸軍的總體需要。[29]

在最初那幾個紛亂緊張的星期裡，生產費用幾乎無關緊要。約有兩萬五千家分包廠商開始製造各種彈藥，一切可用機器都派上用場，運轉不休。稍後，價格高的廠商就被判出局，主要是因為得不到必要的原物料和燃料配給。隨後從頭蓋起新的大工廠，以生產線為基礎生產武器彈藥。隨著時間的遞嬗，這樣的工廠越形重要，儘管其中某些最大、最有野心的工廠到一九一八年戰爭結束時仍未投入生產。[30]

在這種情況下，大企業經營得有聲有色。企業家控制了地方議會，而後者負責分配原物料、燃料和勞動力等稀有商品。軍火定價的標準是使勉強合格的廠家也能維持生計，因此大規模廠商得以收割豐厚利潤。那些擁有良好政治、金融和工業人脈的創新公司以大量生產方式賺到大錢。就以路易·雷諾 (Louis Renault) 為例，他在戰爭期間建立了一個工業帝國。到一九一八年，他擁有兩萬兩千五百名工人，專門生產炮彈、卡車、拖拉機、坦克、飛機、大炮零件等。他身為巴黎地區工業委員會主席的職位，使他在新承包案件投標時往往有內線暗通款曲。他仰賴一群年輕的工程師來設計高效率的新生產程序，使這類承包案件為他和他公司都賺得暴利。[31]

法國獲得成功的另一個因素是勞動力的特質。大規模工業在一九一四年的法國仍舊是嶄新事物，而且大部分位於被德國占領的區域。因此，在為戰時軍備工業而建立的工業工廠中，傳統的工作方式罕少存在。婦孺、外國人、戰俘和傷殘退伍軍人，加上調到軍工廠工作的士兵，所有人加起來遠遠超過平民男性勞工。[32]這樣的勞動力比起德國和英國的勞動力更具彈性。後兩者的勞工有社會主義傳統、歷史悠久的工廠法規和傳統技術，在在都使法國那種從頭打造的激進工藝程序難以執行。

另外兩個因素也幫助頗大。從政治層面來說，第一任彈藥部長阿爾貝·湯瑪斯（Albert Thomas）是社會黨政治家，也是巴黎高等師範學校的畢業生。他周遭都是同校校友，像他一樣全數具有技術官僚特色和社會黨傾向。這樣的管理者比較善於維持工業家、工人和政府之間的密切合作，而那些也扮演此類角色的德國陸軍軍官則由於心高氣傲，在此方面的表現遠遠不足。[33]

最重要的一個因素是，法國的戰時經濟並不完全仰賴本國資源。法國必須從英國大量進口煤和金屬，以取代在德國防線後的那些被占領的法國資源。無論何時，一旦關鍵資源匱乏，法國就可以從國外購買，不論是從英國或美國——至少在剛開始時是如此。但先是一九一五年的英國市場，後來是一九一七年的美國市場，所收訂單超過負荷，於是交貨嚴重拖延的情況倍增，這時便必須採用新方法來協調協約國內的戰時生產。重新組織導致國際分工制度的建立，由協約國會議擬定計畫，交由國際行政機關負責執行，而其中最重要的就是協約國海上運輸委員會。

法國仰賴英國和美國供應燃料和原物料，到後來也越來越仰賴這兩國供應糧食，[34]以致於戰爭債務高築，為戰後的國際關係帶來重大苦惱。但是，在戰爭期間，法國之所以能傾全國之力，將資源集中在彈藥生產和補充前線兵員上，都是拜能從外國進口物資之賜，否則是無法達成此類成就的。例如一九一五年，法國生產的七十五毫米炮彈已能滿足其需要，最高日產量超過二十萬發，為原先規模的二十倍。後來，新武器的生產——一百五十五毫米巨型大炮零件、飛機和坦克這類新式武器——變得比單純生產大量大炮更為重要。在這方面，法國與其他大國的成就堪可相比，甚至還有所超越，以致於當美國遠征軍開始抵達法國時，根據協議，其大部分重型裝備都由法國工廠和兵工廠供應。[35]在第一次世界大戰中，法國成為民主國家的主要兵工廠，產量超過英國，美國則更是望塵莫及。[36]

德國人則有不同的難題。他們的工業資源遠遠超過法國，而且在一九一四年，由於沒有受過軍事訓練，有將近半數的男性成年勞動力沒有立即受到動員的影響，依舊留在後方。[37]因此，在德國，產量的絕對限度和需求之間仍舊存在著相當大的緩衝餘地。能夠支配的人力物力造成產量的絕對限度，而自一九一四年十月開始，國家兵工廠的彈炮儲存量開始耗盡時，對炮彈的需求便迅速升級。結果，德國陸軍部的軍官能直截了當地向民間工廠提出更多的要求；而且在隨後的許多個月裡，的確得到更多的供應，因此德國無須像法國那樣，從一開始就採取大規模臨時措施，匆忙調派人力。

但另一方面，德國在一九一四年以前就已經進口為數不少的重要作戰物資。用來製造炮彈殼和電機的銅來自智利。用來製造火藥和肥料的硝石剛巧也是來自智利。從戰爭爆發那刻起，英國皇家海軍就宣布封鎖德國海岸，使得德國日益難以得到海外供應。[38]由於英國進行封鎖，使得德國顯然需要酌量小心使用手裡所有的銅和硝石，否則德國陸軍的炮彈殼和火藥供應就會突然斷絕。德國通用電氣公司的法定繼承人瓦爾特・拉特瑙（Walther Rathenau）在剛開戰時就注意到這些隱憂。一九一四年八月八日，他和陸軍部長討論這個問題，一個星期後，他便奉命負責管理銅、硝石，以及軍事和工業生產所需的其他稀有原料的分配。陸軍部原料管理局便如此應運而生——在往後三年裡，以這個局為核心，逐漸建立起對德國經濟進行軍事管理的全面體系。[39]

作為大工業家，拉特瑙當之無愧。拉特瑙建立起特別的公司來分配重要原料，實際上就是為供應短缺的每個商品建立起國家壟斷機構，將商品再分配到相互競爭的使用者手上。這些企業聯盟壟斷機構，就像在法國一般，由企業執行長管理，在牽扯到基本政策時，則從屬於陸軍部的官方指揮。貓抓老鼠的經濟戰爭很快地就在英國和德國之間展開。德國人只要能在哪找到所需原物料，就去哪購買，並透過中立國公司和海港安排進口，英國則想辦法攔截這類船隻，並將已知和德國人做貿易的公司列入黑名單。英國人慢慢將網收緊，因此在德國經濟中，海外進口物資變得越來越少。

但封鎖的重要性在當時和後來都被過度誇大。事實上許多原物料都可以找到替代品。例如，可以用其他金屬來代替銅以製造炮彈殼。在銅無可取代時，即可用合金或電鍍，大幅節省銅的使用量。數以千計的工業調整實務，節約地使用稀有原料，因此避免掉生產的嚴重崩潰。但是在火藥製造上，沒有東西可以取代硝酸鹽。化學家已經知道如何用空氣中的氮來製造硝酸鹽，但是因為費用昂貴，從來沒有在工業上試用。然而，在德國最初的火藥儲存於一九一四年十月告罄後，戰爭能否繼續，就要取決於完全重新裝備的工廠的硝酸鹽供應。倘若缺乏這類供應，戰爭就會迅速戛然而止，因為突破英國封鎖線走私智利硝酸鹽從實際上來講不可能。

因此，在戰爭的頭兩年，德國陸軍部都是按照每月的火藥供應量，來擬定作戰計畫和調整國家戰力規模。在一九一四年，每月最多只能生產一千噸，而陸軍每月卻需要七千噸才能毫無節制地射擊大炮。一九一四年秋季，陸軍部先是設定了每月生產三千五百噸的指標，後來由於快速獲勝的前景終於變得黯淡，又於一九一四年十二月提升到每月四千五百噸。一九一五年二月，指標數字提高到每月六千噸。火藥的生產雖然落後這些指標，但落後得不多，一九一五年七月，實際上生產了六千噸。陸軍部和德國工業可以對這樣的成就引以為傲，儘管每月六千噸的火藥仍舊無法滿足不斷升高的需求。[40]

德國工業還能供應軍隊所需的幾千種物品，數量則勉強令人滿意。一旦出現工業品短缺，就藉由重排優先供應的次序來重新調整，並尋找替代品，此舉相當成功。雖然大量平民勞動力被徵召去補充損失的兵員，但人力尚未到達吃緊的限度。食物短缺的問題較為嚴峻，由於一九一六年五月情況已經相當嚴重，因而特別設立了一個食品管理局。該局的工作人員都是平民，因此對軍隊採購的食品沒有管轄權，並且從未成功建立一個真正有效的食物配給制度。

只要德國軍隊能繼續在戰場上打勝仗，國內的艱辛就可咬牙撐過。儘管火藥不足，一九一五年的各個戰役從整體上來說德國大有斬獲。德軍在東線的勝利將俄國前線遠遠推離德國邊界。塞爾維亞遭到蹂躪，鄂圖曼土耳其則成功擊退對達達尼爾海峽的兩棲進攻。與此同時，德國國內的火藥產量提升，慢慢恢復德國炮兵的全部攻擊力。

德國人一九一六年的戰略計畫是利用重炮優勢進攻凡爾登（Verden）。埃里希·馮·法金漢（Erich von Falkenhayn）在一九一四年德國於馬恩河戰敗後出任總參謀長。他想在英國的新兵能在準備好投入戰爭前，就大舉挫敗法國，並迫使這個共和國求和。但對凡爾登的進攻從一九一五年二月打到六月，儘管雙方傷亡慘重，卻未能達到預定目標。

這次戰役使德國人大失所望，而接下來的兩件事又撼動了德國人的自信。一九一六年七月到十一月，英國和法國對索姆河的聯合進攻，顯示大不列顛的確將所有資源毫無保留地投入戰爭。接著在東線，俄國人對奧匈帝國的進攻取得顯著成功，從而說服羅馬尼亞加入協約國陣營。一個立場不定的巴爾幹國家選擇成為德國的敵人，這意味著，至少在羅馬尼亞人的眼中，大戰將在協約國勝利中結束。[41]為了阻止這樣的結果，德國顯然需要加強國內的戰時努力。德國的反應是下更大的賭注，強化其作戰力量，希望達到和超越英國及法國動員的力量。陸軍元帥保羅．馮．興登堡（Paul von Hindenburg）在一九一六年八月二十八日出任最高統帥，他和其軍需總長埃里希．魯登道夫（Erich Ludendorff）開啟了新的時代。但在討論這個新時代前，我們先簡短依次探討一下，英國、美國和俄國對戰爭頭兩年的反應。

不像其他交戰國，英國一開始就準備打持久戰。如果打別種戰爭，英國的參與就會非常受限，投入的規模只能是中等，從一九一四年最初幾場戰役英國只投入四個師的兵力這點就可證明。但公眾輿論不贊成英國只扮演邊緣角色，因而當新任陸軍大臣基奇納勳爵（Lord Kitchener）號召志願兵時，民眾反應相當熱烈。開戰初期，日常行政工作發生巨大混亂，原因在於他們沒考量到工作規模已經產生變化。私人工廠和伍利奇兵工廠接獲大量訂單，訂購新軍隊所需要的一切物品。但這些訂單得和法國及俄國對海軍所需的訂單競爭，結果是需求立即超過生產能力，交貨進度落後。熱烈的公眾輿論敦促人人參軍，不論有無工業技術或平民職業。大約有百分之二十的兵工廠工人在這種壓力下真的入伍，從而影響炮彈和大炮的生產，而後兩者的供應原本就已嚴重短缺。[42]

不令人意外的，在法國的英國遠征軍很快就開始有補給嚴重不足的難題。一九一五年五月，遠征軍司令官約翰·弗倫奇爵士（Sir John French）決定跳過他的上級，直接向大眾籲求，這舉動所造成的醜聞引發內閣危機，並促進由勞合·喬治領導的新軍械部的建立。勞合·喬治當機立斷，採取斷然措施，動員大不列顛的全部工業資源去支援戰爭。他設定的指標遠遠超過陸軍部要求的或認為可能達到的指標。[43]混合志願從軍與強制徵召，新的軍械部就這樣開始運作。例如，第一步就是向軍械部能找到地址的所有工廠送出問卷，要求列出機械清單，並對自己能生產何種軍火提出建議。軍械部以類似的志願精神，動之以情，說服工會暫停傳統勞動法規，承諾不再允許罷工。這是個重要的讓步，因為像在法國一樣，新機器很快就使許多生產線自動化，毫無技術或半吊子工人便能取代以前由技術嫻熟的工人所做的工作。另一方面，最高利潤限額在法律上規定，不能超過戰前平均利潤的百分之二十。而聲勢浩大地反對「逃兵」的尖銳戰爭宣傳確實使徵召染上強制的色彩。到一九一六年，「基奇納大軍」達到二百四十六點六萬人的規模。

勞合·喬治召集一批「悍將」到軍械部貢獻專才，他們主要來自企業界和專業界。他們略有自由主義傾向，在某些事務上已有定見，與法國軍械部的社會黨傾向和技術官僚特色形成對比，而和德國的戰時軍事企業管理體制更是南轅北轍。但是每個國家的實際效果都相去不遠。譬如，英國炮彈產量在第一年就倍增十倍，因此舒緩了當初建立軍械部的危機。到一九一六年七月，志願軍準備投入戰場，在索姆河戰役（Battle of Somme）中所展現的炮戰威力使德國人震驚萬分，不得不中斷企圖在凡爾登打敗法國人的軍事行動，轉過來對付英國人的新攻勢。但是這是在索姆河戰役所達到的唯一成就。英軍在這場戰役中傷亡慘重，[44]如同法國在開戰最初幾星期的慘痛損失一樣。戰爭在英國公眾心目中光芒頓失，隨著戰壕戰的無限延長，內閣變得日益不願派遣補充兵到法國，免得再度白白送死。

在大西洋彼岸，美國從戰爭引發的急遽需求中獲得龐大利益。過去由英國和德國公司供應的出口市場，如今百般誘惑地召喚美國公司，尤其是在拉丁美洲。結果是史無前例的繁榮。在戰爭初期，對德銷售逐漸減少，最後變得不足掛齒。美國並未堅持違逆英國的封鎖，儘管在剛開戰時，遠距離封鎖在國際法上沒有法源依據。然而，只要協約國的購買足以使美國的農場、工廠和礦坑充分運轉，美國就沒有想要逃避英國貿易管制的任何動機。

因此，隨著時間流逝，美國供應和協約國的戰爭需求兩相配合的規模越來越大。起初英國能以一般方式償付所購買的貨物，儘管這意味著出售在美國的資本投資。後來現金告罄，美國銀行貸款給協約國以保持生意昌盛。如同當時的美國民粹人士指出的那般，如此一來，紐約銀行家到一九一七年就已在協約國會勝利上下了巨大金融賭注，而美國的經濟資源則越來越緊密地與英國和法國戰爭交織在一起。

美國邊界以外的世界市場也向英國和法國開放。事實上，這兩個協約國在非洲、亞洲和大洋洲的長期帝國地位，使它們能藉機搶先運用全球資源來支援自己的戰爭。這就意味著國內生產的計畫和管制並不需要完全達到沖銷。在幾乎每個案例中，缺少什麼都可以向國外購買。交貨雖其慢無比，但還可以忍受，直到一九一七年德國潛艇對協約國的生命線造成威脅，情況才有所改變。然而，在此之前，國內的管制經濟與國外的老式市場動員結合地天衣無縫，由美國銀行貸款提供資金。

德國也仰賴向鄰國，如瑞典、荷蘭和瑞士的採購，來彌補國內資源的不足。它所占領的比利時、法國北部和俄國的波蘭數省也被迫提供一些作戰所需物資——糧食和煤之類。但被占領各地的居民很不願意與德國軍事當局合作，動作拖拖拉拉，而中立國向德國出售的貨物又因英國執行海上封鎖而大為受限。[45]因此德國主要仰賴本國資源，外加將從哈布斯堡各地或保加利亞、鄂圖曼土耳其以及被占領的領土所能得到的資源，拿來作為補充。但就在這個範圍內，由於陸上運輸費用較高，德國要從本國境外取得補給就因此受限。人口絕大部分是農民的國家辦事效率遲緩，也在扯德國後腿。再者，德國缺乏外國龐大信貸的幫助，無法向協約國和被征服的國家購買糧食和其他補給。隨著戰爭一年年進展，對崛起中德國霸權的不信任，使得哈布斯堡、保加利亞和鄂圖曼土耳其等盟國在對德國的倡議或合作事務上，逐漸失去熱忱。

德國在管理能力上所承受的壓力最後證明相當嚴重。在沒有外界物資大規模補充下，如何管理整個國家經濟，沒有人有清楚的概念。重要的統計數字，如未來糧食生產和消費的可靠估計，不是付之闕如就是軍方不予以重視。幾乎所有爭議問題都由軍方來做最後定奪。

俄國也是如此，由於戰爭壓力，也在國內管理上面臨強烈難題。沙皇徵召參軍的人數龐大，難以供養和補給。但由於軍隊絕對優先，因此俄國人創造的生產奇蹟，與德國人、法國人和英國人在同一時間取得的成績不相上下。俄國甚至超越哈布斯堡諸國的生產紀錄，後者由於內部民族摩擦劇烈和行政態度馬虎，一切都死抱舊式規矩不放。[46]

如同法國和德國，俄國也將軍火製造承包的分配委託給企業家委員會。俄國炮彈的生產從一九一五年年初的每月四十五萬發，暴增到一九一六年九月的每月四百五十萬發。其他軍火製造的增幅也大多是如此。[47]但是利潤比產量增長得更快，一九一六年如脫韁野馬的通貨膨脹，開始反映出俄國經濟已因戰爭而不堪負荷的現實。一九一六年一至十二月間，物價幾乎翻了四倍，而薪資的增長嚴重落後。最具災難性的問題是生產糧食的農民發現，將產品拿到市場上去賣越來越不划算，因為消費品變得非常稀少，幾乎是買不到。

在這種情況下，農村又很快再度回歸自給自足的生活模式。一九一三年農業收穫有百分之二十五在市場銷售，相比之下，一九一七年由於收穫減少，出現在市場上的只有百分之十五。軍隊搶購大部分能買到的糧食，城市於是受到災難性糧食不足的打擊。結果，一九一七年工業生產直線下降，軍隊士氣不久後也是如此。[48]前線彈藥短缺當然是重要因素，但未經過訓練的胡亂射擊所造成的物資浪費，以及俄國炮兵和步兵間的合作不佳都是原因，但在災難降臨俄國軍隊時，上級卻不肯承認。[49]

俄國軍隊在與哈布斯堡軍隊作戰時仍能取得勝利，一九一六年的加利西亞攻勢（Galician offensive）就足資證明。但是一九一四到一九一五年間，德國在東線取得的一長串勝利顯示，單靠人海戰術無法和德國科技相抗衡。等到德國在一九一六年將注意力轉移到西線，埋頭於進攻凡爾登，試圖擋開協約國在索姆河的攻勢時，俄國人才又恢復了進攻的力道。顯然，德國如想要避免戰敗的話，就必須想辦法同時在東西兩線進行大規模作戰。一九一六年八月，興登堡出任最高統帥，他就是準備這麼做。

第一次世界大戰中管理的演變：第二階段，一九一六—一九一八年

在討論德國強化動員，將戰爭推向一個新階段之前，我們應該先停下來回顧一下，戰爭促使歐洲社會老舊模式發生深遠改變的幾個基本層面。在戰爭最後兩年所爆發的高潮發生以前，這些深遠變化就已然啟動。

在工業方面，最重要的基本變化就是引進大量生產方式，來製造炮彈和幾乎所有種類的步兵裝備。大型裝備不容易大量生產，但到了戰爭末期，汽車、卡車和飛機引擎的生產線已經成為標準，特別是在法國和美國。在對大量生產與老式工業方法所產生的激烈差別上，這兩國工人的抗拒力沒德國或英國工人那般強烈。[50]如我們在第七章所見，美國在一八一二年戰後就採用大量生產來製造輕武器，隨後在克里米亞戰爭後就出口適當機器給歐洲。在十九世紀下半葉，美國商人面臨長期缺乏技術工人的困境，於是便將類似的生產方式應用在其他種製造業，其中最令人矚目的是大規模生產縫紉機和打字機。第一次世界大戰突然爆發前，歐洲在這方面毫無作為，但開戰後，就需要大量類似的東西提供軍方使用。於是，鑽模和沖模、自動化機械和生產線很快就得到充分發揮。

用這種方法大幅降低大量消費製造品的成本於是在技術上變得可能。正如以前常發生的那樣，軍事需求為新科技開闢道路，而且眼前就有一條非常寬廣的前線，從炮彈引信到電話到迫擊炮到手錶，全部缺乏。其後的世界工業史和社會史有很大一部分是建立在大量生產方式的持續應用上。在第一次世界大戰的緊急狀態下，大量生產的規模令人驚嘆地不斷擴大。只要看看現代建築裡所安裝的設備，就能意識

到，在二十世紀末的我們有多仰賴當時在近乎恐慌的狀態下，所開創的各種工業改革先驅行動。當時，一個主權國家的生存代價突然變成是生產越來越多的炮彈、火藥和機關槍。

幾乎同樣重要的是，廣泛應用有計畫、特意為之的發明來設計新武器和新機器。如上章所述，一九一四年以前，因為戰艦的花費規模龐大和其所需軍備的複雜性，有計畫的發明大部分是由世界大國的海軍贊助和提供資金。第一次世界大戰將特意為之的發明從海上帶到陸上，同時應用於新和舊武器。德國人在改進傳統武器性能方面遠遠將敵人拋在後頭，因為他們得撙節稀有原料，對大炮和步兵裝備的設計和製造的每一方面都得小心斟酌再三。新武器，如U型潛艇和飛機，在協約國和德國都有非常快速的發展。戰爭經驗使人們對所有這類武器的性能特色產生具體要求，而工程師和設計師則盡可能製造出符合使用者要求的武器。指令型發明（command invention）因此變得廣泛，應用到每一種武器裝備上。

坦克的研發是這種方法取得巨大成就的最醒目範例。在戰爭初期就有幾個人想到，一輛有履帶的裝甲車或許能毫髮無傷地通過敵人的戰壕。如果配備適當的大炮，這種車輛就能摧毀敵人的機關槍，為全面突破開出道路。英國和法國當局都依據這種想法去研發坦克。在英國，海軍的授意科技經驗的延續性得到保證，因為坦克的早期研發是由海軍設計局負責，最初被稱為「陸地巡洋艦」。

英國坦克首度投入戰爭是在索姆河攻勢的最後幾星期內（一九一六年八月），但因機械故障以及與步兵和炮兵配合不佳，這種新武器遂無用武之地。很快地，法國人也承受類似的失望情緒。但幾位有技術頭腦的軍官不願意放棄這個點子。一九一七年經過改進的設計（和訓練）贏得了真正但儘管有限的成功。一九一八年六月協約國發起最後反攻時，新一代的坦克得以全線支援步兵作戰。事實上，英國最高統帥部甚至跑在前頭，批准了一項預定於一九一九年開展的計畫；如果這計畫曾來得及實現，英國原本可以比德國人早二十年開啟閃電戰（*Blitzkrieg*）戰術，可惜後來未能成真。一九三九年，是德國人先在波蘭使用坦克縱隊，深入敵後，破壞指揮和補給系統。[51]

「一九一九計畫」令人驚嘆的特點是，其可行性仰賴一個計畫制訂時尚不存在的武器。計畫中的一種新坦克，在衝向敵後所需的速度、機動性和射程距離上都獲得改進。過去的軍事計畫人員往往都滿足於既有武器的性能，「一九一九計畫」則反其道而行，藉由有意識的改變現有技術，使武器更符合計畫所需，從而塑造未來。當然這個計畫沒有來得及在實戰中得到檢驗，在戰爭中大規模使用性能改進的裝甲車輛得等到一九三九年。但到一九一八年，局勢已經很清楚，授意科技已經開始使陸戰全面改觀，正如同它在戰前幾十年改變整個海戰面貌一樣。

一九一四年以前，世界上領先群倫的陸軍都異口同聲地抗拒迅速和會使原有組織瓦解的技術改革。只要鐵路卸載點之外的運輸都仰賴馬車或人力搬運，軍隊所需物資的大小和複雜程度就會受到人和牲畜的體力限制。但是在第一次世界大戰中的內燃機抹消了這類限制；它是以一九一四年第一次馬恩河戰役從巴黎以出租汽車運送法國士兵為開端。兩年之後在凡爾登戰役，於鐵路運輸被切斷之後，法軍用卡車沿著巴勒迪克—凡爾登公路（*voie sacrée*）運輸，得以使凡爾登固若金湯。一九一八年，傳統上由騎兵擔任的偵察和追擊任務的角色，改由飛機和坦克來承擔。

以前對於戰爭工業化的限制因此消除。然而，指令型發明的軍事利用可能性還得等到未來。第一次世界大戰只是為陸軍打開一扇門，從這裡可以進入機械的想像世界，而海軍早已開始在裡面棲息了。但正當幾位對坦克研發有熱忱的人和對未來有預見的人瞥見可能的前景時，一九一八年的停戰使這一計畫陡然終止，便如此中斷了十五年。

與技術變革平行的是，同樣特意為之的人類社會和日常生活的變革。數以百萬計的男人徵召入伍，被要求臣服於與外面截然不同的新生活條件，甚至奉獻生命。另外數百萬人進入工廠、政府部門，或承擔其他陌生的戰時工作。有效分配勞動力立即變成每個國家進行戰爭的重大因素；工人和作戰人員的福利開始至關緊要，因為營養不良和忿忿不平的勞動力無法達到最大限度的產量。食物短缺後，餵養雇員的工廠餐廳變得重要。開辦照顧幼兒的托兒所使年輕母親也能投入戰時工作。有時甚至還為戰時工人建造和分配房舍。特定工廠附設的運動俱樂部提供另一種附加福利，並提升士氣。[52]

工廠經理採取福利措施的同時，工會的角色越來越大。早在一九一四年前，英國和德國的工會的地位就已鞏固。大戰期間，政府官員發現有必要仰賴工會領袖的合作，委託後者組織和重組工人，進行戰時生產。廠方與工會發生衝突時，政府代表往往站在工會這邊，儘管在傳統上官員階級和工人代表及發言人之間只存在著反感，例如在德國便是如此。[53]政府官員、工會領袖和企業領袖結盟，擴大他們對一般人民生活的集體管轄和有效控制。這現象在法國、美國和俄國不那麼明顯，因為在上述國家裡，工會勢力薄弱，或很晚才建立，擁護著革命或半革命意識形態。[54]在法國、美國和（直到一九一七年的）俄國，有些商人在政府領取象徵性薪水，表面上有個政府頭銜，卻又私底下作為私人廠商與政府簽訂合同，這類企業家在指導戰時經濟方面有較大的發揮餘地。

衛生工作也開始由官方管理。在以前的戰爭中，士兵因傳染病死亡的人數遠遠超過在作戰中死亡。

c

縱隊可以清掃前線，攻破德軍司令部，干擾指揮和補給系統，在前線士兵間散播恐慌。但戰爭在1919年結束，使這個大膽計畫沒能有接受檢驗的機會；但二十年後，德國陸軍收到了成效，首先是在波蘭，然後是在法國。德國的坦克有若干重大改進，如陸空合作。圖c是德國軍隊在一九三〇年代晚期的演習中演練閃電戰戰術。

圖片來源：Heinz Guderian所著*Die Panzerwaffe*（《裝甲部隊》）（Stuttgart, Union Deutsche Verlagsgesellschaft，1943年），插圖7、12、41。

a

b

圖十三　陸軍的軍事科技

在第一次世界大戰期間，幾位有先見之明的空想家預見一種以汽油為動力的全新武器系統，而且能超越當時所有陸軍武器的戰力限制。這類想法在1914至1918年間僅取得有限的成功，儘管在最後的幾場攻勢裡，坦克和飛機的確扮演關鍵角色。

圖a是第一次世界大戰中最成功的坦克車種，英國的Mark V坦克。圖b是「惠比特小靈犬」（Whippet）輕型坦克（1918年的Mark A型），具有每小時12.5公里的時速和100公里的射程，其設計初衷是要使得坦克於是在軍隊中，預防接種和防止傳染病的預防措施，使得士兵能夠長期堅守戰壕。在東歐，一九一五年以後，公共衛生崩壞，因此斑疹傷寒和其他疾病扮演起其平常角色，同時殺害士兵和百姓，一視同仁。到了一九一八年，一場嚴重的流行性感冒肆虐全球，病死人數遠遠超過第一次世界大戰作戰死亡人數。當時在西線的軍醫和公共衛生官員仍舊能設法控制住致命傳染病，儘管戰壕裡的狀況悲慘。[55]另一方面，這個預防措施卻未擴及百姓，那要等到第二次世界大戰。

到了一九一六年，食物及其他消費品的配給已經改變民間社會中歷時已久的消費不平等狀況。在隨後的年間，配給越來越嚴格，使貨幣收入被剝奪其和平時期的意義。在每個國家，稅收和通貨膨脹在不同程度上的結合也起上述作用。財產所有權不再那般重要；個人在指令階級——不管軍事或民間——的位置所帶來的地位大有超過世襲地位的傾向，儘管這兩者往往是重疊的，由同一人占據。雖然過去的影響揮之不去，從歐洲軍隊的軍營和採購部門中出現一種應該稱之為國家社會主義（national socialism，如果希特勒〔Adolf Hitler〕沒有搶先使用此名詞的話）的制度。在一個由大企業、大工會、學術界和大政府部門的行政菁英組成的聯盟的協助下，這種國家社會主義在令人驚嘆的短時間內就使歐洲判若兩人。

戰時動員的成功秘訣之一是，動員開始時大家都認為戰爭只會持續幾個月。日常生活慣例和物質享受的犧牲乍看下似乎沒那麼要緊，因為所有相關人員理所當然地認為，打完仗後就會立即恢復平常狀態。這使得保守派一次次地消除疑慮。再者，在前線士兵所承受苦難的對照下，對後方百姓的所有要求似乎都顯得微不足道；而那些堅持維護自身權利和特權的人，一旦讓社會的新管理者覺得妨礙支援作戰，便落個名譽受損的下場。

但整個戰爭的核心卻同時存在著諷刺和模稜兩可。統治者和被統治者、牧羊人和羊群、參謀官和炮灰的區別之所以能為人所接受，是來自一個共同信念背後的強大力量，那就是不論代價如何，戰爭必須打到底，徹底分出勝負。在這個信念的灌輸下，服從矛盾地變成自由的展現。但是如果信念動搖，一旦信念完全消失，那隨著戰爭出現的新統治階級就會突然在人們心目中完全翻轉，變成嗜血暴虐的篡位者，出於自己邪惡的理由奴役所有人。換句話說，當人們停止相信不惜任何代價贏得勝利是不言而喻的真理時，自由和正義就會換邊站。無論何時何處，只要對戰爭的看法改變，在國內進行有效動員的極大政府權力就會瀕臨崩解，而其速度會比建立時還快。其後替代的局勢可能是內戰、無政府狀態、戰敗或國家屈辱，或也有可能是更新、更公正的政府建立的那抹曙光，但無論如何，那些都是信心和恐懼的問題，而非人們是否有先見之明。

一九一七年，戰爭的這些面向已經變得尖銳明顯。那年三月，沙皇專制的瓦解似乎會將俄國帶入議會政治和民主的陣營。但是新政府從未能鞏固其合法地位，而且完全沒有能力解決肆虐城市的糧食危機。結果到了十一月，俄國作戰能力的崩毀達到頂峰。列寧（Vladimir Lenin）趁機奪取政權，承諾他的目的是要為人民帶來和平，將土地分給農民，並提供食物給俄國城市裡的工人。

因此戰爭添加了一個意識形態的層面。列寧明確而直接地挑戰所有歐洲和世界政府的合法性。馬克思—列寧主義解釋，壟斷資本主義會導致戰爭，而解決隨之而來的災難的方法是將國際戰爭轉化為階級戰爭。這種解釋的力量不可輕忽。社會主義者和工會領袖必須決定，列寧號召他們加入革命行動此舉是否有正當性，而在第一線上十分活躍的各地管理菁英則因列寧的言論挑起國內普遍不滿而惶惶不安。

德國的反應是以更大的力量繼續進行戰爭。一九一六年八月就任德軍最高統帥的興登堡和魯登道夫已經下達全民動員令。陸軍部以前的習慣是根據每個月能獲得多少火藥來擬訂計畫，他們倆則徹底改變了這個習慣，新的計畫人員以軍事目標為第一優先。決定下一季戰役的物質需要之後，他們便訂購所需的供給數字，鼓勵老百姓戮力達到生產的「不可能」目標。如果有必要的話，就大幅削減其他形式的經濟活動。德國因此變為一個要塞國家（garrison state），不僅在原則上是如此，在很大的程度於實踐上亦是如此；一切都服從軍隊的需要，而後者的界定則是依據最高統帥部的來年戰略計畫。

一九一六年的「興登堡計畫」最初是模仿勞合．喬治一九一五年大肆宣揚的擴大英國軍火生產的運動。生產指標常常是任意決定的，很少考慮其可行性。這個計畫的推行有部分是為了宣傳，英國的計畫也是如此。但過於誇張和野心過大的生產指標在德國造成的後果比英國更為嚴重。生產很快就超出負荷。煤、鋼鐵和運輸力量都開始出現短缺，糧食匱乏之後隨即便成為最嚴峻的問題。德國幾乎沒辦法靠向外國採購來糾正此類官方錯誤政策。反之，英國和法國可以求助於經過試驗又可靠的世界市場機制從海外取得關鍵物資，來彌補計畫的缺失，並減輕國內過於沉重的負擔。英國皇家海軍的封鎖阻止德國採取相同行動。因此，一九一六年以後德國在增加軍火生產量上所取得的一切成功——那些可是非常巨大的成功——全被整體國民經濟其日益嚴重的失調所抵銷。

興登堡計畫剛發布時，沒有人清楚意識到，人力、糧食和燃料是戰爭最基礎的制約因素。一九一六至一九一七年間，負責領導的人認為，就像在戰爭頭兩年時一樣，只要發布更嚴格的指示，提出更多的要求，總是能從民用經濟榨取更多出來。而且他們全心全意下定決心要這麼做。任何相反意見都是失敗主義，而如果這種意見來自百姓，就是叛國。身為軍需總監和最高統帥部領導菁英之一的魯登道夫相信，勝利將屬於意志最堅強、最勇於自我犧牲的國家。所有其他變數全取決於意志。如此一來，唯一的危險是軟弱的民眾——尤其是政治家——他們也許會在戰爭達到高潮時背叛德國軍隊，在背後捅上一刀。

這類想法的源由深深紮根於普魯士的過去。普魯士歷任統治者，從大選侯腓特烈．威廉到腓特烈大帝，在危機時刻徵調所需物資，無情地要求私人利益為集體作戰需要服務。這就是普魯士的強國之道。在二十世紀，供應軍隊所需的工業體系比過去複雜太多，但這並沒改變首要指導原則，儘管財政要求和爭論不斷紛紛擾擾，有時甚至阻礙對軍方要求的快速執行和尊敬服從，往往導致負責的將領頗感不耐。隨著短缺情況出現，將領們越來越倚賴大工會和大企業根據軍方需要重塑經濟。各方基本上都或多或少地得到想要的東西：軍隊得到更多軍火，工業家得到更多利潤，[56]工會領袖對工人的權威則得到鞏固。這其中被遺漏的則是鄉村，那裡的馬、人力和肥料都非常短缺。一九一六年的惡劣天候使農穫減少。規定農產品價格的措施未達到預期，黑市紛紛出現，破壞糧食配給的法定制度。[57]德國經濟的軍方管理人員過於強調軍火生產，到了一九一八年底，終於將全國帶到瀕臨飢餓邊緣。[58]

一切都從屬於軍方的立即需要，而對再做一次巨大努力就可以獲得決定性勝利抱持希望：這樣做不必然是不合理的。儘管美國後來參戰和干預，德軍於一九一八年確實就快得到勝利。如果當初是德國人戰勝，興登堡和魯登道夫以及他們的同事就會成為典範和英雄。他們的確得到更多軍火。最初限制德國作戰能力的火藥生產，在一九一八年十月產量達到一萬四千三百一十五噸的高峰。而在大戰最後兩年，德軍從未因物資短缺而受到嚴重阻礙。[59]像反坦克炮之類的新武器也根據需要生產出來了。直到一九一八年十一月，人力、糧食和燃料同時短缺時，未曾預料到的瓶頸儘管頻繁密集地出現，但總是能透過對資源的緊急重新分配而舒緩。

加緊動員在戰場上得到預期的效果。一九一七年俄國因戰敗而分裂。一九一八年三月，德國運用新的滲透戰術，在法國突破協約國的戰壕前線。勝利的德軍因缺乏運輸工具而無法保持進攻，但是如果沒有美國遠征軍的士氣和物資支援——在一九一八年十一月人數超過兩百萬——疲憊的英國和法國軍隊根本無法倖存渡過德軍的春季攻勢。因此，直到戰爭的最後幾個星期，勝利總是就盤旋在德國人的眼前。正如威靈頓對滑鐵盧戰役的著名評論一般，每個人都認為第一次世界大戰各方「旗鼓相當」。

一九一八年六月後，勝利的浪潮突然反轉，德國人沒有足夠時間適應戰敗。在軍隊內部尤其是如此，軍方高層長時間以來對文職人員和百姓都是冷眼對待。在戰爭最後時期軍隊疑心大起，特別是在罷工和一九一七年德意志帝國議會通過「和平決議」時。這些事件顯示，至少有某部分文職人員和百姓不如軍方高層認為的那樣支持作戰。當一九一八年十一月革命爆發，*分崩瓦解終於降臨時，所發生的後續事件遂強化了這種看法。當時德國軍隊仍在法國領土上，軍方高層聲稱，德國士兵從來沒有在戰役中打過敗戰，德國會戰敗是因為變節的社會民主黨人士和後方的革命分子背叛軍隊。願意相信的人認為此種說法言之鑿鑿。納粹運動便是靠此神話茁壯成長。對文職人員和百姓在面對戰爭時堅定與否的極度不信任——這是以希特勒對一九一八年的回憶為基礎的看法——支配著第二次世界大戰初期的德國國內政策。

一九一六年八月以後，德國強化作戰力量所取得的多方面勝利，為協約國創造了嚴重問題。特別是，一九一七年二月發動的無限制潛艇戰使英國幾近跛腳。雖然發明或改進了反潛艇武器（其中最著名的是深水炸彈），但到那時為止，協約國發現減少沉船的最有效手段是派遣大批驅逐艦和其他戰艦護送商船。然而，儘管協約國海軍盡了最大努力，在超過一年的時間裡，商船損失的速度還是超過建造的速度。這就反過來意味著，從國外來補充英國、法國和義大利物資的補給穩定減少，撙節成為必要之舉。隨著商船不斷減少，就必須加強控制進口物資的使用。

對法國而言，這意味著法國商務部（部長為艾蒂安·克萊門特爾〔Étienne Clémentel〕）從軍火部接管了協調戰時生產的主要角色。克萊門特爾有些新奇想法，想著如何將法國、義大利和英國的戰時經濟合作制度化，以在和平時期限制和遏制德國工業的領先地位。他很快便引發美國的懷疑，因為這類經濟集團不僅會針對德國工業，也會針對美國工業。結果，在美國成為實際交戰國後，克萊門特爾想與英國和義大利建立永久經濟合作的計畫和希望只好從此擱置，而威爾遜的民族自決主張則將所有超國家的理想全部排除在外。[60]

在大戰最後一年，協調法國和英國經濟計劃的主要機構是協約國海上運輸委員會，設立於一九一七年十二月。兩國重要進口物資每次所需船隻噸位的精確數字估算都會送交此委員會審核。每當船舶不敷

* 而後德國建立威瑪共和。——譯註

所需，委員會就得決定運輸的先後次序。[61]事實上，一九一八年四月後新船下水的速度超過U型潛艇擊沉商船的速度，使委員會的審議變得大為輕鬆。然而，透過核准和駁回船舶噸位的申請，委員會因此對兩國經濟影響深遠。

最後也是以訴諸海外市場的手段以解決經濟問題。協約國戰時經濟由於缺乏先見之明而引發的短缺，一直是仰賴海外市場而得到舒緩，因此海外市場也被帶入計畫性管理範圍內。無論如何，某種形式的管理已經是必要之舉。因為當美國成為實際交戰國時，美國軍隊的龐大訂單迅速使美國工業生產能力出現超出負荷的狀態。為了保障讓法國和英國得到美國自身已經供應吃緊的商品，政治協議變得必要。這情況也許曾迫使歐洲人將海外採購訴諸某種計畫管理。但海上運輸短缺使得問題變得尖銳，計畫管理勢在必行。而由海上運輸管理委員會分配運輸是種簡單和非常有效的方法，一面迫使每個協約國政府控制需求，並一面善加利用所有海外進口物資。

就法國而言，在大戰頭幾年，工業家委員會在管理國家動員上享有很大的自主權，但在上述計畫施行後，這就意味著委員會得遵從商務部的要求和命令，即使有時工業家們發現新的法規不合口味或不利於他們。如此一來，一個遠為嚴格的國家社會主義和技術官僚體制就在右派克萊門特爾的領導下出現了，而這個制度比社會黨人兼軍火部長阿爾貝·湯瑪斯在戰爭最初幾年，所能或想建立的類似制度更為成功。

英國人也越來越訴諸於強制管理，比如配給食物及其他消費品。但是在英國，出於自願的因素比歐洲大陸要大。一九一六年採用的義務兵制從來沒像德國那樣延伸到民用生產勞動力，儘管有許多人提倡應該這樣做。同理，當運輸力短缺，威脅食物供應時，政府的反應是採取高壓政策增加農業產量，藉由讓當地委員會決定哪些人的土地應由國有拖拉機耕作，而成功將大約七百五十萬英畝草地改來做糧食生產。拖拉機進行編制，劃分為拖拉機站，就如同後來俄國人在一九三〇年代推動農業集體化時所設立的拖拉機站。一九一八年，這種結合強制與自願的方法將英國的小麥和馬鈴薯產量提高到超過戰前產量的百分之四十，得以減少糧食進口超過三分之一。[62]

如果我們將英國和法國的戰時措施與德國的相較，我們不得不得到以下結論：協約國的管理多少要比德國好一點。特別是在英國，透過限制利潤的政策和有效的配給制度，[63]戰爭費用的分攤比較公平，情況比歐洲大陸或美國都要和緩。這個差異有部分原因可歸諸於英國自十八世紀以降的政治傳統，有產者和富人已經習慣在戰時繳納重稅。但是另外還有一個原因，就是進出口扮演巨大角色的經濟比較容易控制。通過碼頭的貨物很難逃過當局的法眼，而像德國那種近乎自給自足的經濟就缺乏如此明顯和容易成立的檢查哨存在。內陸國家想要獲得精確統計數字和公平分配稀有物資，在相較之下便要困難許多。德國人在管理食物和農業上的缺點，可能大部分肇因於他們的情況和英國及法國行政管理者所面臨的情況有所不同。[64]

協約國戰時經濟在其有計畫的一體化尚未走得很遠時，戰爭便已結束。誠然，兩百萬美國士兵被成功運送至法國，而為了節省時間和運輸空間，美軍的重裝備主要是由法國提供。其他形式的相互補充在戰爭早年造成混亂，一直持續到戰爭結束都未見改善。但有計畫的管理往往加劇利益衝突，而一個價格自由浮動的市場至少可以部分掩蓋這類衝突。因此，一九一七年四月，正當運輸危機最嚴峻的時候，英國將原先分派去供給法國物資的船舶撤走半數，威脅如果法國不實施更嚴格的進口控制，將於六月把剩餘的船全數撤走。隨後的供給中斷使法國好幾個月的工業產量，甚至軍火產量都減少了。[65]

協約國的軍事指揮也一體化，但並不徹底，而且是在最後一刻才匆匆忙忙地實施。一九一八年三月，德軍的攻勢最後突破法軍戰壕戰線，協約國決定將法國的協約國軍隊統一交由陸軍元帥費迪南·福煦（Ferdinand Foch）指揮，但此決定從未得到有效執行。福煦雖有總司令的頭銜，但他得先小心摸清英國和美國同僚的觀點後，才能對英軍和美軍發號施令。因此，軍事指揮與外交和專業諮詢糾纏不清，儘管這並未妨礙法國、英國、美國和比利時軍隊在大戰最後幾星期裡相互協調，相當有效地進行反攻。

協約國對一九一七至一九一八年間的嚴重危機的反應只是示範了超國家管理的可能性。更充分的實現要等到第二次世界大戰。然而，在國境範圍以內，德國、法國和英國在戰爭結束時所動員的人力物力，已經接近計畫人員所能得到的人力物力的絕對極限。管理的原則再明確不過。專家能夠計算出軍隊執行計畫行動時所需；而且一九一八年的管理技術已經能將整個國家的資源組織起來，宛如是個供給所有軍隊所需的單一公司。

來自私人工業、文官政府和軍隊的既有官僚機構結合起來後，上述的組織工作才變得可能。但是管理原則——源源不絕地提供毀滅敵人的各種適當因素——與一八八〇年代大公司為了管理生產和分配貨物供個人消費，所演變而來的管理原則如出一轍。或許有人會爭論說，在私人企業中，以貨幣衡量成本非常重要，以致於物資流動的計畫總是必然從屬於經濟考量；而在戰爭期間，對執行國家計畫和管理的大多數人而言，生產和毀滅的物質因素比貨幣成本更為重要。但在每個交戰國中也都實施財政控制，無論是在國家和政府層面，或私人工廠和公司內部皆然。

對成本的財政考量，以及對人力、糧食、燃料、運輸和原物料的數量考量，無論是在和平時期或戰時，這兩者之間的相互作用總是很複雜。在第一次世界大戰期間，只有當這兩者之一失控時，災難才會降臨。一九一七年俄國的通貨膨脹和隨後的經濟混亂，一九一八年德國的糧食和人力短缺，都帶來了戰敗，而這兩個國家在有計畫的國家管理上的限度只是稍有殊異。成功維持戰力需要物資計畫和財政計畫配合得天衣無縫，並合理符合實際狀況。在第一次世界大戰期間，主要交戰國的管理人員的確辦到這點，而他們成功的程度是沒有人事先夢想得到的。鑒於二十世紀後半管制經濟的全球傳播和普及，這似乎是第一次世界大戰對後世的主要歷史意義。

兩次世界大戰之間的反應和第二次世界大戰期間向管制經濟的回歸

第一次世界大戰的同代人和倖存者會認為這樣的判斷荒謬絕倫。戰爭一結束，為支援作戰而臨時成立的管理機構就遭到解散（甚至在蘇聯也是如此），大多數在戰時對個人行為所實施的法律限制也被取消。確實，直到一九二三年左右，革命和對革命的恐懼主宰著中歐和東歐。甚至在美國，儘管回歸常態是個很有效的政治口號，但從未認真執行。在大戰時浮現的大量生產和都市生活的新可能性過於令人神往，無法因和平來臨而隨之放棄。[66]無論對美好生活如何定義，個人對美好生活的追求被視為理所當然。美國則在一九二〇年代以超過其他國家的熱忱，探索汽車和其他消費品大量生產的可能性。

蘇聯恰好是另一個極端。這個國家因內戰和革命陷入極度貧窮，並在意識形態上信仰社會主義——如果一個國家需要社會主義的話。但蘇聯對外界也有反應。一九二一至一九二八年的新經濟政策明確地仰賴市場誘因來管理農業和製造業的工藝水準。在歐洲其他地區，戰爭的殘餘創痛緩慢地消失，因為邊界的改變、東歐的土地重新分配計畫、法國因戰時摧殘而需要重建、德國災難性的通貨膨脹、以及各地的戰爭債務和賠償，在在都延長了經濟混亂。一九二四年後，美國給德國的新貸款承諾了短期的工業榮景；但一九二九年開始的大蕭條開啟了新的危機。反應和對策各有殊異，但在蘇聯、德國和美國，卻回歸最初在第一次世界大戰期間所探索的政治管理模式，到了一九三〇年代中期此趨勢變得顯而易見。一九三二年以後，日本也開始在遠東建立自己的戰時經濟。然後，到三〇年代尾聲，第二次世界大戰爆發，戰爭時間長得讓世界上所有較工業化的國家採納管制經濟為常態。

由於得益於半個世紀的經驗，戰時動員和政府回應三〇年代經濟危機的政策之間的緊密關係非常明顯。但是，當時只有少數人認識到或甚至願意承認有這種事。舉一九二八至一九三二年的俄國第一個五年計畫為例，它被吹捧為社會主義的空前壯舉，使得其緊急軍事目的一貫遭到遮掩。[67]但在一九三二至一九三七年的第二個五年計畫時期，武器產量的快速增長使蘇聯式的經濟計劃和戰時動員的緊密關係更為明顯。俄國計畫的宣傳當然從一開始就帶有軍事色彩。蘇聯勞工英雄在農業和工業前線的生產運動中都掙扎著求取勝利。鋪天蓋地的宣傳將整個運動包裹在意識形態的熱忱所形成的濃霧中，試圖將黨和人民、統治者與被統治者、管理者和被管理者，結合成單一合作整體。戰爭宣傳也採納非常類似的手段，以求確切達到相同的成果。[68]

儘管造成很大的浪費，以及與農民發生多年的激烈衝突，蘇聯在加速工業化的腳步上，其成就是巨大的，而蘇聯在第二次世界大戰中的表現完全可證實此點。俄國人有許多優勢——人口增長迅速、自然資源豐富，而政治上的專制傳統使其人民比歐洲其他地區更容易服從命令。與此同時，對未來的信仰和馬克思主義承諾的天啟式美景，都讓人覺得就算在眼前吃點苦頭也不無道理。半軍事管理，加上革命和自由派意識形態的矛盾組合，後來證實潛力無窮。

日本應付經濟大蕭條的對策就是重新展開亞洲大陸的侵略性擴張。一九三二年日本軍隊關東軍建立傀儡國家滿洲國，國營公司推動了非常快速的工業發展。煤和鐵產量暴增，就像在此同時，俄國企業在西伯利亞西部開發新煤田和新鐵礦來發展生產一樣。[69]

在日本本土，從滿洲進口的原物料使一九三〇至一九四二年間的重工業產量增加四倍，而在這些年間，輕工業則維持穩定。[70]軍備是這整個發展的火星塞和主要成長點。中國遠遠無法與日本的軍事和經濟崛起相比擬。美國和國際聯盟也未能透過抗議和告誡阻止日本軍隊於一九三七年將軍事行動擴張進華北，然後於一九三九年占領了整個中國海岸。然而，一九三八年，日本沿著滿洲邊界與蘇聯軍隊發生衝突時戰敗，一九三九年再度發生更大規模的失敗。俄國人在這些戰役中的所向披靡使日本人印象深刻，對日本在第二次世界大戰期間所制訂的蘇聯政策有深遠影響。[71]

一九三〇至一九四一年間，日本朝向戰爭經濟發展，主要倒不是肇因於第一次世界大戰的經驗，而是來自於一八五三年黑船事件以來，日本對西方更大規模的反應。日本整個現代化的重心是組織全國力量以建立軍事強權。第一次世界大戰是其中一個階段，透過犧牲德國和中國的利益，輕易得到勝利，但是戰後由於中國的抵抗，加上美國和歐洲的外交壓力，日本只得被迫妥協，放棄戰時在亞洲大陸上所獲得的一些土地和利益，並在一九二二年的《華盛頓海軍條約》（*Washington Naval Treaties*）上簽字，退出全面海軍競賽。[72]

因此，一九三一年後的領土侵略只是重新確定了深深根植於日本過往歷史的政策。[73] 農民對土地的渴求輕易就化為進行擴張和征服的政府政策，這政策尤其受下級軍官歡迎，因為他們自己往往就是農民出身。不信任貪婪的資本家和商人在農民間也是根深蒂固，這種心態在關東軍的軍官中顯而易見，他們就是掌控日本侵略滿洲和中國的主力軍。[74] 更廣泛來說，日本式的指令型經濟（command economy）就像俄國的指令型經濟一樣，擁有在鄉村生活模式上建立起來的優勢，而鄉村生活模式從來沒有完全對動員資源的市場手法妥協，或是根據經濟活動來調節個人報酬。在依然強有力的「封建」往昔殘餘上所建立的高科技技術，在第二次世界大戰中對這兩個國家特別有利。膽大無畏、毫不質疑地服從指令階級，加上設計優良的武器和多少恰當的供給系統，在在使日本和蘇聯士兵變得戰鬥力旺盛，而日本和蘇聯政府也因此明顯超越兩國先前在第一次世界大戰中所展現的軍事效能。

就應付一九三〇年代的經濟大蕭條而言，在德國、西歐和美國，第一次世界大戰的經濟動員模式比在日本更為明顯。德國納粹政權（一九三三至一九四五年）特意重新採用戰時宣傳手段，動員和激發仇視國內外敵人的情緒。德國大力重整軍備，一九三五年以後，武器生產的角色在德國經濟中變得舉足輕重，儘管它直到一九四二至一九四五年才恢復第一次世界大戰時的水準。反之，希特勒重新肯定了一八六六年普奧戰爭和一八七〇年普法戰爭的理想。他的目標是進行充分準備，可以保證在短期內獲勝，而不需將當前的全部生產用來應付孤注一擲的消耗戰，如同一九一四至一九一八年所發生的那樣。負責軍備補給的軍官不信任這個戰術，他們爭辯說，準備打一場消耗戰是唯一符合現實的政策。但許多德國軍官抱持著和希特勒相同的懷疑，認為平民不見得願意忍受這類消耗戰所確實會帶來的長期艱難與困頓。當時沒有任何軍官能有效制止希特勒結合威脅恫嚇和準備閃電戰的兩手策略。[75]

在美國，一九三二年的大選使威爾遜的民主黨重新執政。一九三三年羅斯福（Franklin D. Roosevelt）總統頒布的新政，如同德國的納粹政權，回頭援引第一次世界大戰的前例，試圖應付自一九二九年以來已經使大約一千三百萬人失業的大蕭條。[76]就像希特勒，羅斯福在他就任的最初幾年，嘗試透過公共工程計畫，而不是軍事動員，來吸收失業人口。而在此又如同希特勒，美國政府只有在大規模軍事動員時，才真正成功消除失業。

在西方國家中，德國率先從一九三五年開始重新武裝。重整軍備，加上公共工程的大筆支出，使希特勒快速讓德國人重新就業，比任何其他工業國家都要更早地達到充分就業。他的這個舉動在國內外都獲得激賞。然而，在法國和英國，由於人民對新戰爭懷抱很深的反感，兩個政府都在重整軍備上謹慎再三。職是之故，新武器的訂貨規模比德國小，失業問題揮之不去，直到戰爭爆發才獲得緩解。另一方面，俄國對希特勒威脅的對策是大規模重整紅軍和空軍。美國從一九三九年開始重整軍備，也是針對德國和日本展現軍力的反應。

隨著主要工業國家一個個擴大武器生產，原先在第一次世界大戰末期已經大幅放慢腳步的武器設計改良，又突然加速，尤其是飛機和坦克。在第一次世界大戰前夕，軍備競賽在技術層面的不加控制和無法控制，曾經使海軍設計難以掌控，如今這種失控現象又在整個軍備設計中重新浮現，而且混亂無比。某一年的優異設計一旦投入生產，兩、三年後產出的飛機和坦克就會過時，反而造成軍隊虧損。法國人和俄國人武裝得較早，在一九四〇年和一九四一年時就吃了悶虧。[77] 反之，若先沉住氣不投入生產，等潛在敵國按照既定設計開始生產時再加以改良，如此一來，落後者反而可能生產出更好的武器。英國人在一九四〇年便享有這種優勢，他們的新噴火式戰鬥機（Spitfire）證實比任何德國既有驅逐機都要優異。另一方面，一九四〇年，由於噴火式戰鬥機數量稀少，嚴重限制皇家空軍在不列顛戰役中擊退德國空軍襲擊的戰力。

沒有任何人有足夠的先見之明或準確訊息，既能避免武器製造得太多太早，又能同時防止生產得太少太晚。關鍵決定得三番兩次地在缺乏訊息下做出。那些必須負責決定製造何種和多少新武器的人，心裡五味雜陳，交雜著信心、希望和恐懼。建立個人王國和軍種、部長及公司間的集團競爭，最後和整體財政規劃與控制達成不穩定的結合。一九三六年德國宣布一項四年計畫，目標是透過研發重要原料如橡膠和石油的替代品，以達到自給自足。制訂那個政策的背後動機是出自於對第一次世界大戰的封鎖仍舊記憶猶新。英國人對派兵到法國作戰躊躇再三，他們仍記得守在戰壕裡的那些徒勞歲月，因此轉而集中在海空防衛上。法國對重新向德國開戰畏縮不前，在設計新坦克和飛機上腳步緩慢，生產上則甚至更慢。法國和英國的每個決定都染上極端不願備戰的色彩；希特勒則有侵略者的優勢，願意進行威嚇，而且還能選擇在何時何地引爆危機。[78]

日本和蘇聯的工業基礎較為薄弱，但提早大規模投入軍事生產則彌補了這個缺失。對於進行一九一六至一九一八年間的那種全面資源動員，其他國家甚至連想都沒想過。一九三九年大戰在歐洲爆發時，法國和英國仍舊希望能守在小心部署的防線後面，在西線用膠著戰來對付納粹在東線的閃電戰，等待海軍封鎖破壞德國經濟，和削弱德國內部對希特勒的支持。動員計畫是奠基在打一場像一九一四至一九一八年的持久戰上，並以避免重演那場戰爭特有的大規模殺戮的決心，來擬定戰略。特別是法國人，他們低估了由優異的空軍所支持的裝甲部隊的戰力，那股氣勢強大到使法國後方不想作戰的軍隊士氣低落，組織瀕臨瓦解。結果，希特勒在一九四〇年五月贏得他的最大勝利，法國投降。

法國的戰敗使英國大為震撼，大不列顛進入全面自我防衛狀態，以避免相同的命運。財政限制取消，人力成為勝利可得與否的關鍵因素。戰爭管理部門從二戰之間和第一次世界大戰期間發展的經濟理論中尋求經驗，並獲益頗大。結果是，發展相對平穩和有效的軍事工業，以全球民眾意志和力量作為支援，抗拒德國入侵，拚死決鬥到戰爭結束。[79]美國對法國戰敗的反應是加快國內的動員，通過《租借法案》（一九四一年三月）給予英國和其他對抗德國及日本的國家政府，不要求或期待往後是否能完全償付的貸款。在二戰期間破壞國際關係的那些未償還戰爭債務因此被避而不談，儘管美國開始和英國的戰時經濟發展出共生關係，並遠比第一次世界大戰中的緊密。另一方面，史達林（Joseph Stalin）卻在努力避免激怒希特勒，似乎無心加快俄國的軍備生產，也沒有在一九三七至三八年對軍官進行大整肅後，對士氣低落的紅軍進行重組。反之，這位俄國獨裁者還遵照一九三九年八月簽訂的《德蘇互不侵犯條約》補充條款所承諾的貿易協定，大量定時供給原物料和糧食給德國，以尋求和平保證。[80]這使得英國的封鎖像場鬧劇，德國則藉此得以堅持其戰前政策，即克制國家進行大規模動員。甚至等到了一九四〇年秋季，希特勒決定在與英國休戰前攻擊蘇聯，德國人都沒有違背此一政策原則。結果，一九四一年六月當德國開始侵入蘇聯時，德國的軍備工業正開始改為生產準備在海空兩方面對大不列顛展開激戰的武器了。[81]

但蘇聯紅軍出人意料之外地熬過納粹的猛烈攻勢。在日本偷襲珍珠港而使美國參戰的兩天前，也就是一九四一年十二月五日，希特勒被迫宣布，威瑪防衛隊（德軍）向莫斯科的挺進暫時中止。這意味著希特勒原本試圖避免的消耗戰再度不祥地籠罩在德國人頭上。但這次德國人面臨的狀況比一九一四年來得好些，因為其征服歐洲的大力擴張能被拿來補充德國自身的生產。因此，不管是出自納粹主義或種族偏見，德國自一九四二年起開始同時與多國交戰，進行超國家戰爭。隨著時間的推進，他們也變得更殘忍無情，從以武力或武力威嚇征服來的土地上恣意掠奪資源。到一九四四年，總共有七百五十萬外國勞工為德國工作，占德國全體勞動力的五分之一；他們之中有些是戰俘，有些起碼維持名義上的自由，但絕大多數是在各地追捕以後運送到德國作為「奴工」。[82]軍備生產在一九四四年七月達到顛峰；之後，嚴重短缺在各地幾乎同時爆發，導致德國戰時經濟終於在一九四五年五月瓦解。[83]

其他所有主要交戰國也都陷入與多國作戰的困境。日本的太平洋和大東亞共榮圈最為薄弱，沒有達到一體化的融合境界。日本控制的人口絕大部分是農民，其技術、資本和生產力都相對較小，難以立即擴大。其中大多數人是中國人，不願與日本人合作。即使在日本人打倒白人政權的地方，剛開始本地人歡迎他們，但真心誠意與新日本主子合作的人仍舊是少數。連接日本本土與遙遠地區的運輸船隻，由於遭到美國潛艇擊沉和戰爭損失，很快就嚴重短缺。到了一九四三年，補給日本遠方部隊已經變成不可能之舉；而日本的飛機和其他武器的新設計已經落後，無法與其他國家取得的進展並駕齊驅。[84]

蘇聯也是多國作戰，其支援戰爭的努力也是透過《租借法案》和共同運送援助資源，而與英美經濟達到緊密結合。支援蘇聯的物資從來沒有大到足以滿足其需求，因此史達林一直懷疑西方國家真心希望看到蘇聯和德國兩敗俱傷，以便坐收漁翁之利，就像史達林自己在一九三九年和德國簽署互不侵犯條約時所打的算盤一樣。然而，在戰爭末期，紅軍在戰場上的機動性大力仰賴《租借法案》運來的卡車、靴子和糧食。一九四二年後，蘇聯製造的武器彈藥已經足以維持紅軍得到合理的補給。但這項成就是以民用工業生產和農業付出高額代價換來的。[85]

在第二次世界大戰期間，蘇聯與美國的關係與第一次大戰期間法國與英美的關係相當類似。在蘇聯和法國這兩個案例中，於戰爭最初幾個月，其冶金工廠都遭受巨大損失，需要從根本上重新部署工業資源。但這兩個國家都過分強調軍備和補充兵源，從某個程度上來說此舉正確，因為工業較為薄弱的兩國得以挺到最後，終於能夠成功迎戰和擊退德國的攻擊，不過另一方面也付出傷亡慘重的代價。再者，史達林的蘇聯延續沙皇的政策，在經濟各項目相互競爭的情況下，賦予軍備和重工業絕對優先的地位。蘇聯逃過第一次世界大戰時的糧食災難，部分是因為美國的糧食運輸餵飽軍隊，但主要還是因為農業集體化政策確保了將糧食運給都市消費者的有效行政措施，而不去管種田的人是否能買得起消費品。[86]

到目前為止，美國與英國合作而所控制的超國家戰時經濟，其規模最大，而且最為複雜。全面動員美國資源的計畫在珍珠港遭偷襲前幾天才確定下來，而珍珠港事件使此計畫的執行獲得通過，成為可行，爾後為了宣傳目的，它叫做勝利計畫（Victory Program）。之後又花了兩年時間才制訂出整套行政措施，根據以未來軍事行動為基礎的計畫，來管理美國資源。但在執行過程中，在供需之間，在籌劃和完成之間，出現無數矛盾。對稀有原料和其他生產要素的分配，常常引發非常尖銳的爭端。無論如何，最終的結果是，美國武器彈藥的產量巨幅成長，而補充英國、俄國和其他盟國戰時經濟的其他所需物資的數量也是如此。維持大工廠的複雜生產線流暢作業所需的計畫安排，實際上應用到美國的整體國民經濟。生產力的提高，以及按照訂單生產的物品其絕對數量的增長，很類似在單一工廠內採納大量生產所能實現的增產效果。[87]

美國與英國的合作確實變得非常密切。英國和法國的專家在美國如何組織戰力上也有參與並提出建議。[88]《租借法案》中物資供應和分配的談判，也納入經濟和軍事計畫訊息的不斷交換。英國需要從美國得到糧食和原物料，作為回報，英倫三島得向駐英美軍提供各種服務，而英國帝國所控制的地區得供應美國所需的特定原物料。但隨著戰爭時日的推演，大不列顛投入軍隊和軍工生產的物資比例日漸變大，如同蘇聯那般，反而需要仰賴美國進口來填補國內生產日漸擴大的缺口。

在英國和美國官員的合作下，雙方達到和維持了經濟事務方面比較合理和具有計畫性的分工。同盟國的軍事指揮也遵從相同原則。司令部的軍官往往以超越狹隘國家認同的大我精神，來指揮戰場上的英美軍隊。最高級的軍事指揮機構是英美聯合參謀總部，通常在華盛頓坐鎮，執行由會議決定的聯合戰略。在這類時不時召開的會議上，羅斯福總統和邱吉爾首相（一九四三年十一月後史達林元帥也加入）商討未來的戰爭計畫，並協調其他層面的重大政策。[89]

到戰爭末期，許多同盟國及流亡政府，加上自由法國這類的半政府組織，以英美為權力中心，團結一致，共同分享《租借法案》的豐富物資，為同盟國的理想增添道德和物質力量。

在非洲、印度和拉丁美洲，戰爭動員沒那般全面和激烈。但英美的戰力資源也掠取了這些地方的資源，有時是透過公開市場購買，有時是透過行政手段取得。以印度為例，印度組織了龐大的軍隊，在緬甸與日軍對抗。為這支軍隊製造所需裝備，成為推展印度工業化的特殊動力；而支援戰爭和服兵役對印度的集體意識影響深遠，使戰後的獨立變得在所難免。[90]

因此，在第二次世界大戰期間，超國家的戰爭組織比過往歷史上的都要更完整，遠為有效。多虧武器生產日趨複雜，單一國家要打一場有效戰爭已嫌不足。這也許是第二次世界大戰的主要創新和特色。此點對和平時期國家主權的影響顯而易見，而且與戰後頭十年間，亞洲人和非洲人拒絕殖民地位，熱情渴望追求本土政府的獨立運動背道而馳。

將科學知識系統性地應用在武器上的結果，產生的重要性可以與當時的超國家組織相提並論。由於原子彈並未像大多數國際戰時經濟結構一樣，隨著和平時期來臨而消失，我們因此可以說，戰爭在這個層面上留下的影響更為深遠。遠在第二次世界大戰前，人們就在武器設計的關鍵問題上徵詢科學家的建議。據說西元前二一二年阿基米德（Archimedes）曾協助敘拉古（Syracuse）的暴君設計新戰爭機器來對抗羅馬人。十八世紀格里博瓦（Jean-Baptiste Vaquette de Gribeauval）曾就彈道學問題與法國頂尖科學家保持聯絡。知名物理學家克耳文勳爵（Lord Kelvin）早在一九〇四年就在戰艦設計的技術問題上，向英國海軍部提供個人看法。英國海軍部在第一次世界大戰期間成立科學家特別委員會，協助研究反潛艇戰。其重要成果是暱稱為潛艇探索器的回聲測距裝置，但它直到一九二〇年才發展成熟，來不及在第一次世界大戰中使用。[91] 在德國這方面，弗里茨·哈伯（Fritz Haber）教授提供固氮作用所需的化學專業，並發明了第一批毒氣。[92] 然而，在第一次世界大戰期間，或許除了飛機設計領域之外，與科學家的合作仍舊是零星和頗為局限的。[93]

第二次世界大戰則大相徑庭。一九三〇年代後期，武器改進的腳步加快，特意為之的發明衍生出日益激增的各種新可能性，這意味著在戰爭爆發時，所有交戰國都發覺，某種秘密武器可能會決定性地改變軍事平衡。因此，科學家、技術專家、設計工程師和效率專家被召集來改善既有武器和發明新武器。其規模比以往都要大上許多。[94]

戰場經驗快速回饋給專家委員會，後者則負責修正既有武器的缺失，並發明性能更好的新武器。結果，一代代的新坦克、飛機和大炮就從生產線上不斷生產而出，每一代都明顯優於上一代，因此迫切需要發明反制的新防衛武器和戰略。軍方一貫得在數量和質量間做抉擇，因為如果對既有武器的每個缺失都進行修正，可以製造的飛機、坦克和大炮數量就得大大降低。在這方面各國呈現出有趣差異。德國和英國管理者偏重質量，埋頭進行許多改革，美國和俄國則偏重數量，任何會阻礙生產線充分運轉的技術都先擱置一旁。但當戰況似乎需要以量致勝時，德國人能夠也確實扭轉他們的一貫作法，在戰爭的最後幾個階段將設計束之高閣，以便生產最大數量的武器。[95]

從第二次世界大戰的設計經驗中衍生了完整武器系統的概念，即每一構成部分得輕易地和其餘部分形成整體。例如，標準的包裝尺寸與火車車廂、飛機和卡車的標準化裝貨空間相互配合，這在運輸過程中可以節省很多時間和精力。來福槍、手槍和機關槍彈藥標準化，使戰場補給變得大為簡單。坦克、裝甲運兵車和自走炮，無論是沿著道路或越野前進，都可以保持相同速度，形成威力大為增強的先鋒部隊。如果速度不一致，超越障礙的能力各異，軍隊就會走得鬆散稀落。以這些和其他許多方式促使所有影響生產模式的因素都流暢運轉，現代企業公司得以繁榮壯大，這些後來應用到生產線上，因此事先就可以成功預估，進而降低成本，提高產量。簡而言之，戰爭實質工業化，而工業也實質軍事化。

更令人驚嘆、而且可能更重要的是第二次世界大戰前和期間出現的新武器。最初，雷達是這類發明中最醒目的一項。英國科學家和工程師發現可以利用無線電短波的反射，在足夠的遠距定位飛機位置，因此在不列顛戰役中，戰鬥機飛行員能及時升空攔截德國戰機。雷達在戰爭期間繼續高速發展，在航海和大炮瞄準方面找到新使用方法。但其他科技——噴射機、近炸引信、水陸兩用車、導彈、火箭和最複雜的原子彈頭——都很快便迎頭趕上，與早期雷達的重要性變得並駕齊驅。

如何利用這些新科技，和如何選擇適用的坦克、大炮和飛機的新設計，這方面的決策在決定軍事行動的進程和結果上，扮演非常重要的角色。譬如，倘若一九四三年七月以前，希特勒沒有拒絕全力支持V－2火箭的話，那就很難想像盟軍能在諾曼第安然登陸，[96]因為當時要渡過海峽的艦隊都集中在英國南部的港口，是V－2火箭的極佳目標。另一方面，如果歐洲流亡科學家沒有說服英美政府投入極大力量研發第一枚原子彈，[97]不但對日戰爭的最後階段會完全不同，戰後的國際關係也會迥然大異，因為很難想像會有任何政府願意在和平時期對這麼冒險的計畫投注天文數字般的花費。（曼哈頓計畫在鼎盛時期，參與工作的人數達十二萬之譜，包括占很大比例的世界頂尖物理學家。其總花費超過二十億美金，而直到最後階段，都沒有人能絕對確定，原子彈原理是否真能製造出一枚能爆炸的彈頭。）

在這些和其他無數案例中，有些案例眾所周知，有些可能被掩埋在遭到遺忘的檔案裡，成為歷史上可能實現但卻未曾實現的案例。科學和管理的理性應用到戰爭的非理性上，以比以往更為戲劇性的方式反覆出現。隨著原子彈的發現，人類的毀滅能力達到新的自殺性高度，超越以前所有可以想像得到的限制。

福利事業與戰爭的關係也比第一次世界大戰期間更為緊密。在兩次大戰期間，有關人類飲食需求的知識進步，使得食物配給邁向科學化，也就是說，不同人口範疇的維他命、卡路里和蛋白質所需量得以得到精確計算，並在可能的限度內予以供應。在英國，人們的健康在戰時反而有實際改善，這很大一部分要歸功於食物配給。技術熟練的醫療團隊迅速消滅了民眾間的流行病；而其中有幾次，流行病形成短暫威脅，眼看就要干擾到軍事行動。[98] 軍事醫學使第二次世界大戰戰區外的軍事人員比以前都更要安全。磺胺和盤尼西林之類的新藥以及DDT之類的殺蟲劑減少傳染病的危險，並陡然地改變了整個環境。

數百萬猶太人和納粹政權的敵人在德國的奴工營和滅絕營中挨餓，慘遭殺戮。而與此同時，各交戰國透過行政命令進行福利工作，使其勞動力能在根本上處於最佳狀態。這兩者形成令人毛骨悚然的對比。人們運用各種方法來管理戰爭努力的其他層面，但這些方法同樣也可造成非人性的極端表現，不但使其納入官僚體制，還非常有效率。這比現代史上的任何事件都要更尖銳地顯示，隨著人類管理和控制自然及社會環境的能力逐漸提高，內部隱含的道德矛盾也日趨高漲。其他國家的戰俘營以及不受信任的種族群體被迫整批移居他鄉，如在美國和蘇聯於戰時發生過的案例，也顯示在二十世紀的兩次大戰期間，行政管理技術其精湛的蓬勃發展而產生的惡魔面向。

另一方面，為和平時期制訂計畫在戰爭結束很久以前，就已自信滿滿地展開，但取得的成功有限。聯合國善後救濟總署這個國際救濟機構確實預先阻止了戰後最初幾個月迫在眉睫的饑荒。但美國企圖建立真正有效的維持和平機制和國際貿易自由經濟的希望，注定要以失望收場。誠然，在戰爭結束不到兩年，美國和蘇聯便都改弦易轍，恢復第二次世界大戰期間經過證實顯著有效的超國家經濟和軍事組織。一九四九年蘇聯引爆了一枚原子彈之後，一九五〇年軍備競賽重新上演。而一九五〇至一九五三年的韓戰進一步推動軍備競賽。自那時起，世界便籠罩在蕈狀雲的闇影下。其對我們的時代所造成的兩難局面就是下面最後一章的主題。

第十章　一九四五年以來的軍備競賽和指令型經濟

當第二次世界大戰於一九四五年劃下休止符時，回到戰前狀態已經是不可行的幻想。在世界上的許多地區，舊的政治體制失去信任，不再受到歡迎。在戰敗國以及歐洲大部分的殖民地確實是如此，甚至連戰事不多或沒有發生戰爭的地方也逃不過這種命運。在得到解放和被占領的歐洲地區，戰時破壞和混亂在戰爭停止很久以後，仍舊持續造成悲慘情境。即使在戰勝國，由於戰時動員達到極限，想立即恢復正常狀態（無論如何界定所謂正常狀態）也不再可能。單單取消戰時規定是不夠的；有計畫的動員需要有計畫的復員和有意識地重新部署資源。因此，國家和超國家管理及指令型經濟不僅戰時需要，戰後也不可或缺。在這些事實的陰影下，美國試圖建立起自由化的國際貿易體系的努力便宣告徒勞無功，以失敗告終。

在戰後時日所發生的事，正如戰時的生產和毀滅所達成的成就一般令人驚訝無比，只是方式有所不同。戰時使大量坦克、飛機和其他武器得以生產的方法，在應用到戰後重建時，證明其魔力不減——至少在戰後最初幾年容易界定局勢和取得同意時是如此。一九四八至五三年間，西歐在美國信貸的協助下迅速恢復生機，速度之快令人側目。蘇聯和東歐也沒落後很多，多虧人力和自然資源迄今仍舊豐富，但為工業目的而開發利用的依舊不多。日本在一九五〇年以後開始展現其工商業的活力，最後甚至將德國和美國遠拋在後，這是因為日本以其獨特的方式，翻轉傳統形式下的社會團結，使其適應了工業和都市生活模式。

隨著德國和日本的戰敗，原來的四個超國家戰爭經濟體分解成兩個敵對集團。德國分成幾個占領區。德國在戰時所控制的歐洲地區分裂成由蘇聯宰制的東歐，和美國不久後就擔任主要角色的西歐。日本的共榮圈也分崩離析。一九四九年中國大陸成為共產國家；朝鮮和中南半島分裂；其餘大部分地區，包括日本，都成了美國的勢力範圍。歐洲的「鐵幕」引發激烈爭辯，但沒發生實際上的武裝衝突。反之，共榮圈的分裂在中國（一九四四至一九四九年）、朝鮮（一九五〇至一九五三年）和中南半島（一九四六至一九五四年，一九五五至一九七五年）引爆曠日持久的戰爭，並在印度尼西亞、馬來西亞和緬甸引發較小規模的武裝衝突。

許多前殖民地極力保護新近贏得的政治主權，只與蘇聯或美國權力集團保持最低限度的關係，拒絕變得更為密切。儘管如此，在實際上，新政府需要經濟援助，不得不仰賴外國信貸。信貸有的是由以前的帝國宗主國提供，有的則是由想趁機取代帝國地位的美國人或蘇聯人提供。但由新興國家和不結盟的各國所組成的「第三世界」在戰後歲月已經成為事實存在，改變冷戰的單純兩極狀態。

儘管初期困難艱鉅，蘇聯在一九四五年以後又回到了自給自足的政策，掙脫在戰爭最後階段仰賴美國《租借法案》的供給。誠然，蘇聯從被征服的德國得到實物賠償，並與東歐國家進行顯然有利於蘇聯的貿易，幫助俄國人熬過最初最艱困的幾個月，當時戰爭創傷才剛剛開始復原。蘇聯先是和英國，後又和美國發生摩擦，使共產黨菁英一直有被圍剿的感覺。史達林宣布——或許他也相信——納粹德國和其他資本主義國家之間只有「暫時的政治」差異。[1] 史達林式的馬克思主義認為，一九四一年迫使希特勒攻擊社會主義祖國的必要因素，戰後無可避免地也在英國和美國社會裡起重要作用。這個歷史進展理所當然。因此，蘇聯的重建打一開始就得和不斷支出的軍事花費競爭。特別是蘇聯全力研發美國在一九四五年於日本領土投下的那種原子彈，在當時蘇聯人民的消費水準仍然相當低的時候，這成為最高優先。史達林也在東歐維持人數龐大的軍隊，導致美國和其他觀察家相信，紅軍能夠且可能嘗試侵犯整個歐洲大陸。

一九四六至一九四九年間，美國採取了反制行動，鞏固了一個超國家經濟和軍事權力結構，狡猾地稱之為「自由世界」。從許多意義上而言，它的確比蘇聯宰制下的地區還要自由。公眾可以發表異議而不會受到系統性壓制，勞工、食物、燃料和原物料並沒有像共產黨統治地區那樣大規模聽從政府命令進行配給。個人對工作、消費和休閒活動的選擇都比共產黨陣營內部所能提供的還要寬廣。然而，個人和小團體的選擇是在公私管理人員形成的新共生體制宰制下的社會裡進行。管制經濟在所有工業先進國家裡變成常態；只要公眾對這類管理的總目標擁有共識，就不會有人挺身而出嚴厲反對。換句話說，對大多數美國人、西歐人和日本人而言，自由已經縮小為服從和遵守官僚體制所規定的行徑。服從和遵守規定的動機在共產黨國家裡也相當類似，因為大部分的俄國人和東歐人，加上數目廣大的中國人民，也願意接受上級官僚設定的目標，奉命行事。他們得到的報酬小於西方和日本，後兩者的生活水準迅速提高，很快就超過戰前水準。但共產黨國家的消費水準也有提高，所以這只是程度上的差別。

在自由世界，透過直接的政府行動分配資源減少，採納浮動價格來調節經濟行為的範圍擴大，這可能是自由世界的總效率優於共產社會的原因。美國公司經理在公司內能藉由單純指令來分配資源，但他們不斷面臨下列難題，即需要購買和銷售物品及服務給那些他們不能直接控制的人們。只要他們的交易對象是大公司和政府，就得對抗壟斷市場。在這類案例中，價格就要透過外交談判來決定，而不是與神秘的「外界」競爭。但如果交易對象是普通民眾或組織較弱的市場夥伴，那公司和政府採購及銷售人員通常能將價格定在對他們有利的水準。他們通常只要調節供應，就能將他們出售產品的價格維持在他們偏好的價碼上。

只要實力雄厚的買賣方能在組織薄弱的貿易夥伴形成的環境中活動，高度精確的宏觀管理就變成可能之舉。財政計畫和物資計畫可以相互配合。戰爭創傷得到修復後就可以開始繁榮。新投資激增，充分就業成為事實，或接近成為事實。戰前蕭條時日的功能失調消失，這要歸功於高超的宏觀公司管理和政府的財政政策配合得天衣無縫；此類結合是由新的宏觀經濟學啟發，得到軍備和福利擴大開支的撐腰。在主要資本主義國家裡的名副其實的管理革命，似乎使工業國家成為它們集體命運的主人，而這是史無前例的事。再者，在此提到的主要國家政府仍舊是民選政府，國內一般民眾的利益和需求可以透過民主選舉得到保證。

另一方面，美國和歐洲的大型公司在組織薄弱的外國商場上縱橫時，躲過許多在國內他們所熟悉的政治限制。農業生產者和供應礦物以及許多原物料的地區罕少有組織自己的能力，以致於無法在平等的條件下與外國公司進行談判和交易。一九七三年石油輸出國政府成功爭取到這類權利，因此，自由世界的戰後指令型經濟和公司經濟模式在超過二十多年來面臨第一波嚴重震撼。[2]

在第二次世界大戰後的餘波蕩漾中，美國領導和重新建立一個超國家軍事機構，以確保英國勢力衰退後其勢力範圍會落入美軍司令官。北大西洋公約組織（North Atlantic Treaty Organization）於一九四九年成立，把統帥歐洲對付紅軍的防禦力量的任務交給一位美國總司令。在剛開始時，蘇聯駐東歐的部隊似乎比當地招募的軍隊更能維護蘇聯的利益。但是當西德於一九五五年加入北約後，蘇聯的對策是建立一個與北約相抗衡的軍事聯盟和指揮系統，就是所謂的華沙公約組織（Warsaw Pact Organization）。在其他地區，美國也想在東南亞和中東嘗試建立相對應的地區防禦組織，但沒有取得重大成功。只有在歐洲，兩個超級霸權的對峙才有明確的邊界。而在邊界兩側駐守著小心編制的多民族部隊，後者研製作戰計畫，執行訓練和各類軍事演習。而在戰前，這類軍事演習只存在於國境之內。戰時的超國家組織藉由第二次世界大戰的實踐經驗，爾後在和平時期就順勢建立起來。過去所理解的國家主權概念消失，而其大部分是出自恐懼，只有那麼丁點是出自於對新超國家軍事組織的優點的正面信念。

經濟和心理因素在侵蝕歐洲國家主權上扮演要角，但更重要的因素是核武產生的巨大新威脅。北約的成立最初就是對龐大紅軍駐紮在東歐所做出的反應。紅軍似乎只要倚重人數浩大就能隨意侵犯歐洲大陸，除非美國軍事力量能以最終的原子制裁為其後盾，永久承諾防衛危險地處在蘇聯龐大歐亞管理和控制下的疆域邊境的歐洲橋頭堡。

另一方面，蘇聯非常不願意無限期處於美國轟炸機的陰影之下。史達林傾全國之力製造原子彈。一九四九年，在北約成立五個月後，蘇聯試爆其首枚原子彈。美國舉國愕然，沮喪不已，因為幾乎所有美國人都認為，蘇聯人多年後才能掌握複雜的原子科技。蘇聯在科學、工程學和武器設計方面的實力，在下一輪的戰後軍備競賽中再次顯現。失去原子壟斷權後，美國政府的反應是在一九五〇年不情不願地加緊研發遠遠更為可怕的氫彈武器。但蘇聯不甘示弱，美國在一九五二年十一月在太平洋埃克韋塔克環礁(Eniwetok atoll）試爆第一個核融合反應裝置後不過九個月，蘇聯就試爆第一枚氫彈。

氫彈頭雖然構造複雜，但比第一批用鈾和鈽製造的笨重原子彈要輕盈許多。因此，火箭顯然是更好和更便利的運載工具。當時沒有方法攔截高速飛行的火箭，而德國於一九四四年以V－2火箭轟炸英國，已經顯示這類武器有多大威力。因此美國人在一九五〇年代初期就開始加快研發火箭的腳步；但是蘇聯人的起步比美國快得多，因為當時笨重的原子彈頭需要推動力更大的火箭才能運載升空。[3]結果，一九五七年十月，蘇聯發射一枚推動力足以將一枚小型衛星史普尼克一號（*Sputnik*）送入地球軌道的火箭，並在隨後的幾個月裡，將越來越大的有效載荷送入太空。[4]

蘇聯的成就無疑展現他們具有將原子彈頭投至世界上任何地方的科技能力。直到一九六五年，美國火箭在大小和推動力上都落後蘇聯。但這並不意味著美國運送原子彈頭的能力就真的落後蘇聯，因為美國的轟炸機駐紮在容易攻擊蘇聯的距離內，加上能在海水中發射的新式潛艇導彈，如此一來，蘇聯城市所承受的毀滅威脅，並不下於一九五八年後的美國人民。

與敵方承受保證同等的毀滅壓力並不能讓美國人安心。在史普尼克發射之前，美國領土世世代代有免於真正受到外國攻擊的危險。結果，在發現狀況不再是如此，而蘇聯人至少在美國人引以為傲的一個重要科技領域上超越美國時，美國人確實震驚莫名。[5]不令人意外的是，所謂的「飛彈差距」就成為一九六〇年總統選舉的爭論點。一九六一年，新上任的民主黨政府竭盡全力要在火箭科技上超越蘇聯，不論是在月球或地球上。

另一方面，蘇聯試圖利用他們的科技領先，來確立在全球能與美國擁有平等地位。然而，一九六二年十月，蘇聯部長會議主席尼基塔．赫魯雪夫（Nikita Khrushchev）計畫在古巴部署中程飛彈，他們可從這裡攻擊美國的大部分城市。這個計畫後來失敗，因為美國海軍阻擋必要設備的運送。經過緊張的對峙後，蘇聯人讓步，同意從古巴撤走飛彈。但這番羞辱引發蘇聯艦隊在隨後幾年內大力擴建，顯然是要在海上，尤其是在海下，迎頭趕上和超越美國。[6]

職是之故，美國和蘇聯之間的軍備競賽在一九六〇年代達到新的高峰和更大的規模。競賽強調新科技和新武器。研究和發展比既有的戰力更為重要。未來的突破，不管是在防禦或進攻方面，都可能改變甚至推翻一九五七年後的十年間所達到的恐怖平衡，因為兩國都部署了數百枚長程飛彈，能在幾分鐘之內毀滅對方的城市。

美國政府對新危機感的反應是，對研究和發展投入大筆資金。但不是所有研發都隸屬軍方，因為指導國家政策的人——尤其是那些來自哈佛大學和麻省理工學院的人——相信，美國社會與蘇聯競爭的終極考驗，就是看誰能在每種人類領域中發展出高超技術。既然加入這樣的競賽，一個果斷明智的政府應該要委任專案小組，由受過適當訓練、極度具有創造力的科技人員組成，無止無盡地為和平和戰爭發展出新機械。如此就能保證國內繁榮和國際安全。但是只有在每個可能領域都發展科技才會成功，而且要移除在教育、研究和發展方面的長期財政限制，免得阻礙技術研發。

其後由自然科學作先鋒而興起的學術繁榮，只有航空太空學和電子學的昌盛能與之相比擬。實際上，曾在第二次世界大戰中大展身手的管理菁英，如今為他們的野心和技術找到更新、更具技術官僚色彩的發揮空間。因為他們的冷戰必須在廣闊的前線上拚搏，而在其過程中，建立更好社會的社會工程和軍事裝備的改良則同樣重要。

一九六一年約翰．甘迺迪（John F. Kennedy）總統宣布，美國將在十年內將人送上月球。這一宣告是美國人對其國家能力的戲劇性展現，表示美國人有自信國家能解決所有問題，克服所有障礙。這項任務交給了一個非軍事機構，即美國航太總署（美國國家航空暨太空總署）。但是，能讓人和機器在太空中移動的科技總是具有軍事意義和應用價值，因此，區隔太空科技究竟屬於軍方或民間研發此舉，幾乎毫無意義。[7]

蘇聯努力迎頭趕上，在一九六一年宣布黨的新計畫，承諾在十年內超越美國的人均生產量水準，如此便能在一九八〇年代實施共產主義（各盡所能，按照需要分配）。部長會議主席赫魯雪夫的技術官僚信念其實相當類似於甘迺迪身邊政策幕僚的技術官僚理念。雙方都是藉助第二次世界大戰期間和戰爭剛結束之後的經驗，仰賴社會和科技工程方面的密切合作，實現原本不可能達到的生產指標。

其他大多數國家對軍備競賽感到望塵莫及。法國非常不滿。戴高樂（Charles de Gaulle）總統認為美國過度偏袒英國和德國，於是退出北約，並「按照美國人的方式」開啟一項國家研發計畫。戴高樂認為唯有如此，法國才能逃脫淪為仰賴美國（或蘇聯）技術官僚體制鼻息的半殖民地。[8]而在遠東，中國和日本都努力參加太空科技競賽，可惜為時已晚，只有蘇聯才具有亦步亦趨地與美國較勁的技術水準和動力。從下列一九五七至一九七二年間，各國發射衛星進入太空的次數計算可以看出，在太空科技的最初十五年內，兩個超級強權牢牢雄霸主導地位：蘇聯：六百一十二次，美國：五百三十七次，法國：六次，日本：四次，中國：兩次，英國：一次。[9]

蘇聯在一九六〇年代於建立新海軍及火箭技術和太空運載工具方面，投資都非常巨大。蘇聯在軍事研發方面的花費與美國在相同目的上的撥款很可能不相上下。但是無法進行確切比較，因為雙方的預算都不夠透明，而且每個國家不肯公開的新武器的價值又多變難測。當某種新科技只有一家製造商和一個買主時（這是太空競賽中的普遍情況），那什麼成本或間接成本該不該算入，或該不該從既有機器的價格中排除，這類會計工作多少就變成形而上學的實踐問題。然而，毋庸置疑，雙方的支出都使得第二次世界大戰的科技創新花費顯得小巫見大巫。[10]

巨額開支帶來非比尋常的收穫。最驚人的成就無疑是美國太空人在一九六九年登陸月球。其他行星的探測器送回讓天文學家深感興趣的資料，而掃描衛星則匯集到有關地球表面的大量訊息。在武器領域，科幻小說和科技事實的界線變得模糊不清，局外人如同霧裡看花。例如，在一九七〇年代，可以改變飛行中的飛彈彈道的控制裝置已經非常成熟，這就使得攔截任務變得十分複雜，儘管當時還沒有可擊中來襲飛彈的可靠方法。在飛彈競賽變得激烈化後的至少四分之一個世紀裡，能以光速摧毀敵人彈頭的雷射和「死光」（death ray）仍舊純屬幻想。因此，恐怖平衡或多或少沒有變動，儘管美國人和蘇聯人花了很多力氣保護自己免於遭受突然毀滅的幽靈騷擾。

就某層面而言，恐怖平衡變得更加穩定。一九六〇年以來間諜衛星的發展，使兩方都能獲得彼此陸地飛彈設施的確實和完整資訊。這對美國人非常有利，因為美國人要想保密可比蘇聯人要困難許多。蘇聯發射第一顆衛星時，它的軌道無法避免地會侵犯其他國家疆界。因此可能可以說，相互接受來自外太空的衛星監視是此事實的意外副產品。因此，美國衛星如法炮製時，蘇聯無法提出反對理由。事實是，美蘇兩強都無法擊落越界進入其國土領空的敵方衛星，而既然無法阻止必然只得默許。不久後，美國就發展出攜帶高解析度相機的衛星，能將蘇聯地面上的詳細動態傳回地球。蘇聯的確曾經提出抗議，但只是表面說說。

衛星監視立刻就消除了蘇聯飛彈的許多曖昧不清之處。的確，一九六〇年當「空中間諜」開始顯示其通天本領時，美國官員發現，所謂的飛彈差距其實是個迷思。事實上，蘇聯人尚未投資昂貴的火箭方陣以攻擊美國城市，儘管他們能如此做的科技能力已經得到證實。之後，雙方的確都在精選的發射地點部署數百枚飛彈。但是在整個過程中，每項新部署都逃不過衛星監視的法眼。每個政府都對這樣奇蹟般清楚展現的事實很有自信，即使完全建設好後的發射地點有可能做到完美偽裝，但在建設過程中必然會洩漏蛛絲馬跡。

因此，在一九六〇年代，各方在部署自己的洲際彈道飛彈的同時，也監視著對方的部署。與此同時，各方也在建造和部署能夠不動聲色地待在海面之下數個星期、而後從水下發射原子彈頭的潛艇。[11]如此緊張局勢就產生一種核武力平衡，情況大概如表二所示。

顯然，到了一九七〇年代初期，實質上已經達到勢均力敵，也就是說，雙方都能給予對方最嚴重的摧毀，因而再打造更多飛彈似乎是浪費或多餘之舉。兩國於是在一九七二年簽署為期五年的《戰略武器限制條約》，對這類武器設定天花板。無論如何，這並未使軍備競賽終止。研發隊伍不過是將注意力轉移到條約未曾提到的武器種類上，理由很簡單，因為後者尚未存在。因此，到了一九七〇年代末期，幾種新武器已經準備好從實驗室轉移到生產線上。但是在一九八一年，該製造哪種武器以及國家該投入多少資源在軍備競賽的升級上，在美國仍舊是爭論不休的議題。蘇聯內部無疑也進行著類似辯論，儘管美國為了說服國會投票贊成必須公開討論各種武器選擇，而在蘇聯則沒這麼做的必要。

表二　核武器總數

		1970年	1980年
長程轟炸機	美國	512	348
	蘇聯	156	156
潛艇飛彈	美國	656	576
	蘇聯	248	950
洲際彈道飛彈	美國	1,054	1,052
	蘇聯	1,487	1,398
核彈頭總數	美國	4,000	9,200
	蘇聯	1,800	6,000

資料來源：斯德哥爾摩國際和平研究機構，《一九八一年年鑑》，表2-1，21頁。

性能提高的新型舊武器足以打破世界的均勢平衡。一旦出現與過去非常不同的新武器，可能會突然打開使軍事暴力癱瘓的新路徑，並阻止世界強權達成任何穩定、彼此信任的妥協。化學或生物戰方面的突破可能在任何時候出現，且都會在原子恐怖平衡外圍導致最後終結。但是在一九八〇年代特別有可能成真的武器是以光速進行的各種「死光」。從太空載具發出的這類光束可望用來攔截來襲的飛彈，或甚至在它們的發射場上就能予以摧毀。只要有一丁點這類可能性，就會給一九六〇年代後的恐怖平衡帶來深遠的不穩定性。

顯然，倘若軍備競賽是想憑藉秘密武器設計的某種新突破來取得戰略優勢，這在對立國家彼此懼怕的世界裡是窒礙難行的。一代又一代的新武器變得越來越複雜，持續高漲的費用構成研發限制。但不論是在美國尋求新合約，或是在蘇聯要求分配新的人力物力資源的這兩個關係方，總是在驚恐萬分地猜疑另一方正在進行什麼樣的研發。政治管理者必須想辦法在民用經濟需求和軍事研發小組往往展現出來的對新資源貪婪無比的胃口之間，求取平衡。在美國支持或反對特定武器系統和研發計畫的決定，常常在蘇聯引發相似反應。但是這類決策過程多半保密，尤其是在蘇聯。財政和道德上的不確定性以及技術和工程上的不確定性，在第一次世界大戰前的英德海軍競賽中展現深遠的影響，[12]而今日這般的不確定性也困擾著美蘇兩國的決策者。不同的是在這幾十年內，做出錯誤決策的代價已經翻倍。

太空成就也許輕易就掩蓋了下列事實：軍備競賽並不僅限於美國和蘇聯，而這兩大強權也不是只關心火箭和原子彈頭。表三扼要地顯示在第二次世界大戰後的幾十年內，軍事花費的異常增長。這些數字可能有很大的錯誤，原因在於預算會被動手腳，以及將費用換算成美元時匯率的任意性。然而，瑞典人所做的尋求真相的中立研究嘗試，無論結果有多扭曲事實，其中仍直指某些政府的軍事支出與超級強權一樣也在不斷增長，這點則不容置疑。事實上，一九七〇年代第三世界國家軍事開支的增長率是超過大國的增長率的。

表三 按照不變價格計算的軍事支出

國與組織＼年	1950	1955	1960	1965	1970	1975	1980
美國	39.5	98.2	100.0	107.2	130.9	101.2	111.2
總體北約	67.3	142.6	150.3	168.1	194.0	184.9	193.9
蘇聯	37.7	51.2	48.0	65.9	92.5	99.8	107.3
華沙公約組織	40.7	54.2	51.3	71.3	100.8	110.3	119.5
不結盟國家	25.7	29.6	34.6	57.9	85.7	123.7	141.9
世界總計	113.7	226.4	236.2	297.3	380.5	418.9	455.3

（單位：十億美元，按1978年的美元計算）

資料來源：斯德哥爾摩國際和平研究機構，《一九八一年年鑑》，附錄六A，頁156。

由此可證明軍備競賽具有傳染性，影響所及遍及所有國家。我們可以在中東辨識出特別的高峰（或說深淵？），此地的石油收入和不穩定的政權，加上阿拉伯—以色列以及其他顯然無法妥協的地方衝突，是個多事之地。這些事態只能導致災難。一九四七年以來中東局勢的發展使其他地區難以與之相比擬（儘管東南亞的傷亡更大），而非洲的種族和部落戰爭之所以受限，不是因為審慎考量，而是由於這些國家貧困，因此缺乏高度殺傷力的武器。

相對之下，兩大超級強國卻難以控制局勢。在一九六〇年代，也許更早，美國和蘇聯政府已經察覺，即使原子彈突襲成功，可怕的報復也會接踵而來。職是之故，他們的新摧毀力量不再是實際可行的政策工具。其他國家很快也看到這點，因此比以往更隨意地違抗美國和蘇聯。法國在一九六六年退出北約，東歐越來越難以駕馭，在在都反映了這個事實。隨著相互毀滅的能力變得越來越確定，兩大超級強權就陷入一種險境，在其中它們變成一對巨人，被自身的可怕武器所綁捆，難以伸展手腳。他們不能使用原子彈頭，但又不能沒有這類武器，因此特別顯得自相矛盾又無可救藥。

隨著魔法杖一揮，就將難以想像的力量徹底改變為其反面，這類情況堪稱史無前例。然而，這情況卻存在於核擴散不僅可能而且是個事實的世界裡，雖然究竟有多少國家擁有原子彈頭或運載工具仍舊是個謎。只有六個國家曾公開試爆原子彈頭，[13]但是人們廣泛懷疑有幾個國家也擁有從核電廠生產出來的鈽所製造的原子彈頭。[14]

在戰後的幾十年內，無論是核保護傘或維持和平的國際機構如何努力，都不足以阻止局部戰爭和游擊戰重複爆發和不斷發展。武裝衝突數以百計；而在幾乎每個案例中，衝突各方都仰賴外來武器支援，幾乎總是尋求一個或另一個超級大國的援助，無論是直接或間接。[15]對這類衝突保持超然態度非常困難。例如一九五〇至一九五三年的韓戰就有大批美國軍隊參與，後來在一九六四至一九七三年加入徒勞無益的越戰時的軍隊更多。蘇聯人先是在一九五六年，後來又在一九六八年，蠻橫地入侵東歐，一九七九年則又在阿富汗故技重施。美國在朝鮮半島獲得一定的成功，但在越南則以屈辱的失敗收場。蘇聯人在匈牙利和捷克斯洛伐克取得一定的成功，而在阿富汗會不會有不同的下場，則有待觀察。*

科技發達的社會能對敵人施加強大壓力的這類不尋常的力量，最終還是要取決於對目標所事先達成的共識，才能為此目標動員集體技術和力量。這類共識並非自然而然一蹴可成，不但難以維持，也得不到確保。例如美國的兩難在越戰期間就讓人一目了然。當時美國人的參戰原因變得如此可疑，以致於撤軍是政治上的必要手段。美國科技上的優勢並未使越共屈服，而戰爭的破壞行徑只使得越南人更堅決地仇恨外國人。戰爭的升級也不能解決問題，無法對北越全面出擊，而南方的破壞力又大，死亡難以估計，諷刺的是美國卻宣稱是為捍衛這些人的自由而戰。

再者，正當越南人對入侵者的態度更堅決、更團結時，美國國內對於武裝干預越南的行動是否正當和明智的意見卻越來越分歧。不信任軍隊，不信任高科技，在史普尼克一號發射成功之後，對於指導美國對策的行政—學術—軍事—工業菁英普遍存在不信任。美國政府在一九六〇年代進軍太空的巨大希望和傲慢自信於是消失殆盡，只剩下酸苦的滋味。許多年輕人高度推崇某種形式的反主流文化，卯起勁批判在第二次世界大戰期間和之後取得巨大成就的社會管理模式。

* 本書英文原作出版於一九八二年，蘇聯軍隊而後於一九八九年二月撤出阿富汗——譯註

年輕人為反抗所採取的極端手法有的無異於自殺，許多吸毒者的短暫壽命可以證明此點。想發明可行的替代方案來取代官僚形式的公司管理方式也以無效告終。便宜、大量生產的貨物需要通暢無阻、持續供應的生產流程和技術，而只有以官僚手法管理的大規模公司才能辦到這點。話說回來，能確保這類巨獸安全的世界，可能自身也必須動用官僚體制去調節大公司間的互動。在這樣的社會裡，自發性、個人獨立以及小團體團結共同對抗外人所能引發的影響力，範圍都極為有限。但徹底回歸這類老舊價值和行為模式都會帶來物質上的貧困，而大多數的反抗者都不願付出如此高昂的代價。

然而，大規模流水作業生產技術極易遭受破壞。使生產成本得以降低的工廠效率，需要許多輔助生產流程的精密配合。任何生產線的點遭到破壞，就會使效率迅速低落。因此，倘若將心有不滿的人群適當組織起來，便能輕易阻礙工業生產流程，而自一八八〇年代以來，成功的罷工已經反覆證明此點。

另一方面，即使是最激烈的革命團體，也得產生能掌控自身權力的官僚體制，這是其為了生存而必須付出的代價。而依照官僚體制所組織起來的革命者如果真正強大，很快就會被收編入錯綜複雜的政府管理迷宮。第一次世界大戰以來德國和英國的公共生活便清楚展現此一不可抗拒性。但蘇聯將抗爭徹底轉變成邏輯無懈可擊的官僚式統治，使過去的革命黨和具有積極破壞性的工會，變成明目張膽的國家控制工具，宰制產業勞動和整體社會。

而鐵錚錚的事實是，在一個官僚化的世界裡，各團體要想發揮效力，也只能按照官僚體制的方法進行組織。這便使一九六〇年反主流文化無法產生持久的重要性。但美國技術官僚和政治家至今仍被迫承認，他們管理社會的新權力有其未曾預料到的限制。由國家產生並構成國家骨幹的龐大行政管理機器，並不能隨性決定該追求何種目標，也不能隨性決定誰該管理誰。在解決這類問題時，理想和感情最為重要，理性和計算則退居二位。操縱式的宣傳只能留在廣泛接受的傳統信念所設定的範圍內運作，否則無法建立讓群眾服從的感情氛圍。技術水準高而嚴重分化的社會的內在分裂，會給予政治領袖極大壓力。政治家和治國者可以運用最專業的系統分析、成本收益計算和其他現代工業及公司管理工具，但這些對緩解他們所承受的壓力並沒多大用處。[16]

或許戰後幾十年中最根本的改變是對政府忠誠的廣泛式微。族群、區域和宗教團體的重要性增加，削弱了民族國家的地位。與此同時，各種超國家集體組織和行政機構卻逐漸比以前更為強大。職是之故，現代管理的科技優勢應該在哪個單位、為何種目的而效力的這個問題，在一九六〇年代和一九七〇年代引發嶄新關注。這在工業較為先進的國家中特別明顯，老式的愛國主義顯然已經慢慢失去其勢力。在未來的歲月裡，如何回應這個難題，可能會變成人類未來的重要議題。

蘇聯社會也躲不開這類轉變。赫魯雪夫在一九六〇年代初期的自信承諾跳票，因為局勢明白擺在眼前——只靠共產黨強烈敦促努力工作，以在未來某時享受更好生活此舉，並無法提高勞動生產力，而後者卻是實現一切美夢的基礎。赫魯雪夫一九五六年那份譴責史達林的惡名昭彰的秘密報告，使管理菁英成員利用此大好良機，將先前遭到壓抑的批評釋放出來。例如，蘇聯擬訂計畫的方法受到嚴厲批評，對如何保證更有效運用資源的辯論達到過去所不習慣的坦率程度。一九六〇年代中期嘗試進行行政改革的實驗；但當辯論變得過於暴露內部困難和分歧意見時，公開討論又遭到禁止。[17]之後，就像蘇聯過往的歷史一樣（革命前的俄羅斯亦是如此），警方施壓和抑制異議的自由表達。

但由於反抗官方壓力需要個人勇氣，那些敢於持續發聲的人就有無遠弗屆的影響力。在整個戰後時期，共產主義世界裡的異議此起彼落，早在一九四六年就開始冒出，當時南斯拉夫從共產主義世界分裂出去。其他國家隨後紛紛仿效，最讓人注意的是中國於一九六一年與蘇聯的反目。這類分裂反映了民族感情和差異。在蘇聯境內分歧意見的表達也是如此，尤其是在猶太人和穆斯林之間。除此之外，幾位頂尖的科學家和文學家批評蘇聯國內對真理和個人自由的壓抑。這些個人能透過秘密管道在蘇聯國內外散播他們的看法。

這就說明，如果需要證明的話，那些敢於違抗黨當局的少數個人獲得了眾人支持。人們同情異議分子，傳閱他們的著作，並透過秘密管道傳給住在蘇聯警方控制範圍之外的人。對官方意識形態幻想破滅的第二個跡象是，西方年輕文化的流行音樂和其他進口物品蔚為風潮。一種真正的、但無力的反文化便以這般的姿態在蘇聯出現，它觸犯蘇聯體制的虔誠和規矩的程度，甚至比平行的美國年輕人反抗資本主義社會價值的行為還要激進。

然而，國內的分歧意見只會使警察和軍隊變得更為重要。在戰後幾十年裡，除了法國和英國，沒有主要工業國家需要仰賴武裝部隊去平息國內的動亂。但是，在比較貧困的國家，更激烈的分歧反覆地將軍隊推向第一線。在任何現代國家裡，警察和士兵手裡的武器在國內政治過程中都行使著終極的否決權，除非軍隊的紀律和團結分崩瓦解。想在困難時期維持軍隊的紀律，就得使軍隊遠離民間社會，並隔絕起來，特別在社會充滿嚴重分歧的時候。另一方面，為使軍隊擁有恰當的技術水準，又得讓軍隊至少和民間社會的某些專門科技菁英保持互動。但是這些菁英特別容易對效率低落或腐敗的政府變得不滿，相信他們自己若能上台的話可以做得更好。當科技菁英和軍隊的菁英與社會其他團體以這種方式發生衝突時，誰管理誰以及為了何種目的，就變得問題重重。

當這類衝突導致政變，使軍人掌政時，新的統治者就難以維持使軍隊當初能夠奪取權力的內聚力和士氣。剛掌權時提出的改革計畫，不管有多真摯，總是難以付諸實踐。而個人致富和官能享受的機會倍增時——對掌握政權的人而言必然如此——在軍營和軍事學校所培養的理想可能遭到遺忘殆盡。這類背叛往往使軍事政權在自己和他人眼中失去合法性，因此，大部分的現代軍事獨裁都傾向於短命。

王權與宗教的聯盟曾經是長期保持政權的合法地位的傳統解決方法，而這方法也歷久不衰。二十世紀的困難處則是政府在施行缺乏明確公眾支持的統治時，如何找到支持政府的宗教信仰和神職人員。十八世紀和十九世紀的世俗信仰在工業先進國家裡出現失去權勢的跡象。事實上，大眾共識的衰微就是這類頹勢的展現。誠然，馬克思主義和民族主義理想在戰爭剛結束的幾十年內，在動員以農民為大多數的民眾去反抗歐洲統治者和外國資本家方面，證實效果彰顯。但當革命黨奪得權力，面對日常行政的實際事務時，民族主義原則和馬克思主義信仰都無法提供適當的指導，因此往往以失望和幻滅告終。

在世界上某些地區，有時以宗派形式表現的傳統宗教則提供替代辦法。這在伊斯蘭世界裡尤其如此。對基督教和猶太教的古老仇視可追溯自伊斯蘭教草創時期，這使得攻擊外國影響和腐敗，號召大眾追隨者捍衛真實信仰等，變得輕而易舉。但尋求遵循真正《古蘭經》之道的政權在和二十世紀科技進行磨合時，就遭遇到困難，因為西方那些掌握科技的人不可能對穆罕默德所揭露的啟示抱有狂熱的信念。

大門外的敵人一向是激發國內自發性共識的最佳替代品。恐懼敵人越境後可能會做的事，常常可以使民眾順從，如古代諺語說的：「熟識的惡漢比令人恐懼的天譴更讓人心安。」因此，可以預期的是，在大眾共識薄弱和陷於險境的非洲、亞洲和拉丁美洲地區，對鄰國的戰爭和戰爭謠言多不勝數。凡是人口過剩，成長起來的一代無法找到足夠土地，並以傳統方式養家餬口的地方，農民的生活方式就面臨極大壓力。在這種情況的刺激下，人們便惶惶不安而激切地想尋求新的信仰、新的土地和新的生活方式。這確實會對任何形式的政府造成困擾，直到人口危機多少得到舒緩為止。以從一七五〇至一九五〇年的歐洲歷史作為借鏡，這種情況會持續相當長的時間，並以許多人付出生命作為代價。

因此，在大部分的第三世界地區，戰爭和備戰可能仍會非常明顯。自一九六〇年代以來，這些國家的武器量暴增便證實此一事實。如同早期，這類花費從經濟觀點來看，並不一定總是純粹浪費。維修現代作戰飛機這類複雜機器所需要的新技術可以有廣泛的運用。考量到在適當條件下，如十九世紀的日本，新技術確實能促進工業增長。另一方面，一九四五年後第三世界的經濟成長率和軍費支出的多寡，似乎並沒有絕對關係。[18]

然而，無法維持國內和平必然會使經濟退化。由於維持國內秩序困難重重，政府恐懼國內人民的程度和對國外敵人的程度相當，或更有甚之，因此加強警方裝備成了首要考量。最近的統計數字顯示，自一九六〇年中期以來，新興國家在警力的投資上遠大於針對外國敵人的軍備。[19]在缺乏民眾真心支持下，組織更優異的鎮壓手段是否足以支撐現有政權，還有待觀察。嘗試將武裝人員和大眾隔離開來的軍事紀律和政策肯定能提供一定程度的成功。歐洲舊政體的君主在過去畢竟就是採納這種巧妙手法而成功維持政權。再者，隨著軍備變得越來越昂貴，殺傷力越來越強，過去在十九世紀和二十世紀初主宰歐洲戰事的龐大招募兵組成的軍隊，可能會被小型職業軍隊取代。若果真如此，政府和軍隊便可能不需要靠民眾支持，端端仰賴專業化職業軍人行使武力和武力威嚇便已足夠。而這些專業軍人一貫與統治下的廣大民眾有所疏離。這類統治模式遵循古老規範，無論它們與現代政治理念和民主理論是多麼相互扞格。

另一方面，當代大眾傳播形式可能朝著相反方向運作，因而使武裝統治者和臣服的民眾之間的這類老式兩極現象，總是處於不穩定狀態。毋庸置疑，從人口的某個特殊階層中遴選徵募人員入伍，確實能使軍隊和一般百姓間產生社會距離。但是，這類軍隊能否在國內壟斷有組織的暴力，主要取決於不滿的革命團體能否得到武器，而這反過來又取決於其他國家政府的政策和革命者的狂熱程度。只要世界仍分裂成敵對國家，革命者就很有機會找到外國支持者和武器供應者。在這些情況下，在那些鄉村人口過度成長，因而廣泛對現狀抱持強烈不滿的地方，加強警方和軍隊的力量似乎也不太可能能夠確保政治穩定。

在歐洲、美國和蘇聯，人口壓力則和上述情況不同。如何與移民和外國人和平共處——無論是在美國的拉丁美洲人，或是在歐洲和蘇聯的穆斯林——是個敏感問題，需要審慎處理。但這問題並不會威脅現有的政治秩序。軍事—科技菁英和社會的分歧也不會造成威脅，無論對資源的搶奪有多激烈。半世紀以來，軍事—工業菁英幾乎總是能輕易地戰勝國內對手。對外國敵人的恐懼說服統治者和廣大的民眾，一再默許投入新的力量，以與外國軍備相匹敵甚或超越。不斷升級的軍備競賽反過來有助於維持國內的團結和民眾的順從，因為明顯的外在威脅一如既往，是人類所知、最強有力的社會團結要素。

然而，這種假想敵的效果能有多大，值得推敲。原子彈頭改變了遊戲規則；而投入極大資源來製造沒有人敢用的武器的荒謬性，所有相關方都心知肚明。這意味著，目前北約和華沙公約組織*國家防範彼此的龐大武器設備會帶來災難，不僅是因為武器就是要設計來撐過外來攻擊，也是因為內部衰退；此類衰退肇因於，在科技現代化的海陸軍裡，英雄主義和軍人天職的傳統概念飽受挫折。按鈕操作的戰爭與英雄的勇武形成強烈對立；而官僚紀錄工作的拘泥小節，與軍人該是何種人和該做何種事這類天真和真誠的熱忱也格格不入。自從戰爭官僚化和工業化以來，這類緊張就如影隨形；但是，火箭時代的曙光降臨，遠程操作的軍事行動得到壓倒性優勢，體力和單純人員的投入變得無關緊要，而就此產生的戰爭藝術的突變使士兵在心理上難以跟上。[20]

雖然如此，除非戰敗，軍事人員的士氣不太可能驟然低落。反覆灌輸和維持軍事紀律的傳統方法仍舊十分有效。不斷的密集隊形操練並沒喪失培養士兵間基本團體意識的能力。它與現代戰鬥毫不相關此點並不打緊。其他儀式和例行軍務也有可能會出現，並不斷地發揮自我影響，在軍隊內和整體公民社會間進行疏導和建立穩定的行為依據。例行公務和儀式是熱切、個人和革命信仰的替代品。當這類——無論是馬克思主義或自由民主的——信仰退化成陳腔濫調時，就僅剩儀式和日常公務了。

往昔，歐洲和其他所有國家的軍隊都注重日常軍務和儀式。技術變革少見，相隔時間也久，無論它對民族的勢力起伏和戰爭的勝負有多重要。或許自戰爭真正開始工業化以來的一個半世紀裡出現的異乎尋常的震盪終究會止歇，世界各國的軍隊因而又會回歸能在維持和約束紀律上，發揮功效的歷久不變的例行軍務。

另一方面，只要相互猜疑的國家的敵對狀態繼續存在，特意為之和有組織的發明一定會繼續下去，不管付出何種代價。絕對的經濟限制仍不見蹤影。人民生活不需要的生產資源原則上都可以用於國防；而自動化機器的生產率如此之高，對軍隊開銷的限制變得只能端憑人類組織作戰的效率限制，而非仰賴其他制約條件。在此我們再次碰上共識和服從的問題。物質限制相對而言只是次要。

人們或許會假設，武器很快就會達到絕對物質的限制。彈道飛彈的逃逸速度畢竟在很久以前的一九五七年就達到了。下一代武器可能以光速發射自太空，現今已在使用的控制和導航系統便是如此。但是，已經達到物理世界的絕對速度極限並不妨礙敵對研發小組尋求改進控制和瞄準的精確度，且同時研發防止外來干擾的保護方法。武器系統的穩定——如果最終能穩定的話——似乎不可能會是因為科學研究和工程學發展到極限所造成。

要停止軍備競賽，有必要進行政治改革。一個有意願並能對原子武器實行壟斷的世界政府能冒著解散研究小組的風險，在保留象徵性的少數彈頭外，拆除其他所有彈頭。但即使在這樣的世界裡，只要人類因彼此憎恨、相愛和懼怕，從而組成在團結和生存上，都靠互相的敵意來展現和支持的集團，而只要這種團體存在，武裝衝突就不會結束。人們可以期望由一個世界帝國（empire of the earth）出面來限制暴力，防止其他集團過度武裝自己，從而危及至高無上的主權輕易就能獲得的優越地位。因此，戰爭在這樣的世界裡就會退回工業化以前的常見規模。恐怖攻擊、游擊戰和盜匪活動仍舊難免，人們會持續透過這類活動來表達挫折和憤怒。但二十世紀已知的有組織的戰爭將會銷聲匿跡。

＊ 華沙公約組織已於一九九一年正式宣告解散。——編註

不走上述這條路的話，其替代道路就是人類物種的驟然完全毀滅。從國家體系到世界帝國，中間是否會有過渡，而何時會出現這個過渡，則是人類會面臨的最嚴峻問題。只有時間才能揭曉答案。

結論

想瞭解當前事務就必須大膽想像。在浩繁的資料中，我們必須決定該注重什麼樣的資料，即使那意味著得忽視其他所有資料。在這種情況下，誤差在所難免，但是這和人類生命中總是無可避免的不確定性同樣沒有差別。我們的遠祖就是學會將注意力集中在針對中樞神經系統的所有感官信號的一小部分輸入，才成為熟練和成功的獵人，並藉助一長串的發明，透過集體社會力量，改變了地球的自然生態。言語和象徵允許我們的心智專斷地集中在一個情況的某些層面，而忽略所有其他，而這就是實現這些非凡變革的超級工具。我們使用語言來瞭解當前的局勢，因此與我們的祖先數千年來所做的一樣，絲毫沒有差別。

在這類反思的鼓勵下，我們不妨預先想像一個時代，在那時我們的政治敵對和軍備競賽等當代兩難困境已經獲得解決，而且沒有賠上整個人類社會和文明。展望未來幾百年，我認為我們的後人很可能會將此書所關注的一千年，看成一個不尋常的動盪時期。這一千年來，政治統治和行政管理的模式嚴重落後於交通和通訊網的發展，導致個人和小團體的進取心和私人利益在宰制日常行為上，扮演非常特殊的過渡角色。市場那隻看不見的手得到充分發揮，通過浮動價格調節億萬人的工作生活。新技術和資源的互補找到意料之外的功效，使更多人口能存活下去。現今，發明本身已經是有意識的特意活動；生產在越來越大的單位內變成系統性組織；在二十世紀，官僚管理和數據檢索的技術終於趕上交通和通訊的發展，直到全球性的政府成為可能。

一旦可行的事成為事實，將附加成本完全算入計畫內，就會很快地使發展速度過高的技術變革停止。按照可用資源來特意調整人口數目在現在已經達到足夠的準確度，可以緩解因經濟期待和實際狀況之間的經常性矛盾而使人類遭受的損害。和平與秩序改善。生活進入常軌。動亂時代結束。政治管理在壟斷武裝力量的公開組織後，又回歸管理人類行徑的主要功能。自我利益和透過買賣追求個人利潤，兩者重要性下降而成為生活的邊緣層面，在一定範圍內操作，並按照政治—軍事權力機構所制訂的規則行事。簡而言之，人類社會回歸正常。社會變革恢復到工商業時代以前那種悠哉步調。手段與目的、人類活動與自然環境，以及互動的團體間的適應，達到如此準確的程度，以致於更進一步的變動既不需要也不合時宜。再者，這類變動也不會獲得允許。

競爭和攻擊傾向在體育活動中找到充足的發洩。隨著行政和習慣的常規確立，知性和文學創造性因此衰減。但歷史學家和整體社會有時會驚奇又帶著幾分敬畏，來回顧過去種種危險，訝異於西元一〇〇〇至二〇〇〇年這動盪的一千年間，其中不顧後果的競爭和焦躁不安的創造力。

我們這些尚未逃脫這一千年遺緒的人也大可這樣做。令人恐懼的力量和可怕的兩難從來沒有如此密切地並列在眼前。因此，我們的信仰和如何反應，在平常時代更為重要。我們只能仰賴總是基於不完全的證據而產生的清晰思考和大膽行動，來幫助我們渡過和走向不確定的未來。未來將和人類意圖激烈相左，就像真正的過去也和我們先祖的計畫和希望有所不同。但研究過去可以縮小期望和現實之間的鴻溝，鼓勵我們期待意外，那也包括本書結論中對未來模式的分析。無論活在前途難以預測的狀況中有多可怕，未來將如同過去一般，取決於人類建立和重建自然和社會環境的能力，而其所將受到的限制主要就是，我們取得大家同意集體行動目標的能耐。

或許比美國還多。加上美、蘇價格換算的額外困難，幾乎不可能進行比較，此研究的作者們也同意此點。

11 由於推行大規模系統化的研發計畫，科技進步的步伐加快。下列事實就可以證實此點：自行魚雷的射程從1866年最初發明時的220碼提升到1905年的2,190 碼，之間花了40年時間，但之後只花6年就提高到1913年的18,590碼。而1959 年首次裝在美國潛艇上的北極星飛彈，只用5年時間，射程就由1,200英里提高到2,500英里。關於魚雷射程，參見Edwin A. Gray，同第八章註4，附錄；關於北極星飛彈射程，參見SIPRI所編*Yearbook, 1968-69*（《年鑑，1968—69年》）（London，1969年），98頁。

12 參見本書第八章。

13 從1945年7月16日至1979年12月31日，已知原子試爆如下：美國667次，蘇聯447次，法國97次，英國33次，中國26次，印度1次。參見SIPRI，同本章註11，382頁。

14 1979年至少有36個國家在境內擁有能生產核分裂物質的核電廠。美國及其他供應國對這類物質的使用之監測和控制，根本無力。有些國家（比如以色列）可能已經破壞此類規定。但儘管如此，確切情況仍成謎，而謠言常常脫離真相。

15 第二次世界大戰後國際武器貿易仍在政府的管控之下，在自由世界和共產世界皆是如此。逃開官方管制的確實有，但情況不多。可參見一本很有見地的書，John Stanley和Maurice Pearton所著*The International Trade in Arms*（《國際武器貿易》）（London，1972年）。

16 有兩本書適當闡釋了這僵局的幾個方面：自信的斷言方面，參見Alain C. Enthoven和K. Wayne-Smith所著*How Much Is Enough? Shaping the Defense Program, 1961-1969*（《多少才夠？防禦計畫的制訂，1961—1969年》）（New York，1971年）；參見表示質問懷疑態度的Don K. Price所著*The Scientific Estate*（《科學產業》）（Cambridge, Mass.，1965年）。

17 Moshe Lewin在*Political Undercurrent in Soviet Economic Debates from Bukharin to the Modern Reformers*（《從布哈林到現代改革家在蘇聯經濟爭論中的政治暗流》）（Princeton，1974年）127頁之後，提供了非常有趣的概論。

18 參見Gavin Kennedy所著*The Military in the Third World*（《第三世界的軍事》）（London，1974年），174-189頁。

19 Morris Janowitz在*Military Institutions and Coercion in the Developing Nations*（《發展中國家的軍事機構與高壓統治》）（Chicago，1977年）35頁上說，1966 至1975年非洲警察部隊的支出增加了144%，而在同一個十年中，軍隊開支只增加40%。他的數字顯示，世界上幾乎任何國家的國內高壓統治花費都比其他防禦費用增長得更快。有些跡象也顯示，警力的加強使政變更難成功，因此1970年代的政變比1960年代要少，同前引書，42、70頁。

20 關於英雄與技術官僚角色之間的矛盾，參見Jacques van Doorn所編*Military Profession and Military Regimes: Commitments and Conflicts*（《軍事職業和軍事體制：義務與衝突》）（The Hague，1969年）。

第十章 1945年以來的軍備競賽和指令型經濟

1 出自1947年5月4日的《紐約時報》，史達林於1947年4月9日接受美國政治家哈羅德·史塔森（Harold Stassen）的專訪。史達林對資本主義和社會主義間不可避免的最後衝突作了很多說明，參見Historicus所撰“Stalin on Revolution”（〈史達林論革命〉），*Foreign Affairs*（《外交事務》）第27期（1949年），175頁之後。

2 參見Robert Gilpin所著*United States Power and the Multinational Corporation*（《美國權力與跨國公司》）（New York，1975年），作者對政治和經濟的互動做了嚴肅討論；Charles E. Lindblom所著*Politics and Markets: The World's Political Economic Systems*（《政治與市場：世界政治與經濟體系》）（New York，1977年）；Garin Kennedy所著*The Economics of Defense*（《國防經濟學》）（London，1975年）。

3 第二次世界大戰接近尾聲時，美國組織了一支戰略空軍，很快便建立了空軍基地。從基地起飛的飛機可以將原子彈帶到蘇聯任何地區。在之後的十年間，美國埋首於研發有人駕駛的飛機，視其為最具威嚇性的武器，因而抑制了美國長程火箭的研發。參見Edmund Beard所著*Developing the ICBM: A Study in Bureaucratic Politics*（《研發洲際彈道飛彈：對官僚政治的研究》）（New York，1976年）。

4 蘇聯發射的史普尼克一號重84公斤，1個月後發射的二號重508公斤。1965年蘇聯又將重達12,200公斤的有效載荷送入軌道。參見Charles S. Sheldon所著*Review of the Soviet Space Program with Comparative United States Data*（《評蘇聯太空計畫——與美國比較》）（New York，1968年），47-49頁。

5 Robert A. Divine所著*Blowing in the Wind: The Nuclear Test Ban Debate, 1954-1963*（《隨風飄逝：禁止核試驗的辯論，1954—1963年》）（New York，1978年）探討這種政治和心理壓力，論點令人信服。

6 參見Donald W. Mitchell，同第八章註1，518-519頁。關於古巴飛彈危機的不同詮釋的概略介紹，參見Robert A. Divine所著*The Cuban Missile Crisis*（《古巴飛彈危機》）（Chicago，1971年）。

7 參見John M. Logsdon所著*The Decision to Go to the Moon: Project Apollo and the National Interest*（《登月決定：阿波羅計畫與國家利益》）（Cambridge, Mass.，1970年）；Alfred Charles Bernard Lovell所著*The Origins and International Economics of Space Exploration*（《太空探索的起源和國際經濟》）（Edinburgh，1973年）。

8 Robert Gilpin在*France in the Age of Scientific State*（《科學國家時代的法國》）（Princeton，1968年）此書中對法國在1960年代仿效美國的作法，有同情的分析。Waiter A. McDougall的兩篇未發表的論文使我獲益良多：“Technology and Hubris in the Early Space Age”（〈太空時代早期的科技與過度自信〉）和“Politics and Technology in the Space Age—Towards the History of a Saltation”（〈太空時代的政治和科技——走向突變的歷史〉）。

9 參見A. C. B. Lovell，同本章註7，28頁。

10 不論有用與否，瑞典估計蘇聯1972年軍事花費中，用於研究和發展的費用在41億到61億美金之間，美國則為72億。參見Stockholm International Peace Research Institute所編*Resources Devoted to Military Research and Development*（《用於軍事研究與開發的資源》）（Stockholm，1972年），58頁。所列數字未包括美國太空總署的支出，儘管該署的許多計畫都與軍事有關。蘇聯的預算中，偽裝成民用案件的軍事項目可能也很多，

92 參見L. F. Haber所著*Gas Warfare, 1916-1945: The Legend and the Facts*（《毒氣戰，1916—1945年：傳說與事實》）（London，1976年），8頁。為何在第二次世界大戰中雙方都沒使用毒氣，儘管大家都預期在戰爭爆發的頭幾個小時，就有可能發動窮凶惡極的毒氣突襲？這是個有趣的重要問題。軍人普遍對這種武器抱持心理反感，覺得使用毒氣是卑鄙行徑，算不上光明磊落，勝之不武。這心態一定在將注意力從毒氣轉移到坦克和飛機上，扮演了重要角色。參見Barton C. Haoker所著*The Military and the Machine: An Analysis of the Controversy over Mechanization in the British Army, 1919-1939*（《軍人與機器：英國軍隊中關於機械化的爭論之分析，1919—1939年》）（芝加哥大學博士論文，1968年），該論文對這種選擇提供了令人信服的心理詮釋。關於德國人的考慮，參見Rolf-Dieter Müller所撰"Die deutschen Gaskriegsvorbereitungen, 1919-1945: Mit Giftgas zur Weltmacht?"（〈德國對毒氣戰的準備，1919—1945年：藉由毒氣奪取世界霸權？〉），*Militärgeschichtliche Mitteilungen*（《軍事史期刊》）第1期（1980年），25-54頁。

93 關於英國方面，參見John M. Sanderson所著*The Universities and British Industry, 1850-1945*（《大學與英國工業，1850—1945年》）（London，1972年），228-230頁；關於美國的情況，參見Daniel Kevles所著*The Physicists*（《物理學家》）（New York，1978年），117-138頁。

94 參見M. M. Postan等人所編*Design and Development of Weapons: Studies in Government and Industrial Organization*（《武器的設計與研發：政府與工業組織的研究》）（London，1964年），433-458、472-485頁。該書描述的情況只限於英國，但卻說明科學家系統性參與武器設計的規模。關於美國的情況，James Phinney Baxter III所著*Scientists against Time*（《對抗時間的科學家》）（Boston，1946年）是寫得很好的官方歷史。P. M. S. Blackett在*Studies of War: Nuclear and Conventional*（《論戰爭：核戰爭和傳統戰爭》）（Edinburgh，1962年），101-119、205-234頁，談論個人觀點；Reginald Victor Jones在*Most Secret War*（《絕秘戰爭》）（London，1978年）書中根據個人閱歷描述反情報工作。至於德國、日本或蘇聯的科學動員，我尚未見到認真的討論。

95 參見Alan S. Milward所著*War, Economy and Society, 1939-1945*（《戰爭、經濟和社會，1939—1945年》）（Berkeley，1977年），184-193頁；M. M. Postan，同本章註78。1938至1945年間，英國的噴火式戰鬥機經歷超過1,000次技術修正，最後其時速達到100英里。

96 參見Walter Dornberger所著*V2*（《V2火箭》）（London，1954年），93-100頁；Dwight D. Eisenhower所著*Crusade in Europe*（《歐洲聖戰》）（New York，1948年），200頁。

97 Martin J. Sherwin所著*A World Destroyed: The Atomic Bomb and the Grand Alliance*（《被摧毀的世界：原子彈和大同盟》）（New York，1975年）是近期出版的一本易讀又擲地有聲的書，而Margaret Gowing所著*Britain and Atomic Energy, 1939-1945*（《英國和原子能，1939—1945年》）（London，1964年）是本不錯的官方歷史。

98 1943年，拿坡里（Napoli）的斑疹傷寒流行病在還處於萌芽狀態時就被消滅，方法是用DDT將虱子全體消滅。北非曾爆發兩次淋巴腺鼠疫，也遭盟軍醫療小組迅速消滅。參見Harry Wain所著*A History of Preventive Medicine*（《預防醫學史》）（Springfield, Ill.，1970年），306頁。

時經濟》)(London，1965年)；Alan S. Milward所著*The New Order and the French Economy*(《新秩序和法國經濟》)(London，1970年)；Friedrich Forstmeier 和Hans Erich Volkmann所編*Kriegswirtschaft und Rüstung, 1939-1945*(《戰爭經濟與軍備，1939—1945年》)(Düsseldorf，1977年)；從馬克思主義觀點探討的有 Dietrich Eicholtz所著*Geschichte der deutschen Kriegswirtschaft, 1939-1945*(《德國戰爭經濟史，1939—1945年》)(Berlin，1969年)。

84 參見Jerome B. Cohen，同本章註70，56、267頁。

85 下列數字可以說明此點(指數：1940年＝100)：

	1941年	1942年	1943年	1944年
工業總產值	98	77	90	104
武器彈藥產值	140	186	224	251
農業總產值	62	38	37	54

資料來源：Alec Nove所著*An Economic History of the USSR*(《蘇聯經濟史》)(Harmondsworth，1969年)，272頁。

86 除了前引資料外，還可參見NicolaiVoznesensky所著*The Economy of the USSR during World War II*(《第二次世界大戰時期蘇聯的經濟》)(Washington, D. C.，1948年)，以及Roger A. Clarke所著*Soviet Economic Facts, 1917-1970*(《蘇聯經濟實況，1917—1970年》)(London，1972年)，書中有官方公布的統計數字摘要。

87 美國官方數字可見Civilian Production Administration所編*Industrial Mobilization for War: History of the War Production Board and Predecessor Agencies, 1940-1945*(《戰時工業動員：戰時生產管理委員會及其前身的歷史，1940—1945年》)(Washington, D. C.，1947年)。Donald M. Nelson所著*Arsenal of Democracy*(《民主的軍械庫》)(New York，1946年)則是戰時生產局主要行政負責人的個人記述。

88 尚．莫內是1914年說服美國人起草勝利計畫的主要人物。莫內最早的政府職務是擔任 1917年協約國海上運輸委員會的法國代表，見其所著《回憶錄》(同本章註61)，179-212頁。約翰．梅納德．凱因斯也扮演重要角色，他向美國人介紹宏觀經濟概念和專門知識，參見Roy F. Harrod所著*The Life of John Maynard Keynes*(《凱因斯傳》)(London，1951年)，505-514、525-623頁。

89 有許多書描述第二次世界大戰同盟國的戰略管理。Robert E. Sherwood所著*Roosevelt and Hopkins: An Intimate History*(《羅斯福與霍金斯：內幕史》)(New York，1948年)是最早講述內幕的書，也是迄今為止最有趣的一本。William H. McNeill所著*America, Britain and Russia: Their Cooperation and Conflict, 1941-1946*(《美國、英國和蘇聯：合作與衝突，1941—1946年》)(London，1953年)是一本早期的綜論和詮釋。對整體情況的瞭解並未因檔案的公開而有所變化，John Lewis Gaddis所著*The United States and the Origins of the Cold War, 1941-1947*(《美國與冷戰源頭，1941—1947年》)(New York，1972年)可為證明。

90 參見Philip Mason所著*A Matter of Honour: An Account of the Indian Army, Its Officers and Men*(《關於榮譽：對印度軍隊的統計，其軍官和士兵》)(London，1974年)，452-522頁；Bisheshwar Prasad所編*Expansion of the Armed Forces and Defense Organization, 1939-1945*(《軍隊與防禦組織的擴張，1939—1945年》)(出版社不詳，1956年)。

91 參見R. F. Mackay，同第八章註5，506-509頁；Richard Hough，同第八章註9，238頁。

年），489-505頁等。

76 參見Ellis W. Hawley所撰"The New Deal and Business"（〈新政與商業〉），John Braeman等人所編*The New Deal: The National Level*（《新政：全國一致的實行狀況》）(Columbus, Ohio，1975年），61頁；William E. Leuchtenburg所撰"The New Deal and the Analogue of War"（〈新政與模擬戰〉），John Braeman等人所編*Change and Continuity in Twentieth Century America*（《二十世紀美國的變化與連續性》）(Columbus, Ohio，1964年），82-143頁；John A. Garraty所撰"The New Deal, National Socialism and the Great Depression"（〈新政、國家社會主義與世界經濟蕭條〉），*American Historical Review*（《美國歷史評論》）第78期（1973年），907-944頁。

77 參見John F. Milson所著*Russian Tanks, 1900-1920*（《俄國坦克，1900—1920年》）(London，1970年），59-64頁。1941年6月，俄國大概有24,000輛可以作戰的坦克，其中只有976輛是採納新設計，相當或優於德國坦克當時的水準。參見Andreas Hillgruber所著*Hitler's Strategie: Politik und Kriegsführung, 1940-1941*（《希特勒的政治和戰爭策略，1940—1941年》）(Frankfurt am Main，1965年），509頁。

78 D. C. Watt所著*Too Serious a Business: European Armed Forces and the Approach of the Second World War*（《嚴重問題：歐洲軍隊與第二次世界大戰的來臨》）(London，1975年）是一部材料豐富的傑作。還可參見M. M. Postan所著*British War Production*（《英國的軍工生產》）(London，1952年），9-14頁；Robert Paul Shaw Jr.所著*British Rearmament in the Thirties: Parties and Profits*（《英國在三〇年代的軍備重整：黨派和利潤》）(Princeton，1977年）；Walter Bernhardt所著*Die deutsche Aufrüstung, 1934-1938: Militärische und politische Konzeptionen und ihre Einschätzung durch die Aliierten*（《德國軍備重整，1934—1938年：軍事和政治思想及同盟國的評價》）(Frankfurt am Main，1969年）；Edward I. Homze所著*Arming the Luftwaffe: The Reich Air Ministry and the German Aircraft Industry, 1919-1939*（《武裝德國空軍：德國空軍部與德國飛機工業，1919—1939年》）(Lincoln, Neb.，1976年)。關於法國軍備重整，找不到相關著作。

79 W. K. Hancock和M.M. Gowing所著*British War Economy*（《英國戰時經濟》）(London，1949年）是一本頗值得推薦的官方史學作品，其最精彩的部分是對決策的關鍵批判。M. M. Postan所著*British War Production*（《英國的軍工生產》）(London，1952年）也是值得讚賞的官方軍備工業史書。

80 參見John Eriscon，同本章註67，575-583頁。

81 參見Alan S. Milward所著*The German Economy at War*（《德國戰時經濟》）(London，1965年），43-45頁；Barry A. Leach所著*German Strategy against Russia, 1939-1941*（《德國的對蘇政策，1939—1941年》）(Oxford，1973年），133-146頁之後；B. Klein所著*Germany's Economic Preparation for War*（《德國的戰爭經濟準備》）(Cambridge, Mass.，1959年)；Andreas Hillgruber。同本章註77，155-166頁之後。

82 參見Edward L. Homze所著*Foreign Labor in Nazi Germany*（《納粹德國的外國勞工》）(Princeton，1967年），232頁。諷刺的是，德國的工作經驗是個因素，為歐洲戰後的整合鋪路。希特勒和其殘酷的下屬弗里茲．紹克爾（Fritz Sauckel）似乎值得與尚．莫內（Jean Monnet）、喬治．馬歇爾（George C. Marshall）將軍等量齊觀，成為歐洲經濟共同體的締造者之一。

83 參見Albert Speer所著*Inside the Third Reich: Memoirs*（《第三帝國內幕：回憶錄》）(London，1970年)；Alan S. Milward所著*The German Economy at War*（《德國戰

65 參見John F. Godfrey，同本章註29，84-85頁；Étienne Clémentel，同本章註 29，321頁。

66 第一次世界大戰期間，美國國民生產毛額大約翻了兩倍；1920年的人口普查發現，美國城市居民首度超過半數人口。第一次世界大戰對美國所產生的最重要結果可能是，賦予美國農業改變的決定性推動力，從家庭農場轉變為農業企業。政府保證的高收價引發產量暴增，並鼓勵拖拉機和其他農業機械的重度投資。關於美國戰時農村生活的變化，參見David Danbom所著*The Resisted Revolution: Urban America and the Industrialization of Agriculture, 1900-1930*（《受阻的革命：美國城市與農業工業化，1900—1930年》）(Ames, Iowa，1970年)，97-109頁。

67 參見John Ericson所著*The Soviet High Command: A Military Political History*（《蘇聯最高統帥部：一部政治軍事史》）(London，1962年)，303-306頁。

68 John Scott在*Behind the Urals: An American Worker in Russia's City of Steel*（《烏拉山背後：美國工人在俄國的鋼城》）(London，1942 年)，8-9 頁表示：「自1931 年左右以來，蘇聯一直在打仗……在農業集體化和工業化的過程中，人們受傷、慘遭殺戮，婦孺凍死，數以百萬計的人挨餓，數千人被送去軍事法庭處決。我敢說，單就俄國的冶金戰爭來說，傷亡人數就超過馬恩河戰役。」關於五年計畫是一種戰爭經濟的看法，參見Moshe Lewin所著*Political Undercurrents in Soviet Economic Debates from Bukharin to the Modern Reformers*（《從布哈林到現代改革派的蘇聯經濟辯論的政治暗流》）(Princeton，1974年)，102-112頁。

69 參見F. C. Jones所著*Manchuria since 1931*（《1931年以來的滿洲》）(London，1949年)，140-160頁。1939年日本人在滿洲國開啟五年計畫，有意識地模仿俄國典範。

70 參見Jerome B. Cohen所著*Japan's Economy in War and Reconstruction*（《日本戰時及重建時的經濟》）(Minneapolis，1949年)，2頁。

71 參見John Ericson，同本章註67，494-499、517-522、532-537頁對人們不太知曉的戰役提供清楚記述。

72 這些條約也切斷了英國和美國之間剛萌芽的競爭。日本於1934年正式宣布廢除條約，條約遂於1936年失效。從1937年開始，海軍軍備競賽劇烈升級。參見Stephen Roskill所著*Naval Policy between the Wars*（《兩次世界大戰之間的海軍政策》），卷一，*The Period of Anglo-American Antagonism*（《英美敵對時期》）(London，1968年)，卷二，*The Period of Reluctant Rearmament, 1930-1939*（《勉強重整軍備時期，1930—1939年》）(London，1976年)。

73 參見Eswin O. Reischauer所著*Japan Past and Present*（《日本今昔》）(New York，1964年)，158-168頁。日本人最初住在日本列島南部，經過幾世紀的征服和移民後，才逐漸擴展到北部。到十九世紀和二十世紀初期才有大批日本人到北部的北海道定居。

74 參見Takehiko Yoshihashi，同本章註22，116-118頁。

75 格奧爾格·湯瑪斯（Georg Thomas）將軍在1934至1942年間出任陸軍部經濟參謀處（1939年改名為國防經濟及軍備處）主任，是他稱之為「深度裝備」的主要倡導者，反對希特勒的「寬度軍備」。參見B. A. Carroll所著*Design for Total War: Arms and Economics in the Third Reich*（《總體戰的設計：第三帝國的武器和經濟》）(The Hague，1968年)，38-53頁等。關於德國軍隊領袖的政策的深入研究，參見Michael Geyer所著*Rüstung oder Sicherheit: Die Reichswehr in der Krise der Machtpolitik, 1924-1936*（《武裝起來還是只求平安：強權外交危機中的國防軍，1924—1936年》）(Wiesbaden，1980

55　1918至1919年流行性感冒的死亡人數最初估計為2,100萬人，後來的估計更高。這比第一次世界大戰陣亡人數多一倍以上。參見Alfred W. Croshy, Jr.所著*Epidemic and Peace*（《流行病與和平》）（Westport, Conn.，1976年），207頁。在英國軍隊中性病也盛行，其中一個原因是將性病作為道德問題處理，而不是醫療問題。

56　相互競爭的工業集團以不同方式反應軍火生產的不斷擴大，並從中獲利。關於德國工業界分裂的有趣分析，參見Hartmut Pogge von Stradmann所撰"Widersprüche in Modernisierungsprozess Deutschlands"（〈德國現代化過程中的矛盾〉），Bernd Jürgen Wendt等人所編*Industrielle Gesellschaft und politisches System*（《工業社會與政治制度》）（Bonn，1978年），225-240頁。軍官與工業領袖和社會黨人一樣，都對工業家的金錢考量有深沉反感。大戰末期，工人士氣變成關鍵因素，魯登道夫曾考慮國有化軍火工廠以抵銷利潤。參見Gerald Feldman，同本章註53，494-496頁。馬克思主義的觀點是企業家發號施令，軍官執行，持此觀點的如J. Martin Kitchen所著*The Silent Dictatorship: The Politics of the German High Command under Hindenburg and Ludendorff, 1916-1918*（《沈默的專制：興登堡和魯登道夫領導下的德軍最高統帥部的政治，1916—1918年》）（London，1976 年）。這種看法被天真誤導——堅持市場關係統治一切的十九世紀觀點，而大戰期間這種關係已經服膺於指令動員的古老原則。

57　參見August Skalweit所著*Die deutsche Kriegsnährungswirtshaft*（《德國戰時食品經濟》）（Berlin，1927年），此書提供了農業不當管理的細節。

58　停戰後一直到1918至1919年間冬天糧食最短缺的幾個月，協約國仍繼續對德國實行封鎖，因此人們自然會為食物危機怪罪封鎖。但是如果德國有做儲備糧食的準備，危機應該就不會發生。

59　參見Ludwig Wartzbacker所撰"Die Versorgung des Heeres mit Waffen und Munition"（〈軍隊的武器彈藥供應〉），Max Schwarte所編*Der Grosse Krieg*（《大戰》）（Liepzig，1921年），卷八，129頁。Ernst von Wrisberg在其著作，同本章註40，57、84頁，雖然對興登堡計畫提出嚴厲批評，但最後也驕傲地下結論說，限制德軍最後攻勢的是人力和馬，而不是大炮和彈藥。

60　關於克萊門特爾的理想以及法國商務部對法國作戰的影響，參見John F. Godfrey，同本章註29，95-215頁。克萊門特爾自己的著作*La France et la politique économique interalliée*（《法國與協約國的經濟政策》）（New Haven，1981年）是為紐約卡內基公司所寫，在描述他未能實現的反德和反美的歐洲經濟共同體的希望時，相當謹慎。

61　參見J. Arthur Salter所著*Allied Shipping Control: An Experiment in International Administration*（《協約國航運管制：國際管理的一個實驗》）（Oxford，1921年），此書詳細記述委員會主席如何回顧自己的成就。關於法國的情況，參見Jean Monnet所著*Mémoires*（《回憶錄》）（Paris，1976年），59-89頁。

62　參見Gerd Hardach，同本章註32，123-131。英國高度重視農業，這與德國（和法國）政策形成尖銳對比。毫無疑問，英國顯然因此易受饑荒所害，因此解釋了其中的不同。

63　參見William Beveridge所著*British Food Control*（《英國的食品管制》）（London，1928年），217-232頁。

64　法國人忽視農業的程度與德國人不相上下，或有過之而無不及。參見Étienne Clémentel。同本章註29，233頁。根據William C. Mallendore所著*History of the United States Food Administration, 1917-1919*（《美國食品管理史，1917—1919年》）（Stanford，1941年）42頁的記述，1914至1924年間，美國至少運送了842萬噸食品給法國。

45 從1915年開始，英國與荷蘭、瑞士和斯堪地那維亞國家的談判，限制這些國家自國外進口的貨物僅限於滿足國內消費所需。

46 不過，關於新取得的成就，參見Robert J. Wegs所著*Die österreichische Kriegswirtschaft, 1914-1918*（《奧地利的戰時經濟，1914—1918年》）（Vienna，1979年）。

47 參見Norman Stone所著*The Eastern Front*（《東線》）（New York，1975年），149-152頁等，此書不同意俄國在第一次世界大戰嚴重缺乏彈藥的論點。

48 下列統計數字說明此問題。

糧食收穫量（單位：百萬普特）	送往城市數量（單位：百萬普特）	俄國物價指數	工業生產指數
1914年 4,309	1913-1914年 390	1914年6月 100	1913年 100.0
1915年 4,659	1915-1916年 330	1915年6月 115	1914年 101.2
1916年 3,916	1916-1917年 295	1916年6月 141	1915年 113.7
1917年 3,809		1916年12月 398	1916年 121.5
		1917年6月 702	1917年 77.3
		1917年12月 1172	

1普特＝56磅

資料來源：Norman Stone，同前引書，209、287、295頁。

49 觸目驚心的統計數字：俄國步兵每人每月發射125發，法國步兵10發，英國步兵50發。資料來源同上，135頁。1915年在西線，偽裝和間接瞄準射擊已成常態，使俄國炮兵技術遠遠落後。使用尖端科技，德國炮手能很輕易從遠距離摧毀俄國大炮。俄國步兵則喜歡將大炮支持的軟弱無力歸咎給平民後方支援的失效。實際上，俄國軍事訓練缺失重重，大幅抵銷了俄國在擴展軍工生產方面所取得的工業成就。

50 路易．雷諾訪問美國後，於1911年建立了他的汽車車身生產線，引發一次罷工，但他獲得最後勝利，因此就為戰爭年代迅速擴大生產做足準備。在戰爭年代，汽車、卡車和飛機製造的所有工序都組織為生產線。參見Gilbert Hatry，同本章註28，15頁；Patrick Fridenson，同本章註31，卷一，73-75。

51 Basil Lidell Hart所著*The Tanks: History of the Royal Tank Regiment and its Predecessors*（《坦克：皇家坦克團及其前身的歷史》），二卷（London，1959年）是英國半官方記述。還可參見J. E. C. Fuller所著*Tanks in the Great War, 1914-1918*（《世界大戰中的坦克，1914—1918年》）（London，1920年）。關於1919計畫，參見R. M. F. Crutwell所著*A History of the Great War, 1914-1918*（《世界大戰史，1914—1918年》），第二版（Oxford，1936年），547頁。

52 關於雷諾在這方面所做的工作，參見Gilbert Hatry，同本章註28，94-102頁。

53 Gerald Feldman所著*Army, Industry and Labor in Germany, 1914-1918*（《德國的軍隊、工業和勞工，1914—1918年》）（Princeton，1966年）強調了這個主題。

54 參見Gilbert Hatry，同本章註28，119-145頁等，其中討論到從1917年開始，雷諾與工會之間的困難。關於美國的情況，參見David M. Kennedy所著*Over Here: The First World War and American Society*（《在這一邊：第一次世界大戰與美國社會》）（New York，1980年），70-73、258-264頁等，此書對美國勞工聯合會和世界產業工人組織兩方對立的工會領袖在戰時的角色有有趣的探討。關於俄國的情況，參見Issac Deutscher所著*Soviet Trade Unions*（《蘇聯工會》）（London，1950年），1-17頁。

36 參見Gerd Hardach，同本章註32，87頁所列各種武器的生產數字。依據這份資料，除來福槍和機關槍外，法國在各種武器生產上都領先其他協約國，在某些項目上，如飛機，法國的產量也超越德國。參見James M. Laux所撰"Gnôme et Rhône: Une firme de moteurs d'avion Durant la Grand guerre"（〈諾姆與羅恩：大戰期間一家飛機引擎工廠〉），Patrick Fridenson，同本章註26，186頁。

37 1913年德國進行陸軍改革前，德國只對適齡公民的53.12%進行軍訓，而法國則是82.96%，也就是所有身體健康的人。這些數字來自Hans Hersfeld所著*Die deutsche Rüstungspolitik vor dem Weltkrieg*（《世界大戰前德國軍備政策》）（Bonn-Leipzig，1923年），9頁。

38 戰前的計畫工作並沒有完全忽略此問題，但是德國官員認為荷蘭公司可以使用掛美國旗的船進口一切所需物資。德國人對1812年的戰爭經驗記憶猶新，認為英國人不敢在公海上攔截美國船隻。參見Egmont Zeehlin所撰"Deutschland zwischen Kabinettskrieg und Wirtschaftskrieg"（〈處於內閣鬥爭與經濟戰之間的德國〉），*Historische Zeitschrift*（《歷史期刊》）第199期（1964年），389-390頁。然而，事實上，英國的確說服美國對德國採遠距離封鎖，儘管在實施細節上兩國有摩擦，干擾兩國關係，直到美國參戰，政策才完全翻轉。關於封鎖及其引發的複雜問題，參見英國官方審核過的定論，A. C. Bell所著*A History of the Blockade of Germany, Austria-Hungary, Bulgaria and Turkey, 1914-1918*（《對德國、奧匈帝國、保加利亞和鄂圖曼土耳其實施封鎖的歷史，1914—1918年》）（London，1961年）；M. C. Siney所著*The Allied Blockade of Germany, 1914-1916*（《協約國對德國的封鎖，1914—1916年》）（Ann Arbor，1957年）；Gerd Hardach，同本章註32，11-34頁。

39 參見Walther Rathenau所著*Tagebuch, 1907-1922*（《日記，1907—1922年》）（Düsseldrof，1967年），186-188頁。根據L. Burechardt所撰"Walther Rathenau und die Anfänge der deutschen Rohstoffswirtshaftung im Ersten Weltkrieg"（〈瓦爾特．拉特瑙與第一次世界大戰德國原料經濟學的開端〉），*Tradition*（《傳統》）第15期（1970年），169-196頁的記述，德國通用公司的一位工程師維沙德．馮．默倫多夫（Wichard von Moellendorf）是戰時原料管理局的真正創議人。

40 參見Ernst von Wrisberg所著*Wehr und Waffen, 1914-1918*（《防衛與武器，1914—1918年》）（Leipzig，1922年），86-92頁。作者是陸軍部負責供應的軍官，後來有人責備他「照常生活」的要求太過分，他寫此書辯護。

41 羅馬尼亞國王來自霍亨索倫家族，是德皇的近親。他的背叛使德國人痛心疾首。

42 參見Clive Trebilcock所撰"War and the Failure of Industrial Mobilization, 1899 and 1914"（〈戰爭與工業動員的失敗，1899和1914年〉），J. M. Winter所編*War and Economic Development*（《戰爭和經濟發展》）（Cambridge，1975年），139-164頁。

43 勞合．喬治的一句話反映了新體制的精神：「把基奇納的最高數字拿來開平方再乘以二，得出的結果為了好運再乘以二。」參見R. J. Q. Adams所著*Arms and the Wizard: Lloyad George and the Ministry of Munition, 1915-1916*（《武器與巫師：勞合．喬治與軍械部，1915—1916年》）（College Station, Tex.，1978年），174頁。

44 第一天約損失5萬人。根據官方統計，總共損失41萬9,652人。John Keegan 在*The Face of Battle*（《戰鬥的面貌》）（New York，1977年），204-280頁，對英國在索姆河戰役的失敗之因做了極佳的分析，並意外地解釋了整個1915至1918年間戰壕戰的真實狀況，比起以往任何人做過的都要簡單扼要，更具啟發性。

作戰人員都認識到這項戰爭工業化的特性，而這是他們以前想都沒想到的。

28 直到1915年才有公共法規定從陸軍調去從事戰時生產的工人的地位。他們仍舊隸屬於軍隊，但只領取平民薪資，還配戴識別徽章，可以被分派去做需要的工作，無權拒絕任何交付任務。如果不遵守紀律，替代途徑就是調回前線。參見Gilbert Hatry所著*Renault: Usine de guerre, 1914-1918*（《雷諾：軍工廠，1914—1918年》）（出版社及出版日期不詳），79、92-93頁。

29 1914年9月12日首次舉行這類會議，陸軍部長提出每日生產10萬發75毫米炮彈的目標。每週開會後來改為隔週開會，後來又改成每月開會，1915年5月後改由新成立的軍械部接管政治指揮。有三本傑出著作法國戰爭動員的情況：Arthur Fontaine所著*French Industry during the War*（《戰時法國工業》）（New Haven，1926年）；John F. Godfrey所著*Bureaucracy, Industry and Politics in France during the First World War*（《第一次世界大戰期間法國的官僚機構、工業和政治》）（博士論文，St. Anthony's College, Oxford，1974年）；Étienne Clémentel所著*La France et la politique économique interalliée*（《法國與協約國的經濟政策》）（New Haven，1931年）。還可參見本章註26所引述的Gerd Hardach的短篇論文。

30 最有名和爭議最大的是建於羅阿納的一家新國家兵工廠，1916年9月計畫建造，卻從來沒有完工。詳見John F. Godfrey，同本章註29，314-333頁。有家類似的兵工廠沒有開工，關於其的樂觀報導參見Albert G. Stern所著*Tanks, 1914-1918: The Logbook of a Pioneer*（《坦克，1914—1918年：先鋒日誌》）（London，1919年），185-201頁。作者Stern在法國建造一家工廠，雇用越南勞工，從美國進口發動機，從英國進口鋼板，計畫一個月生產三百輛坦克。

31 市面上有兩本傑作介紹雷諾公司的戰時成長，參見Gilbert Hrtry，同本章註28；Patrick Fridenson所著*Histoire des usines Renault*（《雷諾工廠史》），卷一，*Naissance de la grande enterprise, 1898-1939*（《大企業的建立，1898—1918年》）（Paris，1972年）。關於雪鐵龍和其他公司的類似成功，參見Gerd Hardach所撰"Französische Rüstungspolitik, 1914-1918（〈法國的軍備政治，1914—1918年〉），H. A. Winkler所編*Organisierter Kapitalismus*（《資本主義的組織者》）（Göttingen，1974年），102-104頁。

32 參見Gerd Hardach所著*The First World War, 1914-1918*（《第一次世界大戰，1914—1918年》）（Berkeley and Los Angeles，1977年），86頁。該書列出1918年9月法國武器工廠工人數字如下：士兵49萬7,000人，婦女43萬人，男性法國平民42萬5,000人，外國人和殖民地人16萬9,000人，不足入伍年齡青年13萬7,000人，戰俘4萬人，傷殘退伍軍人1萬3,000人。總計171萬1,000人。

33 B. W. Schaper所寫的傳記*Albert Thomas: Trente ans de réformisme sociale*（《阿爾貝·湯瑪斯：三十年的社會改革》）（Assen，1959年），整體是辯護口吻，但提供很多資料。

34 1917年法國糧食生產從1909至1913年的平均年產量850萬噸，下降到只有310噸。糧食供應一度十分危急，陸軍的糧食只夠維持兩天；後來全仰賴安排船運從海外進口糧食，才得以避免災難。美國糧食的源源不絕，使得1918年初的法國糧食庫存又充實起來。參見Étienne Clémentel，同本章註29，233頁。

35 美國遠征軍的大炮和坦克基本上都是法國製，總計美國人使用的飛機中，有4,791架也是法國生產，更別提1,000萬發75毫米炮彈。參見André Kaspi所著*Le temps des Américains: Le concours américain à la France, 1917-1918*（《美國時代：美國人來到法國，1917—1918年》）（Paris，1976年），244-245頁。

	人口總數（百萬）	增加數	百分數
1880年	36.4	—	—
1890年	40.5	4.1	11
1900年	44.8	4.3	11
1910年	50.9	6.1	14
1920年	55.9	5.0	10
1930年	64.4	8.5	15
1940年	73.1	8.7	13.5
1950年	83.2	10.1	14

資料來源：Reinhard, Armengaud和Dupaqier所著《世界人口通史》，第三版（Paris，1968年），479、566、640頁。

22 關於日本鄉村人口和政治抗議事件，參見Takehiko Yoshihashi所著 *Conspiracy of Mukden: The Rise of the Japanese Military*（《瀋陽事變的陰謀：日本軍事力量的崛起》）（New Haven，1963年）；Tadashi Fukutake（福武直）所著*Japanese Rural Society*（《日本農村社會》）（Tokyo，1967年）；Ronald P. Dore所著*Land Reform in Japan*（《日本的土地改革》）（London，1959年）；Cyril E. Black等人所著*The Modernization of Japan and Russia*（《日本和俄國的現代化》）（New York，1975年），179-185、281頁；Carl Mosk所撰"Demographic Transition in Japan"（〈日本人口的變化〉），*Journal of Economic History*（《經濟史期刊》）第37期（1977年），655-674頁。

23 根據Samuel J. Hurwitz所著*State Intervention in Great Britain: A Study of Economic Control and Social Response, 1914-1919*（《英國國內的國家干預：經濟控制和社會反應的研究，1914—1919年》）（New York，1949年）63頁的記述，「照常生活」這話是邱吉爾說的。

24 法國陸軍在戰前非常推崇進攻戰。在大戰中，法軍冒著連發槍和機關槍火力，在開闊地上衝鋒，結果在1914年8月1日至12月1日期間，死亡人數高達64萬左右。此數字根據Joseph Monthelet所著*Les institutions militaires de la France, 1814-1924*（《1814—1924年間的法國軍事機構》）（Paris，1932年），350頁。法軍初期陣亡人數幾乎是法軍在整個大戰中的半數。

25 法國生鐵生產能力的64%、鋼鐵生產能力的26%，以及170座高爐中的85 座都落入德國人手中。參見Robert Pinot所著*Le Comité des Forges in service de la nation*（《為國家服務的法國冶金工業工會》）（Paris，1919年），76頁。

26 戰前計畫要求在戰時每天製造·1萬至1萬2,000發75毫米炮彈，因此在戰爭動員時留下7,600人，其餘總共4萬5,000至5萬兵工廠工人被徵召去入伍。在勒克勒佐，1914年動員後留下6,600人，原來有1萬3,000名工人。上述數字根據Gerd Hardach所撰"La mobilization industrielle, en 1914-1918: Production, planification et idéologie"（〈1914—1918年的工業動員：生產、規劃和意識形態〉），Patrick Fridenson所編*1914-1918: L'autre front*（《1914—1918年：另一條前線》）（Paris，1977年），83頁。

27 在以前的所有戰爭中，野戰炮兵幾乎將所有時間花在試圖進入射擊位置。真正向敵人積極轟擊的時間僅持續數小時，因此彈藥消耗量不怎麼大。1914至 1918年的戰壕戰翻轉情況，因為大炮總是處於射擊位置，而且值得轟擊的敵方目標總是在射程之內。因此彈藥（和輕武器彈藥）的供應成為影響射擊的限制因素，並比以往更甚。關鍵因素在後勤，而這追根究柢，就是製造大炮和彈藥的工業生產能力。到1915年春天，所有外的大概有250萬人。義大利的數目非常龐大，南部一些村莊的人都走得一個不剩。參見Reinhard, Armengaud和Dupaquier，同本章註8，400-401 頁列舉歐洲移民表，內含第一次世界大戰前幾十年的人口統計數字。

13 在塞爾維亞，1879年激進黨成立，該黨在鄉村設置黨機器和宣傳鼓動網，在十年左右就改變國家的政治基礎。參見Alex N. Dragnich所著*Serbia, Nikola Pašić and Yugoslavia*（《塞爾維亞、尼古拉·帕西奇和南斯拉夫》）（New Brunswick, N. J.，1974年），17-22頁。關於保加利亞，參見Cyril Black所著*The Establishment of Constitutional Government in Bulgaria*（《保加利亞立憲政府的成立》）（Princeton，1943年），39頁之後。

14 對於東歐農民和前農民而言，民族主義比社會主義更有吸引力，因為民族主義意味著剝奪外族地主和城市有產者的財產，而農民的財產絲毫不會受到侵犯。因此，塞爾維亞激進黨在成功得到農民支持後，就放棄創黨的社會主義理念。關於激進黨人的社會主義開端，參見Woodford D. McClellan所著*Svetozar Markovic and the Origins of Balkan Socialism*（《斯維托察·馬可維奇與巴爾幹社會主義的起源》）（Princeton，1964年）。

15 這個數字是將第一次世界大戰全球死亡人數一千三百萬人，減掉法國和英國死亡人數後的餘數。全球死亡人數則是根據下書，Reinhard, Armengaud和 Dupaquier，同本章註8，488頁。但估計數字很不準確，因為所有戰敗國的紀錄工作都停止了，而且死於斑疹傷寒和流行性感冒的人裡，有士兵，也有不少百姓。此種死亡有時會，有時不會計入戰爭死亡人數。

16 參見Reinhard, Armengaud和Dupaquier，同本章註8，573頁。第二次世界大戰各種統計數字的誤差比第一次更大，因為一半以上的死亡人數是平民。

17 參見Ansley J. Coale等人主編*Human Fertility since the Nineteenth Century*（《19 世紀以來人類的生育力》）（Princeton，1979年）；David M. Heer所撰"The Demographic Transition in the Russian Empire and the Soviet Union"（〈俄羅斯帝國和蘇聯的人口變化〉），*Journal of Social History*（《社會史期刊》）第1期（1968年），193-240頁；Reinhard, Armengaud和Dupaquier，同本章註8，610頁。

18 阿爾巴尼亞以及南斯拉夫境內的阿爾巴尼亞居民是個例外，因為他們有穆斯林傳統，住在山區，因而保留傳統性模式和家庭格局。參見John Salt和Hugh Clout所著*Migration in Post-war Europe: Geographical Essays*（《戰後歐洲人口流動：地理論文》）（Oxford，1976年），13頁。在南斯拉夫由此而造成的人口壓力，在1981年成為政治上的難題。

19 這次叛亂約有4,000萬人死亡，其後幾十年間又有800萬中國人移民邊境或海外。根據Reinhard, Armengaud和Dupaquieer的書，同本章註8，476頁的統計，中國人口在1850年約為4億3,000萬，1870年減為4億。

20 關於中國的情況，參見M. P. Redfield所編*China's Gentry: Essays in Rural-Urban Relations By Hsiao-tung Fei*（《中國的仕紳階級：費孝通論城鄉關係》）（Chicago，1953年）。

21 日本人口增長情形如下：

3 如同美國的威爾遜和羅斯福，俄國的列寧也不厭其煩地批駁均勢政治，認為其邪惡過時。甚至連希特勒有時也不顧遊戲規則，最明顯的一個例子是，1941年日本偷襲珍珠港後，希特勒率先向美國宣戰，這使羅斯福不再困於對德國宣戰的兩難窘境。於是美國於12月10日向德國宣戰，並執行早先和英國協議的「先打德國」戰略。如果希特勒沒有主動宣戰，羅斯福將難以請求國會同意向德國開戰，因為當時日本在攻擊太平洋，而美國尚未還擊。

4 關於「生命革命」(vital revolution) 的概念，參見K. F. Hellelner所撰"The Vital Revolution Reconsidered"(〈重新思考生命革命〉)，D. V. Glass和 D. E. C. Everley所編 *Population in History* (《人口史》) (London，1965年)，79-86頁；Ralph Thomlinson所著 *Population Dynamics: Causes and Consequences of World Demographic Change* (《人口動態：世界人口變化的原因與後果》) (New York，1965年)，14頁之後。

5 關於戰爭時代人口現象概論，參見Eugene M. Kulischer所著 *Europe on the Move: War and Population Changes, 1917-1947* (《歐洲在變化中：戰爭與人口變化，1917—1947年》) (New York，1948年)。

6 英國的愛爾蘭問題並不完全是靠1845至1846年間的馬鈴薯疫病和隨後的饑荒而解決的。但愛爾蘭的人口突然從上升轉為下降，因為兩個因素：加速移民和嚴格規定適婚年齡必須推遲到新人能繼承土地的年齡。因此，1845年以後愛爾蘭的政治緊張不再是由人口增長所造成，而主要是愛爾蘭鄉村居民被迫延長的性挫折，他們得等到繼承土地時才敢結婚。關於愛爾蘭鬧饑荒後，令人矚目的人口現象所衍生的心理學和社會學後果，參見Conrad Arensberg所著 *The Irish Countryman* (《愛爾蘭的農民》) (London，1937年)。

7 移民在國外發大財後就能存錢資助他的親戚移民，這種連鎖移民使得非常貧窮的人都能飄洋渡海，且人數龐大。結果，英國鄉村人口大量外流，1873年農田耕作衰頹，但在英國卻未引發嚴重政治動亂。不過，這種情況使英倫三島向外移民的潮流在1911至1914年間達到空前高峰。參見R. C. K. Ensor所著 *England, 1870-1914* (《英格蘭，1870—1914年》) (Oxford，1936年)，500頁。

8 參見Marcel Reinhard, André Armengaud 和Jacques Dupaquier所著 *Histoire générale de la population mondiale* (《世界人口通史》)，第三版 (Paris，1968年)，頁401、470；Donald W. Treadgold所著 *The Great Siberian Migration* (《西伯利亞大移民》) (Princeton，1957年)，33-35頁。

9 1880至1914年間，有將近五十萬德國農工離開德國東部。根據William W. Hagen所著 *German, Poles, and Jews: The Nationality Conflict in the Prussian East* (《德國人、波蘭人和猶太人：普魯士東部的民族衝突》) (Chicago，1980年) 的統計，總數為482,062人。

10 Fritz Fischer的名著 *Griff nach der Weltmacht* (《奪取世界霸權》) (Düsseldorf，1961年) 和 *Krieg der Illusionen* (《幻想之城》) (Düsseldorf，1969年)，翻譯為英文後的書名分別是 *Germany's War Aims in the First World War* (《德國在第一次世界大戰中的戰爭目的》) (London，1967年) 和 *War of Illusions: German Policies from 1911 to 1914* (《幻想之城：1911—1914年的德國政策》) (London，1975年)。書中分析了德國政治領導的「古老」特質在戰爭前夕如何促成災難的來臨。自此後，德國歷史學家就以此分析方法作為標準。

11 英倫三島的蘇格蘭高地和愛爾蘭南部也存在著類似失敗。

12 1900至1914年間，約有400萬人離開哈布斯堡土地移民海外；從俄國西部各省移民海

76 我認為Volker R. Berghahn所著*Die Tirpitz plan: Genesis und Verfall einer inner politischen Krisenstrategie unter Willhelm II*(《鐵必制計畫：威廉二世時期內部重要戰略的起源和衰敗》)(Düsseldorf，1971年) 此書對德國海軍計畫做了恰當和深刻的總結。作者還有發表一篇文章概述他的看法，參見Geoffery Best和Anthony Wheatcroft所編*War, Economy and the Military Mind*(《戰爭、經濟和軍事思想》)(London，1976年)，61-88頁。Holger H. Herwig所著*"Luxury Fleet": The Imperial German Navy, 1888-1918*(《「豪華艦隊」：德國帝國海軍、1888—1918年》)(London，1980年) 對德國海軍管理技術方面做了優秀的概論。

77 首先提出德國海軍計畫反映德國國內政治關係緊張的看法的人是Eckhardt Kehr，參見其著作*Schlachtflottenbau und Parteipolitik, 1894-1901*(《戰艦建造與黨派政治，1894—1901年》)(Berlin，1930年)。Kehr的觀點在納粹時期飽受攻擊，但自第二次世界大戰以來已經成為德國歷史學家的正規看法。但我認為，德國學者在反對往昔理想主義傳統之餘，卻走向另一個極端，即過分強調實利主義。1914年前，那種認為國家的偉大繁榮只能靠贏得戰爭來實現的信念，縮小了所有歐洲國家的選擇。當金錢的自我利益與這類信念兩相結合時，是很能動人心弦，策動人心。但這種觀點繼續擁有半自主的生命力，影響數百萬德國人的行為，而他們在建立強大海軍上，並沒有明顯或直接的個人利益。參見Jonathan Steinberg所著 *Yesterday's Deterrent: Tripitz and the Birth of German Battle Fleet*(《昨日的威嚇力量：鐵必制與德國主力艦隊的誕生》)(New York，1965年)。此書比德國歷史學家更強調受到操縱的大眾和輿論，但我認為他過分強調經濟自我利益和金錢理性，與實際情況不合。

78 參見Eckhardt Kehr，同前引書，101頁。以及 Wilhelm Diest所著*Flottenpolitik und Flottenpropaganda: Das Nachrichtenbureau des Reichsmarineamtes, 1897-1914*(《艦隊政治與艦隊宣傳：海軍部通訊社，1897—1914年》)(Stuttgart，1976年)。

79 參見Fritz Fischer所著*War of Illusions: German Policies from 1911 to 1914*(《幻影之戰：1911至1914年的德國政策》)(London，1975年)，116頁之後。關於德國陸軍兩難困境的有趣分析，參見Bernd F. Schulte所著*Die deutsche Armee, 1900-1914: zwischen Beharren und Verändern*(《德國陸軍，1900—1914年，保守與變革之間》)(漢堡大學博士論文，1976年)。

80 關於施里芬計畫，參見Gerhard Ritter所著*The Schlieffen Plan: Critique of a Myth*(《施里芬計畫：對迷思的批評》)(London，1958年)。

81 參見Gordon A. Craig，同第五章註35，193-216頁。

第九章　二十世紀的兩次世界大戰

1 Marc Ferro所著*La Grande Guerre*(《世界大戰》)(Paris，1969年) 以及Emmanuel Todd所著*Le fou et le proletaire*(《狂人與無產者》)(Paris，1979年)，兩位作者對這問題的論述比大部分人更有想像力。Todd認為，1914年前，手工業和店家階級承受的壓力特別大，他們將性挫折和經濟挫敗都昇華和轉化為對外國敵人的仇視。

2 關於二十世紀德國戰爭的這類觀點的檢要介紹，參見Ludwig Wilhelm Dehio所著*The Precarious Balance: The Politics of Power in Europe, 1494-1945*(《不穩定的平衡：歐洲均勢政治，1494—1945年》)(London，1963年)。至於更哲學性的研究，參見Martin Wight所著*Power Politics*(《均勢政治》)(Harmondsworth，1979年)。

四倍，每分鐘達20發，且不會影響準確度。其秘密在於，使後座力和利用壓縮空氣讓炮身返回射擊位置的力量之間保持恰好的平衡。克魯伯的設計有好幾年都無法追上這個水準。參見Richard Menne所著*Krupp, or the Lords of Essen*（《克魯伯，或埃森的權貴》）（London，1937年），237頁。英國大炮在整個第一次世界大戰期間都處於劣勢。參見O. G. F. Hogg，同第七章註11，卷二，1421頁；Ian V. Hogg，同本章註5，95-97頁。

67 根據Joseph A. Roy所著*Histoire de la famille Schneider et du Creusot*（《施耐德和克勒佐家族史》）（Paris，1962年），88-89頁的記述，1885至1914年間，施耐德將一半的大炮和將近一半的裝甲板賣給國外。有15個國家購買裝甲板，義大利、西班牙和俄羅斯是首要主顧。23個國家購買大炮，俄羅斯是最重要的買主，西班牙和葡萄牙緊追在後。關於法國冶金產量增長的統計數字，參見Comité des Forges（冶金工業工會）所編*La Sidérurgie français, 1864-1914*（《法國的鋼鐵工業，1864—1914年》）（Paris，出版日期不詳）。靠近德國邊界的布里埃（Briey）新煤田促使法國鋼鐵業得以大幅增長。

68 參見Raymond Poidevin所著*Les relations économiques et financières entre la France et l'Allemagne de 1898 á 1914*（《1898—1914 年間法德兩國的經濟與財政關係》）（Paris，1969年），290-298、709-711、811頁；René Girault所著*Emprunts russes et investissements français en Russie, 1887-1914*（《俄國借款與法國在俄國的投資，1887—1914年》）（Paris，1973年），435-444、536-540頁；Herbert Feis所著*Europe: the World's Bankers, 1870-1914*（《歐洲：世界銀行家，1870—1914年》）（New Haven，1930年），212-231頁；Rondo E. Cameron所著*France and the Economic Development of Europe, 1800-1814: Conquests of Peace and Seeds of War*（《法國與歐洲的經濟發展，1800—1914年：和平的征服與戰爭的根源》）（Princeton，1961年），494-501頁；Clive Trebilcock所撰"British Armaments and European Industrialization"（〈英國軍備和歐洲工業〉），254-272頁。

69 參見W. A. Boelke，同第七章註25，附錄。

70 Hartmut Pogge von Strandmann在*Vita Rathenau, Grand Master of Capitalism*（《資本主義大師拉特瑙傳》）（即將出版）中糾正了Gert von Klass在Krupp: The Story of an Industrial Empire（《克魯伯：一個工業帝國的故事》）（London，1954年），308頁和W. A. Boelke（同第七章註 25），178-184頁，對克魯伯在戰前幾十年武器出口較為粗略的估算。關於施耐德的出口銷售，參見Joseph A. Roy，同本章註 67，89頁；關於維克斯，參見Clive A. Trebilcock，同本章註69，20-22頁。

71 參見Raymond Poidevin，同本章註68。這是一本優秀詳盡的研究，該書將非政治性國際信貸市場真正結束年分訂在1911年。

72 參見Philip Noel-Baker，同第七章註28，卷一，57頁引用Paul Allard的話。

73 參見François Crouzet，同第七章註22，50頁。另可參見Alan S. Milward和 S. B. Saul所著*The Development of the Economies of Continental Europe, 1850-1914*（《歐洲大陸經濟發展，1850—1914年》）（London，1977年），79、86-89頁。該書指出就在第一次世界大戰爆發前，軍備對法國冶金業發展的重要性。

74 有關詳情請參見Donald Mitchell，同第七章註36。

75 參見Kenneth Bourne所著*The Foreign Policy of Victorian Britain, 1830-1902*（《英國維多利亞時代的外交政策，1830—1902年》）（Oxford，1970年），46頁所引用的內閣備忘錄。

and Work（《阿佛烈．亞羅：其人生和工作》）（London，1923年），102-105頁。

55 參見*Parliamentary Debates*（《議會辯論集》），下議院，1913年6月30日，卷五四，1478欄。

56 波倫是貝斯佛德海軍上將的朋友，這便使他不受費雪和其下屬的歡迎。他們在1906年後仍舊掌控海軍部。

57 1912年決定不採用波倫的射控裝置後，其創立的公司就從海軍部核准做生意的承包商名單中被除名。就像1863年的阿姆斯壯，波倫設法向其他國家的海軍出售其產品，且確實賣給俄羅斯人。儘管如此，如同他兒子指出的，由於愛國心，波倫並沒有將技術賣給德國人。另一方面，因為與美國海軍，以及巴西、智利、奧匈帝國和義大利談判出售該裝置，德國海軍專家必定已經得知波倫的射控裝置原理，那是說，如果他們有興趣的話。參見Anthony Pollen，同本章註54，96、108、114頁。海軍部的預付款一旦停止，波倫的公司就陷入愁困的財務困境——這歷史證明，小公司試圖進入軍備業時風險有多大。

58 同前引書，116頁。

59 參見Oscar Parkes，同第七章註8，486頁。

60 參見Stephen Roskill所著*Admiral of the Fleet Lord Beatty: The Last Naval Hero*（《海軍元帥貝蒂勳爵：最後一位海軍英雄》）（London，1980年），59-72頁。

61 我對這些射控系統的爭論的瞭解主要是根據Jon T. Sumida所撰"British Capital Ships and Fire Control in the Dreadnought Era: Sir John Fisher, Arthur Hungerford Pollen and the Battle Cruiser"（〈無畏艦時代的英國主力艦與射擊指揮系統：費雪爵士、波倫與戰鬥巡洋艦〉），*Journal of Modern History*（《近代史期刊》）第51期（1979年），205-230頁；以及其傑出的博士論文"Financial Limitation, Technological Innovation and British Naval Policy, 1904-1910"（〈財政限制、技術革新及英國海軍政策，1904—1910年〉）（University of Chicago，1982年）。

62 在這動盪不安的十年間，海軍的物質建設歷經了激進的變革。同時，人員選擇、訓練和升遷也經歷了系統性的合理化改革。參見Paul M. Kennedy所著*The Rise and Fall of British Naval Mastery*（《英國海上霸權的興衰》）（New York，1976年）；Michael A. Lewis，同第七章註4。

63 類似的矛盾也存在於在時間上與此同時進行的工業管理成就。從1880年代以來，大公司已經能對生產進行計畫，通過安排工作坊、鋼廠和生產線的流暢生產流程，獲得巨大經濟效益。但在第二次世界大戰前，它們內部事務的管理能力並未延伸到整體經濟，實際上，「難以掌控的」工業產品價格管理可能開始讓在1873年以來經濟危機下，商業週期的不良影響更為惡化。

64 參見Duncan L. Burn所著*The Economic History of Steel Making, 1867-1939: A Study in Competition*（《煉鋼經濟史，1867—1939：對競爭的研究》）（Cambridge，1940年），52-53頁。

65 參見James Dredge所著*Modern French Artillery*（《現代法國大炮》）（London，1892年）向英語國家宣揚法國的高超技術。

66 1893年施耐德—克魯梭公司製造出有名的法國75毫米速射野戰炮。這是大炮的革命之舉，因為這種大炮具有空前的穩定性。輕盈的炮身利於快速部署和移動。1898年又得到改進，能在連續射擊後仍舊對準目標，無須任何調整，因此發射速度是其他大炮的

48 參見J. D. Scott，同第七章註26，20、42頁。

49 這種論點的主要依據是兩本傑出著作：J. D. Scott，同第七章註26；Clive A. Trebilcock所著*The Vickers Brothers: Armaments and Enterprise, 1854-1914*（《維克斯兄弟：軍備與企業，1854—1914年》）（London，1977年）。Noel-Baker，同本章註28，卷一，以及Helmut Carl Engelbrecht和F. C. Hanighen所著*Merchants of Death: A Study of the International Armaments Industry*（《死亡商人：國際軍備工業研究》）（New York，1934年）表達了1930年代的流行態度，即敵視武器製造業，並為其製造醜聞。David Dougan，同第七章註28，此書則採取為其辯解的傳統態度。這些書都提供了相關內容，但有時不盡可靠。

50 Clive A. Trebilcock，同前引書，此書徹底分析私營廠經理如何將風險降到最低，以及如何對他們所供應的市場做出合理反應。他在一系列文章中對這些問題作了更扼要、概括的申述。下列文章都是Clive A. Trebilcock所撰："Legends of the British Armaments Industry: A Revision"（〈有關英國軍備工業一些傳說的修正〉），*Journal of Contemporary History*（《當代歷史期刊》）第5期（1970年），2-19頁；"A Special Relationship—Government, Rearmament and the Cordite Firms"（〈一種特殊關係——政府、重整軍備和軍火公司〉），Economic History Review（《經濟史評論》）第26期（1973年），252-272頁。最後一篇文章的論點特別驚人。他認為1890至1914年間，政府對武器製造投資的規模和重要性，堪可與早期政府興建鐵路相比。這兩種現代化戰略都使用了國家信貸，將大量投資導向新的事業，而個人資本自己是不會投入這類事業的。他甚至認為，軍備工業給地方經濟帶來的利益幾乎和早先的鐵路一樣多。依據他的計算，在各國政府大力進口新軍備科技的高峰期，西班牙在1906年用去國民收入的2%，日本在1903年則為相同目的用去10.3%。其他這樣做的國家則介於這兩種極端之間；但每個國家都投注龐大精力，而且由於建立了新技術、新需求，政府信貸和稅收的新流向，使整個國民經濟產生重大變化。

51 湯姆·維克斯是維克斯公司興起的幕後工程企業家，他的本身個性闡述了科技如何能成為自身的目的。湯姆·維克斯完全為工作而活，財富、所有權和它們所帶來的一切對他而言輕如鴻毛。參見Clive A. Trebilcock，同第七章註26，33頁。

52 參見對傳統觀念進行尖銳批評的一篇文章：Peter Wiles所撰"War and Economic Systems"（〈戰爭與經濟制度〉），*Science et conscience de la société: Mélanges en l'honneur de Raymond Aron*（《科學與社會良心：雷蒙·阿隆紀念文集》）（Paris，1971年），卷二，269-297頁。

53 即使經過試驗，英國海軍部於1916年在日德蘭半島仍舊遺憾地發現，炮彈以銳角和垂直攻擊裝甲表面，結果會迥然大異。由於過去的試驗都只做垂直轟擊，而德國船艦的轟擊距離遠在射程之外，因此，英國的穿甲彈不是擦過德艦，就是在穿透前先行爆炸。德國炮彈曾做過斜射試驗，因此多虧設計適當，表現更為有效。

54 1926年一個皇家委員會正式承認，如此做侵犯了波倫的專利權，並賠償他3萬英鎊作為補償。參見Anthony Pollen所著*The Great Gunnery Scandal: The Mystery of Jutland*（《炮術大醜聞：日德蘭的秘密》）（London，1980年），145頁。此書由發明家的兒子寫成，用辯論糾正了早期對波倫工作的誤傳。侵犯私人專利權早已有之，一個著名的案例是，費雪上將本人曾將亞羅為新驅逐艦設計的鍋爐副本，送給和亞羅競爭的造船廠。亞羅公開登廣告希望協尋找到侵權者，海軍公開道歉，但一直沒公開影射費雪。參見Richard Hough，同本章註9，101頁；Eleanor C. Barnes所著*Alfred Yarrow: His Life*

(London，1947年)，73、105頁。

37 參見Oscar Parkes，同第七章註8，461頁。

38 關於無畏艦在建造技術上的重大革新，參見Oscar Parkes，同第七章註8，466-486頁；Arthur Marder所著*The Anatomy of British Sea Power: A History of British Naval Policy in the Pre-Dreadnaught Era, 1880-1905*(《英國海軍力量的剖析：無畏艦以前的英國海軍政策史，1880—1905年》)(New York，1940 年)，505-543頁；Arthur Marder所著*From Dreadnaught to Scapa Flow*(《從無畏艦至斯卡帕佛洛海軍基地》)，卷一，*The Road to War, 1905-1914*(《通向戰爭之路，1905—1914年》)(London，1961年)，43-70頁；R. F. Mackay，同本章註 5，293頁之後；Richard Hough，同本章註9，252頁之後。

39 參見Oscar Parkes，同第七章註8，560、592頁；Peter Padfield所著*Guns at Sea*(《海上武器》)(New York，1974年)，195-252頁。Elting E. Morison在*Men, Machine and Modern Times*(《人、機器和現代》)(Cambridge, Mass.，1966年)一書中，對海軍大炮重大改革的第一階段，造成大炮先進而船體落後上，有深入看法。

40 懷特海德魚雷廠所提供的歷年遠程魚雷性能保證表可以凸顯問題：

年分	魚雷射程（碼）
1866	220
1876	600
1905	2,190
1906	6,560
1913	18,590

這些數字引自Edwin A. Gray，同本章註5，附錄。

41 關於1884至1914年間的法國軍事政策，我尚未發現令人滿意的資料，但可參見Ernest H. Jenkins所著*A History of the French Navy*(《法國海軍史》)(London，1973年)，303頁之後；Volkmar Bueb，同本章註3；Joannès Tramond和André Reussener所著*Eléments d'histoire maritime et colonial contemporaine, 1815-1914*(《現代海軍與殖民簡史，1815—1914年》)，新版（Paris，1947年)，652頁之後；Henri Salaun所著*La marine français*(《法國海軍》)(Paris，1932年)，1-75頁。

42 參見Edwin A. Gray，同本章註5，206頁。

43 參見Clive Trebilcodk，同本章註15，474-480頁。

44 參見W. Ashworth所撰"Economic Aspects of Late Victorian Naval Administration"(〈維多利亞晚期軍事管理的經濟層面〉)，*Economic History Review*（經濟史評論）第22期(1969年)，492頁。

45 參見Arthur Marder，同本章註22，25-37頁。此處或許有些誇大，但我尚未找到可靠的經濟估算。還可參見William Ashworth所著*An Economic History of England, 1870-1939*(《英國經濟史，1870—1939年》)(London，1960年)，236-237頁，此書談到海軍的經濟角色。

46 參見J. D. Scott，同第七章註26，81頁。

47 這類限制變得越來越重要。實際上，保密已經取代專利作為保護新科技的方式，這是因為批准專利需要公布用以證明的計畫和圖表，如此一來，競爭的公司和國家就可以隨意抄襲（或略做更動，以免一旦被控侵犯專利時在法律上有立足點)，或在充分瞭解敵對產品性能下，研發出性能更優越的裝置。

23 參見*Hansard*（《議會議事錄》）1885年5月14日，卷三二六，100欄。

24 參見Gwendolyn Cecil，同本章註13，卷四，186頁。

25 喬治勳爵在第一次世界大戰後的回憶錄裡寫道：「1884年通過的改革法案大大增加了選民人數，在很大程度上打垮了曼徹斯特學派吝嗇小氣的政策。確實，大多數最近得到選舉權的選民不必繳納直接稅，而新增加的花費主要靠直接稅支付。但薪資階級為海軍感到驕傲，這與個人考量無關。」參見*Lord George Hamilton, Parliamentary Reflections, 1886-1906*（《喬治・漢密爾頓勳爵：國會回憶錄，1886—1906年》）（London，1922年），220-221頁。

26 參見Arthur J. Marder所撰"The English Armaments Industry and Navalism in the Nineties"（〈九〇年代英國的軍備工業與海軍第一主義〉），*Pacific Historical Review*（《太平洋歷史評論》）第7期（1938年），241-253頁。該文就此點引述工業界發言人講的話。或許值得注意的是，根據1889年法案建造的皇家海軍艦艇是第一批使用鉻鎳鋼裝甲、完全仰賴蒸汽推動的戰艦。改裝舊艦，移除桅杆和索具，是1889年海軍建造計畫的重要（也是昂貴）的部分。

27 海軍撥款大量減少，從1905年的3,680萬英鎊，減少到1908年的3,110萬英鎊。參見B. R. Mitchell所著*British Historical Statistics*（《英國統計史》）（Cambridge，1971年），397-398頁。

28 參見Philip Noel-Baker所著*The Private Manufacture of Armaments*（《私營軍備製造業》）（London，1936年），卷一，449-451頁。該書詳細提到考文垂兵工廠（Coventry Ordnance Works）面臨罷工威脅，經理於是發動引起社會恐慌的宣傳，進行政治暗中操縱，結果國會通過建造八艘無畏艦計畫，提供他的公司所需的新生意。

29 參見Winston S. Churchill所著*The World Crisis*（《世界危機》），節略修訂版（London，1931年）。

30 全部規格包括：三名炮手、六磅炮彈，以及整體重量不超過一千磅等。參見William Laird Clowes所著*The Royal Navy: A History from Earliest Times to the Death of Queen Victoria*（《英國皇家海軍史：從初期至維多利亞女王逝世》）（London，1903年），卷七，48頁。

31 參見R. F. Mackay，同本章註5，252頁。

32 參見Stanley Sandler，同第七章註32，306-313頁。

33 參見Hugh Lyon所撰"The Relations between the Admiralty and the Private Industry in the Development of Warships"（〈戰艦發展中海軍部與私營工業的關係〉），Brian Ranft所編*Technical Change and British Naval Policy, 1860-1939*（《技術改革與英國海軍政策，1860—1939年》）（London，1977年），37-64頁。此文提供有幫助的概要。

34 巨型大炮的瞄準和裝彈裝置十分複雜又極為強而有力，並需要研發和不斷改進。到1914年，在船艙深處已建立旋轉炮塔，炮塔內的裝彈機器隨大炮轉動，不管大炮的方位和仰角如何，都能隨時裝彈。

35 參見Oscar Parkes，同第七章註8，377頁；William Laird Clowes，同本章註30，卷七，39、54頁。

36 根據事後官方估計，在馬尼拉灣，5,895發炮彈只命中142發；在聖地牙哥灣，8,000發炮彈只命中121發。參見Donald W. Mitchel所著*History of the Modern American Navy from 1883 through Pearl Harbor*（《現代美國海軍史，從1883年至珍珠港事變》）

Salisbury（《索里茲伯里侯爵傳》）（London，1932年），卷四，192頁。

14 參見J. D. Scott，同第七章註26，34-44頁。1878年前，克魯伯曾集中生產野戰炮，默許將海軍炮的製造讓給英國人。1878至1879年間，他製造的大炮威脅要推翻上述市場劃分，因此阿姆斯壯做出強烈反應。

15 1881至1890年間，私私人工廠的海軍承包案件只占海軍彈藥總支出的35.7%。但私人工廠的承包比例不斷擴大，1890至1900年間增至46.1%，1900至1910年間又增至58.5%。參見Clive Trebilcock所撰“Spin-off in British Economic History: Armaments and Industry, 1760-1914”（〈英國經濟史中的分拆上市：軍備和工業，1760—1914年〉），*Economic History Review*（《經濟史評論》）第22期（1969年），480頁。

16 參見Edwin A. Gray，同本章註4，71頁、88頁。懷特海德後來也在英國建立私人公司製造魚雷出售給其他國家。該公司於1906年和維克斯工廠合併。

17 參見John Ellis所著*The Social History of the Machine Gun*（《機關槍的社會史》）（London，1975年），79-109頁。1914至1918年間發生的事很容易讓人們對這種作法抱持嘲諷態度。但在1914年以前，所有歐洲軍隊都想在戰場上保有機動性，但卻都缺乏足夠的運輸能力，只能運送幾支象徵性的機關槍，儘管它能每秒鐘發射六百發子彈。

18 以老舊標準來看，陸軍的變化非常激烈，但和海軍軍備的飛速改革相比，只能算普通罷了。（1867年以後的）黃銅彈藥筒、（1883年的）鋼炮、（1888年的）連射槍（magazine rifles），以及（從1906年開始）能間接提高炮火命中率的指揮通訊裝置，相互結合後引發戰術和火力革命。參見Arthur Forbes所著*A History of the Army, Ordnance Services*（《陸軍軍械供應史》）（London，1929年），卷三，112-134頁；Charles E. Caldwell和John Headlam所著*The History of the Royal Artillery from the Indian Mutiny to the Great War*（《從印度兵變到世界大戰的皇家炮兵史》），二卷（Woolwich，出版日期不詳），卷二，105頁等。

19 參見W. A. Boelke，同第七章註 25，104-106、123頁，根據這幾頁所收集的文件足以表明，儘管威廉一世和威廉二世和克魯伯及其繼承人建立私人關係，德國軍官還是頑固高傲地拒絕與私人武器製造商合作。奇怪的是，欣賞和批評克魯伯家族的人同樣都扭曲德國軍官與公司之間的關係。參見Wilheim Berdrow所著 *The Krupp, 150 Years of Krupp History, 1787-1937*（《克魯伯，一百五十年克魯伯家族史，1787—1937年》）（Berlin，1937年）；William Manchester所著*The Arms of Krupp*（《克魯伯的武器》）（Berlin，1964年）。Gert von Klass所著的*Krupp: The Story of an Industrial Empire*（《克魯伯：一個工業帝國的故事》）（London，1954年）中對買賣雙方的社會距離和互不信任有比較公平的評論。

20 參見FredericManning所著*The Life of Sir William White*（《威廉·懷特爵士傳》）（London，1923年）。

21 史考特是個著名的脾氣壞但勇於創新的海軍軍官，他在1920年告維克斯未付他使用費，結果贏得官司。參見Peter Radfield所著*Aim Straight: A Biography of Admiral Sir Percy Scott*（《目標明確：海軍上將帕西·史考特爵士傳》）（London，1966年），262-268頁。

22 兩強標準最初由威廉·皮特提出，因此由來已久。但在受到干預的那些年間，它並非英國海軍政策的指導原則，不像其反對者在1889年宣稱地那樣。參見 Arthur Marder所著*British Naval Policy, 1880-1905: The Anatomy of British Sea Power*（《英國海軍政策，1880—1905年：英國海軍力量剖析》）（London，出版日期不詳），105-116頁。

多。鄉村人口重新開始外流，幾乎到災難性比例。然而，1860至1900年間，實際工資成長約77%。這些統計數字引自R. C. K. Ensor所著*England, 1870-1914*（《英國，1870—1914年》）(Oxford，1936年)，115-116、275、284-286頁。

3 Volkmar Bueb所著*Die "Junge Schule" der französischen Marine: Strategie und Politik, 1875-1900*（《法國海軍「綠水學派」：戰略和政治，1875—1900年》）(Boppard-am-Rhein，1971年）中的記述是我所見過最優異的。關於法國人的觀點，參見Henri Salaun所著*La marine français*（《法國海軍》）(Paris，1932年)，18頁之後。1881至1887年間，法國海軍政策的變化就是複製先前的不與英國進行全面競爭，理由大致相同：法國納稅人抵制過高的海軍軍備費用（參見前面第五章）。關於英國人的反應，參見Brian Ranft所撰"The Protection of British Seaborne Trade and the Development of Systematic Planning for War, 1860-1906"（〈保護英國海上貿易與系統作戰計畫的發展，1860—1906年〉），Brian Ranft所編*Technical Change and British Naval Policy, 1860-1939*（《科技改革與英國海軍政策，1860—1930年》）(London，1977年)，1-22頁。

4 「魚雷」最初指設計來在水線以下襲擊船艦的任何炸彈包。水的密度比空氣大得多，同樣的炸藥在水中爆炸對船側身的破壞力，遠超過在空氣中爆炸。這使得魚雷特別致命。最初使用突出船身外的杆子來拖魚雷，使其擊中船艦側身。後來裝有推進器的魚雷其命中率達到一定的準確度，此類魚雷便取代了其他魚雷。關於魚雷的歷史，參見Elwin A. Gray所著*The Devil's Device*（《魔鬼的裝置》）(London，1975年)。

5 參見R. F. Mackay所著*Fisher of Kilverstone*（《基爾佛斯通的費雪》）(Oxford，1973年)，144-145頁；William Manchester所著*The Arms of Krupp*（《克魯伯的武器》）(Boston，1964年)，176-177頁；Ian V. Hogg所著*A History of Artillery*（《炮兵史》）(London，1974年)，82-92頁。

6 參見R. F. Mackay，同前引書，187頁。

7 參見*Pall Mall Gazette*（《帕瑪公報》）1884年9月18日，6頁。

8 同上，1884年12月8日，1頁。

9 關於庫伯·基的觀點，參見Richard Hough所著*First Sea Lord: An Authorized Biography of Admiral Lord Fisher*（《海軍大臣：海軍上將費雪勳爵授權傳記》）(London，1969年)，83頁。

10 參見1884年10月11日*Pall Mall Gazette*（《帕瑪公報》）所引*Daily Telegraph*（《每日電訊報》）的消息。

11 參見*Hansard*（《議會議事錄》）1884年12月2日，410欄。諾斯布魯克伯爵在發言中四次提到私人工廠承包受阻之事，作為反駁，他提到政府鼓勵「大型煉鋼廠」的意圖，因此不準備讓伍利奇兵工廠發展生產新的大炮金屬材料的能力。

12 根據Arthur Marwick所著*The Deluge: British Society and the First World War*（《洪流：英國社會與第一次世界大戰》）(London，1965年)，21頁的記載，1914年英國勞動力繳納所得稅的比例不到七分之一。

13 保守黨人比自由黨人更熱情支持國防花費。然而，保守黨人擔心，越來越多的人認為應該採納累進所得稅來支付更多的船艦和大炮。例如，在一八八九年，索里茲伯里侯爵就秘密寫信給財政大臣，敦促他為了增加海軍撥款，不但要提高財產稅，也該提高消費稅，因為「在困難時期只靠變賣財產很危險，鑒於有產者的政治力量微薄，這種有害的財政習慣一定會日益惡化。」引自Gwendolyn Cecil所著*Life of Robert, Marquis of*

45 參見Brian Bond所編*Victorian Military Campaigns*（《維多利亞時代的戰役》）（London，1967年），718頁；Philip Mason所著*A Matter of Honour: An Account of the Indian Army, Its Officers and Men*（《榮譽問題：印度軍隊及其官兵概述》）（London，1974年）。英國軍隊於1870至1874年進行的卡德威改革（Cardwell reform）是介於在此前實施的舊體制長期兵役制，和普魯士嚴格執行的大陸徵兵制和後備系統之間的中間產物。

46 參見Brian Bond，同前引書，頁309-311。根據該書統計，英國在維多利亞時代打的戰役有七十二次，也就是一年不止一次。

47 參見B. R. Mitchell所著*Abstract of British Historical Statistics*（《英國歷史統計摘要》）（Cambridge，1971年），396-397頁。

48 參見Daniel R. Headrick所著*The Tools of Empire: Technology and European Imperialism in the Nineteenth Century*（《帝國工具：十九世紀的科技和歐洲帝國主義》）（New York，1981年）。

49 參見John Bushnell所撰"Peasants in Uniform: The Tsarist Army as Peasant Society"（〈穿上軍裝的農民：作為農民社會的沙皇軍隊〉），*Journal of Social History*（《社會史期刊》）第13期（1980年），565-576頁；John Bushnell所撰"The Tsarist Officer Corps, 1881-1914: Customs, Duties, Inefficiency"（〈1881－1914年沙皇的軍官團：習慣、職責和低下的效率〉），*American Historical Review*（《美國歷史評論》）第86期（1981年），733-780頁。

50 當來自文明國家的各種疾病侵襲澳洲、南非、北美和南美洲的原住民時，地球上廣闊的肥沃地區的人口便急遽下降——這對英國和其他歐洲國家用海外移民定居方式，作為解決人口增長問題的安全辦法非常有利。只需動用極小的軍事力量就可以在這些半空曠的土地上定居和開發。但俄羅斯向中亞擴張需要較多軍事力量，因為他們侵犯的居民已經習慣那些文明疾病；其他穆斯林土地，無論是非洲或中東皆是如此。參見W. H. McNeill，同第二章註72，第五章。

51 關於十九世紀歐洲因工業技術發展和人口增長所引起的人口流動，目前還沒有這方面的精闢著作，但可參見D. F. Macdonald所撰"The Great Migration"（〈人口大遷徙〉），C. J. Bartlett主編*British Pre-eminent: Studies of British World Influence in the Nineteenth Century*（《英國優勢：十九世紀英國全球影響研究》）（New York，1969年），54-75頁。該書概略介紹了部分現象。作者估計1750至1900年間，有2,300萬人離開歐洲移民海外，其中1,000萬人來自英倫三島。

第八章　軍事—工業互動的強化，1884-1914年

1 裝備重型大炮的快速巡洋艦非常暢銷。從1884至1914年間，阿姆斯壯為十二個外國政府打造了至少84艘戰艦。在這三十年間，為外國政府引進的技術改進，不止一次地迫使英國皇家海軍也跟著在戰艦上訂購相等的改善設備。除了1882年賣給智利的一艘巡洋艦外，阿姆斯壯提供給俄羅斯巡洋艦魯利克號（Rurik，1890年下水）的八英吋口徑大炮，也是他這類坐收漁翁之利的兩手策略的最著名案例。參見David Dougan，同第七章註28，138-144頁；Donald W. Mitchell所著*A History of Russian and Soviet Sea Power*（《俄羅斯和蘇聯海軍史》）（New York，1974年），193頁。

2 小麥價格從1877年一夸特的56先令9便士，降到1894年的最低點，22先令10便士。從1872年到十九世紀末，小麥耕種面積減少了50%，地租下降，雖然沒下降如此之

靠「槍栓動作」將後膛打開，以便塞進槍彈，然後槍栓的反向運動會使後膛關閉，同時使槍栓處於待發位置，槍栓的移動則會使撞針自動拉回待擊位置。參見Peter Young所著*The Machinery of War*（《戰爭機械》）（New York，1973年），73-76頁。

38 議會對改革派的這種作法特別反感。自由派懷疑這樣做的真正動機單純是讓反動勢力掌握後備軍，如此一來，用普魯士軍隊來鎮壓國內革命便是輕而易舉。參見Gordon A. Craig，同第五章註35，138-148頁。

39 毛奇不願從後方向前線發出過多命令，怕這樣會太過束縛指揮官，因此只偶然加以干預。參見Dennis Showalter所撰"Soldiers into Postmasters? The Electric Telegraph as an Instrument of Command in the Prussian Army"（《士兵變成郵政局長？電報作為普魯士軍隊的指揮工具》），*Military Affairs*（《軍事事務》）第27期（1973年），48-51頁。儘管如此，在柯尼希格雷茨戰役就要開始前，毛奇確實與王儲的軍隊失去電報聯繫，不得不仰賴傳令兵，命令王儲的軍隊前往作戰地點。參見Craig，同本章註36，98頁。

40 依據Afred D. Chandler的著作（參見同本章註1）第259頁上的說法，1880年代工業管理獲得成功的主要竅門是系統性地使用所有可得手段到其極致。在 十九世紀後半，軍事參謀人員和工業領袖有許多自己都沒意識到的共通點——他們都在學習如何將管理技巧應用到毀滅和生產的平行問題上。關於此點，值得指出的是，生產任何事物也意味著毀滅某樣事物。在重工業中，燃料和原物料的消耗和戰爭中資源的消耗相當雷同；甚至所使用的勞動力的命運也提供有趣的類似之處。

41 參見Martin Van Creveld所著*Supplying War: Logistics from Wallenstein to Patton*（《戰爭補給：從華倫斯坦到巴頓的後勤供給》）（Cambridge，1977年），79-82頁；Gordon A. Craig，同本章註36，49頁。

42 關於夏塞波槍和米特拉約斯機槍，參見Louis César Alexandre Randon，同本章註22，卷二，234-236頁；E. Ann Pottinger所著*Napoleon III and the German Crisis, 1865-1866*（《拿破崙三世和德國危機，1865—1866年》）（Cambridge, Mass.，1966年），94-97頁；G. S. Hutchison所著*Machine Guns: Their History and Tactical Employment*（《機關槍：歷史及戰術》）（London，1938年），9-15頁；Louis Etienne Dussieux所著*L'Armée en France: histoire et organization*（《法國陸軍：歷史和組織》）（Versailles，1884年），卷三，233頁；Michael Howard所著*The Franco-Prussian War: The German Invasion of France*（《普法戰爭：德國對法國的入侵》）（London，1961年），56頁。

43 參見Michael Howard，同前引書，此書對此主題做了最優秀的軍事敘述和分析。Alistair Horne所著*The Fall of Paris*（《巴黎的陷落》）（New York，1961年）對巴黎公社做了栩栩如生的描述，還可參見Melvin Kranzberg所著*The Siege of Paris*（《圍攻巴黎》）（Ithaca, N. Y.，1950年）。

44 我尚未找到對第一次世界大戰前的歐洲軍隊社會心理模式，進行令人折服的分析之著作。上面的說法大部分是參考個人從第二次世界大戰中美國軍隊的經驗，當然，美軍沒有貴族軍官團。參見Martin Kitchen所著*The German Officer Corps, 1890-1914*（《德國軍官團，1890—1914年》）（Oxford，1968年）；Raoul Girardet，同本章註35，198-291頁。德國和英國的團是按照該團所屬的家鄉組織編制，因此團的團結精神在市民社會中有巨大影響。義務兵和志願兵往往在服役期間結交終生朋友，復員後透過聚會一直保持聯絡。軍隊中的同袍情誼以這種方式得以延續，通常宰制當地男性社會，且影響巨大，特別是在鄉下，因為沒有其他聯繫方式能如此強烈地團結如此眾多男子。我是在與Michael Howard教授私人通信時得到以上啟發。

後者的效果確實優於其他所有炮彈。參見James E. Tennant所著*The Story of the Guns*（《槍炮的故事》）（London，1864年），此書反映惠特沃思這一方的故事，並參見David Dougan所著*The Great Gunmaker: The Story of Lord Armstrong*（《槍炮大亨：阿姆斯壯勳爵的故事》）（Newcastle on Tynes，出版日期不詳），裡面有阿姆斯壯那一方的故事。

29 惠特沃思大炮炮膛的橫截面做成橢圓形或多邊形，然後以炮膛中心線為軸，將炮身扭轉到一定程度，因此與炮膛密合的長形炮彈通過時就會被迫旋轉。製造構造如此複雜的大炮，必須確保裝彈和射擊時的精確度，讓炮彈順利通過炮膛，但這對那時代的金屬加工技工來說是極端困難完成的工作。惠特沃思的不朽聲譽是其發明的金屬成形法之精確度遠超過以往。不過他原型炮彈的高性能要在他的工廠技術能力發揮到極限時才得以實現。

30 參見Peter Padfield所著*Guns at Sea*（《海上大炮》）（New York，1973年），174-176頁；O. F. G. Hogg，同本章註11，卷二，773-778頁、812-814頁；Charles E. Caldwell和John Headlam所著*The History of the Royal Artillery from the Indian Mutiny to the Great War*（《從印度兵變到世界大戰的皇家大炮史》），二卷（Woolwich，出版日期不詳），卷一，151頁之後。

31 參見Comité des Forges de France所著*La sidérurgie français, 1864-1914*（《法國的鋼鐵工業，1864—1914年》）（Paris，出版日期不詳），310頁。

32 Stanley Sandler所著*The Emergence of the Modern Capital Ship*（《現代主力艦的興起》）（Newark，1979年）清楚明白地介紹了此種發展；Oscar Parkes，同本章註8，此書是記述皇家海軍軍艦發展的標準權威著作，提供詳細的技術細節。Bernard Brodie，同本章註8，此書的介紹較為簡明扼要。

33 奧地利人急於利用新式來福槍的威力，一旦敵人進入極限距離就射擊，但收效甚小。他們隨後發射的齊射又大多在衝鋒的法軍頭上飛過，這是瞄準指令不當導致。即便如此，法軍在蘇法利諾（Solferino）和馬尚塔（Magenta）的損失仍舊慘重。拿破崙三世在巡視這兩個戰場後，對戰爭的興趣盡失。關於1859年的奧地利軍隊，參見Rothenberg，同本章註22，43-84頁。

34 參見Pierre Chalmin所著*L'officier français de 1815 à 1870*（《1815—1870年的法國軍官》）（Paris，1957年）。

35 關於拿破崙三世統治時的法國軍隊，參見LudovieJablonsky所著*L'armée français à travers les âges*（《各個時期的法國軍隊》）（Paris，出版日期不詳），卷四：Pierre Chalmin，同本章註34；David B. Ralston所著*The Army of the Republic: The Place of the Military in the Political Evolution of France, 1871-1914*（《共和國的軍隊：法國政治評估中軍隊的地位，1871—1914年》）（Cambridge, Mass.，1967 年），第一章；Alphonse Favé所著*The Emperor Napoleon's New System of Field Artillery*（《拿破崙皇帝的新式野戰炮系統》），William H. Cox譯（London，1854 年）；Raoul Girardet所著*La société militaire dans la France contemporaine, 1815-1939*（《現代法國軍界，1815—1939年》）（Paris，1953年）；Joseph Montheilhet所著*Les institutions militaires de la France, 1814-1924*（《法國軍事制度，1814—1924 年》）（Paris，1932年）。

36 奧地利有736門新線膛炮和58門老式後膛炮；普魯士有492門膛線炮和306 門後膛炮。數據引自Gordon A. Craig所著*The Battle of Königgrätz*（《柯尼希格雷茨戰役》）（Philadelphia，1964年），8頁。

37 德萊塞撞針槍每分鐘能射擊五到七次，比米尼來福槍快一倍以上。這是因為撞針槍依供政府使用的只有19,263支。

22 普魯士戰勝奧地利後，拿破崙三世的反應是在1866年8月下令在普托（Puteaux）建立新的兵工廠，每年能生產36萬支夏塞波（*chassepôt*）新式來福槍。根據Louis César Alexandre Randon所著*Mémoires*（《回憶錄》）（Paris，1877年），卷二，236-342頁的記載，到1870年，這種新式來福槍已經生產了上百萬支。然而，這成果豐碩的成績不僅是靠普托兵工廠的生產，還得依賴伯明罕、列日和布雷西亞（Brescia）等地槍枝製造廠的支援才得以實現，參見François Crouzet所撰"Recherches sur la production d'armenenten France, 1815-1913"（〈法國武器生產研究〉），*Révue historique*（《歷史評論》）第251期（1974年），54頁。1869年普魯士決定製造一種新型來福槍，毛瑟槍，但未能來得及在普法戰爭爆發前完成。然而，1873年這種武器已經準備好用來裝備規模大為擴充的德國軍隊。關於1869年後德國進口美國機器，參見Ernst Barth所著*Entwicklungslinien der deutschen Maschinenbauindustrie von 1870 bis 1914*（《1870—1914年德國機器製造業的發展道路》）（Berlin，1973年），48-49頁。根據Gunther Rothenberg所著*The Army of Francis Joseph*（《佛朗西斯·約瑟夫的軍隊》）（West Lafayette, Ind.，1976年），43頁的記述，1862年後，奧地利也改採「美國系統」進行輕武器自動化生產。關於俄羅斯，參見J. G. Purves所撰"Nineteenth-Century Russia and the Revolution in Military Technology"（〈十九世紀的俄羅斯和軍事技術革命〉），J. G. Purves和D. A. West所編*War and Society in the Nineteenth-Century Russian Empire*（《十九世紀俄羅斯帝國的戰爭與社會》）（Toronto，1972年），7-22頁。

23 1617至1850年間，英國專利局總共批准了三百項左右關於火器的發明專利，但在1850年後的十年間就批准了有關這類專利六百多項。數據引自Nathan Rosenberg，同本章註14，29頁。

24 參見Hogg，同本章註11，卷二，756-760頁。

25 參見Sir Henry Bessemer所著*An Autobiography*（《自傳》）（London，1905年），130-142頁。該書對他本人的發明過程有生動描述，儘管不夠完整，並有些自吹自擂。Theodore A. Wertime所著*The Coming of Age of Steel*（《鋼鐵時代的來臨》）（London，1961年）對冶金史介紹完整，即使非專業人士也能讀懂。關於抵制鋼炮，最顯著的例子是普魯士，參見W. A. Boelke所著*Krupp und die Hohenzollern in Dokumenten*（《克魯伯與霍亨索倫王朝文獻》）（Frankfurt am Main，1970年），106-123頁。

26 參見J. D. Scott所著*Vickers: A History*（《維克斯的歷史》）（London，1962年），25頁。

27 十五世紀以來，大炮製造都是採整體鑄造法，而阿姆斯壯的大炮則是圍繞著一個中心部分而加以製造，方法有兩種，一是在通常用鋼製造的大炮筒外纏繞鐵條（後來用鋼絲），二是用「熱接法」將鐵箍套接到中心部分外面，一層層加上。所謂「熱接法」就是將金屬箍加熱後等其膨脹，然後套在已經組裝好的大炮外面，熱金屬箍冷卻後會收縮，但是無法回到原來室溫中的尺寸，因此就永遠箍緊內部各層，且可以抵銷炸藥在炮身內爆炸時所產生的膨脹力。用這類巧妙方法製造的大炮，比同等重量、用整體鑄造的大炮更為牢固。阿姆斯壯的大炮製造法還有一額外優點，即可以迅速增加大炮尺寸。如果大炮過大，以整體鑄造法製造會較為困難，而用阿姆斯壯法就可以分成若干部分個別製造，然後再組裝起來。

28 惠特沃思將科學和技術上的勇敢直前和經濟方面的企業家精神結合起來，達到不可思議的地步，並與自由黨發展關係，正如阿姆斯壯和保守黨政治家建立關係一樣。惠特沃思以更系統性的手法，實驗各種形式的膛線和子彈，研製出一種長型扁頭穿甲彈，的輪廓移動。自古希臘時期就已經熟知這種仿形原理，當時就是用這類機器大量生產雕像自埃及亞歷山卓出口。參見Gisela M. A. Richter所著*The Sculpture and Sculptors of the Greeks*（《希臘雕刻和雕刻家》），第四版（New Haven，1970年），246頁。美國人發展這種機器部分是因為缺乏熟練的製槍工匠，部分是因為1812年戰爭後，美國政府與供應商簽訂長期合約，以鼓勵規模更大的投資。參見Felicia Johnson Deyrup所著*Arms Makers in the Connecticut Valley*（《康乃狄克河流域的武器製造廠》）《史密斯學院歷史研究》第33期（Northampton, Mass.，1948年）。

14 關於美國武器製造，除Deyrup的著作外，還可參見Merritt Roe Smith所著 *Harpers Ferry Armory and the New Technology*（《哈波斯．費里斯兵工廠與新技術》）(Ithaca, N. Y.，1977年)；Robert J. Woodbury所撰"The Legend of Eli Whitney and the Interchangeability of Parts"（〈伊萊．惠特尼傳奇與可互換零件〉），*Technology and Culture*（《科技與文化》）第1期（1960年），235-251頁。關於1850年代英國武器貿易及其革命，參見Nathan Rosenberg所編*The American System of Manufacture: The Report of the Committee on the Machinery of the United States, 1855, and the Special Reports of George Wallis and Joseph Whitworth, 1854*（《美國生產體系：美國機械委員會報告，1855年，以及喬治．沃利斯和約瑟夫．惠特沃恩特別報告，1854年》）(Edinburgh，1969年)，引言；H. J. Habakkuk所著*American and British Technology in the Nineteenth Century*（《十九世紀美國和英國技術》）(Cambridge，1962年)；A. Ames和Nathan Rosenberg所撰"Enfield Arsenal in Theory and History"（〈恩菲爾德兵工廠：理論和歷史〉），*Economic Journal*（《經濟期刊》）1968年第 78期，825-842頁；Russel I. Fries所撰"British Response to the American System: The Case of the Small Arms Industry after 1850"（〈英國對美國生產系統的反應：1850 年以後輕武器工業的情況〉），*Technology and Culture*（《科技與文化》）1975年第16期，377-403頁。

15 參見O. F. G. Hogg，同本章註11，卷二，783、792頁。

16 參見S. B. Saul所撰"The Market and the Development of the Mechanical Engineering Industries in Britain"（〈市場和英國機器製造業的發展〉），*Economic History Review*（《經濟史評論》）第20期（1967年），110-130頁；Russell I. Fries，同本章註14；Conrad Gill所著*History of Birmingham: Manor and Borough to 1865*（《伯明罕史：1865年以前的莊園和自治市》）(London，1962年)，295頁。

17 這至少是Charles H. Fitch誇下的豪語，參見"Report on the Manufacture of Interchangeable Mechanisms"（〈關於製造可互換機械構件的報告〉），U. S. Congress 所編*Miscellaneous Documents of the House of Representatives*（《眾議院文件匯集》），4th Cong. 第二次會議，1882—82年，13，pt.2，613-614頁。遺憾的是，Fitch並未提供詳細資料，我從所有購買美國武器的國家，也未能找到證實此類說法的資料。

18 參見Claude Gaier，同第三章註44，122頁。

19 同前引書，190-195頁。

20 參見Dennis Showalter，同本章註12，81-82、95-98頁；Curt Jany，同第六章註29，卷四，199-202頁。

21 參見 John D. Goodman所撰"The Birmingham Gun Trade"（〈伯明罕製槍業〉），Samuel Timmins所編*History of Birmingham and Midland Hardware District*（《伯明罕和英格蘭中部軍械工業區史》）(London，1866年)，415頁。同年，伯明罕的「製槍業」生產了460,140支槍管，倫敦則生產了210,181支。這些槍管大都在海外出售，而檢驗合格可

Francis E. Hyde所著*Cunard and the North Atlantic: A History of Shipping and Financial Management*（《邱納德和北大西洋：船舶及財政管理史》）（London，1975年）；David B. Tyler，同本章註2。

4 引自Michael Lewis所著*The History of the British Navy*（《英國海軍史》）（Baltimore，1957年），224頁。

5 早在1827年，基於私人提倡和英國偏好希臘者的努力，事實上已經用一門匹希斯炮武裝一艘汽船，準備在希臘獨立戰爭中用來對抗鄂圖曼土耳其人。這艘船叫做卡特里亞號，在愛琴海上被交付給希臘叛軍，但卻從未使用過，因為在它還來不及被測試前，英國、法國和俄羅斯的舊式戰艦已經在納瓦里諾海戰（Battle of Navarino，1827年）中，摧毀唯一一支重要的穆斯林艦隊。參見Christopher J. Bartlett所著*Great Britain and Sea Power, 1815-1853*（《大不列顛和海軍力量，1815—1853年》）（Oxford，1963年），200頁。

6 參見Stephen S. Roberts所著*The Introduction of Steam Technology in the French Navy, 1818-1852*（《法國海軍隊蒸汽技術的引進，1818—1852年》）（芝加哥大學博士論文，1976年）。

7 關於「榮耀號」引發的技術革命，參見Paul Gille所撰"Le premier navire cuirass: la Gloire"（〈第一艘裝甲艦：榮耀號〉），Michel Mollat所編*Le origines de la navigation à vapeur*（《蒸汽動力航行的開端》）（Paris，1970年），43-57頁。

8 關於十九世紀中期法英兩國的海上競爭，除已經引用的書外，還可參見James Phinnery Baxter所著*The Introduction of the Ironclad Warship*（《鐵甲戰艦的出現》）（Cambridge, Mass.，1933年）；Christopher J. Bartlett，同本章註5；Oscar Parkes所著*British Battleships, "Warrior" to "Valiant"*（《英國戰艦：從「武士號」到「勇敢號」》），修訂版（London，1970年），2-217頁；Bernard Brodie所著*Sea Power in the Machine Age*（《機器時代的海軍力量》），第二版（Princeton，1942年）；Wilhelm Treue所著*Der Krimkrieg und die Entstehung der modernen Flotten*（《克里米亞戰爭與現代艦隊的形成》）（Göttingen，1954年）；William Hovgaard所著*Modern History of Battleships*（《現代戰艦史》）（London，1920年）。

9 1853年戰爭開始前，俄羅斯陸軍總人數為98萬，戰爭結束時已擴充到180萬2500人，雖然傷亡人數高達45萬左右。參見John Shelton Curtiss所著*Russia's Crimean War*（《俄羅斯的克里米亞戰爭》）（Durham, N.C.，1979年），470頁。

10 這些數字引自同前引書，339-340、448頁。

11 參見Howard L. Blackmore所著*British Military Five-arms, 1650-1850*（《英國軍隊的五種武器，1650—1850年》）（London，1961年），229-233頁；O. F. G. Hogg所著*The Royal Arsenal: Its Background, Origin and Subsequent History*（《皇家兵工廠：背景、起源和發展史》）（London，1963年），卷二，736-740頁；James E. Hicks所著*Notes on French Ordnance, 1717-1936*（《法國軍械札記，1717—1936年》）（Mt. Vernon, N. Y.，1938年），24頁。

12 參見Dennis Showalter所著*Railroads and Rifles: Soldiers, Technology and the Unification of Germany*（《鐵路和來福槍：士兵、技術與德國的統一》）（Hamden, Conn.，1975年），81、96-98頁。

13 這類機器設計並不特別困難，原理與今天複製鑰匙相同，就是用一個機械連動裝置迫使一個切削頭按照一定路線切削，路徑由仿形器確定，而後者則依照標準原件或模型野戰軍兵力為35萬8,000人，另有3萬人在後方執行各種任務和支援。數字引自Curt Jany，同本章註29，卷四，114頁。

64 普魯士的改革時代長久以來是德國愛國人士喜好的課題。展現主流意見優秀總結的是Friedrich Meinecke的小書*The Age of German Liberation, 1795-1815*（《德國解放的時代，1795—1815年》）（Berkeley and Los Angeles，1977年；1906年初版）。在軍事方面，除了已經提過的Gordon Craig的權威著作，還有William Shanahan所著*Prussian Military Reforms, 1786-1813*（《普魯士軍事改革，1786—1813年》）（New York，1945年）；Peter Paret，同第五章註26。後者在某些細節方面糾正Shanahan的說法，資料非常豐富。

65 這種火箭是由英國人威廉·康格里夫（William Congreve，1772-1828年）在十九世紀頭十年發明的。他聽說印度王子蒂普蘇丹（Tipoo Sahib）曾在1792和1799年使用火箭攻擊英軍，因此得到啟發。康格里夫火箭的射程達到當時野戰炮的兩倍，曾在1806年用來有效攻打布洛涅（前一年未成功），隨後又用來攻打哥本哈根（1807年）、但澤（Danzig，1813年）和萊比錫戰役（1813年）。康格里夫火箭在美英的1812年戰爭中也扮演顯著角色，美國國歌〈星條旗之歌〉（"The Star-Spangled Banner"）中提及此事。火箭也許確實曾讓英軍火力攻進美國新首都華盛頓，並使其發生大火。1813年後，大多數歐洲國家的陸軍都建立了火箭部隊，但1840年代後，大炮有巨大突破發展，使火箭因不夠正確而顯得不值一提。火箭在十九世紀尾聲於戰爭中消失，到第二次世界大戰中才又全力復甦。參見Willy Ley所著*Rockets, Missiles and Man in Space*（《火箭、飛彈和人類進入太空》）（New York，1968年），61-75頁；Wernher von Braun和Frederick L. Ordway III所著*Rocketry and Space Travel*（《火箭技術與太空旅行》），第三版（New York，1975年），30-34頁。關於威靈頓拒絕採納康格里夫火箭詳情，參見Glover，同第五章註26，68-73頁。

66 俄羅斯沙皇實際上是在仿效英國，將海軍維持在「等於兩國」的標準，而陸軍則保持等同任何兩個歐洲國家陸軍加在一起的規模。為了削減開支，亞歷山大採納所謂的軍事殖民政策，使和平時期三分之一左右的軍隊過著類似農民的生活。關於俄羅斯軍事殖民，參見Alan Palmer，同本章註35，344-348頁。

67 參見Douglas Porch所著*Army and Revolution: France, 1815-1848*（《法國的軍隊與革命，1815—1848年》）（London，1974年），138-139頁等。

第七章　戰爭工業化的開端，1840-1884年

1 參見Afred D. Chandler所著*The Visible Hand: The Managerial Revolution in American Business*（《看得見的手：美國企業的管理革命》）（Cambridge, Mass.，1977年）。

2 在1839至1860年間，由海軍部管理的英國郵政補貼只給予可能在戰時使用的船隻。例如，特地規定郵船只能在必要時安裝重炮。當時普遍認為商用汽船能很快改裝成戰艦，結果克里米亞戰爭的經驗證實並非如此。大家之所以會那麼想，是因為從1300至1600年，堅固的商船都可以在必要時兼做戰艦。在十九世紀，認為新式汽船可以改裝的想法只維持不到二十年——顯示1800年後的科技改變步調之飛快。關於把汽船當作後備戰艦，參見David B. Tyler所著*Steam Conquers the Atlantic*（《蒸汽征服了大西洋》）（London，1939年），77-81、170-172、231-232頁。

3 這些統計數字引自W. A. Baker所著*From Paddle Steamer to Nuclear Ship: A History of the Engine Powered Vessel*（《從明輪到核動力船》）（London，1965年），41-58頁。參見

高。參見Clive Trebilcock，同第五章註31，477頁。

54 Phyllis Deane在*The First Industrial Revolution*（《第一次工業革命》）（Cambridge，1965年）110頁就是如此主張。還可參見其他傑出著作，如Charles K. Hyde，同第五章註38，129頁說：「如果沒有戰爭，對鐵的整體需求可能還更大。」Hyde對這一驚人結論並未多加解釋，似乎那只是一句離題話。我所見到關於戰爭對英國煉鐵工業的衝擊最仔細的評價是Alan Birch所著*The Economic History of the British Iron and Steel Industry, 1784-1879: Essays in Industrial and Economic History with Special Reference in the Development of Technology*（《英國鋼鐵工業經濟史，1784—1879年：特別論及技術發展工業和經濟史論文》）（London，1967年），47-56頁。

55 政府支出由1792年的兩千兩百萬英鎊增加到1815年的一億兩千三百英鎊，幾乎是五倍。

56 數字引自Phyllis Deane和W. A. Cole，同第五章註1，8頁。

57 參見Jacques Dupaquier和Christine Berg-Hamon所撰"Voies Nouvelles pour l'histoire démographique de la revolution français: Le movement de population de 1795 à 1800"（〈法國大革命人口統計學史的新方法：1795—1800年的人口變動〉），*Annales historiques de la revolution français*（《法國革命史記事》）第47期（1975年），頁8。兩位作者認為法國在戰爭中的兵員損失總數為130萬。但根據Lefebvre的統計，1792至1799年陣亡人數為60萬，見本章註21，再加上J. Houdaille 所撰"Partes de l'armée de terre sous le premier Empire"（〈第一帝國管轄地區陣亡人數〉），*Population*（《人口》）第27期（1972年），42頁所統計的帝國陣亡人數為90萬，總計為150萬。由於Houdaille的數據和計算方法顯然優於以往，因此這個較大的數字可能正確。Houdaille計算的結果是，1790至1795年出生的全部法國男子，因戰爭相關原因而在1816年以前死亡的至少占20.5%，這些年齡組受戰爭影響最深。同前引書，50頁。

58 法國出生率為何比其他歐洲國家都低，這是歷史人口統計學的重大課題。農民有土產的觀念很流行，一定也很重要。年輕人要等到繼承土地有望時才結婚，這一定大力影響人口成長的放緩，愛爾蘭1845年鬧饑荒後的歷史可資證明。但法國人必定也特意採取節育措施，其節育規模是其他歐洲國家直到二十世紀才達到的。法國士兵可能在戰爭期間從妓女那學會避孕方法，後來在法國人之間流傳開來。再加上革命導致普遍世俗化，不再奉行天主教教義，這或許可以解釋法國出生率為何如此之低。參見Jacques Dupaquier所撰"Problèmes démographiques de la France napoléonienne"（〈拿破崙時代法國的人口學問題〉），*Annales historiques de la revolution français*（《法國革命記事》）第42期（1970年），21頁。這是我讀過唯一承認戰時軍人性經驗對1800年後的法國家庭模式可能具有重要性的權威文章。任何經歷過二十世紀戰爭的退伍軍人都能證實上述說法的可能性，而且也知道不可能找到文獻來做證據。

59 英譯文見Gordon A. Craig，同第五章註35，43頁。

60 沙恩霍斯特的見解反映此情況，他是炮手，又是平民。

61 自十七世紀起，普魯士文官從各日耳曼大學遴選，1770年後還要通過考試以證明學業合格。因此，1808年關於普魯士文官任命和晉升辦法的法令，只不過是將文官制度帶入軍隊管理而已。

62 參見Samuel F. Scott，同本章註9，153、161頁。炮兵和工兵繼續施行考試辦法，就像舊政權時代。

63 1808年拿破崙頒布法令，規定普魯士軍隊人數不得超過4萬2,000人。1814 年普魯士

Colquhoun提供的數字高達511,679，參見*A Treatise on the Wealth, Power and Resources of the British Empire*（《論大英帝國的財富、國力與資源》）（London，1814年），47頁。

46 大西洋兩岸都無北愛爾蘭向美洲移民的人數的正式統計數字，但歷史學家們認為，1718 至 1775 年間，總計大約有 225000 阿爾斯特省人抵達美洲。1783 年後又掀起移民潮，但人數比獨立戰爭前較少。參見H. J. M. Johnston 所著 *British Emigration Policy, 1815-1830*（《英國移民政策，1815—1830年》）（Oxford，1972 年），6-7頁。從蘇格蘭高地開始向加拿大和南及北卡羅來納州移民是在七年戰爭以後，當時退伍軍人到新世界可以分到土地。參見Helen I. Cowan 所著 *British Emigration to British North America: The First Hundred Years*（《英國向英屬北美洲移民：頭一個百年》），修訂版（Toronto，1961年），3-64頁。但這種人口流動規模太小，對家鄉人口影響甚微。

47 1795年柏克郡的地方執法官在斯賓漢蘭開會，擬定院外救濟金發放辦法，隨後的幾年內，這方法成為典範，廣受仿效。參見Michael E. Rose所著*The English Poor Laws, 1780-1930*（《英格蘭濟貧法，1789—1930年》）（New York，1971年），18-20頁。

48 John U. Nef所著*War and Human Progress*（《戰爭與人類進步》）（Cambridge, Mass.，1950年）或許展現一種極端看法，但W. W. Rostow在"War and Economic Change: The British Experience"（〈戰爭與經濟變革：英國經驗〉）一文中也衍生出類似結論，該文載於*The Process of Economic Growth*（《經濟發展的過程》），第二章（Oxford，1960年），144-167頁。Phyllis Deane在"War and Industrialization"（〈戰爭與工業化〉）一文中下結論說，1793至1815年的戰爭「對英國工業革命的步伐和內容似乎只引發一些表面波動」，參見J. M. Winter所編*War and Economic Development*（《戰爭與經濟發展》）（Cambridge，1975 年），101頁。

49 根據Alan T. Peacock和 Jack Wiseman所著*The Growth of Public Expenditure in the United Kingdom*（《英國政府支出的增長》）（Princeton，1961年）37頁，英國政府1814年的支出達到國民生產毛額估計數的29%。

50 參見John M. Sherwig所著*Guineas and Gunpowder : British Foreign Aid, 1793-1815*（《英鎊與火藥：英國的對外援助，1793—1815年》）（Cambridge, Mass.，1969 年），345頁。

51 同代人也看到此點。參見Joseph Lowe所著*The Present State of England in Regard to Agriculture, Trade and Finance*（《英格蘭農業、貿易和財政現狀》）（London，1833年），29頁之後，他將英國的戰時繁榮歸諸於稅收和政府借貸所造成的全民就業，其優點「遍及全國，因為……我們的全部支出……除開微不足道的例外，在國內流通」（33頁）。

52 參見J. L. Anderson所撰"Aspects on the Effects of the British Economy of the War against France, 1793-1815"（〈英法戰爭對英國經濟的一些影響，1793—1815 年〉），*Australian Economic History Review*（《澳大利亞經濟史研究》）第12期（1972年），1-20頁。在特拉法加海戰中，納爾遜的戰艦上的艦炮其炮身短，口徑特大，威力更大。此種大炮是由蘇格蘭卡隆工廠首先設計的，故稱卡隆炮。南威爾斯鐵廠的產品當初是在加地夫碼頭裝船，至今該碼頭仍被稱為大炮碼頭（Cannon Wharf）。這類流行口語紀錄軍備生產對英國新興鐵工業的舉足輕重。甚至連亞伯拉罕·達比（Abraham Darby）在科爾布魯克代爾（Coalbrookdale）創立的貴格派公司也於十八世紀中期開始製造大炮，但在1792年前終止。參見 Arthur Raistrick 所著 *The Coalbrookdale Ironworks : A Short History*（《科爾布魯克代爾鐵工廠簡史》）（Telford，1975年），5頁。

53 威爾金森的大炮鏜床提高瓦特蒸氣機的效率，因為活塞和汽缸間的密合度也跟著提山。戰爭年代所造成的主要後果就是，切斷法國與大西洋的聯繫，而在萊茵河—羅納河流域工業得到發展。參見François Crouzet所撰“Wars, Blockade and Economic Change in Europe, 1792-1815”(〈歐洲的戰爭、封鎖和經濟變革，1792—1815年〉)，*Journal of Economic History*（《經濟史期刊》）第24期（1964年），567-588頁；Bertrand Gille，同第五章註39，206頁之後。

38 當時展開了後來很重要的各種實驗，如甜菜實驗和在波河流域試種棉花。但這一切都未能填補因殖民地產品來源遭到切斷所造成的短缺。拿破崙知曉這項不利，一直希望能再在海上挑戰英國。特拉法加海戰（1805年）後，法國海軍只剩下30艘主力艦，於是拿破崙著手重建海軍。到1814年，已有103艘主力艦和 65艘護衛艦蓄勢待發。但新戰艦擠在港口裡無法發揮作用，而1812年拿破崙又將許多船員調去侵略俄羅斯的軍隊，默認他暫時沒有能力向海上敵手提出挑戰。參見Joannes Tramond所著*Manuel d'histoire maritime de la France: Des origines à 1815*（《法國海軍史手冊：從開始至 1915年》）(Paris，1947年)，772頁後。

39 西班牙游擊隊與西班牙及葡萄牙正規軍都由威靈頓指揮，游擊隊在配合英國軍隊作戰方面發揮極大作用。如果沒有游擊隊，威靈頓使用的老式戰略恐怕無法如此成功地取得多場勝利。關於伊比利半島戰爭，參見Charles W. C. Oman所著*A History of the Peninsular War*（《伊比利半島戰爭史》），三卷（Oxford，1902—1908年）。

40 關於1812年拿破崙的軍隊供給安排，參見David G. Chandler，同第四章註 23，757-759頁。

41 至少在原則上是如此。我未能找到1812年俄羅斯軍隊實際供給情況的相關資料。但是研究一下顯示俄軍撤退和進攻路線的地圖就可以看出，他們經過一系列河流，兩側河岸完全在俄羅斯政府控制之下。我推論他們的補給經過河流運送，而且即使運輸組織不善（很可能如此），顯然也比法國運輸優越。俄羅斯軍隊能逃過一劫，而且在整個冬天不斷襲擊拿破崙撤退中的大軍，即可證明此基本事實。

42 這是Phyllis Deane和W. A. Cole所著*British Economic Growth*, 1688-1955（《英國的經濟成長，1688—1955年》）(Cambridge，1962年）一書的中心論點。10年後，W. A. Cole重述此論點，參見“Eighteenth Century Economic Growth Revisited”(〈再論十八世紀經濟成長〉)，*Explorations in Economic History*（《經濟史探索》）1973年第10期，327-348頁。另外可參見 H. J. Habakkuk所著*Population Growth and Economic Development since 1750*（《1750年以來的人口增長和經濟發展》）(New York，1971年)，48頁等；D. E. C. Eversley所撰“The Home Market and Economic Growth in England, 1750-1780”(〈英國國內市場和經濟成長，1750—1780 年〉)，E. L. Jones和 G. E. Mingay所編*Land, Labour and Population in the Industrial Revolution*（《工業革命期間的土地、勞力和人口》）(London，1967 年)，206-259頁。

43 有一點或許值得注意：英國的這種發展以及焦炭和煉鐵工業的同時崛起，與本書第二章所討論的中國人在很早時所經歷的發展過程，相當類似。

44 參見Robert R. Palmer所著*The Age of the Democratic Revolution: A Political History of Europe and America, 1760-1800*（《民主革命時代：歐洲和美洲政治史，1760—1800年》）二卷（Princeton，1959年，1964年）。

45 此數字出自Glenn Hueckel所撰“War and the British Economy, 1793-1815: A General Equilibrium Analysis”(〈戰爭與英國經濟，1793—1815 年：一般均衡論分析〉)，*Explorations in Economic History*（《經濟史探索》）第10期（1972年），371 頁。Patrick

的準確度和射炮速度。

30 參見Marcel Reinhard所著*Le grand Carnot*（《偉大的卡爾諾》）（Paris，1952年），卷二，81-82頁。

31 羅馬兵團會比希臘馬其頓步兵方陣優越，也是因為羅馬軍隊能適應山地戰。在這以及其他方面，法國革命軍有意識地認同羅馬共和軍榜樣。

32 二十世紀前普遍的情況是，死於疾病的士兵人數遠遠超過敵人槍炮。因為死去的軍隊人數當時沒有統計，現在已經不可考。

33 這類支援有時是實物，即一支分遣部隊，有時是現金。譬如，1804年拿破崙逼迫荷蘭人提供16,000名士兵，並命令荷蘭造船廠打造許多進攻用的大型平底船，以運送其部隊橫越英吉利海峽。拿破崙還逼西班牙付出鉅款，但西班牙政府是在接到最後通牒後才屈服。參見Georges Lefebvre所著*Napoleon*（《拿破崙》）（Paris，1947年），165頁。

34 參見Georges Lefebvre，同前引書，191、195、379、513-514頁。該書說，拿破崙大軍總數為70萬人，其中61萬1,000人越過俄羅斯邊境，這其中只有30萬人是法國人，來自「老法國」的為23萬人。直到1812至1813年間，法國才進行了真正的大規模徵兵，當時拿破崙徵召了一百多萬新兵，成功動員在陸軍部登記的男子中的41%。關於德國人口壓力及其如何左右政治，參見Karl H. Wegert所撰"Patrimonial Rule, Popular Self-Interest and Jacobinism in Germany, 1763-1800"（〈德國的世襲統治、民眾的利己主義和激進的民主主義，1763—1800年〉），*Journal of Modern History*（《近代史期刊》）第53期（1981年），450頁之後。

35 亞歷山大恐涉及謀殺其父保羅。亞歷山大登基後不久，在他心靈中，對開明法國思想的熱情與和上帝融為一體的神秘追求，相互競爭。他做事反覆無常，先與法國結盟，後又和英國結盟，然後又轉而與法國結盟。而這往往與他知性立場的變化有關。當時，眾人皆知，1815年德．克呂德納夫人（Mme de Krüdener）使他改信基督教。上述改變就發生在此事前後。參見Alan Palmer所著*Alexander I : Tsar of War and Peace*（《亞歷山大一世：戰爭與和平的沙皇》）（New York，1974年）。

36 參見L. Bergeron所撰"Problèmes économiques de la France Napoléonienne"（〈拿破崙法國的經濟問題〉），*Annalés historiques de la révolution français*（《法國大革命史冊》）第42期（1970年），89頁。

37 這類差距很容易被誇大其詞。拿破崙在供給軍隊全部所需軍備方面並無困難。根據Shepard B. Clough，同本章註27，49頁的記述，法國鐵炮年產量從每年900增加到13,000門，而17家新鑄造廠每年生產的銅炮超過14,000門。根據差不多同時代的估算，在1803到1815年間，法國生產了390萬支滑膛槍、來福槍、卡賓槍和手槍，而在同一時期英國只生產了310萬支。參見F. R. C. Dupin所著*Military Force of Great Britain*（《英國的軍事力量》）（London，1822年），Richard Glover（同第五章註26）在其著作的第47頁中援引此書，但這數字可能低估英國的產量。有學者估計，1804至1815年間，僅伯明罕一地就向軍需處繳交1,743,383支手槍和3,037,644支炮筒。參見William Page所編*The Victoria History of the County of Warwick*（《維多利亞沃里克郡史》）中"The Gun of Birmingham"（〈伯明罕的槍炮業〉）一文，226-232頁。在法國和法國治下的歐洲地區也如春筍般湧現如棉紡紗之類的新企業，參見Fernand Lelux所著*A l'aube du capitalisme et de la révolution industrielle: Lieven Bauwens, industriel Gaulois*（《資本主義和工業革命的曙光：高盧工業家利文．鮑文》）（Paris，1969年）。然而，由於原棉供應不定，棉紡紗業重挫，而且廣泛而言，仰賴進口物品維持的工業都日薄西事史的新方法〉），*Annalés historiques de la révolution française*（《法國大革命史冊》）第47期（1975年），83頁。

16 此為根據Crane Brinton等人的英譯，轉引自Edward Mead Earle所著*Makers of Modern Strategy*（《現代戰略的制訂者》）（Princeton，1941年），77頁。

17 參見 Richard Cobb所著*Les armées révolutionnaires : Instrument de la Terreur dan les départements, avril 1793-foreal an II*（《革命軍隊：各省恐怖時代的工具，1793年4月—花月2日》），二卷（Paris，1961年）。此書提供大量細節。

18 生活不安也鼓勵了反革命，如在里昂、土倫和旺代（Vendée）。1793年何種反應會盛行還不清晰。到那年年底，以知名的公安委員會為中心、由巴黎成軍的有力組織，外加自由的號召（即使它矛盾地意味著強制徵兵），使局勢扭轉過來。

19 1794年6月，一位官方報告員告訴國民議會，法國軍隊的人數為前一年的三倍，但費用只有一半。參見S. J. Watson所著*Carnot*（《卡爾諾》）（London，1954 年），88頁。關於兵役和窮人，參見Alan Forrest所著*The French Revolution and the Poor*（《法國大革命和窮人》）（Oxford，1981年），138-167頁。

20 參見George Lefebvre所著*The French Revolution from 1793 to 1799*（《1793—1799年的法國大革命》）（London，1964年），145頁。青年人參軍而削弱群眾運動，參見他的評論，同上書，70頁；另參見Jacques Godechot所著*Les revolutions, 1770-1799*（《革命，1770—1799年》）（Paris，1970年），94-95頁。

21 參見George Lefebvre，同前引書，3-5頁。

22 根據 Gunther Rothenberg所著*The Art of Warfare in the Age of Napoleon*（《拿破崙時代的戰爭藝術》）（Bloomington, Ind.，1978年），120-121頁的記述，在1778至1783年間，從法國軍械庫送給美國人的滑膛槍高達10萬支。

23 1789年，法國軍隊只有1,300門格里博瓦新式野戰炮。到1795年，數量幾乎增加一倍，這要多虧革命的巨大努力，當時連教堂的鐘也被融為重要金屬來源。同前引書，123頁。

24 參見Theodore Wertime，同第三章註16，249頁。根據該書記述，在公安委員會的領導下，巴黎每天生產1,100支滑膛槍。

25 這些數字來自Louis Joseph Gras，同第五章註55，99頁、225-227頁。

26 參見*Grande Encyclopédia*（《大百科全書》）LaBlanc, Carny條。

27 參見George Lefebvre，同本章註20，101-103頁；Shepard B. Clough所著 *France: A History of National Economics*（《法國國民經濟史》）（New York，1939年），51頁。

28 根據David Chandler，同第四章註23，65頁上所記，1694年路易十四的軍隊總人數達60萬，也是他統治時期時的最高數字。我所引述的革命軍隊人數，是根據George Lefebvre，同本章註20，81頁。

29 其他考慮因素，尤其是普魯士軍隊中疾病蔓延，也是決定撤退之因。根據Curt Jany所著*Geschichte der Königlich Preussischen Armee*（《普魯士皇家軍隊史》）（Berlin，1928-1937年）卷三，257頁的記述，1792年10月20日，15,068名士兵中有12,864人罹患疾病。在最後瓜分波蘭的行動仍在進行時（1793、1795年），普魯士和奧地利就發現不可能將注意力全部集中在法國。然而，法軍對志得意滿的普軍所取得的初步勝利，主要是仰賴承繼自格里博瓦的改革下的武器優勢，這象徵著舊政權軍隊與革命軍隊之間的戰術傳承。讓拿破崙嶄露頭角的收復土倫之戰（1793年）仰賴的也是法國新式野戰炮頁；Jacques Godechot所著*La Prise de la Bastille*（《攻克巴士底獄》）（Paris，1955年），75頁。

3 Oliven F. Hufton所著*The Poor of Eighteenth Century France 1750-1789*（《十八世紀法國貧民，1750—1789年》）（Oxford，1974年）對此做了出色的概論。

4 參見Y. Le Moigne所撰"Population et subsistence à Strasbourg au XVIIIe siècle"（〈十八世紀史特拉斯堡的人口和生活供應〉），M. Bouloiseau等所編*Contribution à l'histoire démographique de la révolution française*（《法國大革命對人口歷史的影響》）中的Commission d'histoire économique et sociale de la révolution（大革命經濟與社會史委員會），第14期（Paris，1962年），15、44頁。

5 關於戈登暴動，參見Rudé，同本章註2，268-292頁。作者煞費苦心地指出，倫敦群眾攻擊位高權重的人，也就是提倡天主教解放的人，但並未攻擊倫敦愛爾蘭貧民。因此，暴動的社會性質與巴黎所發生的革命差別不大。

6 以克里特島為中心的米諾斯文化將資源集中在克諾索斯（Knossos），似乎主要是靠貿易而非襲擊。爪哇和蘇門答臘兩個海上帝國在西元後的第一個千年裡也是如此。但是由對立的政治領袖分割而治的島嶼，日本大部分的歷史即是如此，其特色是一貫遵照動員的大陸模式，以強制命令為主，市場為輔。

7 使用正規軍來對付市民群眾，對十八世紀的軍隊來說相當難堪。參見Tony Haytor所著*The Army and the Crowd in Mid-Georgian England*（《英國喬治時代中期的軍隊和群眾》）（London，1978年）。近距離齊放滑膛槍很殘酷，但又無他法可循。直到1880年代，歐洲警察才系統性地制訂出控制群眾的方法。倫敦碼頭工人罷工（1889年）確定了「請往前走」的原則，也就是允許民眾沿著指定街道舉行遊行和和平示威。這也是對付群眾的現代技術的濫觴，允許群眾以無害的方式發洩憤怒，讓他們花幾小時消耗精力和喊叫，而不必以暴力將他們驅散。但要直到1789年很久以後才達到這種複雜度，就此而言，武裝警察已經是紀律嚴明的文明警察。關於巴黎警察，參見Jacques Godechot，同本章註2，95-115頁。

8 參見A. Corvisier所著*L'armée français de la fin du XVIIe siècle au ministère de Choiseul*（《十七世紀後期的法國軍隊中的舒瓦瑟爾部》）（Paris，1964年），784-790頁。

9 參見Samuel F. Scott所著*The Response of the Royal Army to the French Revolution, 1787-1793*（《皇家軍隊對法國大革命的反應，1787—1793年》）（New York，1978年），26、34頁。下文所談軍隊對大革命初期的反應，大都根據這本優秀著作。

10 參見Jacques Godechot，同本章註2，289頁之後。

11 參見Scott，同本章註9，17、45頁。

12 參見Louis Gottschalk和Magaret Maddox所著*Lafayette in the French Revolution : Through the October Days*（《法國大革命中的拉法葉：在十月的日子裡》）（Chicago，1969年），159-190頁，256-340頁。

13 參見Scott，同本章註9，98-120頁；Henry S. Wilkinson所著*The French Army before Napolean*（《拿破崙之前的法國軍隊》）（Oxford，1915年），94-143頁。

14 任命下級軍官的選任制度並未完全遭到棄用，但選任權只限於同階級職務的軍官，而且33%的空缺則根據服役資歷來晉升遞補。參見Scott，同本章註9，157、165、180頁。1975年廢除軍官選任制。

15 參見Jean-Paul Bertand所撰"Voies nouvelles pour l'histoire de la révolution"（〈研究革命軍

53 大眾對七年戰爭中的海戰敗仗反應強烈，當時的海軍部長（1761—66年）舒瓦瑟爾公爵得以通過財團——稅收商人、外省有產者、鄉紳、巴黎商人等——以多少是自願的認捐方式，付清16艘新軍艦的貸款。以捐款建造的戰艦表，參見 E. H. Jenkins所著*A History of the French Navy*（《法國海軍史》）(London，1973年)，142頁。

54 Symcox對此提出有力論述，參見同本章註46，221頁之後。

55 滑膛槍的生產主要在四個中心組織，在那，少數「企業家」和政府簽訂合同，每年交付規定數量的槍枝。事實上，滑膛槍由遵照企業家命令的工匠製造，整個生產過程有位政府官員監督，其任務是確保每支滑膛槍都符合官方標準。我找到的最佳法國槍枝製造的書是Louis Joseph Gras所著*Historique de l'amurerie stéphanoise*（《斯特凡武器製造業記事》）(St. Etienne，1905年)，36-40頁、59頁等。十八世紀下半，滑膛槍的年產量在10,000至26,000支之間，數量算是不少，但還是遠遠落後列日的生產規模。根據Claude Gaier，同本章註16，此書敘述列日的年產量為20萬支。

56 關於麵包承包商及其宰制戰場上部隊行動的傾向，參見Lee Kennett，同本章註6，97-104頁。關於法國缺乏全國性網絡的問題，參見Edward Fox所著*History in Geographic Perspective: The Other France*（《以地理觀點看歷史：另一個法國》）(New York，1971年)。

57 參見P. K. Crimmin 所撰" Admiralty Relations with the Treasury, 1783-1806 : The Preparation of Naval Estimates and the Beginnings of Treasury Control"（〈海軍部和財務部的關係，1783—1806年：海軍預算的制訂和財務部控制的開始〉），*Mariner's Mirror*（《水手之鏡》）第53期（1967年），63-72頁；Bernard Pool所著*Navy Bread Contracts, 1660-1832*（《海軍膳食合同，1660—1832年》）(Hamden, Conn.，1966年)，111-115頁；Robert G. Albion，同本章註6，45頁之後。直到1795年以後英國海軍的改革才開始進行，參見Richard Glover，同本章註26。

58 有三本關於美國獨立戰爭期間英國後勤工作的詳盡介紹：Peter Mackesy所著 *The War for America, 1775-1783*（《美國獨立戰爭，1775—1783年》）(Cambridge, Mass.，1964年)；David Syrett所著*Shipping and the American War, 1775-1783 : A Study of British Transport Organization*（《海運和美國獨立戰爭，1775—1783年：英國運輸組織研究》）(London，1970年)；R. Arthur Bowler所著*Logistics and the Failure of the British Army in America, 1775-1783*（《後勤工作和英國軍隊在美洲的失敗，1775—1783年》）(Princeton，1975年)。另，下列書資料也很豐富，Norman Baker所著*Government and Contractors: The British Treasury and War Suppliers, 1775-1783*（《政府和承包商：英國財政部和軍用供給商，1775—1783年》）(London，1971年)。

59 A. H. John所撰"War and the English Economy, 1700-1763"（〈戰爭和英國經濟，1700—1763年〉），*Economic History Review*（《經濟史評論》）1954—1955年第2 期，329-344頁。

第六章　法國政治和英國工業革命的軍事衝擊，1789-1840年

1 W. H. McNeill在資料不足的情況下，對這點做了盡量充分的闡述。參見同第二章註72，240-256頁。

2 參見George Rudé所著*Paris and London in the Eighteenth Century: Studies in Popular Protest*（《十八世紀的巴黎和倫敦：對大眾抗議的研究》）(New York，1971年)，35-36

45 參見Charles K. Hyde，同本章註38，115頁。由於有些私人出售的鐵被拿去製作滑膛槍，政府再以成品或半成品的方式，從私人生產者那購買，Hyde估計，政府占有鐵總產量的17-25%應該是最低限度。事實上，我認為，他一貫低估軍備和政府採購對英國煉鐵工業之興起的重要性，儘管他用的是複雜的經濟衡量標準和概念——也許問題就出在此。例如，威爾斯和後來的蘇格蘭最早的鑄鐵廠都是靠與海軍簽約製造大炮而起家。參見Harry Scrivenor所著*History of the Iron Trade*（《鐵的貿易史》），第二版（London，1854年），122-123頁；Arthur Henry John所著*The Industrial Development of South Wales*（《南威爾斯的工業發展》）（Cardiff，1950年），24-36頁，99頁之後。有大規模市場的保證能幫助企業家克服在幾乎無人煙之地創業的費用難關。英國此實例提供廣泛現象的典範：我們已經在上文中看到，國家武器合同往往為新地區提供創設相對昂貴新科技的基礎，俄羅斯的烏拉爾、普魯士的斯潘道和法國的勒克勒佐都屬於此例。

46 有兩本優秀著作對國家政策和力量均勢的這個致命變化提出詳盡說明：John Ehrman所著*The Navy in the War of William III, 1689-1697: Its State and Direction*（《威廉三世戰爭中的海軍，1689—1697年：狀況和方向》）（Cambridge，1953年）；Geoffrey Symcox所著*The Crisis of French Sea Power, 1688-1697: From the Guerre d'Escadre to the Guerre de Course*（《法國海上強國的危機，1688—1697年：從海軍中隊戰到私掠戰》）（The Hague，1974年）。

47 為了在船上安裝這些口徑大、炮壁薄的大炮，必須減少火藥量，否則後座力太大，船舶木製結構無法承受。這意味著炮彈初速低，射程近，但炮彈的外加重量卻得比標準炮火的摧毀力更強。卡隆炮的首次製造時間是1774年，起初只賣給商船，1779年皇家海軍將它們當作補充武器。後來，卡隆炮為納爾遜那停靠在敵艦附近的著名命令提供技術根據，因為它只能在近距離發揮火力。

48 關於十七、十八世紀海軍戰艦的技術極限，參見下列很富啟發性的著作，Ehrman，同本章註46，3-37頁；G. J. Marcus所著*Heart of Oak: A Survey of British Sea power in the Georgian Era*（《勇敢果斷：喬治王朝時代的英國海上力量概括研究》）（London，1975年），8-9頁、39頁等。造船仍舊靠手工技術，按船體弧線搭配形狀奇怪的木材等。儘管早在1681年法國人就開始嘗試運用理論，使船體和風帆達到最好的比例，但效果非常小。

49 參見1695年沃邦（Vauban）致路易十四的備忘錄，「……裝備艦隊耗資巨大，且純為損失」。引自Geoffrey Symcox，同本章註2，240頁。

50 波羅的海的木材供應商願意和英國人打交道，不用法國人，因為法國人付款不牢靠。這就增加了法國人得繞過敵人（英國人和荷蘭人），從波羅的海獲得木材的戰略困難。參見Paul Walden Bamford所著*Forest and French Sea Power, 1660-1789*（《森林和法國海上力量，1660—1789年》）（Toronto，1956年）。

51 例如在詹金爾的耳朵戰爭（War of Jenkins' Ear）中，英國海軍人數從1738年的不到一萬人，增至1741年的四萬餘人，1748年則達到六萬人的高峰。此戰後，1749年海軍人數減至兩萬人。參見Daniel A. Baugh所著*British Naval Administration in the Age of Walpole*（《沃爾波時代的英國海軍管理》）（Princeton，1965年），205頁。

52 參見John Erhman，同本章註46，171頁。「海戰不只幫助她[英國]得到財富，其過程還直接增加財富，昂貴的戰艦也沒有耗盡貿易和工業……力量和財富互起作用，花費增加，但有增加的資源可解決。」

顧，因而更急切地希望獲得軍職，連帶更加厭惡沒有頭銜的暴發戶。

35 關於腓特烈的動機，參見Gordon Craig所著*The Politics of the Prussian Army, 1640-1945*（《普魯士軍隊的政治，1640—1945年》）（Oxford，1956年），頁16；關於法國軍隊的獨尊貴族，參見Lee Kennett，同本章註6，143頁；David Bien 所撰"La réaction aristocratique avant 1789: L'exmple de l'armée"（〈一七八九年前貴族階級的反應：軍隊典型〉），*Annales: Économies, sociétés, civilisations*（《年鑑：經濟、社會和文明》）第29期（1974年），23-48頁、505-534頁；David Bien所撰 "The Army in the French Enlightenment: Reform, Reaction and Revolution"（〈法國啟蒙運動中的軍隊：改革、反應和革命〉），*Past and Present*（《過去與現在》）第85期（1979年），68-98頁。

36 我的主要依據來自Howard Rosen所著*The Système Gribeauval: A Study of Technological Change and Institutional Development in Eighteenth Century France*（《格里博瓦體系：十八世紀法國的技術變化和制度發展研究》）（博士論文，University of Chicago，1981年）。Rosen的某些深入看法參見"Le Système Gribeauval et la guerre moderne"（〈格里博瓦體系與現代戰爭〉），*Revue historique des armées*（《軍隊史評論》）第1-2期（1975年），29-36頁。相關細節參見Jean Baptiste Brunet所著*L'artillerie français à la fin du XVIIIe siècle*（《法國十八世紀炮兵》）（Paris，1906年）；關於軍隊內鬥，參見Pierre Chalmin，同本章註18，490-505頁。

37 1791年，法國的野戰炮只有1,300門。參見Guther Rothenberg，同本章註26，122頁。

38 參見Charles K. Hyde所著*Technological Change and the British Iron Industry, 1700-1870*（《技術改革和英國煉鐵工業，1700—1870年》）（Princeton，1977年），194-196頁。

39 參見 Bertrand Gille所著*Les origines de la grande industrie métallurgique en France*（《法國大型冶金工業的起源》）（Paris，1947年），131-135頁等；Conturie，同本章註29，248-280頁；Theodore Wertime，同第三章註16，131-132頁；Joseph Antoine Roy所著*Histoire de la famille Schneider et du Creusot*（《施耐德家族與勒克勒佐的歷史》）（Paris，1962年），11-15頁。

40 參見Claude Gaier，同第三章註44，60頁。

41 大部分勞動力由分派到新企業的農奴解決。很多工作是在冬季時沒有農活完成的，因此農奴的額外負擔只稍微降低其生產力。換句話說，俄羅斯政府大力採納強迫方式，實行遠為有效的每年勞動分配制度，從而得以建立作為軍備基礎的煉鐵工業，所需費用也低，多花費在供養監督管理人員和少數外國聘請而來的師傅。參見James Mavor所著*An Economic History of Russia*（《俄羅斯經濟史》），第二版（New York，1925年），卷一，437-438頁。到1715年，彼得大帝的工廠所生產的大炮已經超過13000門；1720年，滑膛槍的生產達20000支，和法國產量相當。參見Arcadius Kahan所撰"Continuity in Economic Activity and Police during the Post-Petrine Period in Russia"（〈俄羅斯彼得大帝時代以後經濟活動和政策的延續〉），William L. Blackwell所編*Russian Economic Development from Peter the Great to Stalin*（《從彼得大帝到史達林時代的俄羅斯經濟發展》）（New York，1974年），57頁。

42 同前引書，122頁。

43 參見W. O. Henderson所著*Studies in the Economic Policy of Frederick the Great*（《腓特烈大帝經濟政策研究》）（London，1963年），6頁。

44 參見Clive Trebilcock，同本章註31，477頁。

Albert Latreille所著*L'armée et la nation à la fin de l'ancien régime: les derniers ministres de guerre de la monarchie*（《舊制度末期的軍隊與國家：君主制戰爭時期的內閣大臣》）（Paris，1914年）；Jean Lambert Alphonse Colin 所著*L'infanterie au XVIIIe siècle : La tactique*（《十八世紀的步兵部隊：戰術》）（Paris，1907年）。

25 1757年英國開創此一風潮。參見Rex Whitworth所著*Field Marshal Lord Ligonier : A Story of the British Army, 1702-1770*（《陸軍元帥利根尼爾勳爵：英國陸軍史話，1702—1770年》）（Oxford，1958年），218頁。美國如法炮製，於1777年聘請馮·施托本男爵（Baron von Steuben）去訓練美洲殖民地軍隊。

26 關於戰術辯論，參見Jean Lambert Alphonse Colin，同本章註24；Louis Mention，同本章註24，187-210頁；Robert A. Quimby，同本章註13；Robert R. Palmer所撰"Frederick the Great, Guibert, Bülow: From Dynastic to National War"（〈腓特烈大帝、吉伯特、布羅：從王朝戰爭到民族戰爭〉），Edward M. Earle所編*Makers of Modern Strategy*（《現代戰略的制訂者》）（Princeton，1943年），49-74頁；Henry Spenser Wilkinson所著*The French Army before Nepoleon*（《拿破崙以前的法國軍隊》）（Oxford，1915年）。關於戰術和圈地問題，參見Richard Glover所著 *Peninsular Preparation: The Reform of the British Army, 1795-1809*（《半島戰爭準備：英國軍隊的改革，1795—1809年》）（Cambridge，1963年），124頁。關於小規模戰鬥和輕步兵，參見Gunther Rothenberg所著*The Military Border in Croatia, 1740-1881 : A Study of an Imperial Institution*（《克羅埃西亞的軍事邊界，1740—1881年：一種帝國制度的研究》）（Chicago，1966年），18-39頁等；Peter Paret所著*York and the Era of Prussian Reform, 1807-1815*（《約克和普魯士改革的時代，1807—1815年》）（Princeton，1966年），24-42頁。

27 當時製造出數千支後膛滑膛槍，據Lee Kennett所著，同本章註6，116頁和 140頁的闡述，當時證明後膛裝填有嚴重缺陷時，發明者自殺。

28 1794年法國併吞列日後，法國監督員逼迫全歐技術最熟練的列日槍炮工匠提高製炮水準。詳情參見Claude Gaier，同第三章註 44，95頁之後。

29 參見*Grande Encyclopédie*（《大百科全書》）Maritz, Jean同條；P. M. J. Conturie 所著*Histoire de la fonderie nationale de Ruelle, 1750-1940, et des anciennes fonderies de canons de fer de la Marine*（《1750—1940 年呂埃爾的國營鑄造業歷史和海軍鐵炮鑄造史》）（Paris，1951年），128-135頁。

30 1763年，普魯士人延請一位荷蘭兵工匠到斯潘道（Spandau）的兵工廠裝設大炮鑽孔機。1760年他被占領柏林的俄羅斯人俘虜，後者說服他在圖拉（Tula）為他們提供相同服務。參見 Paul Rehfeld，同本章註15，11頁。

31 參見Clive Trebilcock所撰"Spin-off in British Economic History : Armaments and Industry, 1760-1914"（〈英國經濟史的副產品：軍備和工業，1760—1914 年〉），*Economic History Review*（《經濟史評論》）第22期（1969年），477頁。

32 在B. P. Hughes所著*Firepower Weapons' Effectiveness on the Battlefield, 1630-1850*（《火器在戰場上的效用，1630—1850年》）（London，1974年），頁15-36可以找到很有用的圖表，闡述十八世紀後期大炮的功能。

33 參見E. W. Marsden，同第三章註4，48-49頁。根據書中所述，發明的主要所在地是在敘拉古的狄奧尼西奧斯一世（Dionysios I of Syracuse，西元前399年）和埃及托勒密二世（Ptolemy II，西元前285—246年）的宮廷。

34 這個「獨尊貴族」也許是反映人口增長的因素之一。貴族家庭有更多年輕兒子需要照

16 參見Violet Barbour所著*Capitalism in Amsterdam in the 17th Century*（《十七世紀阿姆斯特丹的資本主義》），重印本（Ann Arbor, Mich.，1963年），36-42頁；J. Yernaux所著*La métallurgie liégeoise et son expansion au XVIIe siècle*（《十七世紀列日的冶金術及其擴展》）（Liège，1939年）；Claude Gaier，同第三章註44，310頁。

17 我無法找到A. Dolleczeck所著*Geschichte der österreichischen Artillerie*（《奧地利炮兵史》）（Vienna，1887年）來做細節闡述。

18 用等高線表示山坡是製圖的重大發明，使地圖對軍事指揮官非常有參考價值。標誌沼澤和越野行動的其他障礙也很重要，但想出這點子容易很多。地圖等高線似乎是1777年由一位法國工兵中尉穆斯尼爾（J. B. Meusnier）首先提出，但用線條表示水深則是很老舊的手法，1584年荷蘭人就這麼做了。資料的匱乏使得等高線的使用延遲許久，在改良過後的測量儀器使資料收集變得容易迅速時，等高線在1810年左右才開始在小比例地圖上廣泛使用。參見François de Dainville所撰"From the Depth to the Heights"（〈從深處到高處〉），*Surveying and Mapping*（《測繪》）第30期（1970年），389-403頁；Pierre Chalmin所撰"La querelle des Bleus et des Rouges dans l'artillerie française à la fin du XVIIIe siècle"（〈十八世紀末資產階級革命時期法國炮兵中共和國士兵與革命黨人的鬥爭〉），*Revue d'histoire économique et sociale*（《經濟和社會史研究》）第46期（1968年），481頁之後。

19 參見Dallas D. Irvine所撰"The Origins of Capital Staffs"（〈主要參謀機構的起源〉），*Journal of Modern History*（《近代史期刊》）第10期（1938年），168-188頁；Eugène Carrias，同本章註13，176頁之後。

20 參見Stephen T. Ross所撰"The Development of the Combat Division in Eighteenth Century French Armies"（十八世紀法國軍隊中戰鬥師的發展〉），*French Historical Studies*（《法國史研究》）第1期（1965年），84-94頁。

21 引自Geoffrey Symcox所編*War, Diplomacy and Imperialism, 1618-1763*（《戰爭、外交和帝國主義，1618—1763年》）（London，1974年），194頁。另參見Christopher Duffy，同本章註14，134頁。

22 例如，普魯士一位職位較低的官員，馮·施泰因男爵（Baron Vom Stein）將魯爾河（Ruhr）改造成運河，以期擴大煤炭生產。參見W. O. Henderson所著*The State and the Industrial Revolution in Prussia, 1740-1870*（《國家和普魯士工業革命，1740—1870年》）（Liverpool，1958年），20-40頁。

23 一位叫皮耶·特列賽傑（Pierre Trésaguet）的法國工程師採用比較便宜的方法打造一條全天候道路，即用大小不等的碎石鋪成清楚有別的三層。1764年後，他的方法在法國得到廣泛採納，遠至俄羅斯的其他國家也跟著仿效。在俄羅斯，用特列賽傑的原理建造了莫斯科和聖彼得堡之間的道路。在英國，約翰·勞頓·麥克亞當（John Loudon McAdam）於1790年代對建築道路難題發生興趣，發展一種非常類似的方法修築牢固的地面。他只使用同一種大小的碎石，因而簡化工序。參見Gösta E. Sandström所著*Man the Builder*（《築路人》）（New York，1970年），200-201頁；Roy Devereux所著*The Colossus of Roads : A Life of John Loudon McAdam*（《築路巨匠：麥克亞當傳》）（New York，1936年）。

24 參見Emile G. Leonard所著*L'armée et ses problèmes au XVIIIe siècle*（《十八世紀的軍隊與軍隊問題》）（Paris，1958年）；Louis Mention所著*Le comte de Saint-Germain et ses réformes, 1775-1777*（《聖·熱爾曼伯爵及其改革，1775—1777年》）（Paris，1884年）；

理方面的改善，可拿來比較，參見A. Corvisier，同第四章註21，卷二，822-824頁；Lee Kennett所著*The French Armies in the Seven Years War*（《七年戰爭中的法國軍隊》）（Durham, N. C.，1967年），55頁。

7 參見James P. Lawford，同第四章註16。在普拉西戰役（Battle of Plassey，1757年）中，羅伯特·克萊武（Robert Clive）指揮七百八十四名歐洲士兵，十門野戰炮，以及大約兩千一百名以歐洲方法訓練和裝備的印度士兵。他打敗了約五萬名敵軍。參見Mark Bence-Jones所著*Clive of India*（《印度的克萊武》）（Chicago，1964年），133-143頁。

8 參見Paul Bohannan和Philip Curtin所著*Africa and Africans*（《非洲和非洲人》）（New York，1971年），273-276頁。

9 關於這些爭鬥，參見William H. McNeill所著*Europe's Steppe Frontier, 1500-1800*（《歐洲的草原邊疆，1500—1800年》）（Chicago，1964年），126-221頁。

10 參見Anton Zottman所著*Die Wirtschaftspolitik Friedrichs des Grossen Mit besonderer Berücksichtigung der Kriegswirtschaft*（《腓特烈大帝特別注重戰爭經濟的經濟政策》）（Leipzig，1937年）；W. O. Handerson所著*Studies in Economic Policy of Frederick the Great*（《腓特烈大帝經濟政策研究》）（London，1963年）。

11 參見Otto Büsch所著*Militärsystem und Sozialleben im alten Preussen*（《舊普魯士時代的軍隊體系和社會水準》）（New York，1966年），21-26頁。

12 海軍技術較難以掌控，1770年駛進地中海的俄羅斯海軍，儘管輕鬆地擊敗鄂圖曼土耳其人的海軍，但並未真正達到法國或英國的標準。到1790年，俄羅斯海軍遠勝於瑞典，從此遙遙領先，並在波羅的海列強中贏得穩定優勢。參見Nestor Monasterev和Serge Tereschenko所著*Histoire de la marine russe*（《德國海軍史》）（Paris，1932年），75-80頁；Donald W. Mitchell所著*A History of Russian and Soviet Sea Power*（《俄羅斯和蘇聯海權史》）（New York，1974年），16-102頁。

13 法國大元帥莫里斯認為，沒有將軍能在戰場上有效控制超過四萬人。參見Eugène Carrias所著*La pensée militaire français*（《法國軍事思想》）（Paris，出版日期不詳），170頁。Jacques-Antoine Hippolyte de Guibert所著*Essai général de tactique*（《戰術通論》）在1772年將軍隊的理想規模定於五萬人，七萬人是最高上限。他認為，唯有如此才能維持真正的戰場機動性。參見Robert A. Quimby所著*The Background of Napoleonic Warfare: The Theory of Military Tactics in 18th Century France*（《拿破崙一世的戰爭背景：十八世紀法國軍事戰術理論》），《哥倫比亞大學社會學研究》，第596號（New York，1957年），164頁。

14 參見Christopher Duffy所著*The Army of Fredrick the Great*（《腓特烈大帝的軍隊》）（Newton Abbot，1974年），135-136頁。關於法國的供給局限，參見Lee Kennett，同本章註6，100-111頁。關於泛論，參見Martin L. van Greveld所著*Supplying War : Logistics from Wallenstein to Patton*（《供應戰爭：從華倫斯坦到佩頓的後勤補給》）（Cambridge，1977年），此書也提供有趣的資料。

15 根據一位軍官在七年戰爭結束不久後所做的計算，普魯士只將戰爭總費用的13%用於物資，武器、火藥、鉛彈總計只用1%。參見Paul Rehfeld所撰"Die preussische Rüstungsindustrie unter Friedrich dem Grossen"（〈腓特烈大帝統治時期的普魯士軍備〉），*Forschungen zur brandenburgischen und preussischen Geschichte*（《勃蘭登堡和普魯士歷史研究》）第55期（1944年），30頁。

在這項努力中扮演重要角色。他化名為阿賀邁帕夏，被任命為魯米利亞（Rumelia）的總司令，那是鄂圖曼軍階中的最高職務。諷刺的是，儘管鄂圖曼在1736到1739年間對奧地利和法國都取得了真正的軍事勝利，但卻未能阻止戰後政策逆轉。博恩瓦勒難以控制的脾氣使他失寵，並在1738年關入大牢。他遭到免職後，那些寧可仰賴真主意志而非新式武器的虔誠穆斯林重新掌權。第二次軍事現代化的失敗嘗試則肇因於俄羅斯艦隊1770年於愛琴海的突然出現。一名法國化匈牙利人，佛朗索瓦·德·托特男爵（1733-1793）被授予緊急封鎖達達尼爾海峽的權力，隨後他做了更廣泛的努力，改善首都防禦工事，進行鄂圖曼炮兵和艦隊的現代化。雖然如此，戰爭於1774年結束時，施行現代化的這些努力就消失殆盡。博恩瓦勒曾被要求接受伊斯蘭教，但德·托特並未得到此類待遇，結果使得他因外國人和異教徒的身分而遭受雙重懷疑。1776年他回法國後，他引進的所有改革變得無足輕重。關於博恩瓦勒，參見Albert Vandal所著*Le Pacha Bonneval*（《博恩瓦勒帕夏》）（Paris，1885年）；關於德·托特，參見其本人的回憶錄*Mèmoires sur les Turcs et les Tartares*（《關於鄂圖曼土耳其人與韃靼人的回憶錄》）（Amsterdam，1784年）。

3 邊界國家征服較老、較小的國家之舉，在古代近東至少發生三次：阿卡德（約西元前2350年）、亞述（約西元前1000—612年）和波斯（西元前550—331年）。地中海歷史提供了一系列類似案例：在古代，先有馬其頓（西元前338年），後有羅馬（西元前168年）的興起，在近代則有西班牙統治義大利（早於1557年）。在上一章我們已經扼要回顧後者。古代中國（西元前221年秦的崛起）、古代印度（摩揭陀於大約西元前321年的崛起），以及美洲印地安墨西哥（阿茲特克人）和秘魯（印加人）似乎也都展現相同模式。這並不令人意外。某種既定的組織和技術水準，如果應用在更廣闊的地域基礎，就可以期望會產生更大效果。這在技術水準特別高超的文明中心的邊疆地帶往往成為可能。每當統治者設法鞏固其在幅員較為遼闊的邊緣地區的統治權時，通常就有使用以按照文明手法組織起來的半野蠻武力，去征服較老的財富和技術中心的可能，而這在歷史中屢見不鮮。

4 參見François Crouzet所撰“Angleterre et France au XVIIIe siècle : Essai d'analyse comparée de deuc croissances économique”（〈十八世紀英國與法國：兩國經濟增長分析對比述評〉），*Annales: Économies, sociétés, civilisations*（《年鑑：經濟、社會和文明》）第21期（1966年），261-263頁。

5 關於新世界的人口，參見Nicholas Sanchez-Albornoz所著*The Population of Latin America*（《拉丁美洲的人口》）（Berkeley and Los Angeles，1974年），104-129頁；Shelbourne F. Cook和Woodrow W. Borah所著*Essays in Population History: Mexico and the Caribbean*（《人口史論集：墨西哥和加勒比海地區》），二卷，（Berkeley and Los Angeles，1971年、1974年）。和後來的波利尼西亞人及太平洋島嶼居民一樣，當地人和白種人初次接觸後急速死亡的主因是外來傳染病。

6 例如，在塞繆爾·皮普斯（Samuel Pepys）的時代，皇家海軍長期缺乏經費。而到十八世紀的頭幾十年，已經沒有必要採取十七世紀末常用的財政權宜之計——延期支付軍餉或一年中有部分時間讓船隻閒置。參見Daniel A. Baugh所著*British Naval Administration in the Age of Walpole*（《沃爾波時代的英國海軍管理》）（Princeton，1965年），頁496等；Robert G. Albion所著*Forests and Sea Power: The Timber Problem of the Royal Navy, 1652-1862*（《森林和海上力量：皇家海軍的木材問題，1652—1862年》）（Cambridge, Mass.，1926年），頁66。十八世紀法國軍隊在準時付薪和加強財政管

21 操練和新的日常慣例會產生巨大精神力量，使新兵的出身和過去經歷與他作為士兵的行為毫無瓜葛。這就使對軍人階級和出身地區的研究失去古文物研究以外的價值，儘管軍事文獻有時非常有利於這類分析。也許受馬克思主義影響的法國歷史學家，一直特別積極從事這方面的研究，但他們無法清楚闡釋法國軍隊在戰時和和平時期的實際作為。這類流派的傑出之作是 A. Corvisier 所著 *L'armée française de la fin du XVIIe siècle au ministère de Choiseul: Le Soldat*（《十七世紀末舒瓦瑟爾內閣時期的法國軍隊：士兵》），二卷（Paris，1964年）。

22 十八世紀運用於工業化生產的標準化和常規化，早已在十七世紀的軍隊管理和供應中實施。兩者取得類似結果，生產率大為提高，單位成本降低。這一論點在下列著作中也許過分強調，參見 Jacobus A. A. Van Doorn 所著 *The Soldier and Social Change: Comparative Studies in the History and Sociology of Military*（《軍人和社會變化：武裝部隊的歷史和社會學方面的對比研究》）（Beverly Hills, Calif.，1973年），17-33頁。另參見 Lewis Mumford 所著 *Technics and Civilization*（《工藝學和文明》）（New York，1934年），81-106頁。

23 關於發明和採納附環刺刀的不確定疑問，參見 David Chandler 所著 *The Art of War in the Age of Marlborough*（《馬爾堡時代的戰爭藝術》）（New York，1976年），67、83頁。

24 1710年左右，毛里茨親王時代的火繩槍為燧發槍取代，從而簡化了操練，至少在管理最佳的歐洲軍隊裡是如此。燧發槍早在1615年就已發明，但在最初，用來取代火繩槍的費用太為昂貴，儘管燧發槍的射擊速度快得多（約快一倍），也更可靠（無法射擊率為33%，而火繩槍則為50%）。這些數據引自前引書，76-79頁。

25 按照更嚴格的定義，這種相同模式盛行的時間僅有一百年，即1730至1830年。關於許多設計上的小變化，以及軍需處在短期內得拿到大量滑膛槍時，如何處理突發危機的細節，參見 Howard L. Blackmore 所著 *British Military Firearms, 1670-1850*（《英國的軍用火器，1670—1850年》）（London，1961年）。

第五章　歐洲暴力官僚化帶來的拉力，1700-1789年

1 歐洲人口從1700年的1億1,800萬增加到1801年的1億8,700萬。英格蘭和威爾斯的人口從十八世紀初期的580萬，增加到1801年的915萬。法國人口在1715至1789年間從1,800萬左右，增加到2,600萬。參見 Jacques Godechot 所著 *Les révolutions, 1770-1799*（《革命，1770—1799年》）（Paris，1970年），93-95頁；Phyllis Deane 和 W. A. Cole 所著 *British Economic Growth, 1688-1959: Trends and Structure*（《1688—1959年英國的經濟成長：趨勢和結構》），第二版（Cambridge，1967年），103頁；M. Reinhard 和 A. Armengaud 所著 *Histoire générale de la population mondiale*（《世界人口通史》）（Paris，1961年），151-201頁。人口統計學家對十八世紀人口激增的原因概述可以參見 Thomas McKeowan , R. G. Brown 和 R. G. Record 所撰 " An Interpretation of the Modern Rise of Population in Europe"（〈對歐洲現代人口增長的理解〉，*Population Studies*（《人口研究》）第26期（1972年），345-382頁。也許最重要的單一因素是致命傳染病的發病率改變，參見 William H. McNeill 所著 *Plagues and Peoples*（《瘟疫與人》）（New York，1976年），240-258頁。

2 1730年，蘇丹馬哈茂德一世（Mahmud I）開始嘗試以模仿基督徒的方法，來改善鄂圖曼帝國的防務。一位法國變節者，博恩瓦勒伯爵，克洛德—亞歷山大（1675—1747）

教歐洲的軍樂源自鄂圖曼的橫笛和軍鼓樂團。後兩者又源自草原的傳統鼓樂，透過年輕人組合成的苦行僧團體慢慢傳進穆斯林世界。但鄂圖曼軍隊並沒有像基督教軍隊那樣不斷進行操練，而且前者也不齊步走，因而削減了齊步行進時的共振現象。

13 參見Jocob de Gheyn所著*Wapenhandelinghe van Roers, Musquetten ende Spiessen, Achtervolgende de Ordre van Syn Excellentie Maurits, Prince van Orangie*（《奉奧倫治毛里茨親王之命進行的炮管、滑膛槍和長矛的軍械操演》）（The Hague，1607年）。我看的是複製版（New York，1971年），附有 J. R. Kist其資料豐富的論評。根據Kist所言，毛里茨在1592年首次檢閱軍隊，並舉行演練。那時他每營有八百人；後來他把每營（演練的基本單位）減至五百五十人，如此在戰場上會較為靈活，也更便於一人指揮。出版後，De Gheyn的書多次遭非法翻印，最典型的是Johann JocobWallhausen的*Kriegskunst zu Fuss*（《光腳戰術》）（1614年），他用和原著相同的銅版，但以德文出版。

14 參見Richard Hellie，同第三章註28，187-188頁。

15 關於鄂圖曼帝國未能採納歐洲操練，參見V. J. Parry所著“La manière de combattre”（〈戰術〉），V. J. Parry和M. E. Yapp所編*Technology and Society in the Middle East*（《中東的技術和社會》）（London，1975年），218-256頁。

16 關於細節參見James P. Lawford所著*British Army in India from its Origin to the Conquest of Bengal*（《從其起源到征服孟加拉時期的駐印英軍》）（London，1978年）。

17 參見Frauenholz所著*Das Heerwesen in die ferien Söldnertums*（《退役傭兵的軍事事務》），卷一，36-39頁。例如，退役老兵為1525年的農民戰爭提供了關鍵軍力。

18 1479年，法國路易十一解散了他的步兵部隊，與瑞士人簽約。瑞士人作為歐洲最頂尖的長矛兵的美名無疑影響了此一決定。但他們在法國社會動亂時，會保持政治距離此點也是其中一個因素。參見Phillipe Contamine，同第三章註13，284頁。關於使用傭兵的一般情況，參見V. G. Kiernan所撰“Foreign Mercenaries and Absolute Monarchy”（〈外國傭兵和絕對君主制〉），Trevor Aston所編*Crisis in Europe,1560-1660*（《歐洲的危機，1560—1660年》）（New York，1967年），117-140頁。

19 從1590年代起，鄂圖曼帝國就和威尼斯人爭相雇用來自巴爾幹半島西部的基督教步兵。參見Halil Inalick所撰“Military and Fiscal Transformation in the Ottoman Empire, 1600-1700”（〈鄂圖曼帝國的軍事和財政改革，1600—1700年〉），*Archivum Ottomanicum*（《鄂圖曼檔案室》），第6期（1980年）。然而，步兵在西歐的曠野和戰場上已經取得首要地位後的兩個世紀間，黑海以北地區的技術和地理條件仍舊對騎兵有利。由於草原上很容易得到便宜的馬，因此哥薩克騎兵在東方扮演的角色就類似西方的瑞士人。他們和瑞士人一樣，成了軍事平等主義者，一旦其軍事價值得到鄰國認可，就會在可供選擇的外國雇主間搖擺不定。哥薩克人最後為沙皇效命，但他們付出的代價是背叛早年的平等主義傳統。參見William H. McNeill所著*Europe's Steppe Frontier, 1500-1800*（《歐洲的草原邊疆，1500—1800年》）（Chicago，1964年）。

20 在伊斯蘭國家，類似困難有時以將外國士兵降為奴隸來解決。但是奴隸士兵也很難控管，而在伊斯蘭幾個國家裡，奴隸隊長大權在握，建立「奴隸王朝」，政權不是由父傳子，而是由奴隸隊長間代代相傳。埃及的馬木路克國為其中最知名者。它從十三世紀延續到十九世紀。關於伊斯蘭國家的奴隸軍隊問題，參見 David Ayalon所撰“Preliminary Remarks on the Mamluk Military Institution in Islam”（〈伊斯蘭國家馬木路克軍事制度淺論〉），Parry和Yapp所編，同第三章註27，44-58頁；Daniel Pipes，同第二章註71；Patricia Crone，同第二章註71。

Imperial Dominion during the Thirty Years War"（〈三十年戰爭時期在帝國領土上建立軍事工業的計畫〉），*Business History Review*（《商業史評論》）第38期（1964年），123-126頁。

4 據說，這位瑞典國王用了*Bellum se ipse alet*（戰爭會餵養自己）這個拉丁短語。參見Michael Robert所著*Essays in Swedish History*（《瑞典歷史文集》）（Minneapolis，1967年），73頁。

5 參見Eli Heckscter所撰"Un grand chapitre de l'histoire de fer: la monopole suédois"（〈冶鐵業的偉大篇章：瑞典的壟斷〉），*Annales d'histoire économique et sociale*（《經濟和社會史年鑑》）第4期（1932年），127-139頁。

6 參見Louis André所著*Michel Le Tellier et Louvois*（《米歇爾．勒泰利埃與盧福瓦》）（Paris，1943年），第二版；Louis André所著*Michel Le Tellier et l'organisation de l'armée onarchique*（《米歇爾．勒泰利埃與君主制下的軍隊組織》）（Montpelier，1906年）。關於馬賽利尼及其行政改革，參見*Michael E. Mallett*所著*Mercenaries and Their Masters: Warfare in Renaissance Italy*（《傭兵及其主人：義大利文藝復興時期的戰爭》）（London，1974年），126-127頁。

7 譯自Camille Rousset所著*L'histoire de Louvois*（《盧福瓦傳》）（Paris，1862—64年），四卷，卷一，209頁。衛戍規則規定部隊每星期在一位軍官面前操練兩次；每月整個守衛部隊在一名高級軍官或其他重要人士面前以戰鬥隊形行進，接受檢閱一次。參見Louis André，同本章註六，第二版，399-401頁。

8 參見Michael Roberts，同本章註4，219頁。

9 埃里亞努斯是希臘人，曾於羅馬帝國和其軍隊鼎盛時期，撰書討論圖拉真時代的戰術。此書於1550年翻譯成拉丁文，所以當毛里茨親王開始軍事改革時，此書既有古代權威，又有新奇事物的氛圍。根據Werner Halbweg所著*Die Heeresreform der Oranier und die Antike*（《埃里亞努斯軍隊改革和古代雅典》）（Berlin，1941年），43頁的論述，毛里茨改革的主要啟發是埃里亞努斯。

10 這種槍需先裝上火藥，然後裝上彈塞來固定火藥位置，接著裝上彈丸和固定彈丸的彈塞，隨後在火藥鍋裡填一種不同火藥，最後用（拿在左手裡）點燃的火繩點燃發火裝置，槍終於可以進行瞄準射擊。在整個射擊程序重新開始以前，必須把火繩挪開好確保安全。

11 關於毛里茨的改革，除本章註9已經提到的Halbweg的著作外，還可參見M. D. Feld引發爭議的"Middle Class Society and the Rise of Military Professionalism: The Dutch Army, 1589-1609"（〈中產階級社會和軍事職業化：荷蘭軍隊，1589—1609〉），*Armed Forces and Society*（《軍隊和社會》）第1期（1975年），419-442頁。

12 我沒看到任何有關對密集隊形操練，對一般人，尤其是對歐洲軍隊的心理和社會層面，做過真正深入的討論。我的評論衍生自個人經驗的反省——以及我在二次大戰期間對操練的反應，它令我自己吃驚。當代有些軍事作家提到操練的力量和其與舞蹈的關係，參見Maurice de Saxe所著*Reveries on the Art of War*（《戰術冥想》），Thomas R. Phillips譯（Harrisburg, Pa，1944年），30-31頁：「讓他們按韻律行進，秘訣就在於此，這是羅馬人的軍人步伐……每個人都見過別人通宵跳舞。但讓一個人在沒有音樂的情況下，跳個十五分鐘，看看他是否能夠忍受……有人告訴我，許多人對音樂沒特別感覺。這是錯的，人會隨著音樂自然、自動地發出動作。我常注意到，當軍鼓齊響時，所有士兵都不自覺、無意識地按著節奏行進。自然和本能主宰一切。」順帶一提，基督

	西班牙	法國
1630年代	30萬	15萬
1650年代	10萬	10萬
1670年代	7萬	12萬
1700年代	5萬	40萬

其他各國軍隊即使在技術上和法國及西班牙軍隊齊頭並進，規模還是遠遠比不上。譬如，荷蘭軍隊在1630年代只有5萬人，到1700年代增為10萬人。在北方，瑞典軍隊在1630年代為4萬5,000人，在1700年代為10萬人。俄羅斯在1630年代為3萬5,000人，在1700年代為17萬人。這些數字出處相同。但Parker的文章中有關法國軍隊在十八世紀頭十年的數字偏高。其他權威著作中提到，在西班牙王位繼承戰爭中，路易十四的軍隊只有30萬人。見本書第四章。

43 參見Kiyoshi Hirai所著*Feudal Architecture in Japan*（《日本的封建建築》）（New York and Tokyo，1973年）一書中的照片。但對日本人來說，防禦小型火器火力，比防禦大炮火力更重要。這是因為日本軍隊缺乏進行長期攻城戰的後勤資源，而大炮在其中是決定性因素。因此，日本的國民經濟沒能發展接近歐洲規模的大炮製造的技術基礎。武士理想強調近身肉搏，這也許抑制了發展大炮的努力，而燃料短缺可能也很重要。我是從和John F. Guilmartin, Jr.的私人信件來往中得此靈感。

44 參見Jean Lejeune所著*La formation du capitalisme moderne dans la principauté de Liège au XVI siècle*（《十六世紀近代資本主義在列日公國的形成》）（Liège，1939年），181頁；Claude Gaier所著*Four Centuries of Liège Gunmaking*（《列日四百年造炮史》）（London，1977年），29-31頁。

第四章　歐洲戰爭藝術的發展，1600-1750年

1 我們已經討論過，技術創新的西班牙士兵靠手槍和發展新戰術，很快就推翻了法國初期的霸權。瑞士人在老盟友法國人手裡蒙受決定性打擊；在1515年的馬里亞尼諾戰役中，法國人部署適當數量的大炮，轟擊大批長矛兵，造成慘重傷亡。參見Charles Oman所著*A History of the Art of War in the Middle Ages*（《中世紀的戰略戰術史》）（London，1898年），卷二，279頁。如果大膽查理在1476到1477年間，能夠用大炮對付瑞士人的話，歐洲歷史也許會重寫。

2 關於萬用傭兵，參見Eugen von Frauenholz所著*Das Heerwesen in der Zeit des freien Söldnertums*（《自由軍權時代的軍隊性質》）（Munich，1936年，1937年），二卷；Fritz Redlich所著*The German Military Enterpriser and His Work Force*（《德國的軍事企業家和其勞動大軍》）（Weisbaden，1964年），二卷；Carl Hans Hermann所著*Deutsche Militärgeschichte: Eine Einführung*（《德國軍事史：諸論》）（Frankfurt，1966年），58頁等。

3 關於華倫斯坦，參見Golo Mann所著*Wallenstein*（《華倫斯坦》）（Frankfurt am Main，1971年）；Francis Watson所著*Wallenstein: Soldier under Saturn*（《華倫斯坦：黃金時代的軍人》）（New York，1938年）；G. Livet所著*La Guerre de Trente Ans*（《三十年戰爭》）（Paris，1963年）；Redlich所著*The German Military Enterpriser*（《德意志軍事家》）卷一，229-336頁；Fritz Redlich所撰"Plan for the Establishment of a War Industry in the

31 參見Garret Mattingly所著*The Defeat of the Spanish Armada*（《西班牙無敵艦隊的戰敗》）（London，1959年），215-216頁。

32 同前引書，頁87，投資者所獲紅利為4,700%。

33 1590年，海事法庭的一位法官寫道：「（五年前，即1585年）自從這些私掠巡航開始以來，女王陛下從掠奪所得中獲利和儲存了超過二十萬英鎊。」參見 Kenneth R. Andrews 所著*Elizabethan Privateering, 1585-1603*（《伊莉莎白時代的私掠巡航，1585—1603年》）（Cambridge，1964年），22頁。伊莉莎白的年收入大約為三十萬英鎊，因此這不是一小筆收入。

34 其他因素，尤其是稅率和木材費用，也對伊比利的私人海運業不利。參見前引書。

35 參見Richard Bean所撰"War and the Birth of the Nation States"（〈戰爭和民族國家的誕生〉），*Journal of Economic History*（《經濟史期刊》）第33期（1973年），217頁。他估計1450到1500年間，按實際的平均人口計算，西歐中央政府的稅金歲入增長一倍，但在那之後，成長趨緩。

36 參見Richard Ehrenberg所著*Capital and Finance in the Age of the Renaissance*（《文藝復興時期的資本和財政》）（London，出版日期不詳）；Frank J. Smoler所撰"Resiliency of Enterprise, Economic Crisis and Recovery in the Spanish Netherlands in the Early 17th Century"（〈企業的復原能力：十七世紀初期西屬荷蘭的經濟危機和復原〉），Carter，*From Renaissance to Counter-Reformation*，247-268頁；Geoffrey Parker所撰"War and Economic Change: The Economic Costs of the Dutch Revolt"（〈戰爭和經濟變化：荷蘭反叛的代價〉），Winter，*War and Economic Development*，49-71頁。

37 參見Geoffrey Parker所著*The Army of Flanders and the Spanish Road, 1567-1659*（《法蘭德斯的軍隊和西班牙路，1567—1659》）（Cambridge，1972年），336-341頁。

38 關於西班牙兵變，參見Geoffrey Parker深具啟發性的討論，"Mutiny in the Spanish Army of Flanders"（〈法蘭德斯的西班牙軍隊中的兵變〉），*Past and Present*（《過去和現在》）第58期（1973年），38-52頁，以及他的前引書第七章。根據他的計算，1572到1607年間，西班牙軍隊發生了四十六起兵變。

39 這些數字全部引述自L. A. A. Thompson的大作*War and Government in Hapsburg Spain, 1550-1620*（《哈布斯堡西班牙的戰爭和政府，1550—1620》）（London，1976年），71、73、103頁。關於1567—1665年間，在荷蘭的西班牙士兵每年人數（其中大部分不是西班牙人），參見Geoffrey Parker同樣出色的著作，見前引書，28頁。每年人數變化很大，取決於計畫行動的種類和可用財力，但1572年為鎮壓叛軍而做最初動員後，法蘭德斯的西班牙常駐軍通常超過五萬人。

40 這些數字引自Geoffrey Parker所撰"The Military Revolution 1550-1660—a Myth?"（〈1550—1660年間的「軍事革命」是否為神話？〉），*Journal of Modern History*（《近代史期刊》）第48期（1976年），206頁。在1550年代，歐洲第二大軍隊法國軍隊，其人數只到西班牙軍隊的三分之一。

41 參見Thompson，同本章註39，72頁。

42 根據Geoffrey Parker，同本章註40，206頁的統計，西班牙和法國軍隊的人數變化如下：

19 指1363—1477年間，勃根地各公國所有加起來的領地，低地國是其中最富饒的部分，這個地區彎彎曲曲地向南延伸到瑞士邊界。1477年大膽查理去世，而在他去世前的半個世紀中，勃根地的公爵們似乎想重組成加洛泰林吉亞王國，這王國建立的中斷是843年加洛林帝國因位於法德之間慘遭分裂而導致。

20 參見同本章註17，卷二，487頁。

21 參見Carlo M. Cipolla所著*Guns, Sails and Empires: Technological Innovation and the Early Phases of European Expansion, 1400-1700*（《槍炮、風帆和帝國：技術革新和歐洲擴張的初期階段，1400—1700年》）（New York，1965年），1-73頁。這是本人所見關於歐洲大炮初期發展討論最深入的一本。到十九世紀，隨著A. Essenwein的*Quellen zur Geschichte der Feuerwaffen*（《火器歷史的開端》），二卷（Leipzig，1877年，1969年再版於Graz）等著作的出版，對大炮更詳盡、具有一定古物研究性質的論著達到驚人水準。關於勃根地大炮的發展，參見C. Brusten 所著*L'armée bourguignone de 1455-1468*（《1455—1468 年間勃根地人的軍隊》）（Brussels，1954年）；Claude Gaier所著*L'industrie et le commerce des armes dans l'anciennes principautés belges du XIIIe à la fin du XVe siècle*（《十三至十五世紀末比利時公國的武器製造與經營》）（Paris，1973年）。

22 參見Christopher Duffy所著*Siege Warfare: The Fortress in the Early Modern World 1494-1660*（《圍城戰：近代世界早期的堡壘，1494—1660年》）（London，1979年），8-9頁。

23 1477年，哈布斯堡人和法國人分享勃根地的遺產，直接繼承了低地國的鑄炮能力。關於鄂圖曼人，參見John F. Guilmartin, Jr.所著*Gunpower and Galleys: Changing Technology and Mediterranean Warfare at Sea in the 16th century*（《火藥和軍艦：變化中的技術和十六世紀地中海海戰》）（Cambridge，1974年），255-256 頁。

24 Albert Dürer在許多方面都是義大利人的學生，他從義大利旅行歸國後，對此問題展現極大興趣，並出版了第一本防禦工事的書，因而聲名大噪。他的*Etliche Underrichtsur Befestigung der Sett Schloss und Flecken*（《構築城市、城堡和村鎮工事的要領》）（Nuremberg，1527年）一書，描述了為抵擋炮彈而設計的工事，其盡雄偉之能事，但在實用性方面則乏善可陳。參見Christopher Duffy，同本章註22，466-494頁。

25 同本章註22，15頁。

26 參見John R. Hale所撰"The Development of Bastion, 1449-1534"（〈堡壘的發展，1449—1534年〉），John R. Hale主編*Europe in the Late Middle Ages*（《中世紀晚期的歐洲》）（Evanston, III，1965年），466-494頁。

27 參見Halil Inalcik所撰"The Social-Political Effects of the Diffusion of Firearms in the Middle East"（〈中東火器擴散的社會—政治效應〉），V. J. Parry和M. E. Yapp主編*War, Technology and Society in the Middle East*（《中東的戰爭、技術和社會》）（London，1975年），199-200頁。

28 參見Richard Hellie所著*Enserfment and Military Change in Muscovy*（《俄國的奴隸制和軍事改革》）（Chicago，1971年），152-168頁。

29 參見John F. Guilmartin, Jr.，同本章註23，該書對地中海戰術保守主義背後的合理性，做了非常深入的討論。

30 參見Fernand Braudel所著*The Mediterranean and Mediterranean World in the Age of Philip II*（《腓力二世時期的地中海和地中海世界》），二卷本，（New York，1972年，1973年）。

Economy in the Late Thirteenth and Early Fourteenth Centuries"(〈十三世紀末和十四世紀初的戰爭、稅收和英國經濟〉)，J. M. Winter所編*War and Economic Development*(《戰爭和經濟發展》)(Cambridge，1975年)，11-31頁。Kenneth Fowler主編，同本章註十二，此書中的文章分析都很中肯。關於搶劫所造成的經濟後果，參見Fritz Redlich所著*De Praeda Militare: Looting and Booty, 1500-1800*(《關於軍事戰利品：搶劫與贓物，1500—1800年》)(Wiesbaden，1956年)，尤其是他的主要著作*The German Military Enterpriser and His Work Force*(《德國軍事企業家及其勞動大軍》)(Wiesbaden，1964年)，兩卷本，卷一，118頁等。Redlich引用的資料較少原始文獻，但他受過經濟學的訓練，將經濟學的語彙帶入搶劫活動和傭兵制度，賦予他著作獨特價值。

14 這些數字引自Contamine，同本章註13，317-318頁。在1478年，法國的「蘭斯」達到4,142個，和米蘭軍隊人數相較，為四比一強。由此可大略推估，到十五世紀末，法蘭西王國在戰爭規模方面，是如何超越義大利城邦。同上，200頁。

15 參見Thomas Esper所撰"The Replacement of the Longbow by Firearms in the English Army"(〈英國軍隊中火器取代長弓的情況〉)，*Technology and Culture*(《科技和文化》)第6期(1965年)，382-393頁。性象徵可能一開始就和大炮密不可分，同時大為有助於解釋為何歐洲君主和工匠在早期火器上進行不合理的投資。我是受Barton C. Hacker影響而有此想法，他在"The Military and the Machine : An Analysis of the Controversy over Mechanization in the British Army, 1919-1939"(〈武裝部隊和機械：對英國軍隊機械化問題上的論戰分析，1919—1939年〉)(芝加哥大學博士論文，1968年)一文中，探究兩次大戰期間，促使坦克發展的心理動力。然而，即使這類心理探究能解釋除此之外無法解釋的行徑，它仍舊沒有說明，為何歐洲人特別容易產生這種心理反應。西歐政治制度的特性和那些製造(和購買)新炮的城市居民的窮兵黷武習慣，似乎是將來自純粹幻想的心理動力化為堅硬金屬的必要因素。參見J. R. Hale所撰"Gunpower and the Renaissance: An Essay in the History of Ideas"(〈火藥和文藝復興：思想史論〉)，Charles H. Carter所編*From Renaissance to Counter-Reformation: Essays in Honor of Garret Mattingly*(《從文藝復興到反改革：加勒特・馬丁紀念論文集》)(London，1966年)，133-134頁。

16 參見Theodore A. Wertime所著*The Coming of Age of Steel*(《鋼鐵時代的到來》)(Leiden，1961年)，164頁及之後各頁。事實上，歐洲大陸在十五世紀中期就有鑄鐵炮，但往往有缺點，所以鐵雖然有價格便宜這個優點，卻被大炮常常失靈抵銷。英國在鑄造耐用鑄鐵炮方面有效壟斷了半個世紀，主要是因為蘇塞克斯的鐵器製造商使用了礦石中的微小痕量元素，從而使鐵在冷卻時不易出現裂縫。1604年英國和西班牙談和(荷蘭人也很快跟進)，導致軍方對大炮需求量減少。蘇塞克斯已經出現的經濟衰退因燃料短缺而更為嚴重。二十年後，瑞典由於引進鼓風爐和鑄造金屬的瓦隆技術，開始鑄造出優質鐵炮。從那時起直到十八世紀晚期，瑞典一直主宰國際鐵炮市場。參見Eli Heckscher所撰"Un grand chapître de l'histoire de fer: le monopole suèdois"(〈冶鐵史的偉大篇章：瑞典的壟斷〉)，*Annales d'histoire économique et sociale*(《經濟和社會史年鑑》)第4期(1932年)，127-139頁。

17 參見Maurice Daumas主編*Histoire générale des techniques*(《技術通史》)(Paris，1965年)，卷二，493頁。

18 參見Léon Louis Schick所著*Un grand homme d'affaires au début du XVIe siècle: Jocob Fugger*(《十六世紀初期的偉大實業家：雅各布・富格》)(Paris，1957年)，8-27頁。

揭露十六世紀歐洲礦工的成就前，技術進步是在何時何處發生的話，得進行艱困的考古。

7 關於從城市民兵到職業軍人的轉化，參見Michael E. Mallett所著*Mercenaries and Their Masters : Warfare in Renaissance Italy*（《傭兵及其雇主：文藝復興時期的義大利戰爭》）（London，1974年），1-51頁；D. P. Waley所撰"The Army of the Florentine Republic from the 12th on to the 14th Centuries"（〈十二至十四世紀佛羅倫斯共和國的軍隊〉），Nicholai Rubenstein所編*Florentine Studies*（《佛羅倫斯研究》）（London，1968年），70-108頁；Charles C. Bayley所著*War and Society in Renaissance Florence: The "De Militia" of Leonardo Bruni*（《文藝復興時期佛羅倫斯的戰爭與社會：雷歐納多．布魯尼的「民兵」》）（Toronto，1961年）。

8 而且在冒險進入義大利本土前不久，就有所謂的stadioti作法，施行在巴爾幹基督教徒傭兵身上。參見Freddy Thieret所著*La Roumanie vénitienne au moyen âge*（《中世紀威尼斯統治下的羅馬尼亞》）（Paris，1959年），402頁。

9 關於義大利軍事組織的這些闡述，主要依據Mallett的重要著作，同本章註7，以及他在John R. Hale所編的*Renaissance Venice*（《文藝復興時期的威尼斯》）中所寫的一章"Venice and Its Condottieri, 1404-1454"（〈威尼斯和傭兵統領，1404—1454年〉）（London，1973年），131-145頁。另參見John R. Hale所撰"Renaissance Armies and Political Control : The Venetian Proveditorial System, 1509-1529"（〈文藝復興時期的軍隊和政治控制：威尼斯的地方長官制度，1509—1529年〉），*Journal of Italian History*（《義大利史期刊》）第2期（1979年），11-31頁；Piero Pieri所著*Il Rinascimento e la crisi militare italiana*（《文藝復興與義大利軍事危機》）（Turin，1952年），後者材料豐富，但整體說來，贊同傭兵制度的傳統負面觀點。

10 參見Ralph W. F. Payne-Gallwey，同第二章註27，62-91頁。

11 參見L. Garrington Goodrich所撰"Early Cannon in China"（〈早期的中國大炮〉），*Isis*（《伊希斯》）第55期（1964年），193-195頁；L. Garrington Goodrich和Feng Chia-sheng，同第二章註41，114-123頁；Joseph Needham（李約瑟），同第二章註31。關於歐洲早期大炮的著作極多，其中O. F. G. Hogg所著*Artillery, Its Origin, Heyday, and Decline*（《大炮的起源、全盛及衰落》）（London，1970年）是很有價值的現代作品。

12 當時的封建服役已經有部分具有金錢性質，在規定的一段時間（通常是四十天）後，騎士就會希望或要求領主每天支付軍餉，以使他們能繼續服役。由於英格蘭人冬夏都留在法國，他們的到來給法國人短期封建服役的傳統方式，造成難以忍受的壓力。對英格蘭人來說，經歷早年征服威爾斯和蘇格蘭的戰爭，已經啟動半職業皇家傭兵的發展。關於招募英國遠征軍的問題，參見Kenneth Fowler主編*The Hundred Years War*（《百年戰爭》）（London，1971年），78-85頁；H. J. Hewitt所著*The Organization of War under Edward III, 1338-1362*（《愛德華三世統治時期的戰爭組織，1338—1362年》）（Manchester，1966年），28-49頁。

13 參見Phillipe Contamine的傑作*Guerre, état et sociétè à la fin du moyen âge: Etudes sur les armées des rois de France, 1337-1494*（《中世紀末的戰爭、國家與社會：關於法國軍隊的研究，1337—1404年》）（Paris，1972年）。關於英國軍隊，參見H. J. Hewitt，同本章註12；K. B. MacFarlane所撰"War, Economy and Social Change : England and the Hundred Years War"（〈戰爭、經濟和社會變化：英國與百年戰爭〉），*Past and Present*（《過去和現在》）第22期（1962年），3-7頁；Edward Miller所撰"War, Taxation and the English

moyenâge"（〈關於中世紀法國製造的武器與鐵的生產記事〉），*Gladius*（《短劍》）第3期（1964年），47-48頁。

2 騎士制度在歐洲沒有培育出順從和非暴力的農民。殺戮是根深蒂固的習性，因為歐洲人飼養大批豬和牛，但因冬季飼料匱乏，每年秋季只能留下小部分牲畜，其他必須全數宰殺。其他農業社會，如種稻的中國和印度農夫，並不會每年屠宰大批牲畜。相比之下，住在阿爾卑斯山以北的歐洲人對這類年度殺戮已經習以為常。這或許對他們能輕易地對人類痛下殺手相當有關。參見*The Saga of Olav Trygveson*（《奧拉夫·特利格維森的傳說》）其中對早期北歐人凶殘的描述。還可參見Georges Duby所著*The Early Growth of the European Economy: Warriors and Peasants from the Seventh to the Twelfth Century*（《歐洲經濟的早期發展：七至十二世紀的武士和農民》）（London，1973年），96、117、163、253等頁。

3 輕騎兵和小型淺耕犁較西歐類似的騎兵和犁費用低廉，而且適合當地環境，由於當地的種子和收穫比率低於土地比較肥沃的西部。在東部，領主和農民之間的關係比較鬆散，無論貴族或農民，對土地的歸屬感都沒那麼重，因為用古老火耕方式所準備出來的新耕地，比較適合淺犁耕作。

4 在歐洲歷史上，最相近的例子可以追溯到古典時期，當時希臘的傭兵因應地中海市場（包括希臘境內外）而生。參見H. W. Parkers所著*Greek Mercenary Soldiers from the Earliest Times to the Battle of Ipsus*（《從最早到伊普蘇斯戰役的希臘傭兵》）（Oxford，1933年）。該書對這一發展的初始階段有有趣的細節描述。無論如何，西元前三十年後羅馬的興起，意味著地中海在軍事服務上被完全壟斷。為戰爭動員資源的老舊指令原則的勝利在西元三世紀人口銳減以後，不但確保並適用於和平事務，也可套用在軍事事務上。古代地中海的武器發展主要時期，恰好是該地區裡相互競爭的統治者，將商業原則運用於軍事動員工作上的那幾個世紀，這點絕非偶然。關於古希臘時期大炮的驚人發展，參見 E. W. Marsden 所著*Greek and Roman Artillery: Historical Development*（《希臘和羅馬的大炮：歷史的發展》）（Oxford，1969年）；Barton C. Hacker 所撰"Greek Catapults and Catapult Technology: Science, Technology and War in the Ancient World"（〈希臘的弩炮和弩炮技術：古代世界的科學、技術和戰爭〉），*Technology and Culture*（《科技和文化》）第9期（1968年），34-50頁；W. W. Tarn所著*Hellenistic Military and Naval Development*（《古希臘軍事和海軍的發展》）（Cambridge，1930年）。

5 參見William M. McNeill，同第二章註62，48-51頁。這些新船主要仰賴弩弓作為防禦——這或許是這個武器從十一世紀開始，成為在地中海戰爭中，日益重要和普遍的武器之一個關鍵因素。

6 關於十六世紀以前的歐洲採礦技術問題，沒有令人滿意的記載。Maurice Lombard所著*Les métanx dans l'ancient monde du Ve au Xie siècle*（《五至十一世紀古代社會的金屬》）（Paris，1974年）此書就在敘述到歐洲採礦大力發展前停筆；T. A. Richard所著*Man and Metals*（《人類與金屬》）（New York，1932年），卷二，507-569頁，資料零星；Charles Singer主編*A History of Technology*（《科技史》）（Oxford，1956年），卷二，11-24頁，也未有任何進展；John Temple所著*Mining : An International History*（《國際採礦史》）（London，1972年）資料同樣匱乏。其中的困難在於採礦技術是在手工業基礎上發展而來的，直到1555年，George Bauer以Agricola署名出版的傑作*De re metallica*（《金屬學》）出版時才有文字紀錄。該書有描繪技術過程的插圖，在技術問題上，Richard、Singer和Temple都完全仰賴Agricola所述。現代學者若想發現《金屬學》突然

de commerce en orient et dans l'océan indien: Actes du huitième colloque internationale d'histoire maritime, Beyrouth, 1966（《東方印度洋國家中經濟社會與經濟團體：國際航海歷史第八次討論會會刊》）（Paris，1970年）是對目前所知的少量資訊的最好概要；關於中國，參見Yoshinobu Shiba（斯波義信），同本章註二，15-40頁；關於印度貿易的有趣間接說明和它及地中海模式的相同性，參見S. D. Goitein所著*Studies in Islamic History and Institution*（《伊斯蘭歷史和制度研究》）（Leiden，1968年），329-350頁。

66 參見Lue Kwanten所著*Imperial Nomads: A History of Central Asia, 500-1500*（《帝國遊牧民族：中亞歷史，500—1500年》）（Philadelphia，1979年）。此書對目前的知識做了合理概括。

67 參見Yu Ying-shih（余英時），*Trade and Expansion in Han China*，同第一章註8，209頁及其他各頁。

68 根據Hsiao Ch'i Ch'ing（蕭啟慶），每年向喀喇崑崙山脈運送的糧食在20到30萬石之間。一石為157.89磅，或大約為三蒲式耳小米，二又四分之三蒲式耳小麥。參見同本章註35，59-60頁。

69 參見Jacques Gernet，同本章註25，351頁。

70 關於伊斯蘭社會中放牧民和城市居民的關係，參見Vaxier de Planhol所著*Les fondements géographiques de l'histoire de l'Islam*（《伊斯蘭國家的地理學基礎》）（Paris，1968年），21-35頁；關於基督教巴爾幹社會情況，參見William H. McNeill所著*The Metamorphosis of Greece since World War II*（《第二次世界大戰以來希臘的蛻變》）（Chicago，1978年），43-50頁。

71 關於契丹成為「新一代」遊牧社會代表的問題，參見Jacques Gernet，同本章註25，30頁；關於中東軍事奴隸的問題，參見Patricia Crone所著*Slaves on Horses: The Evolution of the Islamic Polity*（《馬背上的奴隸：伊斯蘭國家組織的演變》）（New York，1980年）和Daniel Pipes所著*Slave Soldiers and Islam: The Genesis of a Military System*（《奴隸士兵和伊斯蘭：一種軍事制度的源起》）（New Haven，1981年）。

72 William H. McNeill在其他著作中提出對此論點的論據，參見*Plagues and People*（《瘟疫與人》）（New York，1976年），149-165頁。

73 參見 John E. Goitein所著*The Aqquyuniu: Clan, Confederation and Empire: A Study in 15th /9th Century Turko-Iranian Politics*（《白羊王朝：氏族、聯盟和帝國：十五／九世紀突厥—伊朗政治研究》）（Minneapolis，1976年）。該書提供一個樣本，闡述城市居民和遊牧民之間如何互動和（通常）如何結盟，組成一個不穩定的國家。西元1000年後，伊斯蘭世界裡劃分出許多像這樣的國家。

74 參見S. D. Goitein所撰"The Rise of the Near Eastern Bourgeoisie in Early Islamic Times"（〈伊斯蘭時代早期近東資產階級的興起〉），*Journal of World History*（《世界史期刊》）第3期（1957年），583-604頁。

75 我不知道是否有關於這些世紀裡中東氣候變化的任何學術討論。關於歐洲的情況，參見Emmanuel Le Roy Ladurie所著*Histoire du climat depuis l'an mil*（《1000年以來的氣候史》）（Paris，1967年）。

第三章　歐洲的戰爭事務，1000-1600年

1 參見J. F. Fino所撰"Notes sur la production de fer et la fabrication des armesen France au

54 關於稍後年代的實例，參見Ping-ti Ho（何炳棣）所撰“Salt Merchant of Yang-chou”（〈揚州鹽商〉），*Harvard Journal of Asiatic Studies*（《哈佛亞洲研究期刊》）第17期（1954年），130-168頁。

55 參見Archibald Lewis所撰“Maritime Skills in the Indian Ocean, 1368-1500”（〈印度洋上的海運技術，1368—1500年〉），*JESHO*（《東方經濟和社會史期刊》）第16期（1973年），254-258頁，其中列出貿易商品的長串名單。

56 關於馬六甲，參見Wheatley，同本章註46，306-320頁。

57 宋朝文獻清楚表明此系統如何運作。1144年，官方將進口稅提高到申報價格的40%，結果導致貿易凋敝，收入減少，到1164年則恢復原來10%的稅額。參見Lo Jung-pang（羅榮邦），同本章註38，69頁。

58 在南亞沿岸商人如何與統治者互動此問題上，我的觀點受Niels Steensgaard影響頗深，參見他的著作*The Asian Trade Revolution of the Seventeenth Century: The East Asia Companies and the Decline of the Caravan Trade*（《十七世紀的亞洲貿易革命：東印度公司和商隊貿易的衰落》）（Chicago，1974年），22-111頁。他描述了1600年左右的現存狀況，主要是商隊貿易。但從早期至1600年後，貿易和稅收策略也許從來沒發生過大變化，統治者和陸地商人的關係與其和海上商人的關係無顯著不同。「保護費」的概念由Frederic Lane首創，參見“Economic Consequences of Organized Violence”（〈組織暴力的經濟後果〉），*Journal of Economic History*（《經濟史期刊》）第18期（1958年），401-417頁。他對中世紀地中海地區義大利人企業的探究為我提供一個原型，我相信在印度洋沿岸也有此情況。Lewis對此提供了很有啟發性的論點，但他沒有直接提出統治者和商人之間的關係問題。參見本章註55，238-264頁。

59 《古蘭經》第四章第二十九節：「信道的人們啊！你們不要藉詐術而侵蝕別人的財產，惟經雙方同意的交易而獲得除外。」Arthur J. Arberry翻譯，*The Koran Interpreted*（《古蘭經釋義》）（London，1955年）。

60 這是Stefan Balazs的著作中心論點，參見同本章註2；也是Jacques Genet的論點重心，參見*Les aspects économiques du Bouddhisme dans la société chinoise du Ve au Xe siècle*（《五至十世紀中國社會中佛教經濟問題》）（Saigon，1956年）。

61 幾年前，我已故的同事Marshall G. S. Hodgson提出相同論點，但同樣缺乏證據來支持此項假設。參見*The Venture of Islam*（《伊斯蘭世界的探索》）（Chicago，1974年），卷二，403-404頁。

62 參見William H. McNeill所著*Venice: The Hinge of Europe, 1081-1797*（《威尼斯共和國的故事：西方的屏障與文明的窗口》）（Chicago，1974年），1-39頁。

63 參見Archibald R. Lewis所著*The Northern Seas: Shipping and Commerce in Northern Europe, A. D. 300-1100*（《北方諸海：北歐的海運與商業，300—1100年》）（Princeton，1958年）。

64 參見Robert Lopez所著*Genova Marinara nel Duecento: Benedetto Zaccaria, ammiraglio e mercanti*（《十三世紀的港市熱那亞：貝尼德托．札卡賴亞，海軍將軍和商人》）（Messina-Milan，1933年）。

65 關於地中海的情況，參見Robert S. Lopez和Irving W. Raymond所著*Medieval Trade in the Mediterranean World*（《地中海地區的中世紀貿易》）（New York and London，1955年）是有用的入門資料；關於印度洋，Michel Mollat所編*Société et compagnies*

期（1958年），149-168頁；以及同本章註38，57-107頁。

43 參見Joseph Needham（李約瑟），同本章註40，第三卷第三部分，484頁。

44 鄭和的首航目的也許是在確保中國海上通道的安全，當時明朝認為帖木兒可能會發動陸上攻擊。後來帖木兒在1405年準備向中國大舉進攻時死亡。關於此論點，參見Lo Jung-pang（羅榮邦）所撰"Policy Formulation and Decision Making on Issues Reflecting Peace and War"（〈反映和平和戰爭問題的政策形成和決策〉），Charles O. Hucker主編*Chinese Government in Ming Times: Seven Studies*（《明朝的中國政府：專業論文七篇》）（New York，1969年），54頁。

45 關於中國遠洋海運和貿易的資金籌措、船舶指揮控制和船員的組成之細節，參見Yoshinobu Shiba（斯波義信），同本章註2，15-40頁。關於中國商人對海外情況的知識，參見Chau Ju-kua（趙汝适）所著*On the Chinese and Arab Trade in the 12th and 13th Centuries*（《論十二世紀和十三世紀中國與阿拉伯的貿易》），Friedrich Hirth和W. W. Rockhill譯（St. Petersburg and Tokyo，1914年）。

46 參見August Toussaint所著*History of the Indian Ocean*（《印度洋史》）（Chicago，1966年），74-86頁；Paul Wheatley所著*The Golden Khersonese: Studies in the Historical Geography of the Malay Peninsular before 1500 A. D.*（《金色半島：1500年以前馬來半島歷史地理研究》）（Kuala Lumpur，1961年），292-320頁；K. Mori所撰"The Beginning of Overseas Advance of Japanese Merchant Ships"（〈日本商船海外拓展的開端〉），*Acta Asiatica*（《亞洲事務》）第23期（1972年），1-24頁。

47 參見Lo Jung-pang（羅榮邦），"The Decline of Early Ming Navy"，同本章註42，149-168頁；Kuei-sheng Chang所撰"The Maritime Scene in China at the Dawn of the Great European Discovery"（〈歐洲大發現初期的中國海軍狀況〉），*Journal of the American Oriental Society*（《美國東方學會期刊》）第94期（1974年），347-359頁。

48 參見John V. G. Mills編譯，馬歡《瀛涯勝覽》（1433年）（Cambridge，1970年），諸論。

49 關於這次軍事失利的細節，參見Frederick W. Mote（牟復禮）所撰"The Tu-mu Incident of 1449"（〈1449年土木之變〉），Kierman and Fairbank主編*Chinese Ways in Warfare*（《中國的作戰方法》），同本章註23，234-272頁。

50 這是范濟的奏章，Lo Jung-pang（羅榮邦）在"The Decline of the Early Ming Navy"，同本章註42，167頁上曾加以引用。關於此決定撤退的細節，參見Lo Jung-pang（羅榮邦），同本章註44，56-60頁。

51 參見Matsui Masato所撰"The Wo-K'uo's Disturbance of the 1550's"（〈一五五〇年代的倭寇騷擾〉），*East Asia Occasional Papers*（《東亞不定期論文》）（Asian Studies Program, University of Hawaii, Honolulu）第1期（1969年），97-107頁。據該文所述，1390、1394、1397、1433、1449和1452年都重新頒發了海外貿易禁止令。

52 參見Jitsuzo Kuwabara（桑原隲藏）所撰"P'u Shou-keng: A man of the Western Regions"（〈西域人蒲壽庚〉），*Memoirs of the Research Department of Toyo Bunko*（《東洋文庫研究部紀要》）第7期（1935年），66頁。

53 關於「日本」倭寇，參見Kwan-wai So所著*Japanese Piracy in Ming China during the 16th Century*（《十六世紀中國明朝的倭寇活動》）（Lashing, Mich.，1975年）；Louis Dermigny所著*Le Chine et l'occident: la Commerce à Canton au XVIIIesiècle*（《中國與西方：十八世紀在廣州的貿易》）（Paris，1964年），第一卷，95-99頁。

Jr.（《前現代的技術和科學：懷特紀念論文集》）（Malibu, Calif.，1976年），107-138頁。

31 參見Joseph Needham（李約瑟）所撰"The Gun of Khaifengfu"（〈開封府的火炮〉），*Times Literary Supplements*（《泰晤士報文學副刊》）1980年1月1日；Herbert Franks所撰"Siege and Defense of Towns in Medieval China"（〈中世紀中國城鎮的攻城戰和保衛戰〉），Kierman and Fairbank主編*Chinese Ways in Warfare*（《中國的作戰方法》），161-179頁；L. Carrington Goodrich和Feng Chia-sheng所撰"The Early Development of Firearms in China"（〈中國火器的早期發展〉），*Isis*（《伊希斯》）第36期（1946年），114-123頁；Wang Ling所撰"On the Invention and Use of Gunpowder in China"（〈論火藥在中國的發展與使用〉），*Isis*（《伊希斯》）第37期（1947年），160-178頁。

32 引自Wang Ling，同本章註31，165頁。據其所述，這種火箭的箭頭沾有火藥，在撞擊時會爆炸。

33 關於如何調動武器和人員來抵抗女真及保衛省城的細節，參見Hana，同本章註28。

34 參見Edward A. Kracke. Jr.，同本章註25。

35 此處的引文和軍隊費用數字引自Hsiao Ch'i Ch'ing（蕭啟慶）所著*The Military Establishment of the Yuan Dynasty*（《元朝的軍事機構》）（Cambridge, Mass.，1978年），617頁。

36 參見Wolfram Eberhard所撰"Wang Ko: An Early Industrialist"（〈王革：早期工業家〉），*Oriens*（《東方》）第10期（1957年），248-252頁，其中描述王氏的經歷。

37 參見Laurence J. C. Ma，同本章註24，34頁。引文摘自1137年頒布的帝國飭令。

38 同前引書，38頁。參見Lo Jung-pang（羅榮邦）所撰"Maritime Commerce and Its Relation to Song Navy"（〈海上貿易及其與宋朝海軍的關係〉），*JESHO*（《東方經濟和社會期刊》）第12期（1969年），61-68頁。

39 Herbert Franz Schurmann所著*Economic Structure of Yüan Dynasty*（《元朝的經濟結構》）（Cambridge, Mass.，1967年），314頁；Herbert Franke所撰"Ahmed, Ein Beitrag zur Wirtschaftsgeschichte Chinas unter Qubilai"（〈艾哈邁德對忽必烈統治時期中國經濟史所做的貢獻〉），*Oriens*（《東方》）第1期（1948年），222-236頁，描述這些外來者中，功名最顯赫的人物的興衰史。艾哈邁德是出生在外高加索的穆斯林，曾任鹽業和其他專利品的總管。蒙古人雖然給商人更多發揮長才的機會，但同時也大力動員海運為國家用途，致使中國的海上貿易蒙受嚴重挫折。見Lo Jung-pang（羅榮邦），同本章註38，57-100頁。

40 參見Joseph Needham（李約瑟）所著*Science and Civilization in China*（《中國的科學與文明》）（Cambridge，1971年），第四卷第三部分，476頁。

41 關於海戰細節，參見Jose Din Ta-san和Olesa Muñido所著*El poder naval chino desde sus oriegnes hasta la caida de la Dinastia Ming*（《明朝興衰過程中的海軍實力》）（Barcelona，1965年），96-98頁。

42 參見Joseph Needham（李約瑟），同本章註40，第三卷第三部分第二九節〈航海技術〉，379-699頁。該書提供中國造船和海軍史令人信服的徹底研究。本人有關海軍發展史的論述主要來自此書，並以下列著作為補充資料來源：Jose Din Ta-san和Olesa Muñido，同本章註41；Lo Jung-pang（羅榮邦）所撰"China as a Sea Power"（〈作為海上強權的中國〉），*Far Eastern Quarterly*（《遠東季刊》）第14期（1955年），489-503頁；"The Decline of Early Ming Navy"（〈明朝初期海軍的衰落〉），*Oriens extremus*（《遠東》）第5

國宋朝初期的行政機構，960—1067年》)(Cambridge, Mass.，1953年)，頁9-11；Karl Wittfogel和Feng Chia-sheng所著*History of Chinese Society, Liao, 907-1125*(《遼的中國社會史，907—1125年》)(Philadelphia，1949年)，534-537頁。

26 關於女真征服北宋細節，參看Jing-shen Tao（陶晉生）所著*The Jürchen in Twelfth Century China: A Study of Sinicization*(《十二世紀的女真人：中國化的研究》)(Seattle and London，1975年)，14-24頁。

27 關於中國弩的發展找不到令人滿意的記載。中文文獻《吳越春秋》記述，弩的發明者為楚琴氏，他將這項發明傳給當地三位富豪，透過他們又傳給中國中南部的楚靈王，時間在西元前541到529年。考古發現則印證此日期，因為西元前五和四世紀的幾個陵墓裡都有弩。十一世紀（1068年左右），李定發明腳鐙，可用背部和腿部肌肉之力扣上扳機，這是弩的設計的首次改良，因而更強勁的弓也被使用。這些資料是作者透過個人聯繫，從夏威夷大學的Steven F. Sagi和劍橋大學的Robin Yates處取得的。但已經出版的相關資料則嚴重不足。參見 C. M. Wilbur所撰"History of the Crossbow"(〈弩的歷史〉)，*Smithsonian Institution Annual Report, 1936*(《史密森機構年度報告，1936年》)(Washington D. C.，1937年)，427-428頁；Michael Loewe所著*Everyday Life in Early Imperial China*(《中國帝國早期的日常生活》)(London，1968年)，82-86頁；Noel Barnard和Sato Tamotsu 所著*Metallurgical Remains of Ancient China*(《中國古代的冶金遺跡》)(Tokyo，1975年)，116-117頁。關於歐洲的弩，Ralph W. F. Payne-Gallwey的傑作*The Crossbow, Medieval and Modern, Military and Sporting: Its Construction, History and Management*(《中世紀、近代軍事和競技中的弩：其結構、沿革和管理》)(London，1903年)提供了清楚和豐富的資料，並略論及中國的現代弩。

28 參見Corinna Hans所著*Berichte über die Verteidigung der Stadt Te-an während der Periode K'ai-his, 1205-1209*(《關於開喜年間德安府城防情況的報告，1205—1209年》)(Wiesbaden，1970年)。我們將在第三章看到，十三世紀當弩在歐洲地中海地區變得普及時，連帶抑制了騎士精神的擴展。在中國，弩也許幫助人擺脫了對伊朗式重騎兵的依賴，因為弩手既然能將重騎兵射下馬，那再為高大馬匹和昂貴盔甲投資就失去意義，而後兩者就是當年曾使伊朗貴族和歐洲騎士爬上各自社會頂峰地位的主要因素。重騎兵在中國稱霸大約三百年後，在七世紀消失，然而，在十一世紀腳鐙發明以前，中國的弩是否有穿透盔甲之力，仍舊無法確定。參見Joseph Needham（李約瑟）所著*The Grand Titration: Science and Society in East and West*(《大滴定：東西方的科學與社會》)(London，1969 年)，168-170頁。

29 有關製造弩的書面描述和弩弓工匠製弩的圖片，參見宋應星《天工開物》(英譯*Chinese Technology in the 17th Century*，譯者為孫任以都和孫守全)(University Park, Pa.，1966年)，261-267頁。較弱的弓可以用較簡單的材料製造，甚至可以完全用木材做出可用的扳機，但這類武器無法穿透盔甲。如想瞭解快速連發的十九世紀中國木弩，可參見Ralph W. F. Payne-Gallwey，同本章註27，237-242頁。這些力量不大但卻製造精密的武器（1860年代在抵抗英軍時實際使用過）用毒箭來增強其殺傷力。

30 參見Sergej Aleksandrovié Skoljar所撰"L'artillerie de jet à l'époque Song"(〈宋朝的噴射炮〉)，Françoise Audin編纂的*Etudes Song*(《宋朝研究》)，系列I (Paris，1978年)，119-142頁；Joseph Needham（李約瑟）所撰"China's Trebuchets, Manned and Counterweight"(〈人力操縱、利用重量平衡運作的中國投石器〉)，Bert S. Hall 和Delno C. West主編*On Premodern Technology and Science: A Volume of Studies in Honor of Lynn White,*

13 參見Edmund H. Worthy所撰"Regional Control in the Southern Sung Salt Administration"(〈南宋鹽業管理的地區控制〉),Haeger主編*Crisis and Prosperity*(《中國宋朝的危機和繁榮》),112頁。

14 參見Yang Lien-sheng(楊聯陞),同本章註12,18頁。

15 參見Yoshinobu Shiba(斯波義信)所撰"Commercialization of Farm Products in Sung Period"(〈宋朝農產品的商業化〉),*Acta Asiatica*(《東方學會》)1970年第19期,77-96頁;Peter J. Golas所撰"Rural China in Sung"(〈宋朝的中國農村〉),*Journal of Asian Studies*(《亞洲研究期刊》)第39期(1980年),295-299頁。

16 引自Hugh Scogin所撰"Poor Relief in Northern Sung China"(〈中國北宋的貧民救濟〉),*Oriens extremus*(《遠東》)第25期(1978年),41頁。

17 丁橋位於長江下游地區。這段文字出自地方誌,引自Yoshinobu Shiba(斯波義信)所撰"Urbanization and the Development of Markets on the Lower Yangtse Valley"(〈長江下游地區的都市化和市場發展〉),Haeger主編,同本章註13,28頁。Shiba的文章令人激賞地將特定地區的商業化和地形差異(山地與氾濫平原比較)、運輸網及人口增長連結起來。顯然,並非中國全境都和長江下游地區一樣高度發展。但那地區和黃河下游平原的情況都為十一到十五世紀的新社經發展提供典範。

18 同前引書,36頁,譯自陳旉的《農書》,1154年首刊。

19 參見Etienne Balazs所撰"Une carte des centres commerciaux de la Chine à la fin du XIe siècle"(〈十一世紀末中國商業中心分布圖〉),*Annales: Économies, sociétés, civilisations*(《年鑑:經濟、社會和文明》)第12期(1957年),587-593頁。

20 參見Shiba,同本章註17,43頁。

21 據說,這是西元前81年一場有關國家經濟政策的重大辯論中,一位匿名儒生的看法。參見桓寬《鹽鐵論》英譯本,同本章註9,78頁。

22 參見Hartwell,"A Cycle of Economic Change",同本章註10,147頁。

23 參見Herbert Frank所撰"Siege and Defense of Towns in Medieval China"(〈中世紀中國的攻城戰和保衛戰〉),Frank A. Kierman, Jr.和John K. Fairbank(費正清)主編的*Chinese Wars in Warfare*(《中國的作戰方法》)(Cambridge, Mass.,1974年),151-201頁。

24 參見Laurence J. C. Ma所著*Commercial Development and Urban Change in Sung China, 960-1279*(《中國宋朝的商業發展和城市變化,960—1279年》)(Ann Arbor, Mich.,1971年),100頁。一部宋朝百科全書對宋朝開朝皇帝的軍事政策做如下總結:「他深瞭強幹弱枝的價值。」參看王應麟《玉海》,轉引自羅球慶《北宋兵器之研究》,《新亞學報》第3期(1957年),180頁,Hugh Scogin翻譯。

25 邊防部隊行軍事叛亂的危險在唐朝明顯可見,755年蕃將安祿山的反叛幾乎顛覆唐朝。那次反叛的確使中央文官政府陷入癱瘓,而在其後的兩百年間,中國歷史成為明目張膽的地方軍閥割據局面。正是鑒於這樣的教訓,宋朝在其開國始祖、軍功顯赫的軍閥趙匡胤領導下,於國家(大部分)重新統一後不久,制訂其軍事政策。他通過建立一套管理制度,在軍事領袖發動武裝反叛的路上設置各種想像的到的障礙,藉此推翻他本人藉以登基的長梯。關於唐朝的叛亂,參見Edwin G. Pulleybank所著*The Background of the Rebellion of An Lushan*(《安祿山反叛的背景》)(London,1955年);有關宋朝軍事政策,參見Jacques Gernet所著*Le monde Chinois*(《中國社會》)(Paris,1972年),272-27頁;Edward A. Kracke, Jr.所著*Civil Service in Early Sung China, 960-1067*(《中

Crisis and Prosperity in Sung China（《中國宋代的危機和繁榮》）(Tucson, Ariz.，1975年）一書中的論文以及Mark Elvind的大膽綜合性著作，*The Pattern of the Chinese Past*（《中國歷史模式》）(Stanford, Calif.，1973年)。Anthony M. Tang的有趣嘗試則將中國經濟史納入現代經濟「發展」理論的範疇，參見其所撰"China's Agricultural Legacy"（〈中國農業遺產〉），*Economic Development and Cultural Change*（《經濟發展與文化改變》）第28期（1979年），122頁。

3 參見Robert Hartwell所撰"Markets, Technology and Structure of Enterprise in the Development of the Eleventh-Century Chinese Iron and Steel Industry"（〈十一世紀中國鋼鐵工業發展中的市場、技術和企業結構〉），*Journal of Economic History*（《經濟史期刊》）第26期（1966年），29-58頁；"A Cycle of Economic Change in Imperial China: Coal and Iron in Northeast China, 750-1350"（〈中華帝國的經濟變化週期：中國東北的煤和鐵，750—1350年〉），*Journal of Economic and Social History of the Orient*（《東方經濟和社會史期刊》）第10期（1967年），103-159頁；"Financial Expertise, Examination and the Formulation of Economic Policy in Northern Sung China"（〈中國北宋的金融專業、考試和經濟政策制訂〉），*Journal of Asian Studies*（《亞洲研究期刊》）第30期（1971年），281-314頁。

4 參見Joseph Needham（李約瑟）所著*The Development of Iron and Steel Technology in China*（《中國鋼鐵技術的發展》）(London，1958年)，18頁。

5 煉鐵以煤為燃料也有悠久歷史。但為預防鐵因受煤裡的硫汙染而導致報廢的方法，是將要熔煉的礦石放在圓柱形容器內，因此造成生產規模小，燃料消耗量大。同前引書，13頁及插圖11，圖示為現代工匠使用手掌大小的熔罐。

6 參見Robert Hartwell，同本章註三，34頁。如同Hartwell指出的，這些統計數字和英國工業革命初期的產量相似。晚至1788年，英國也開始改用焦炭於金屬冶煉時，英格蘭和威爾斯的鐵總產量也只有7萬6,000噸，只有七百年前中國總產量的60%。

7 學界早就認為中國的人口估計也遇到相同困難。

8 只在四川是如此，其他地方使用銅幣。

9 參見桓寬《鹽鐵論》英譯本，Esson M. Gale譯，*Discourse on Salt and Iron* (Leiden，1931年)。

10 鋼鐵用在橋樑、佛塔和雕像上。參見Needham，同本章註4，19-22頁；Hartwell所撰"A Cycle of Economic Change in Imperial China"，同本章註3，123-145頁；"Markets, Technology and Structure"，同本章註3，37-39頁。

11 參見Hartwell所撰"Financial Expertise"，同本章註3，304頁。

12 參見Yang Lien-sheng（楊聯陞）所著*Money and Credit in China: A Short History Enterprise*（《中國貨幣和信貸簡史》）(Cambridge, Mass.，1952年)，33頁；Robert Hartwell所撰"The Evolution of Early Sung Monetary System, A.D. 960-1025"（〈北宋初期貨幣制度的演變，960—1025年〉），*Journal of the American Oriental Society*（《美國東方學會期刊》）第87期（1967年），280-289頁。最初，貨幣以白銀為後盾。「如果紙幣流通受到任何微小阻礙，當局就會拋售白銀，並且接受紙幣作為支付。倘若當局害怕失去百姓信任，那麼該省的金銀儲備就不會有分毫外運。」參見李劍農《宋元明經濟史稿》(北京，1957年)，95頁，引自Elvin所譯*Pattern of the Chinese Past*，160頁。銅錢是種中間有孔的小硬幣，用標準長度的繩子串起，用於大筆交易。

季中犁地一樣起抑制野草生長的作用。

20 參看John W. Eadie所撰“The Development of Roman Mailed Cavalry”（〈羅馬鎖子甲騎兵的發展〉），*Journal of Roman Studies*（《羅馬研究期刊》）第57期（1967年），161-173頁。

21 拜占庭此政策和埃及新王國將戰車戰的優異技術與舊王國其中央官僚集權舊傳統相互妥協的辦法類似。

22 關於馬鐙和騎士，參看Lynn White, Jr.所著*Medieval Technology and Social Change*（《中世紀的技術和社會變化》）（Oxford，1962年）；John Beeler所著*Warfare in Feudal Europe, 730-1200*（《歐洲封建時期的戰爭，730—1200年》）（Ithaca，N. Y.，1971年），9-30頁。

23 戰車時代仍舊有老舊命令結構殘存，並促進鐵器時代君主制度的重建。

24 參見James Lee尚未發表的博士論文，芝加哥大學。

25 參見Denis Twichett（杜希德）所撰“Merchant Trade and Government in Late Tang”（〈晚唐的商人貿易和管理〉），*Asia Major*（《泰東》）第14期（1968年），63-95頁，論述中國商人的角色。

26 在安納托利亞發現西元前1800年左右的大量楔形文字匾塊，其中描述由母城阿舒爾（Assur）發展出來的眾多商業殖民地，這些地區繁榮興盛，成為從波斯灣向北延伸至美索不達米亞此貿易網的部分。這些古代亞述商人將錫運往東方，把美索不達米亞中部的紡織品帶到西方。他們似乎是私人資本家，頗有三千年後中世紀商人之風。家族企業互致信件，因此留存檔案。利潤很高——如果一切順利，年利潤是100%。參見M. T. Larsen所著*The Old Assyrian City-State and Its Colonies*（《古代亞述城邦和其殖民地》），收入Studies in Assyriology，第四卷（Copenhagen，1976年）。顯然，沿途的統治者和權貴允許他們的驢車商隊通過，也許是因為錫具有戰略價值，但檔案對這類安排並無任何記載。關於商人和他們在古代美索不達米亞的一般角色，參見A. Leo Oppenheim所撰“A New Look at the Structure of Mesopotamian Society”（〈美索不達米亞社會結構新解〉），*Journal of the Economic and Social History of the Orient*（《東方經濟和社會史期刊》）第10期（1967年），1-16頁。

第二章　中國稱霸時代，1000至1500年

1 這是Ping-ti Ho（何炳棣）在“An Estimate of the Total Population in Sung-Chin China”（〈中國宋—金人口總數估計〉）所提出的數字，參見*Études Song I: Histoire et institutions*（《宋代研究I：歷史與機構》），ser. 1（Paris，1970年），52頁。

2 Stefan Balazs是此論之重要先驅，“Beiträge zur Wirtschaftsgeschichte der T’ang Zeit”（〈對唐朝經濟發展史研究的貢獻〉），*Mitteilungen des Seminars für orientalische Sprachen zu Berlin*（《柏林東方文化通訊》）第34期（1931年），21-25頁；第35期（1932年），27-73頁。他後來的論文收在兩本內容重複的論文集中，一本為Etienne Balazs所著*Chinese Civilization and Bureaucracy*（《中國文明和官僚制度》）（New Haven，1964年），另一本是*La bureaucratie céleste: Recherches sur l’économie et la société de la Chine traditionelle*（《封建官僚：關於中國傳統和社會研究》）（Paris，1968 年）。Yoshinobu Shiba（斯波義信）所著*Commerce and Society in Sung China*（《中國宋代的商業與社會》）（Ann Arbor, Mich.，1970 年）呈現日本新近學術成果，並影響John W. Haeger主編的

代的阿卡德人發明了複合弓，其理論依據是薩爾貢的孫子和繼任者納拉姆辛（Naram Sim）的一根石柱上，有一張弓的形狀像後來的複合弓。參見 *The Art of Warfare in Biblical Lands in the Light of Archaeological Study*（《考古研究中聖地的戰爭藝術》）二卷（New York，1963年），卷一，57頁。不過如何詮釋刻在石柱上的弓的弧線，顯然難有定論。關於複合弓及其性能，參見W. F. Paterson 所撰“The Archers of Islam”（〈伊斯蘭弓箭手〉），*Journal of the Economic and Social History of the Orient*（《東方經濟和社會期刊》）第9期（1966年），69-87頁；Ralph W. F. Payne-Gallwey所著*The Crossbow, Medieval and Modern, Military and Sporting: Its Construction, History, and Management*（《中世紀、近代軍事和競技中的弩：結構、沿革和管理》）(London，1903年)，附錄。

12 參見，例如第十六部，426頁諸行。荷馬的敘述儘管荒謬，卻可能正確。他所描述的戰術可能取決於數量和地形。戰車想成功衝鋒必須具備關鍵數量——足夠的弓箭加上往前衝的戰車，可以突破敵方步兵陣，使其落荒而逃。但在希臘這樣山丘起伏、馬匹飼料不足的國家，軍隊只能維持少量戰車——也許正因為太少，所以無法在戰爭中起決定性作用。但戰車在中東取得勝利後，其名聲使得歐洲各地酋長都想擁有一輛，不管他是否能在戰事中有效運用它——就像不久前的凱迪拉克汽車。

13 《士師記》21：26（Theophile J. Meek翻譯）。

14 早在西元前十四世紀，人有時就會騎馬，現存於紐約大都會博物館的阿馬爾那時期的埃及雕像可資為證。參看Yadin所著*Art of Warfare in Biblical Lands*（《聖經中的戰爭藝術》）卷一，218頁；該書 220頁上有大英博物館館藏同一時代另一騎士的雕像照片。但在沒有馬鞍或馬鐙的情況下，要坐穩馬背實為難事，尤其還要同時使用雙手拉弓或揮舞其他種類的武器。因此，好幾個世紀以來，騎馬作戰在軍事中不具重要地位，也許只有受過專門訓練的信差才會利用馬的快捷為軍官傳送情報。至少Yadin是如此解釋後來另一幅描繪卡迭什戰役（The Battle of Kadesh，西元前1298年）的埃及淺浮雕上的一名騎兵的。

15 參看同書卷二，385頁上的亞述配對騎士淺浮雕。

16 參看Karl Jettmar所撰“The Altai before the Turk”（〈突厥人出現以前的阿爾泰〉），*Bulletin*（《學報》）第23期（1951年），154-157頁（斯德哥爾摩遠東古代博物館）。

17 然而，中國華北大部分黃土地區的農民至少被驅逐過兩次。蒙古在十三和十四世紀的入侵，以及漢朝在三世紀覆滅後遭受遊牧部落襲擊延續數世紀之久，這兩次動亂時間很長，嚴重到足以使華北廣闊地區的農業生活方式全遭破壞——或至少可從不完整的人口統計中看出此點。參見Ping-ti Ho（何炳棣）所著*Studies in the Population of China, 1368-1953*（《中國人口研究，1368—1953年》）(Cambridge，Mass.，1959年)；Hans Bielenstein所撰“The Census of China during the Period 2-742 A.D.”（〈西元2—742年的中國人口普查〉），*Bulletin*（《學報》）第19期（1947年），125-163頁（斯德哥爾摩遠東古代博物館）。

18 亞述淺浮雕上可以看到金屬胸甲騎士。亞述人在軍事領域的許多方面似乎都是先驅，鎧甲騎士亦然。

19 種植苜蓿幾乎不需任何費用，因為種植穀物的田地需要隔年休耕，以抑制野草生長。以種植苜蓿代替休耕，在獲得有用農作物外，其根部的細菌作用實際上還可以給土壤提供豐富的氮，使來年的穀物收穫更好。因此種植苜蓿強過休耕。甚至種植和收穫苜蓿的勞力也不會比在休耕農地裡進行季中犁地的勞力大上多少。只有犁地才能抑制野草生長，並為來年準備好穀物所需的土壤。苜蓿只需以其葉子為土壤遮陽，就能起和

註釋

第一章 古代武器和社會

1 參見《舊約聖經．列王記下》十九章，二十至三十六節。

2 參見G. A. Barton編譯的*Royal Inscriptions of Sumer and Akkad*（《蘇美與阿卡德王碑文》）（New Haven，1929年），109-111頁。

3 引用同代人的話：他向卡薩拉（一個鄰近地區）出兵，／他將卡薩拉變成一片墳塚和廢墟；／他毀滅土地，連鳥兒都／無法在此定居。參見L. W. King編譯的 *Chronicles concerning Early Babylonian Kings*（《早期巴比倫列王記》）（London，1907年），516頁。

4 希羅多德的史書自然是研究波斯戰爭的基本來源，但他過度誇大薛西斯的軍隊規模。我對薛西斯的後勤供應補給的瞭解主要來自於G.B. Grundy的*The Great Persian War*（《波斯大戰》）（London，1901年）和Charles Hignett的*Xerxes'Invasion of Greece*（《薛西斯入侵希臘》）（Oxford，1963年）。

5 透過更盛大的儀式向神祈求，建造更大的墳墓確保永生，被看成是福利事業，與開鑿運河溝渠和拓展灌溉土地面積相同。這類活動都是為了提高收穫。

6 參看A. Heidel編譯的*The Gilgamesh Epic and Old Testament Parallels*（《吉爾伽美什史詩和舊約的比較》）（Chicago，1946年），書版III，縱行iv，156-167行。吉爾伽美什史詩散見於幾個不同文本，全部都非常晚於吉爾伽美什的歷史年代。雖然如此，毫無疑問，這些文本呈現古風要素，反映文明發展初期蘇美的情況。

7 同前引書，書版V，縱行iv，20-28行。

8 但是，在遠東，中華帝國於西元前一世紀與鄰近國家的統治者建立了「朝貢貿易」體系。在這種關係中，最關鍵的是儀式上的敬畏服從。實際上，中國當局為使對方在儀式上承認其優勢，付出大量實物作為代價。但從另一種意義上來說，匈奴和其他邊疆民族，由於順從中國宮廷儀式，因而趨向漢化，從而付出無形但卻昂貴的代價。參見Yu Ying-shih（余英時）所著*Trade and Expansion in Han China: A Study in the Structure of Sino-Barbarian Economic Relation*（《漢代貿易與擴張：漢胡經濟關係的研究》）（Berkeley and Los Angles，1967年）此書對此的有趣分析。

9 如今已經無法取得薛西斯行軍的確切證明，但可參考Charles Hignett所寫 *Xerxes' Invasion of Greece*（《薛西斯入侵希臘》）的附錄十四〈入侵年表〉，448-457頁。該書詳盡闡述了百年多來的學術推測。希羅多德告訴我們，薛西斯的軍隊從赫勒斯港（Hellespont）行軍到雅典花了三個月時間（8.51.1）。

10 本章中所提出的論點，我在拙著*The Rise of the West: A History of the Human Community*（《西方的興起：人類社會的歷史》）（Chicago，1963年）中曾進行更廣泛的論述。

11 複合弓在木條的一面黏上伸縮肌腱，另一面則是可壓縮的獸角，因此更有發射力。至於複合弓對戰車武士而言是否是新型武器，這點仍無定論。Yigael Yadin 認為薩爾貢時

THE TIME
大時代
05

富國強兵：西元1000年後的技術、軍隊、社會（全新校訂版）

The Pursuit of Power: Technology, Armed Force, and Society since A.D. 1000

作者　威廉・麥克尼爾（William H. McNeill）
譯者　廖素珊

責任編輯　沈昭明（初版）、官子程（二版）
書籍設計　吳郁嫻
內頁排版　謝青秀

總編輯　簡欣彥
出版　廣場出版／遠足文化事業股份有限公司
發行　遠足文化事業股份有限公司（讀書共和國出版集團）
地址　231 新北市新店區民權路 108-2 號 9 樓
電話　02-2218-1417
傳真　02-2218-1009
客服專線　0800-221029
法律顧問　華陽法律事務所　蘇文生律師
印刷　中原造像股份有限公司

二版　2025 年 7 月
定價　650 元
ISBN　978-626-7647-12-7（紙本）
978-626-7647-10-3（EPUB）
978-626-7647-11-0（PDF）

廣場 FB　　讀者回函

國家圖書館出版品預行編目(CIP)資料

富國強兵：西元 1000 年後的技術、軍隊、社會 / 威廉・麥可尼爾 (William H. McNeill) 著；廖素珊譯 . -- 二版 . -- 新北市：遠足文化事業股份有限公司廣場出版：遠足文化事業股份有限公司發行 , 2025.07
面；　公分 . --（大時代；5）
譯自：The pursuit of power : technology, armed force, and society since A.D. 1000
ISBN 978-626-7647-12-7(平裝)

1.CST: 軍事史 2.CST: 世界史 3.CST: 戰略
590.9　　114007557